21世纪高等教育给水排水工程系列规划教材

水工程概预算与技术经济评价

主　编　肖作义

副主编　王利平

参　编　胡庆凯　贾彩云　张铁军

　　　　殷震育　敬双怡

主　审　高乃云　延克军

机械工业出版社

“水工程概预算与技术经济评价”贯穿于工程项目建设的全过程，是工程技术人员和管理人员的必备知识之一。本书在定额理论基础知识和概预算基本方法的基础上，以给水排水工程造价的全部经济文件编写为主线，全面介绍给水排水工程中所涉及的造价的基本理论、基本方法、经济分析与评价，以现行国家经济政策和最新颁布实施的工程项目预算定额、计价程序编制为重点，辅以一定量的概预算编制实例，确保从事给水排水和环境工程工作的工程人员重点掌握工程项目概预算编制方法，同时，在每章设有“思考和练习题”，以帮助读者巩固所学知识。

本书可作为高等学校给排水科学与工程、环境工程专业教学用书，同时也可作为建筑环境与能源应用工程、工程管理、工程造价等专业的参考用书及各类工程造价培训教材，也可供从事建筑安装的技术人员和管理人员参考使用。

本书配有电子课件，免费提供给选用本教材的授课教师，请需要者根据书末的“信息反馈表”索取。

图书在版编目（CIP）数据

水工程概预算与技术经济评价/肖作义主编．—北京：机械工业出版社，2011.3（2026.1重印）

21世纪高等教育给水排水工程系列规划教材

ISBN 978-7-111-33122-3

Ⅰ.①水…　Ⅱ.①肖…　Ⅲ.①给水工程：市政工程—建筑预算定额—高等学校—教材 ②排水工程：市政工程—建筑预算定额—高等学校—教材 ③给水工程：市政工程—技术经济—经济评价—高等学校—教材 ④排水工程：市政工程—技术经济—经济评价—高等学校—教材　Ⅳ.①TU991

中国版本图书馆CIP数据核字（2011）第009520号

机械工业出版社（北京市百万庄大街22号　邮政编码100037）

策划编辑：刘　涛　责任编辑：刘　涛　臧程程　马军平

版式设计：霍永明　责任校对：陈延翔

封面设计：王伟光　责任印制：邓　博

北京中科印刷有限公司印刷

2026年1月第1版第7次印刷

169mm×239mm·23.75印张·3插页·474千字

标准书号：ISBN 978-7-111-33122-3

定价：59.00元

电话服务　　　　　　　　　网络服务

客服电话：010-88361066　机　工　官　网：www.cmpbook.com

010-88379833　机　工　官　博：weibo.com/cmp1952

010-68326294　金　书　网：www.golden-book.com

封底无防伪标均为盗版　机工教育服务网：www.cmpedu.com

前　言

给水排水工程是现代城市重要的基础设施，是促进城市经济发展，提高城市环境质量的重要条件。我国给水排水工程技术经济概预算已经历了半个多世纪的发展过程，在长期的基本建设工程中积累了丰富的技术经济资料，对于选择设计方案，控制工程造价都起到了积极作用。近年来，随着经济建设的加快，对建设项目的工程估价和经济评价提出了新的要求。为适应市场经济的需要，培养具有工程设计、施工管理及经济评价能力的工程实施性人才，依照全国给水排水专业指导委员会对新教学大纲的要求，以现行国家经济政策和国家最新颁布实施的预算定额为主线，编者在讲授了多届“给水排水工程概预算与技术经济评价”课程的基础上，重新编写了《水工程概预算与技术经济评价》一书。

本书针对现代给水排水工程专业特点及发展趋势需要，系统地介绍了给水排水工程造价组成、水工程费用、计价程序、工程量的计算原则及水工程施工图概预算的编制步骤和编制方法；介绍了给水排水工程项目经济评价常用指标及基本方法，在给水排水工程项目中如何对项目进行财务评价和国民经济评价。同时，对工程量清单编制与工程招标投标报价也作了专门论述。本书的编写遵循少而精的原则，理论联系实际，书中列举了给水排水工程和环境工程领域所遇到的技术经济分析及概预算实例，每章后均有思考和练习题，以便于学以致用。本书具有系统性、实用性及可操作性，侧重实际操作能力的培养。

全书由内蒙古科技大学肖作义教授主编，上海同济大学高乃云教授和内蒙古科技大学延克军教授主审。其中第1、2、4、5、9章由肖作义编写，第3章由内蒙古科技大学胡庆凯编写，第6章由内蒙古科技大学殷震育编写，第7、8、10章由河南城建学院贾彩云编写，第11章由常州大学王利平、包头排水总公司康文庆、内蒙古科技大学高英编写，第12章由内蒙古科技大学肖作义、殷震育、敬双怡编写，第13章由内蒙古科技大学张铁军、胡庆凯编写。书中部分图表及附录由内蒙古科技大学肖明慧、孙梅协助整理制作。

本书在编写过程中得到了内蒙古科技大学相关领导及兄弟院校专业人员的大力支持和帮助，同时，参考了大量文献资料，引用了其中部分内容，在此，编者一并表示衷心谢意。

由于编者水平和掌握的信息有限，书中不妥之处在所难免，恳请各位读者、同行批评指正。

编　者

目　录

第 1 章 工程造价基本知识

1

1.1 基本建设和分类

1.1.1 基本建设的概念与分类

1. 基本建设的概念

基本建设是指形成固定资产的全部经济活动过程，是一种宏观的经济活动，它是一次性的、有组织的、系统的活动，是从项目的意义、项目策划、可行性研究、项目决策到勘察设计、建筑安装施工、生产准备、竣工验收、联动试车和工程维修等一系列复杂的技术经济活动，既有物质生产活动，又有非物质生产活动。例如，建设一个工厂即为基本建设，包括厂房的建造、机器设备的购置和安装以及土地征用、勘察设计、筹建机构、培训职工等工作。

国民经济各部门购置和建造新的固定资产的经济活动过程，以及与其相联系的其他工作，即国民经济各部门为了扩大再生产而进行的增加固定资产的工作，均视为基本建设。基本建设分为整体性固定资产的扩大再生产和部分整体性固定资产的简单再生产。扩大再生产指新建工程，简单再生产指恢复被自然灾害毁坏的固定资产及异地重建的固定资产。基本建设通过新建、扩建、改建和重建等形式来完成，其中新建和扩建是最主要的形式。

上面所涉及的固定资产是指使用期限在一年以上，单位价值在规定标准以上，并且在使用过程中保持原有物质形态的资产，如房屋、汽车、机械设备、仪器等。

固定资产分为生产性和非生产性两类。生产性固定资产指工农业生产用的厂房和机械设备等；非生产性固定资产是指各类福利设施和行政管理设施，如住宅、剧院、办公室、商城等。

2. 基本建设的分类

1）按经济用途，可分为生产性建设和非生产性建设。

2）按建设性质，可分为新建、扩建、改建和重建项目。

3）按投资构成，可分为建筑工程，设备安装工程，工具、器具购置及其他基本建设。

4）按建设规模，可分为大型、中型和小型项目。

5）按投资资金来源和渠道，可分为国家投资和自筹投资两种。

6）按建设过程，可分为筹建项目、施工项目、扫尾项目等。

1.1.2 基本建设的内容

基本建设包括的内容有建筑工程，设备安装工程，设备、工具、器具的购置和其他基本建设。

1. 建筑工程

建筑工程包括的内容有各种厂房、办公楼、仓库、宿舍等建筑物和矿井、桥梁、公路、铁路、码头等构筑物，各种管道、通信电力导线的敷设工程，设备基础、金属结构工程，水利和其他特殊工程等。

2. 设备安装工程

设备安装工程包括的内容有动力、电气、起重、运输、实验、医疗等设备的安装工程，与设备配套的工作台、梯子、支架等的安装工程，附属于各设备的管道安装工程，安装设备的绝缘、保温、涂装工程，以及对单体设备进行无负荷试车等工作。

3. 设备、工具、器具的购置

包括全部需要安装和不需要安装设备的购置，车间、实验室所配备的符合固定资产条件的各种工具、器具、仪表及生产家具的购置。

4. 其他基本建设

其他基本建设是指除包括上述基本建设工作外，整个建设工程所需进行的工作，如勘察设计、土地征用、原有建筑物的拆迁、建设单位管理和生产职工的培训以及联合试车等。

1.2 基本建设程序

1.2.1 基本建设程序的概念

基本建设程序是指建设项目从酝酿提出到该项目建成投入生产或使用的全过程中各阶段建设活动必须遵循的先后次序。它是工程建设活动的客观规律，是建设项目科学决策和顺利进行的重要保证。按照建设项目发展的内在联系和发展过程，建设程序分为若干阶段，这些建设阶段有着严格的先后次序，不能任意颠倒和违背，否则就要受到挫折和惩罚，造成巨大的经济损失和社会影响。

1.2.2 基本建设时期与阶段

目前，我国工程建设程序经过长期的实践，投资建设一个工程项目都要经过投资决策和建设实施两个进展时期。这两个进展时期又可以分为若干个阶段，主要有：项目建议书、可行性研究、建设项目设计、建设项目施工准备、建设项目施工、安装、生产准备、建设项目竣工验收等阶段。这几个大的阶段中都包含着许多环节，这些阶段和环节各有其不同的工作内容。

1. 工程项目建设投资决策时期

工程项目建设投资决策时期一般可以分为三个阶段：

（1）提出项目建议书。它是业主单位向国家或主管部门提出的要求建设某一具体项目的建设性文件，是基本建设程序中最初阶段的工作，也是投资决策前对拟建项目的轮廓设想。项目建议书应重点放在项目是否符合国家宏观经济政策，是否符合产业政策、产品结构要求及生产布局要求等，减少盲目建设和不必要的重复建设。

项目建议书的内容主要包括：项目提出的依据和必要性，拟建规模和建设地点的初步设想，资源情况、建设条件、协作关系、引进国别和厂商等方面的初步分析，投资估算和资金筹措设想，项目的进度安排，经济效果和社会效益的分析等。

项目建议书是国家选择建设项目的依据，当项目建议书批准后方可进行可行性研究。

（2）进行可行性研究。根据国民经济发展规划及项目建议书，运用多种研究成果对建设项目投资决策进行技术经济论证。通过可行性研究，观察项目技术上的先进性和适用性，经济上的盈利性和合理性，以及建设的可能性和可行性等。

可行性研究工作完成后，即可编写反映其全部工作成果的“可行性研究报告”，其内容不尽相同，但一般应包括市场研究、工艺技术方案的研究、经济效益和社会效益评价等。

可行性研究报告经过正式批准后将作为初步设计的依据，不得随意修改和变更，此时建设项目才算正式“立项”。

（3）编制计划任务书。计划任务书又称为设计任务书，是确定建设项目和建设方案的基本文件，也是编制设计文件的主要依据。所有的新建、扩建、改建项目都要按项目的隶属关系，由主管部门组织、计划、设计，或由筹建单位提前编制计划任务书，再由主管部门审查上报。

计划任务书的内容对于不同类型的建设项目是不完全相同的。对于大中型项目，一般包括建设目的和依据，建设规模，产品方案或纲领，生产方法或工艺原则，矿产资源、水文地质和工程地质条件，主要协作条件，资源综合利用情况和环境保护与“三废”治理要求，建设地区或地点及占地面积，建设工期，投资总额，劳动定员控制数，要求达到的经济效益和技术水平等。

2. 工程项目建设投资实施时期

工程项目建设投资的实施一般可分为五个阶段：

（1）编制设计文件。设计文件是安排建设项目和组织施工的主要依据，一般由主管部门或建设单位委托设计单位编制。

一般建设项目应按初步设计和施工图设计两个阶段进行。对于技术复杂且缺乏经验的项目，经主管部门指定，按初步设计、技术设计和施工图设计三个阶段进行。根据初步设计编制设计概算，根据技术设计编制修正概算，根据施工图设计编制施工图预算。

（2）建设准备及招标投标阶段。开工前要对建设项目所需要的主要设备和特殊材料申请订货，并组织大型专用设备和施工项目的招标投标活动。建设准备阶段的主要工作包括征地拆迁，技术准备，搞好“三通一平”，修建临时生产和生活设施，协调图样和技术资料的供应，落实建筑材料、设备和施工机械，组织施工招标，择优选择施工单位。

（3）全面施工阶段。工程项目经批准开工建设，即进入全面施工阶段。项目开工是指设计文件中规定的任何一项永久性工程第一次正式破土开槽施工的日期。

全面施工阶段一般包括土建、给水排水、采暖通风、电气照明、动力配电、工业管道，以及设备安装等工程项目的施工。为确保工程质量，施工必须严格按照施工图样、施工验收规范等要求进行，合理地组织施工。

（4）生产准备阶段。生产准备是项目投产前由建设单位进行的一项重要工作。在展开全面施工的同时，要做好各项生产准备，以保证及时投产，并尽快达到生产能力。其主要工作包括组织强有力的生产指挥机构，制定颁发必要的管理制度和安全生产操作规程，招收和培训生产骨干和技术工人，组织生产人员参加设备的安装、调试和竣工验收，组织工具、器具和配件等的制作和订货，签订原材料、燃料、动力、运输和生产协作的协议等。

（5）竣工验收和交付使用。建设项目按批准的设计文件所规定的内容建成后，便可以组织竣工验收，对建设项目进行全面考核。验收合格后，施工单位应向建设单位办理工程移交和竣工结算手续，使其由基本建设系统转入生产系统。建设单位负责编制竣工决算。

投资决策时期的三个阶段和投资实施时期的前两个阶段为建设前期，它包括的范围广，占用资金不多，但对工程建设的投资、质量起着决定性的作用。投资实施时期中的每一个阶段都以前一个阶段的工作成果为依据，同时又为后一环节创造条件，环环相扣，若其中有一个环节失误，即会造成全盘失误。因此，必须严格按基本建设程序办事。

1.3 基本建设项目划分

基本建设项目是一个有机整体，根据项目管理和项目经济核算的需要，将建设项目划分为单项工程、单位工程、分部工程、分项工程等层次。

建设项目是指在一个总体设计或初步设计范围内，由一个或几个单项工程组成，在经济上实行独立核算，行政上有独立的组织形式，实行统一管理的建设单位。它具有单件性的特点（限定的资源、限定的时间、限定的质量），具有一定的约束性（确定的投资、确定的工期、确定的空间、确定的质量要求）和项目各组成部分有着有机的联系。一般以一个企业、事业单位或大型独立工程作为一个建设项目。例如，新建一座工厂、一所学校等均为一个基本建设单位。在给水排水工程建设中通常指城市或厂矿的某项给水工程或排水工程为建设单位。

1. 单项工程

单项工程又称工程项目，是具有独立设计文件，能单独编制综合预算，竣工后可以独立发挥生产能力或效益的工程。一个建设项目可包括几个单项工程，也可以有一个单项工程。例如，生产车间建成后可生产产品，发挥生产能力；取水泵站建成后可为用户提供服务；净水厂建成后可满足不同用户用水需求。

2. 单位工程

单位工程是单项工程的主要组成部分，通常是指具有单独设计的施工图样，可以独立组织施工的工程或单独编制的施工预算，即单位空间的分部和分项工程的总和，具有施工条件和独立计算成本对象，但建成后一般不能单独进行生产或投入使用的工程。

建筑工程是一个复杂的综合体，为计算方便，一般根据各个组成部分的性质、作用和专业特点，将一个单项工程划分为几个单位工程，如土建工程、工业管道工程、设备及其安装工程、电气照明工程等。建筑工程一般以单位工程作为编制概预算和成本考核的对象。

在给水排水工程项目划分中，单位工程为取水工程中的管井、取水口、取水泵房等，净水工程中的絮凝池、沉淀池、澄清池、滤池、清水池、加药间、二级泵站以及办公室、化验室、厂区道路、绿化等均属单位工程。

污水处理厂中的污水泵站、沉砂池、初次沉淀池、曝气池、二次沉淀池、消毒池以及污泥消化池、污泥脱水池、干化机房等均属于单位工程。

每个单位工程的技术构成，可分为土建工程、配管、设备及安装工程、电气工程等组成部分。

3. 分部工程

分部工程是单位工程的组成部分，一般按单位工程的各个部位、构件性质、使用的材料、工种或设备的种类和型号等划分而成。例如，一般土木工程可以划分为土石方工程、打桩工程、基础工程、砌筑工程、金属结构工程、木结构工程、楼地面工程、门窗及装饰装修工程等分部工程。给水排水工程可划分为管道安装、阀门安装、卫生器具安装等分部工程。通风空调工程可划分为风管制作安装、调节阀的制作安装、风口制作安装、通风空调设备安装等分部工程。电气设备工程可划分为变压器、配电装置、配管配线、照明器具等分部工程。

在每个分部工程中，由于构造和使用材料规格或施工方法等因素的不同，完成同一计量单位的工程所需要消耗的工、料、机及其价值的差别是很大的。因此，为满足计算造价的需要，还应将分部工程进一步细划为分项工程。

4. 分项工程

分项工程是分部工程的主要组成部分，它是指分部工程中，按照不同的施工方法、不同的施工材料、不同的规格而进一步划分的最基本的工程要素。其特点是用简单的施工过程就能完成，以适当的计算单位就可以计算工程量及其单价的建筑或给水排水安装工程。一般没有独立存在的意义，只是为了编制建设预算时，人为确定的一种比较简单和可行的假定“产品”。例如，给水排水管道安装分部工程，可划分为室外管道、室内管道、焊接钢管、铸铁管安装、管道消毒冲洗等分项工程；照明器具分部工程可划分为普通灯具安装、荧光灯具安装、防水防尘灯的安装等分项工程。

综上所述，一个建设项目是由一个或几个单项工程组成，一个单项工程又由几个单位工程组成，一个单位工程可以划分为若干个分部工程，一个分部工程可划分为若干个分项工程，如图 1-1 所示，而建设概预算文件的编制就是从分项工程开始的。

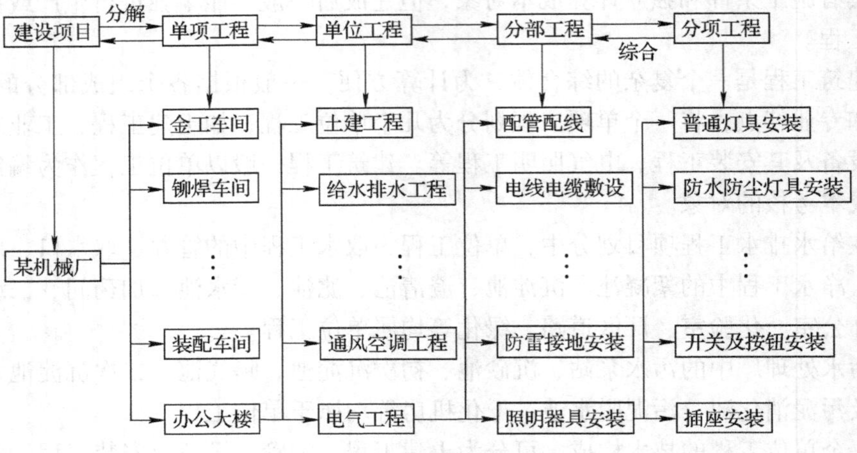

图 1-1　建设项目划分示意图

1.4 建设工程造价和文件

1.4.1 建设工程造价概述

1. 工程造价的含义

中国建设工程造价管理协会（CECA）定义建设工程造价为“完成一项建设工程所需花费的费用总和。其中建筑安装工程费，也即建筑、安装工程的造价，在涉及承发包的关系中，与建筑、安装工程造价同义”。该定义明确了建设工程造价具有“费用总和”和“建筑安装工程费”两个内涵。

“费用总和”又称为建设成本或工程投资，是对投资方、业主、项目法人而言的。在确保建设要求、工程质量的基础上，其目的是谋求以较低的投入获得较高的产出。从性质上讲，建设成本的管理属于对具体工程项目的投资管理范畴。

“建筑安装工程费”又称为承包价格或工程价格，是对发包方、承包方双方而言的。在具体工程中，双方都在通过市场谋求有利于自身的合理的承包价格，并保证价格的兑现和风险的补偿。因此，双方都有对具体工程项目的价格管理问题，该项管理属于价格管理范畴。

工程价格是指工程项目的承发包价格，这一承发包价格实际上是指通过招标投标等方式，承包商或项目实施者从业主处所获得的工程建设项目的全部收入。它与工程投资关系密切，是工程投资的主要组成部分，其价格的高低直接影响工程投资的多少。

一般而言，工程投资是指由业主支付给项目实施者的一个工程项目的全部费用，包括在工程项目全过程中，从土地购置、规划设计、勘探到土建、安装、监理、造价管理等方面的各种资源消耗与占用的费用和其他费用。

一些工程造价管理学者还会使用“工程造价”这个概念，该概念会随讨论的问题和使用场合的不同具有不同的含义，有时是指“工程投资”，有时又指“工程价格”。“工程造价”在被赋予了这两个内涵之后，作为通用的基本术语，在讨论问题和使用场合不同时，其含义会有所不同。

2. 基本建设项目投资构成和工程造价构成

我国现行基本建设项目投资构成包含固定资产投资和流动资产投资两部分。其中，固定资产投资与建设项目的工程造价在量上是相等的。工程造价的构成按工程项目建设过程中各类费用支出或花费的性质和途径等划分，一般包括建筑安装工程费用、设备及工器具购置费用、工程建设其他费用、预备费、建设期贷款利息、固定资产投资方向调节税（暂停征收）六部分。

（1）建筑安装工程费用。此部分费用包括建筑工程费用和安装工程费用两大部分。每部分均由直接工程费、间接费、利润及税金四部分组成。

（2）设备及工器具购置费用。设备购置费是指为建设项目购置或自制达到固定资产标准的各种国产或进口设备、工具、器具的费用，它由设备原价和设备运杂费构成。工具、器具及生产家具购置费用是指新建或扩建项目按初步设计规定的保证初期正常生产必须购置的没有达到固定资产标准的设备、仪器、模具、器具、生产家具和备品、备件等的费用。

（3）工程建设其他费用。此部分费用为除上述费用以外的包括为保证工程建设顺利完工和交付使用后能发挥效用而发生的各项费用，可分为三大类。

1）土地使用费。为获得建设用地而支付的费用，包括土地使用权出让金和土地征用及拆迁补偿费等。

2）与项目建设有关的其他费用。一般包括建设单位管理费、勘察设计费、研究试验费、建筑单位临时设施费、工程监理费、工程保险费等费用。

3）与未来企业生产经营有关的其他费用。主要包括生产准备费、联合试运转费等。

（4）预备费。按我国现行规定，预备费包括基本预备费和价差预备费。

1）基本预备费是指在初步设计及概算内难以预料的工程费用，即

基本预备费 =（建筑安装工程费用 + 设备及工器具购置费用 +
工程建设其他费用）×基本预备费率

2）价差预备费是指建设项目在建设期内，由于价格等变化引起工程造价变化而预测的预留费用。通常采用复利方法计算。

3. 工程造价计价特点

建设工程造价除具有一切商品价格的共同特点之外，还具有其自身的价格特点，即单件性计价、多次性计价和组合性计价。

（1）单件性计价。建设工程实物形态千差万别，构成工程费用的各种价值要素差异很大，最终导致建设程序不可能像工业产品那样按品种、规格、质量、批量定价，而只能根据各个工程项目的特点，通过特定的计价模式进行单件计价。

（2）多次性计价。建设工程的生产周期长，消耗资源多。为了便于工程建设各方经济关系的建立，适应项目管理的需求和工程造价控制的要求，需要按照建设程序的各阶段多次计价。从投资估算、设计概算、施工图预算到招标承包合同价、工程价款结算、竣工决算等，整个计价过程是一个由粗到细，由浅到深，最后确定实际造价的过程。各计价过程相互衔接，前者制约后者，后者是前者的细化和补充，如图1-2所示。

（3）组合性计价。建设项目分为单项工程、单位工程、分部工程、分项工程

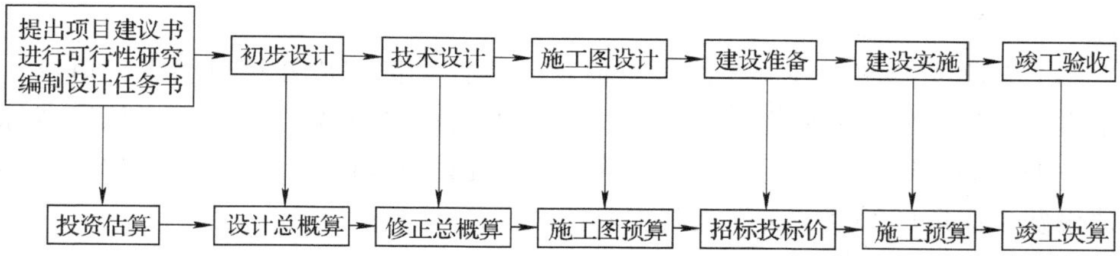

图1-2 基本建设程序与概预算对应关系图

四个层次。其中，分项工程是比较简单的施工过程，可以用适当的计量单位计量，并便于计算消耗的工程基本构成要素。工程计价时，首先对各分项工程进行计价，从而确定出分部工程造价，各分部工程造价汇总形成单位工程造价，各单位工程价格汇总形成单项工程造价。因此，建设工程是按工程构成的分部组合进行计价的。

4. 不同建设阶段的工程造价名称及作用

（1）投资估算。在项目建议书、可行性研究或计划任务书阶段，建设单位向国家或主管部门申请基本建设投资时，为了确定建设项目投资总额而编制的经济文件，称为投资估算。它是国家或主管部门审批或确定基本建设投资计划的重要依据。投资估算主要是根据估算指标、概算指标或类似工程预（决）算等资料进行编制的。

经过相关单位批准的投资估算，即为该项目的国家计划控制造价。

（2）设计概算。设计概算又称为工程概算，是在初步设计或扩大初步设计阶段，由设计单位根据初步设计图样，概算定额或概算指标，设备预算价格，各项费用定额或取费标准，建设地区的自然、技术经济条件等资料，预先计算建设项目由筹建至竣工验收、交付使用全部建设费用的经济文件。

经批准的设计概算即为控制拟建项目工程造价的最高限额。其主要作用是：

1）国家确定和控制建设项目总投资的依据，未经规定的程序批准，不能突破总概算限额。

2）编制基本建设计划的依据。每个建设项目，只有当初步设计和概算文件被批准后，才能列入基本建设计划。

3）进行设计概算、施工图预算和竣工决算（简称“三算”）对比的基础。

4）实行投资包干和招标承包制的依据，也是建设银行办理工程拨款、贷款和结算以及实行财政监督的重要依据。

5）考核设计方案的经济合理性，选择最优设计方案的重要依据。利用概算对设计方案进行经济性比较，以提高设计质量。

（3）修正概算。当采用“三阶段”设计时，在技术设计阶段随着设计内容的具体化，建设规模、结构性质、设备类型和数量等方面内容与初步设计相比可能有出入时，设计单位对投资进行具体核算，对初步设计的概算进行修正而形成经济文件。

(4) 施工图预算。在施工图设计阶段，设计全部完成并经过会审，单位工程开工之前，施工单位根据施工图样、施工组织设计、预算定额、各项费用取费标准和建设地区的自然、技术经济条件等资料，预先计算和确定单项工程和单位工程全部建设费用而形成的经济文件。其主要作用是：

1) 确定建筑安装工程造价的依据。

2) 签订建筑安装工程施工合同、实行工程预算包干、进行工程竣工结算的依据。

3) 建设银行拨付工程价款的依据。

4) 施工企业加强经营管理，搞好经济核算，实行施工预算和施工图预算（简称“两算”）对比的基础，也是施工企业编制经营计划、进行施工准备和投标报价的依据。

(5) 标底及投标报价。工程项目的标底就是在招标前，由建设单位根据工程设计图样，国家、省及其授权机关颁发的有关定额和取费标准等算出的投资总额，并且经当地工程招标管理部门或银行审定后确定的发包造价。

标底的计算主要是以施工图预算为基础，并具有计算准确、可靠程度高的特点。

投标报价是投标单位根据招标文件及自身的管理水平、装备能力、技术力量和资金情况等进行计算后所编制的工程项目价格的经济性文件。

(6) 工程结算。一个单项工程、单位工程、分部工程或分项工程完工后，经建设单位及有关部门验收，须由施工企业根据施工过程中发生的增减变化内容（包括设计变更通知书、现场签证、材料代用等资料），并按合同及工程造价的有关规定对原合同造价或施工图预算进行调整编制，最终形成工程造价文件。

(7) 竣工决算。在竣工验收阶段，须有建设单位编制的反映建设项目从筹建到竣工验收、交付使用全过程实际支付的建设费用的经济文件，内容由文字说明和决算报表两部分组成。竣工决算全面反映了基本建设的经济效果，是核定新增固定资产和流动资产价值、办理交付使用的依据。

5. 工程建设概预算文件

概预算文件主要由下列概预算书组成：

(1) 单位工程概预算书。在确定某一个单项工程时，一般包括土建工程、给水排水工程、电气照明工程等各单位工程建设费用的文件。

单位工程概预算是根据设计图样和概算指标、概算定额、预算定额、其他直接费和间接费定额，以及国家有关规定等资料编制的。

(2) 综合概预算书。它是确定各个单项工程全部建设费用的文件，并由该单项工程内的各单位工程概预算书汇编而成。当一个建设项目中只有一个单项工程时，则与该工程项目有关的其他工程和费用的概预算书，也应列入该单项工程综合概预算书中，单项工程综合概预算书实际就是一个建设项目的总概预算书。综合概预算书包括工程或费用名称，建筑工程费（应分别列出土建工程，给水排水工程，采暖、煤气工程，通风工程，装饰工程等费用），设备及安装工程费，以及其他费用和技术经济指标等内容。

（3）建设项目总概预算书。它是确定一个建设项目从筹建到竣工验收全过程的全部建设费用的总文件，是由该建设项目各单项工程的综合概预算书汇总而成的，包括建成一个建设项目所需要的全部投资。

综上所述，一个建设项目的全部建设费用是由总概预算书确定和反映的，并由一个或几个单项工程的综合概预算书组成。一个单项工程的全部建设费用是由综合概预算书确定和反映的，它由该单项工程内的几个单位工程概预算书组成。

在编制建设项目概预算时，应首先编制单位工程概预算书，然后编制单项工程综合概预算书，最后编制建设项目总概预算书。

6. 基本建设预算制度

基本建设预算制度是对基本建设预算的编制、审批办法、各种定额、材料预算价格的编制，以及基本建设预算的组织与管理工作的总称。

（1）基本建设预算的编制与审定。基本建设预算是对设计概算和施工图预算的总称。采用“两阶段”设计的项目，由设计部门编制设计概算和施工图预算。采用“三阶段”设计的项目，设计部门还要在技术设计阶段编制修正概算。对于技术简单的小型建设项目，设计方案确定之后就可进行施工图设计，并编制施工图预算。

建设单位在报批设计文件的同时，必须报批设计概算。施工图预算目前主要由施工单位编制，同时，国家规定有条件的设计单位也要编制施工图预算。

建设单位以审查施工图预算为主，一般不单独编制施工图预算。

施工图预算的审定，应由建设单位或其主管部门组织建设单位、设计单位、施工单位、银行分别或集中进行。从交付预算文件之日算起，预算的审定时间一般不超过30天。

（2）基本建设预算工作的管理机构。目前，我国由建设部标准定额司主管基本建设预算工作。各省自治区直辖市可设置独立的建设工程造价管理机构，组织制定工程价格管理的有关法规、制度并贯彻实施，负责预算定额、费用定额等的制定和管理工作，以及管理造价咨询单位的资质工作。各市、县可设立建设工程造价管理机构，负责材料预算价格的编制和日常的定额、预算管理工作。

设计机构和工程造价咨询机构按照业主或委托方的意图，在可行性研究和设计阶段，合理确定及有效控制建设项目的工程价格，通过限额设计等手段实现设定的价格目标；在招标投标工作中编制标底，参加评标、议标；在项目实施阶段，通过设计变更、索赔等管理进行价格控制。

承包企业设有专门的职能机构参与企业的投标决策；在施工过程中进行价格的动态管理，加强成本控制；进行工程价款的结算，避免收益的流失。

建设银行是主管基本建设信贷投资的专业银行，负责合理发放和监督建设资金的使用和回收工作，所以也应有相应的预算管理和监督的职责。

中国建设工程造价管理协会是具有社会团体法人资格的全国性社会团体，对外代表造价工程师和工程造价咨询服务机构的行业性组织。

（3）我国的造价工程师执业制度。我国的造价工程师是由国家授予资格并准予注册后执业，专门接受某个部门或某个单位的指定、委托或聘请，负责并协助其进行工程造价的计价、定价及管理业务，以维护其合法权益的一种独立设置的职业的从业人员。造价工程师应既懂得工程技术，又懂得工程经济和管理，并具有实践经验，能为建设项目提供全过程价格确定、控制和管理，使既定的工程造价限额得到控制，并取得最佳投资效益。

现行制度规定，凡从事工程建设活动的建设、设计、施工、工程造价咨询、工程造价管理等单位和部门，必须在计价、评估、审查（审核）、控制及管理等岗位配备有造价工程师执业资格的专业技术人员。

我国的造价工程师执业资格制度是指国家建设行政主管部门或其授权的行业协会，依据国家法律法规制定的，规范造价工程师职业行为的系统化的规章制度以及相关组织体系的总称。

基本建设预算制度是社会主义市场经济规律在基本建设中的客观反映，也是国家宏观控制基本建设的具体形式。

思考与练习题

1. 什么是基本建设？基本建设可以分成几种类型？

2. 举例说明工程建设项目的几个层次。

3. 某建筑项目中的钢筋混凝土工程、砖砌工程、给水排水工程、采暖工程、电气照明工程，在建设项目划分中，应各属于什么工程？

4. 基本建设程序包含哪些内容？

5. 怎样理解“两算”、“三算”的内涵？同一个建设项目，概算额与预算额哪个高？为什么？

6. 根据项目管理和项目经济核算的需要，不同阶段需要编制不同造价文件。试说明它们各自的名称及作用。

7. 投资与工程造价有何关系？工程造价的含义及其计价特点是什么？

8. 我国工程造价如何分类？找出不同造价文件之间的差异。

第 2 章 水工程造价编制与组成

2

工程造价管理贯穿工程建设的全过程。在项目决策阶段，其主要任务是编制工程投资估算，并对不同的方案进行对比，为决策提供依据。设计阶段的工程造价管理是整个工程造价管理的关键，可通过编制设计概算了解工程造价的构成，分析设计方案的经济合理性，以及设计方案的技术和经济的统一性，为控制工程造价提供依据。在建设准备阶段，通过编制施工图预算，为工程招标投标、确定承发包价格、签订工程合同等提供依据。在项目施工阶段，其主要工作是工程的计量和工程价款的结算，这是考核工程实际进度和实现项目实施过程造价控制的关键。在竣工验收阶段，竣工结算是承包方与业主办理工程价款最终结算的依据，也是核定建筑安装工程费用的依据。同时，建设单位应按照国家有关规定编制反映项目从筹建到竣工投产使用过程全部实际支出费用的竣工决算的经济文件。

2.1 投资估算

2.1.1 投资估算的作用、编制内容和深度

1. 投资估算的作用

投资估算是工程项目建设前期从投资决策直至初步设计之前的重要工作环节。其作用是满足以下几个方面的需要：

1）满足项目建议书（包括前期的规划阶段）的需要。因项目建议书中就有"投资估算和资金筹措设想"一项。

2）满足可行性研究（或设计任务书）的需要。可行性研究的关键内容之一是投资估算，该部分的正确与否和是否符合工程实际，决定着能否正确论证项目投资。对某些按规定只需编制设计任务书的项目，则要求在任务书中也应列入投资总额的估算。

3）满足工程设计投标和城市建筑方案设计竞选的需要。对于不属于方案竞选

范围的工程，规模较小或较简单的工程，为了简化设计，采取只做方案设计代替初步设计的方式，经批准后直接进入施工图设计者，则在方案设计阶段也需要进行投资估算，以代替初步设计概算。

4）满足限额设计的需要。投资估算一经确定，即成为限额设计的依据，用以对各设计专业实行投资切块分配，作为控制和指导设计的尺度或标准。

2. 投资估算的编制内容及深度

（1）投资估算的编制内容。除特别规定外，一般应包括从筹建至竣工验收的全部建设工程费用，其中包括建筑、安装工程费，设备、工器具和生产家具购置以及与建设有关的其他费用，并应列入预备费（即不可预见费）。

由于工程规模的大小不同，工程项目、费用内容也有所差异。一个全厂性的工业项目或整体性民用工程项目（如小区住宅、学校、医院等），应包括红线以内的准备工作（如征地、拆迁、平整场地等）、主体工程、附属工程、室外工程（如大型土方、道路、广场、管线、构筑物和庭院绿化等），直至红线外的市政工程，以及建设单位管理费等其他费用。如仅仅是一个单项工程，或几个单项工程的工业或民用新建、扩建工程，其规模就相应缩小，投资估算的内容也就相应地减少，但仍应包括准备工作费和其他费用等。

在住房和城乡建设部2008年颁发的《建筑工程设计文件编制深度规定》中，指明投资估算的编制内容反映的是一个建设项目所需全部建筑安装工程投资，对项目建议阶段，应编制出项目总估算书，它包括工程费的单项工程投资估算、工程建议其他费用估算、预备期间基本预备费和价差预备费、投资方向调节税及建设期贷款利息。对可行性研究报告阶段，应编制出项目总估算书、单项工程投资估算。

投资估算文件一般应包括投资估算编制说明（说明编制依据、不包括的工程项目和费用、其他问题等）及投资估算表。

（2）投资估算的编制深度。由于投资估算的编制阶段、编制依据和用途的不同，投资估算的编制深度随之有出入，因此只能根据不同要求而定。一般来说，对于主要工程项目应分别编制每个单位工程的投资估算，然后再汇总成一个单项工程的投资估算。对于附属项目或次要项目则可简化编制一个单项工程的投资估算（其中包括土建、水暖、自控、电等）。对于其他费用也应按单项费用编制。这里当然也不排斥能再编制比单位工程更细一些的投资估算，如建筑给水排水工程中再分成给水、排水、消防等不同投资；变配电站和泵房泵站等附属工程中再分为建筑工程和设备的投资估算等。

（3）投资估算的误差率。投资估算既然是在建设前期所确定的投资，而且编制的阶段还有所不同，因此其准确程度不可能与编制概算、预算等相提并论。误差率大致如下：

1）规划阶段：±30%以内。

2）项目建议书阶段：±20%以内。

3）可行性研究阶段：±10%以内。

4）评审阶段：±10%以内。

2.1.2　投资估算的编制依据和方法

1. 投资估算的编制依据

投资估算的编制依据如下：

1）与项目背景、性质和要求有关的文件资料。

2）投资估算指标、概算指标、技术经济指标。

3）造价指标（包括单项工程和单位工程造价指标）。

4）类似工程概预算。

5）设计参数（或设计定额指标），包括各种建筑面积指标、能源消耗指标等。

6）概预算定额及其单价。

7）当地材料、设备预算价格及市场价格（包括设备、材料价格等）。

8）当地建筑工程取费标准，如其他直接费、间接费、利润、税金以及与建设有关的其他费用标准等。

9）当地历年、历季调价系数及材料差价计算办法等。

10）现场情况，如地理位置、地质条件、交通、供水、供电条件等。

11）其他经验参考数据，如材料及设备运杂费率、设备安装费率、零星工程及辅材的比率等。

以上资料越具体、越完备，编制投资估算就越正确。

2. 投资估算的编制方法

投资估算编制方法的特点是，由于它是在建设前期编制的，其编制的主要依据还不可能太具体，有别于编制概预算时那么细致。编制时要从大处掌握，根据不同阶段的条件，做到粗中有细，尽可能达到应有的准确度。

（1）国内常用的投资估算方法。投资估算的方法，以采用的主要编制依据来划分。目前国内常用以下方法：

1）采用投资估算指标、概算指标、技术经济指标编制。给水排水工程的投资估算指标，包括工艺设备、建筑安装工程、其他费用等实物消耗量指标和编制年度的造价指标、取费标准及价格水平等内容。编制投资估算时，应根据年生产能力套用对口的指标，对某些应调整、换算的内容进行调整。

辅助项目及构筑物等则一般以“$100m^2$ 建筑面积”或“座”、“m^3”等作为单位。

表 2-1 归纳了我国城市污水处理的投资估算指标。

表 2-1 城市污水处理的投资估算指标

类 型	建设规模	投资估算指标/[元/(m^3·d)]	
		不含污泥消化	含污泥消化
一级污水厂	Ⅰ	335～285	
	Ⅱ	400～335	
	Ⅲ	480～400	
	Ⅳ	575～480	
	Ⅴ	685～575	
二级污水厂	Ⅰ	700～600	800～690
	Ⅱ	820～700	935～800
	Ⅲ	950～820	1085～935
	Ⅳ	1120～950	1285～1085
	Ⅴ	1350～1120	1560～1285
污水深度处理	Ⅰ		
	Ⅱ	370～320	
	Ⅲ	425～370	
	Ⅳ	510～425	
	Ⅴ	635～510	
污水泵站	Ⅰ	50～30	
	Ⅱ	70～50	
	Ⅲ	90～70	
	Ⅳ	115～90	
	Ⅴ	140～115	
污水管道	管径/mm	投资指标/(元/m)	
	600	510～690	
	800	720～920	
	1000	940～1165	
	1200	1185～1440	
	1400	1520～1800	
	1600	2120～2430	
	1800	2745～3095	
	2000	3370～3760	

注：1. 污水厂工程投资指标只包括厂区围墙内的设施，不包括征地、拆迁、青苗与破路赔偿、电力增容等费用。

2. 工程投资估算指标的材料价格根据××市 1999 年材料预算价格计算，对不同时间、地点及人工材料价格变动，可按工程万元实物指标调整后使用。

3. 表中指标未考虑湿陷性黄土区、地震设防、永久性冻土和地质情况十分复杂等因素的特殊要求；厂站设备均按国产设备考虑。

4. 表中指标规模大的取低限，规模小的取高限；管道埋深大的取指标上限，管道埋深小的取指标下限。

5. 污水水质按一般情况考虑，即进厂水的 BOD_5 为 150mg/L，出厂水的 BOD_5 为 20mg/L；一级污水处理厂包括一级强化；污水干管的平均埋深 3～5m，无地下水，土方按照二、三、四类土平均计算。

6. 二级处理主体工艺按活性污泥法考虑。

7. 建设规模的划分Ⅰ类 50×10^4 ～ $100\times10^4 m^3/d$；Ⅱ类 30×10^4 ～ $50\times10^4 m^3/d$；Ⅲ类 10×10^4 ～ $30\times10^4 m^3/d$，Ⅳ类 5×10^4 ～ $10\times10^4 m^3/d$；Ⅴ类 1×10^4 ～ $5\times10^4 m^3/d$，以上各规模含下限值，不含上限值。

城市污水处理工程各分项工程投资比例见表2-2。

表2-2 城市污水处理工程各分项工程投资比例

项目	建筑工程	工艺设备	电气设备	管道配件	合计
一级处理	58%	16%	10%	16%	100%
二级处理	50%	26%	12%	12%	100%
污水深度处理	55%	18%	12%	15%	100%
污水泵站	58%	25%	12%	5%	100%

根据《市政工程投资估算指标》（2007），水工程投资估算指标按范围包括给水工程投资估算指标、排水工程投资估算指标、防洪堤防工程投资估算指标。按内容有综合指标和分项指标。它们都适用于新建、改建和扩建工程，不适用于技术改造、加固工程以及特殊要求的工程。

① 综合指标。综合指标总造价包括建筑安装工程费、设备器具购置费、工程建设其他费用、基本预备费；还包括主要材料用量，厂、站工程的占地数量、设备功率。水工程项目综合指标见附录A。指标中的水量规模与造价指标成反比例，造价指标可根据设计水量按插入法取定。指标上限适用于建设条件差、水环境条件差、地质条件较差、工艺标准和结构标准较高、自控程度较高、有独立的附属建筑物等情况，必要时应按规定作相应的调整。

指标中的建筑安装工程费包括直接费（即指标基价）、其他工程费、综合费用。其中直接费由人工费、材料费、机械使用费组成；其他工程费由为完成主体工程必须发生的其他工程（如平整场地、临时便道、便桥、堆场，拆除旧构筑物，临时接水接电及竣工后交工养护）费用组成；综合费用由其他直接费、间接费、利润和税金组成。

指标中的设备、工器具购置费依据设计文件规定计列，其价格由原价、运输费、采购保管费组成，进口设备还包括到岸价格、关税、银行手续费、商检税及国内运杂费等费用。

工程建设其他费用包括建设单位管理费、研究试验费、供配电费、生产准备费、引进技术和进口设备其他费、联合试运转费等。

基本预备费是指在初步设计和概算中未可预见的工程费用。

设备指标按主要设备的功率计算（不包括备用设备），如各种水泵、空气压缩机、鼓风机、机械反应及搅拌设备、吸泥设备、刮泥设备等其他水处理设备。次要设备（如起重机设备等）及照明功率都未计算在内。

占地指标按生产所必需的各种建筑物、构筑物的土地面积计算，不包括预留远期发展和卫生防护地带用地。

综合指标未考虑湿陷性黄土地区、地震设防、永久性冻土地区和地质情况十分复杂等地区的特殊要求。厂、站设备均按国产设备考虑，未考虑进口设备因素。

指标不包括土地使用费（含拆迁、补偿费）、施工机械迁移费、涨价预备费、建设期贷款利息和固定资产投资方向调节税。

② 分项指标。分项指标包括建筑安装工程费，设备、工器具购置费。

利用分项指标计算给水、排水管渠的建筑安装工程费应运用管渠长度指标(元/100m)；利用分项指标计算构筑物或建筑物的建设安装工程费用应运用面积、体积、过滤面积、容积指标，而水量指标只作为复核综合指标时参考。

使用分项指标时，应按拟建项目的单项构筑物、建筑物的规模、工艺标准和结构特征，选择有一定代表性的分项指标；当拟建项目的单项构筑物、建筑物与指标中的单项构筑物、建筑物在规模、工艺标准和结构特征等自然条件和设计标准相差较大时，应按工程实际情况进行调整。

2）采用生产规模指数估算法编制。采用该法的前提是要有建设规模与标准相类似的已建工程的概预算（或标底），其中以后者较可靠，套用时对局部不同用料标准或做法加以必要的换算和对不同年份在造价水平上的差异加以调整。即

$$C_2 = C_1\ (Q_2/Q_1)^n f$$

式中 C_1——已建类似项目或装置的投资额；

C_2——拟建项目或装置的投资额；

Q_1——已建类似项目或装置的生产规模；

Q_2——拟建项目或装置的生产规模；

f——不同时期、不同地点的定额、单价、费用变更等的综合调整系数；

n——生产规模指数，$0 \leqslant n \leqslant 1$，若已建类似项目或装置的生产能力和拟建项目或装置的生产能力相差不大，生产能力比值为0.5～2，则$n \approx 1$；若已建类似项目或装置与拟建项目或装置的规模相差不大于50倍，且拟建项目规模的扩大仅靠增大设备规模来达到时，则$n = 0.6 \sim 0.7$；若拟建项目规模的扩大是靠增加相同规格设备的数量来达到时，则$n = 0.8 \sim 0.9$。

【例2-1】 某地已建成一座年产量为30万t的某生产装置，投资额为8000万元，现拟在该地再建一座年产量为90万t的该类产品的生产装置，已知$f = 1.2$，试采用生产规模指数估算法进行拟建项目的投资估算。

【解】 设$n = 0.6$，则

$$C_2 = 8000\text{万元} \times (90/30)^{0.6} \times 1.2 \approx 18558.55\text{万元}$$

采用生产规模指数估算法进行拟建项目的投资估算，只需用生产规模就能进行投资估算，不需要详细的工程设计资料，计算简单，速度快，但要求选用的类似工程的资料必须合理、可靠，条件基本相同，否则就会增大投资估算的误差。

3）采用近似（匡算）工程量估算法编制。这种方法基本与编制概预算方法相同，即在匡算主要子项目工程量后（不一定太精确），套上概预算定额单价和取费

标准，加上一定的配套子项目系数，即为所需投资。这种方法适用于无指标可套的单位工程，如构筑物、室外工程等，也适用于对局部不相同的构配件分项工程和水、暖、电气等工程的换算和调整。

4）朗格系数估算法。此法也称因子估算法，是以设备为基础，乘以适当的系数来推算拟建项目所需投资额的投资估算方法。估算公式

$$C = E(1 + \sum K_i)K_c$$

式中 C——拟建项目的总投资；

E——主要设备费；

K_i——管线、仪表、建筑物等项费用的估算系数；

K_c——管理费、设计费、合同费、预备费等项费用的总估算系数。

拟建项目总投资额与主要设备费用之比称为朗格系数 K_L，即

$$K_L = \frac{C}{E} = (1 + \sum K_i)K_c$$

朗格系数包含的内容见表2-3。

表2-3 朗格系数

项目		固体流程	固流流程	流体流程
朗格系数 K_L		3.1	3.63	4.74
内容	a 包括基础、设备、绝热、涂装及设备安装费	$E\times1.43$		
	b 包括上述各项费用在内的配管工程费	a×1.1	a×1.25	a×1.6
	c 安装直接费	b×1.5		
	d 包括上述内容和间接费，即总投资 C	c×1.31	c×1.35	c×1.38

应用朗格系数法完成拟建项目投资估算的步骤：

第1步，估算设备到达现场的费用。此项费用包括设备的出厂价、运费、装卸费、关税、保险费、采购费等。

第2步，估算设备基础、绝热工程、涂装工程、设备安装工程等各项费用。用估算的设备费乘以1.43作为此项费用。

第3步，估算包括上述各项费用在内的配管工程费。以第2步估算值为基数，视不同的流程分别乘以1.1、1.25、1.6作为此项费用。

第4步，估算包括上述各项费用在内的此项装置（或项目）的直接费。以第3步估算值为基数，乘以1.5作为此项费用。

第5步，估算拟建项目的总投资。以第4步估算值为基数，视不同的流程分别乘以1.31、1.35、1.38，可计算拟建项目的总投资。

由于装置规模大小发生变化、不同地区自然条件和经济条件的影响，以及主要设备材质发生变化，设备费用变化较大而安装费变化不大所产生的影响等，应用朗

格系数法进行工程项目或装置估价的精度不是很高。

由于朗格系数法是以设备费为计算基础，对于设备费占比例较大的投资项目，以及设备费、安装费、配管工程费等具有一定规律的投资项目，只要掌握好朗格系数，估算值仍能达到一定的精度，其误差一般为10%～15%。

【例2-2】 某市兴建一座净水厂，该厂建有投药间及药库、反应沉淀池、过滤站、清水池、输水泵房、浓缩池、脱水机房、变电室等分部工程，已知其主要设备费分别为：3.5、22.0、65.0、1.0、11.0、8.6、60.0、48.0万元，试使用朗格系数法为该净水厂进行投资估算。

【解】 使用表2-3中工艺流程的有关数据，按步骤完成投资估算。

1）主要设备到达工地现场的费用合计为219.10万元。

2）估算设备基础、绝热工程、涂装工程、设备安装工程等项费用

$$a=219.10\text{ 万元}\times1.43=313.313\text{ 万元}$$

则其中设备基础、绝热工程、涂装工程、设备安装工程费用

$$(313.313-219.10)\text{万元}=94.213\text{ 万元}$$

3）估算包括上述各项费用在内的配管工程费

$$b=313.313\text{ 万元}\times1.6=501.3008\text{ 万元}$$

则其中配管工程费用为

$$(501.3008-313.313)\text{万元}=187.9878\text{ 万元}$$

4）估算包括上述各项费用在内的此项装置的直接费

$$c=501.3008\text{ 万元}\times1.5=751.9512\text{ 万元}$$

则其中建筑、电气、仪表等工程费用为

$$(751.9512-501.3008)\text{万元}=250.6504\text{ 万元}$$

5）计算拟建项目的总投资

$$C=751.95127\text{ 万元}\times1.38=1037.69\text{ 万元}$$

则其间接费用为

$$(1037.69-751.9512)\text{万元}=285.74\text{ 万元}$$

结论：使用朗格系数法估算的该净水厂所需总投资约为1037.69万元。

5）采用民用建筑快速投资估算法编制。这种方法解决了工程数量大、标准悬殊、建筑功能齐全的各类民用建筑的单位工程投资估算。其方法是积累和掌握较广泛的各种单位造价指标、速估工程量指标和设计参数（如各类民用建筑的单位耗热、耗冷、耗电量指标（W/m^2），锅炉蒸发量指标（t/h）等），根据各单位工程的特点，分别以不同的合理的计量单位（改变采用单一的以建筑面积为计量单位的不合理性），结合工程实际灵活快速地估算出所需投资。

该方法的特点是快速，比较准确，能密切结合工程的功能需要，充分采用各种设计参数和合理的计量单位，减少了综合套用估、概算指标的盲目性，或套用技术

经济指标或类似工程概预算造价而要作换算和调整的繁琐性，尤其是弥补了名目繁多的建筑工程所缺乏的各种估、概算等指标的空白或不足。

采用这种方法应该注意的是要不断积累和掌握以概预算定额为基础的造价指标，随时了解定额价格和市场价格的动态，采用系数加以调整，同时也要通过实际工程不断测算并调整各种指标的上下幅度，以提高其精确度。

（2）国际上工业建设项目投资估算方法。现简单介绍在国际上用于工业建设项目的两种投资估算方法。

1）资金周转法。资金周转法是用资金周转率来推测投资额的一种简单方法。其计算公式为

$$资金周转率 = \frac{年销售额}{总投资} = \frac{产品年产量 \times 产品单价}{总投资}$$

$$投资额 = \frac{产品年产量 \times 产品单价}{总投资}$$

不同性质的工厂，或不同产品的车间装置都有不同的资金周转率。

这种方法比较简单，计算速度快，但精确度较低，适用于规划或项目建议书阶段的投资估算。

2）生产能力指数法。这种方法是根据已建成的性质类似的建设项目或装置的投资和生产能力，估算拟建项目或装置的生产能力的投资额。其计算公式为

拟建工程或装置的投资额 = 已建类似工程相应投资额 ×（拟建项目生产能力/已建项目生产能力）^{n} × 不同时期及地点的调价系数

式中 n——生产能力指数，$n \leqslant 1$。

这种方法相当于国内采用的类似工程概预算并加以调整的投资估算方法。其计算简捷，但要求类似工程的资料可靠，条件相差不大，否则误差就会增大。

2.1.3 民用建筑快速投资估算法的应用

估算一项民用建筑工程的投资，首先应从计算建筑面积开始，因为这是计算投资的主要基础依据。然后根据每个单项工程的建设要求和方案设计内容，逐一估算其单位工程的投资（如土建、水卫、消防等），再汇总成各个单项工程投资、室外工程投资，并估算与建设有关的其他费用投资，即得到一个建设项目的总投资。

本节将重点介绍北京的民用建筑中各主要的室内外单位建筑工程的快速投资估算方法。

单位工程造价指标大部分是以 2001 年北京市的《建设工程概算定额》中的分部分项单价为基础而测算的，有时则以市场价格或专业厂商报价另加系数计算。除注明者外，所有材料、设备均以国产为准。

北京市的现行建设工程的综合取费标准（含现场管理费、间接费、利润、税

金以及属于代收代缴的劳保统筹和建材发展补充两项基金共3%）经测算为：土建工程约占直接费（含其他直接费）的35%~40%；水、暖、通、电工程因在直接费中包括了设备费，因不同工程而异，出入很大，难以预测出比较稳定的综合取费标准。

1. 给水排水工程的投资估算

一般包括给水排水管道（有时包括局部热水管道及其保温）、卫生洁具和常规消防采用的消火栓等。

（1）采用造价指标估算。可按一般民用建筑中给水排水工程投资参考表估算，见表2-4。

表2-4 一般民用建筑中给水排水工程单方投资参考表

序　　号	工 程 名 称	投资/(元/m^2)
1	多层砖混住宅	45~55
2	高层全现浇住宅	55~65
3	中小学	20~30
4	托儿所、幼儿园	40~50
5	办公楼（一般标准）	20~30
6	教学楼	20~30
7	理化楼	40~50
8	科研楼	50~60
9	图书馆	20~30
10	电影院	35~45
11	食堂	70~80
12	旅馆	90~110
13	商业服务楼	35~45
14	车库	30~40
15	仓库（单层）	20~30
16	仓库（多层）	30~40

注：1. 本表以2001年北京投资水平为基础。
2. 给水排水工程包括一般消防工程。

（2）采用近似工程量估算。如条件具备，能从方案设计图样中大致读出卫生洁具、消火栓及其他有关主要设备的数量及质量标准时，则可先算出这些主要器具、设备的投资（套用概算单价）。其他管道等可再乘以系数1.25~1.35，即为全部给水排水工程的投资。

2. 自动喷洒消防工程的投资估算

对于消防要求较高的工程，如公共建筑、厅堂、地下建筑等，目前采用自动喷洒消防设计。该部分设计为独立管道系统，包括给水管道、喷洒头、支架等，每个喷头可控制消防面积40m^{2}左右，投资约70～100元/m^2。

3. 气体消防工程（BTM系统）的投资估算

对于某些不宜采用水消防的建筑用房，如计算机房、档案室、高低压配电室等，通常采用卤代烷气体消防设计（BTM系统）。常用的为1211型灭火系统和1301型灭火系统两种，两者效果相仿，但后者毒性较小。设计的容量按室内体积（m^3）计算。经常采用有效气体含量为5%有管网系统的1301型灭火系统，房屋体积的投资估算约为250～300元/m^3（1211型约为1301型的60%）。

如房屋体积较小，也可选用小容量的气体灭火器（每个几千克至十几千克，一般无需安装），其价格也较便宜，可按市场价格估算。

4. 中水处理设备的投资估算

为了节约用水，目前大型公共建筑如宾馆、饭店、公寓、医院等建筑均需设有中水处理设备，以利于水的重复利用，达到节水目的。中水设备包括中水处理装置、消毒加药装置、加压装置、稳压及提升泵、玻璃钢水箱、过滤器及池槽等。目前投资，采用国产设备按建筑面积约为15～20元/m^2，采用进口设备约为5～6美元/m^2（其中设备费80%～85%，管道及安装费15%～20%）。

2.2 设计概算

2.2.1 设计概算的内容

设计概算是在投资估算的控制下，在初步设计或技术设计阶段，由设计单位根据初步设计（或技术设计）图样及说明、概算定额、各项费用定额或取费标准（指标）、设备材料预算价格等资料，编制和确定的建设项目从筹建至竣工交付使用所需全部建设费用的文件。设计概算是初步设计文件的重要组成部分。

设计概算可分为单位工程概算、单项工程综合概算和建设项目总概算三级。各级概算之间的关系如图2-1所示。

设计概算是确定建设项目投资，编制投资计划，进行贷款和拨款，选择设计方案，进行技术经济分析比较，签订总承包合同，考核和评价工程建设项目成本和投资效果的依据。

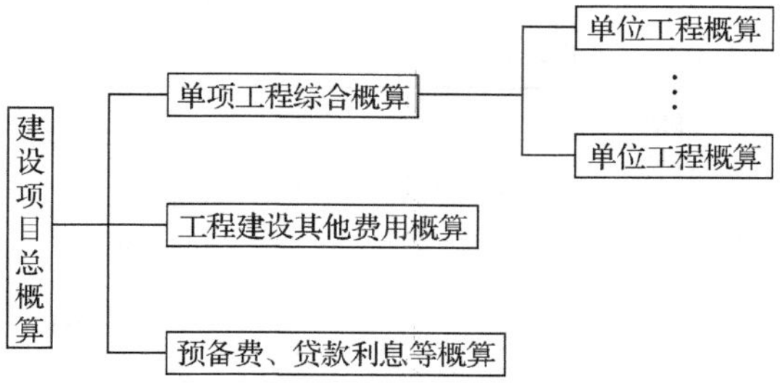

图2-1 设计概算分类

2.2.2 单位工程概算

给水排水工程中，各种工艺设备、动力设备，包括运输设备、实验设备、变配电和通信设备等工程的概算价值，由设备原价、设备运杂费、设备安装费和施工管理费所组成。编制概算时，要分别计算这些费用。

1. 编制依据

（1）设备原价。标准设备按生产厂家现行出厂价格计算。非标准设备按制造厂报价或参考有关类似资料估算。

（2）运杂费。按各地统一实行的运杂费率计算。

（3）设备安装费。按各专业部门制定的专业安装概算指标或定额计算。

2. 设备购置费概算

编制设备购置费概算的步骤是：首先，根据初步设计所附加的设备清单相应的设备原价计算设备总原价；其次，根据设备总原价和设备运杂费率计算设备运杂费，两项相加即为设备购置费概算。设备购置费概算公式如下：

设备购置费概算 = ∑设备清单中的设备数量 × 设备原价 ×（1 + 运杂费率）

或　　设备购置费概算 = ∑设备清单中的设备数量 × 设备预算价格

3. 设备安装工程概算

编制设备安装工程概算，应按照初步设计或扩大初步设计的深度和对概算要求的粗细程度，决定编制的依据。如果初步设计或扩大初步设计深度较深，要求概算较细，而且基本上能计算工程量，可根据各类安装工程的概算定额编制概算；如果初步设计深度较浅，可参考下面两种方法编制：

（1）按每套设备、每吨设备、设备原价或设备价值，乘以一定的安装百分率计算。

表2-5所示为某提升泵房的设备安装按设备价值的4%作为设备安装工程费用概算的计算表。

表2-5　设备安装工程概算表

工程名称：提升泵房

序号	价格表名称及项目编号	设备及安装工程名称	单位	数量	质量/t		价值/元					
							单价			总价		
								安装工程				
					单位质量	总质量	设备	共计	其中工资	设备	共计	其中工资
1		水泵 48sh—22	台	3			44500			133500		
2		真空泵 SZB—8	台	2			1520			3040		

（续）

序号	价格表名称及项目编号	设备及安装工程名称	单位	数量	质量/t		价值/元					
							单价			总价		
					单位质量	总质量	设备	安装工程		设备	共计	其中工资
								共计	其中工资			
3		排水泵 3B—33A	台	1			886			886		
4		电动机 JO2—41-2	台	1			1680			1680		
5		电动机 TD143/31—12	台	3			47000			141000		
6		桥式起重机 10t	台	1			412000			41200		
7		电动阀 $D=900\text{mm}$	个	3			22550			67650		
8		电动阀 $D=1200\text{mm}$	个	3			28860			86580		
9		小计								475536		
10		杂运费 5%								23777		
11		浮动价 15%								71330		
12		合计								570643		
13		安装费 4%								22826		

（2）给水排水工程管道概算。用概算定额编制室内给水排水工程管道概算，首先要在平面图上计算出各种卫生器具的数量，然后结合轴测图，计算给水和排水管道以及各种管件的数量，最后套用概算定额编制概算表。编制概算表的一般顺序如下。

1）卫生器具安装，以“组”或“套”为计算单位。

2）给水管道安装，包括刷油和保温，以“延长米”为单位。

3）排水管道安装，包括刷沥青，以“延长米”计算。

4）附属配件安装，以“个”或“组”计算。

5）其他零星工程量费用，按占上述四项合计的百分比计算。

最后统计直接费，计算间接费，得出总概算价值及单位工程概算价值。

对于室外给水排水管道工程概算，可以按概算定额或概算指标编制。在无概算定额的条件下，也有按预算定额编制的。间接费和利润以人工费为基础进行计算。概算书的编制与建筑工程概算书的编制基本相同，即按照初步设计要求计算工程量，填入概算表，根据概算定额计算分部分项工程定额直接费，逐项汇总得单位工程直接费。然后计算间接费、利润和税金，累计即为工程总造价。

【例 2-3】　某城镇的给水工程项目，管道安装工程量如下：*DN*1000 的预应力钢筋混凝土管，6900m；*DN*300 铸铁给水管，110m；*DN*250 铸铁给水管，1150m；*DN*200 铸铁给水管，2230m。次要工程按 5% 计。试计算直接费。

【解】 根据《给水排水工程概算指标》计算，该指标包括了土方工程、管道中的闸门及闸门井、排气阀、消火栓及接头零件。费用计算汇总见表2-6。

表2-6 分部分项工程概算费用表

工程名称：输、配水管线

序号	定额编号	分部分项工程名称	单位	数量	总价/元		人工费/元		材料费/元		机械费/元	
					单价	合价	单价	合价	单价	合价	单价	合价
1	1-3-47	预应力钢筋混凝土管敷设 *DN*1000	100m	69	7045.7	487455.68	3816.64	26334.82	65075.38	449020.12	1753.73	12100.74
2	1-2-33	承插铸铁管敷设 *DN*300	100m	1.1	19585.5	21544.0	1950.15	2145.17	17355.92	19091.51	279.43	307.37
3	1-2-31	承插铸铁管敷设 *DN*250	100m	11.5	15748.4	181106.9	1791.36	20600.64	13800.79	158711.16	156.28	1797.33
4	1-2-29	承插铸铁管敷设 *DN*200	100m	22.3	12210.0	272283.4	1581.71	35272.13	10485.00	233815.5	143.31	3195.81
		小计				962390.1		84352.7		860638.3		17401.1
		次要工程		5%		48119.6		4217.6		43031.9		870.0
		合计				1010509.7	88570.4		903670.2		18271.2	
		定额直接费				1010509.7						

4. 给水排水配套设备及安装工程概算的编制

（1）工程内容。

1）机械及设备安装工程包括各种工艺设备及其运输设备，锅炉、内燃机等动力设备，工业用泵与通风设备以及其他设备。

2）电气设备和安装工程包括传动电气设备，起重机电气设备和其他控制设备，变电及整流电气设备，弱电系统设备（包括电话、通信、广播和信号等设备），自动控制设备等。

（2）概算的编制方法。设计概算是从单位工程概算这一级开始编制，逐级汇总而成的。设备安装单位工程概算的编制方法主要有概算指标法、类似工程概算法等。

1）概算指标法。当初步设计深度不够，不能准确地计算工程量，但工程采用的技术比较成熟而又有类似概算指标可以利用时，可采用概算指标法来编制概算。设备安装工程通常可采用的概算指标为每平方米建筑面积概算指标，直接套用相应单位工程的“每平方米建筑面积的概算指标”，即可计算出单位工程概算价格。

在应用概算指标编制概算时，应选用与编制对象在结构、特征、规模等方面均大体符合的概算指标，以正确计算编制对象的概算价格。其计算方法为

设备安装工程概算造价 = 设备安装工程建筑面积 × 每平方米建筑面积概算指标

当拟建项目在结构特征、规模、施工要求等方面与概算指标中规定的情况有局部不同时，必须对概算指标进行调整后方可套用。具体调整方法如下：

① 在选用的概算指标项目中，取出相应单位工程的“每平方米建筑面积的概算指标”与工程所在地有关单位设置的调整系数相乘进行计算，即

每平方米建筑面积调整概算指标 = 每平方米建筑面积的概算指标 × 调整系数

② 调整概算指标中的每平方米造价。该调整方法是将原概算指标中与拟建工程结构不同部分的造价扣除，增加相应部分的造价，即

$$修正概算指标 = J + Q_1P_1 - Q_2P_2$$

式中　J——原概算指标；

Q_1——概算指标中换入结构的工程量；

P_1——换入结构的概算单价；

Q_2——概算指标中换出结构的工程量；

P_2——换出结构的概算单价。

【例2-4】　某省C市新建一座办公大楼，其中采暖工程安装面积10000m²。已知该省省会城市A市颁布有概算指标，C市无正式概算指标，只有建设主管单位设置的调整系数为95%。试用调整经济指标法编制该项目采暖工程概算造价。

【解】　确定设备安装建筑面积：10000m²

查找相应单位工程每平方米建筑面积概算指标：285元/m²

调整每平方米建筑面积概算指标

$$285 元/m^2 \times 95\% = 270.75 元/m^2$$

计算采暖工程概算造价

$$270.75 元/m^2 \times 10000m^2 = 270.75 万元$$

结论：该项目采暖工程概算造价为270.75万元。

2）类似工程预算法。此法是采用建筑面积、工程性质、结构特征类似的已建工程预算数值，经适当调整后按照编制工程预算的程序及思路，进行拟建项目工程概算编制的方法。

由于类似工程的人工费、材料费、机械费、间接费、利润、税金等费用标准受各种因素的影响会发生变化，因此在编制概算时，应将类似工程取费标准与现行标准进行比较分析，测定价格和费用的变动幅度，再加以调整。其调整公式如下

$$G = AG_1 + BG_2 + CG_3 + DG_4 + EG_5 + FG_6$$

式中 G——价格综合变动幅度系数；

G_1——现时人工费标准与类似工程预算人工费标准的比值；

G_2——现时材料预算价格与类似工程材料预算价格的比值；

G_3——现时机械费标准与类似工程预算机械费标准的比值；

G_4——现时间接费标准与类似工程预算间接费标准的比值；

G_5——现时利润水平与类似工程预算利润水平的比值；

G_6——现时税金标准与类似工程预算税金标准的比值；

A、B、C、D、E、F 分别为类似工程预算的人工费、材料费、机械费、间接费、利润、税金占预算造价的比例，则

$$拟建工程单位面积概算造价 = 类似工程单位面积预算造价 \times G$$

3）百分比指标法。设备及其安装工程概算由设备购置费、安装工程概算价格两大部分构成。

① 设备购置费。该费用包括购置一切需要安装的设备和安装设备所需的费用，即设备原价及设备运杂费两项内容。

a. 设备原价的确定。

a）国产标准设备原价。国产主要标准设备的原价通常是根据设备的型号、规格、性能、材质、数量及附带的配件向制造厂家询价，或按有关规定逐项计算确定；国产非主要标准设备和工器具、生产家具的原价可按主要设备原价的百分比计算（百分比指标一般应按主管部门或地区有关规定执行）。以上这两部分设备的原价之和即为国产标准设备原价。

b）国产非标准设备原价。国产非标准设备原价的确定方法有两种，即非标准设备台（件）估价指标法和非标准设备吨质量估价指标法。非标准设备台（件）估价指标法是根据非标准设备的类别、质量、性能、材质等情况，以有关单位规定的每台（件）设备的估价指标计算非标准设备的原价。非标准设备吨质量估价指标法是根据非标准设备的类别、性能、质量、材质等情况，以有关单位规定的某类设备单位质量（吨）的估价指标计算非标准设备的原价。两种方法计算公式如下

$$某一非标准设备原价 = 该设备每台（件）的估价指标 \times 相应设备的台（件）数$$

$$某一非标准设备原价 = 该设备单位质量的估价指标 \times 设备总质量$$

c）进口设备原价。编制设备及其安装工程概算时，对于进口设备原价，仍需按照有关部门规定的计算方法、程序及合同条款的约定进行计算。进口设备采用装运港船上交货价时，则

$$进口设备抵岸价 = 货价 + 国际运费 + 运输保险费 + 外贸手续费 + 关税 + 增值税 + 海关手续费$$

b. 设备运杂费的确定。设备运杂费是对需要运输的设备进行运输所需的各项

费用。其计算公式为

设备运杂费 = 需要运输的设备原价 × 设备运杂费率

② 安装工程概算价格。安装工程概算价格是设备进行安装施工所必需的全部工程费用。其编制方法通常采用百分比指标法。

百分比指标法又称“安装费率法”，是根据有关部门规定的安装费占需要安装设备原价的百分率指标计算安装工程概算价格的方法。其计算公式为

安装工程概算价格 = 需要安装设备的原价 × 安装费率

当编制对象属于价格波动不大的定型产品和通用设备产品，且初步设计深度不够，只有设备原价而无其他有关资料时，可用此法计算安装工程概算价格。

2.2.3 单项工程综合概算

1. 单项工程综合概算的组成

单项工程综合概算书是确定建设项目中每一个生产车间、独立公用事业或独立构筑物的全部建设费用的文件。它是以整个工程项目为对象，由一个工程项目中的各个单位工程概算书（包括建筑工程、设备及安装工程）和工程项目的其他工程费用（包括器具、工具、生产家具的购置费以及其他费用）的概算书综合组成的。因此，单项工程综合概算书，应该按照整个工程项目编制，如一个车间、一个构筑物等。

单项工程综合概算从费用组成来看，包括：

（1）建筑工程。

1）一般土建工程。

2）卫生工程（给水、排水、采暖、通风工程）。

3）工业管道工程。

4）特殊构筑物工程。

5）电气照明设备工程。

（2）设备及安装工程。

1）机械设备及安装工程。

2）电气设备及安装工程。

3）自动控制装置及安装工程。

（3）其他工程和费用。

1）工具、器具等的购置费。

2）其他费用。

上述的(1)与(2)项合计为第一部分费用，(3)项为第二部分费用。

2. 单项工程综合概算书的编制

（1）编制说明。

1）工程概况，介绍单项工程的生产能力和工程概貌。

2）编制依据，说明设计文件依据、定额依据、价格依据及费用指标依据等。

3）编制方法，说明概算编制是根据概算定额、概算指标，还是类似概算。

4）主要设备和材料的数量，说明主要机械设备、电气设备及主要建筑安装材料（水泥、钢材、木材）等的数量。

5）其他相关的问题。

（2）综合概算表。除了要将单项工程所包括的所有单位工程概算，按费用构成和项目划分填入综合概算表外，还需要列出技术经济指标。技术经济指标的计量单位可以根据给水排水项目及其各个单位工程的性质、类型和用途确定。总的技术经济指标是该项工程所有技术经济指标的集中表现，也是评价该项工程设计经济合理性的最主要的指标。

3. 其他工程费用概算

其他工程费用主要内容有土地征购费、建设场地原有建筑物及构筑物的拆除费，场地平整费（包括工业区和住宅区的垂直布置），建设单位管理费，生产职工培训费，办公及生产用具购置费，工具、器具购置费，联合试车费，场外道路维修费，建设场地清理费，施工单位转移费，临时设施费，冬雨期施工费，夜间施工费，远征工程增加费，因施工需要而增加的其他费用，材料差价，计划利润，不可预见工程费等。

下面对一些主要和常用的项目做简要介绍。

（1）土地征购费。是指建设单位根据工程需要，经有关部门批准将土地作为工程用地在征用时支付的费用。费用计算，按照土地原来的用途、土地等级，确定每单位面积土地的征购费。一般土地征购费由工程所在省、市、自治区规定。

（2）处理建设场地各种障碍物的费用。指在建设场地上，所有原有的妨碍施工或影响建设的房屋、构筑物、坟墓等的处理费用，以及居民迁移、砍伐树木和青苗补偿等费用。

（3）建设场地平整费。根据用土地点、土壤类别、运输方式和运距，按定额计算。

（4）建设单位管理费。指建设单位为进行建设项目的筹建、建设和竣工验收前的准备工作所发生的管理费用，包括工作人员工资、工资附加费、办公费、固定资产使用费、劳动保护费、招募生产工人费和其他管理费用性质的开支。建设单位管理费一般有两种计算方法，一是根据总概算第一部分价值乘以主管部门制订的费用标准（百分率）计算；二是根据筹建机构的人数按每人每月规定的费用指标计算。

（5）工器具和备品备件购置费。指新建或扩建项目按照初步设计规定为生产准备所必须购置的不够固定资产标准的设备、仪器、器具、生产家具和备品备件的费用。应根据主管部门的费用指标计算。

(6) 交通工具购置费。指新建单位，为生产和生活必须配备的车、船等交通工具的购置费。

(7) 生产职工培训费。指新建企业或新增生产工艺过程的扩建企业自行培训或委托其他厂矿培训技术人员、工人与管理人员所支出的费用。编制概算时，根据主管部门规定的费用标准，计算每人的培训费或每人每月规定的培训费。

(8) 联合试车费。指建设项目按设计要求，全部竣工以后，在移交生产以前，整个企业或独立三产系统的设备，进行联合试运转所发生的费用。联合试车费的计算方法大致有四种，一是按细则计算，即按燃料、电费、水费等分项相加；二是按每台机组乘以每台机组试车费指标；三是按占建设项目工程投资额的百分比计算；四是按占产品成本的百分比计算。

(9) 研究试验费。指为本建设项目提供或验证设计数据、资料进行必要的研究试验，按照设计规定在施工过程中必须进行试验所需的费用，以及支付的科技成果、先进技术的一次性技术转让费。

概算编制一般按照设计提出的研究试验内容和要求进行。研究试验费不包括下面所述的情况。

1) 应由科技三项费用（即新产品试验费，中间试验费和重要科学研究补助等）开支的项目。

2) 应由间接费开支的施工企业对建筑材料、构件和建筑物进行一般鉴定、检查所发生的费用及技术革新的研究试验费。

3) 应由勘察设计费、勘察设计单位的事业费或基本建设投资开支的项目。

(10) 施工机构迁移费、临时设施费、远征工程费、冬雨期施工增加费、施工劳保支出费、技术装备和法定利润等。

(11) 勘察、设计、施工等管理及附加费用。

1) 勘察设计费包括委托勘察设计单位进行勘察设计时，按规定应支付的工程设计费；为本建设项目进行可行性研究而支付的费用；在规定范围内由建设单位自行勘察设计所需的费用。

2) 建筑工程执照费指建设单位在申请建筑工程执照时，应当交付的建筑工程执照费和审照手续费。

3) 工程建设监理费指委托工程建设监理单位对工程在设计、施工、保修阶段实施监理时，按规定应支付的工程建设监理费。

(12) 不可预见的工程和费用。指在编制概算时，由于某些难以预料的因素，而在建设过程中又可能发生的增加工程和费用。其主要内容包括如下。

1) 由于设计变更而必须增加的工程和费用。

2) 由于材料供应不符合设计要求而发生的材料差价。

3）由于工资变动、设备及材料价格与竣工结算价格之间发生差价等方面的原因，所补充支出的费用。

此项费用，按概算第一、二部分工程费用合计的百分比计算。

2.2.4 建设工程总概算

1. 建设工程总概算的组成

建设工程总概算由工程费用项目和其他费用项目两部分组成。

（1）工程费用项目。工程费用项目，包括建筑安装工程费和设备购置费、工器具购置费（包括备品备件）。具体如下。

1）主要生产项目综合概算。主要生产项目的内容，根据不同企业的性质和设计要求排列，如污水处理中的沉砂池、一次沉淀池，二次沉淀池等。

2）辅助生产及服务用的工程项目综合概算。一般情况包括：

① 辅助生产的工程，如机修车间、化验间等。

② 仓库工程，如原料仓库、成品仓库、药品仓库等。

③ 服务用的工程，如办公楼、食堂、消防车库、门卫室等。

3）动力系统工程综合概算。一般包括场区内变电所、锅炉房、风机房、厂区室外照明和室外各种工业管道等项目。

4）室外给水、排水、供热及其附属构筑物综合概算。一般包括：

① 室外给水，如生产用给水、生活用给水、消防用给水、水泵房、加压泵站、水塔、水池等。

② 室外排水，如生产废水、生活污水、雨水等的排放设备。

③ 热力管网，如采暖用锅炉房、热力管网等。

5）厂区整理及美化设施综合概算。如厂区大门、围墙、绿化、道路、建筑小区等。

（2）工程建设其他费用。本部分内容已在上一节的“其他工程和费用概算”中作了较详细的说明，在此不再赘述。

2. 总概算书的编制

总概算是确定某一建设项目从筹建开始到建成全部建设费用的总文件，它是根据各单项工程综合概算以及其他工程和费用概算汇总编制而成的。

（1）编制的准备工作。

1）根据设计说明、总平面图和全部工程项目一览表等资料，对工程项目的内容、性质、建设单位的要求，作一个概括性的了解，在此基础上拟出总概算的提纲，明确编制工作的主要内容、编制重点、编制步骤和审查方法。

2）根据已拟好的编制提纲，广泛收集基础资料（如定额、指标等），合理选用编制依据。

3）编制或审查综合概算书以及其他工程和费用概算书。

（2）总概算书的编制。总概算一般包括编制说明和总概算表两部分。

1）编制说明。

① 工程概况，说明工程项目规模、范围、生产情况、产量、公用工程及厂外工程的主要情况。

② 编制依据，说明设计文件依据、定额依据、价格依据及费用指标依据。

③ 编制方法，对运用各项依据进行编制的具体方法加以说明。

④ 经济分析，主要分析各项投资比例，以及同类似工程相比较，分析投资高低的原因，说明该设计的经济合理性。

⑤ 主要设备和材料数量。

⑥ 其他有关问题。

2）总概算表编制。总概算表是根据建设项目内各单项工程综合概算以及其他费用概算，按照国家有关规定编制的。

① 按总体设计项目组成表，依次填入工程和费用名称，并将各单项工程概算及其他费用概算按其费用性质分别填入总概算表的有关栏内。

② 按栏分别汇总，依次求出各工程费用的小计，第一、二部分费用的合计、总计和投资比例。

③ 计算技术经济指标。总概算表上的技术经济指标是根据单项工程综合概算表上所列的技术经济指标填入的。整个项目的技术经济指标应选择建设项目中最有代表性的和最能说明投资效果的指标填写。

④ 总概算表末尾还应列出“回收金额”项目。回收金额是在施工过程中或施工完毕所获得的各种收入，如拆除房屋建筑物、旧机器设备的回收价值，试车的产品收入，建设过程中得到的副产品等。

本节2.2.6概算书编制实例中给出详细的给水排水工程项目概算书的编制实例，可参考。

2.2.5 设计概算的审查

1. 设计概算审查的意义

设计概算是初步设计或扩大初步设计文件的重要组成部分。在报批或审批初步设计或扩大初步设计文件的同时，必须同时报批或审批设计概算。初步设计或扩大初步设计一经授权部门批准后，该设计的概算就作为对该建设项目进行投资的依据，在一般情况下不得突破批准的设计概算。如果突破原批准的概算投资，需追加投资，必须由原报批单位补报审批手续。

设计概算的审查，是为了控制建设投资，防止出现初步设计总概算超过设计任务书的指标，施工预算超过设计概算，竣工决算又超过施工图预算的不正常现象。

审查概算不仅可以弥补概算编制质量不高的缺陷，还可以对建设项目的完整性、合理性、经济性进行评价，以达到投资不留缺口和投资省、效益高的目的。

2. 审查工程概算的依据

1）国家、省（市）有关单位颁发的有关决定、通知、细则和文件规定等。

2）国家或省（市）颁发的有关现行取费标准或费用定额。

3）国家或省（市）颁发的现行定额或补充定额。

4）经批准的地区材料预算价格或该工程所用的材料预算价格，本地区工资标准及机械台班费用标准。

5）初步设计或扩大初步设计图样、说明书。

6）经批准的地区单位估价表或汇总表。

7）有关该工程的调查资料，地质钻探、水文气象等原始资料。

3. 设计概算的审查内容

对于设计概算着重审查下列内容：

（1）概算编制是否符合规定的政策要求。

（2）审核概算文件组成。

概算文件反映的设计内容必须完整。概算包括的工程项目，必须按照设计要求来确定，不漏项，不重项。概算投资应包括工程项目从筹建到竣工投产的全部建设费用。

概算编制的依据和采用的定额标准、材料设备价格以及各项取费标准，都应符合有关规定。

（3）审核设计。主要包括总图设计审查和生产工艺流程审查。总图布置应根据生产和工艺的要求作全面规划，力求紧凑合理。厂区运输和仓库布置要避免迂回往返运输。分期建设的工程项目要结合总体长远规划，统筹考虑，合理安排，并留有发展余地。总图占地面积应符合规划指标要求。对分期建设的用地，原则上应分次征用，以节约投资。工程项目要按照生产要求和工艺流程合理安排，各主要生产车间的生产要形成合理的流水线，避免工艺倒流，造成生产运输和管理上的困难和财力、物力的浪费。

（4）投资经济效果审核。概算是设计的经济反映，对投资经济效果要作全面的综合性的评价，不单纯看投资多少，要看宏观的社会经济效益和微观的项目经济效果。

（5）具体项目的审核。

1）审核各种技术经济指标。审核各种技术经济指标是否合理，与同类工程的经济指标对比，分析其高低原因。

2）审查建筑工程费。先审核生产性建筑和非生产性建筑的面积和造价，主要构件和成品的制作与安装费。

3）审查设备及安装费。设备数量和规格是否符合设计要求；各项费用的计算要符合规定。

4）审查其他费用。审查各项费用的计算，是否符合有关规定。

4. 审查设计概算的形式和方法

（1）审查设计概算的形式。设计概算是初步设计或扩大初步设计文件的组成部分，审查设计概算并不仅仅审查概算，同时还需审查设计。在一般情况下，由建设项目的主管部门组织建设单位、设计单位、建设银行等有关部门，采用会审的形式进行审查。既审设计，又审概算，对设计和概算的修改，往往是通过主管部门的文件批复予以认定的。

（2）审查设计概算的方法。审查设计概算是一项复杂而细致的技术经济工作。审查人员既要懂有关专业的生产技术知识，又要懂工程技术和工程概算知识，还需掌握投资经济管理、银行金融等多学科知识。

设计概算的审查方式一般有下列两种：

1）初审。初审是在初步设计和概算等文件上报审批前，由建设单位的主管部门或建设单位邀请有关部门和单位对概算（也包括初步设计）内容进行的审查，以提高概算的质量和确保概算的准确性和合理性。对初审提出的意见和建议，经归纳整理成初审纪要连同初步设计和概算（或根据初审意见对初步设计和概算修改后），一并报请国家或省、市、自治区有关主管部门审查批准。

2）会审。会审是由国务院主管部门或省、市、自治区组织建设单位和它的上级主管机关、设计单位、建设银行以及地方的规划、环保、城建、电力、交通、消防、电信等有关方面参加的审查。会审一般适用于大中型建设项目。

2.2.6 概算书编制实例

××市污水处理厂初步设计概算书

编制说明如下：

1. 概述

××市污水处理厂设计规模为$10\times10^4m^3/d$，本设计要求在工艺路线先进的基础上采用国产设备和仪器，以降低工程总投资。

污水处理采用具有脱磷除氮功能的氧化沟工艺，污泥处理采用浓缩、机械脱水。

设计范围包括污水处理厂厂界区内的主要工程项目、辅助工程项目、公用工程项目、服务性工程项目及厂外工程项目（如厂外供电线路、处理后水的排放管、厂外道路）的设计内容，但不包括厂外排水管网。污水处理厂采用二级负荷，双电源供电。

本设计报批项目总投资11405.04万元，其中固定资产投资10760.32万元（其中建筑工程费3334.13万元，设备购置费3156.69万元，安装工程费1093.69万元），建设期借款利息584.21万元，铺底流动资金60.51万元。

2. 编制依据

（1）ZBBZH/CW《城市污水处理工程项目建设标准》（2001）。

（2）《市政工程可行性研究投资估算编制办法》，建标［2007］11号文。

（3）《市政工程投资估算指标》，建标［2007］。

（4）《全国统一市政工程预算定额××省单位估价表》（上、下册）（2000）。

（5）《××省市政工程费用定额》（1997）。

（6）《全国统一建筑工程基础定额××省单位估价表》（1997）。

（7）《全国统一安装工程基础定额××省单位估价表》（1997）。

（8）《××省建筑安装工程费用定额》（1997）。

（9）人工费均执行××省建设厅建字（1997）286号文“关于调整建设工程预算定额人工费的通知”，调到19.69元/工日。

（10）机械台班费用按××省工程建设标准定额总站文件，建字（1995）68号文“关于调整建筑装饰等工程预算定额单位估价表中施工机械台班费用的通知”调整。

（11）设备价格按生产厂报价及按《工程建设全国机电设备1998年价格汇编》计，设备运杂费按设备原价的7%计。

（12）工程建设监理费按国家发展改革委、建设部制定的《建设工程监理与相关服务收费管理规定》计列。

3. 其他说明

（1）零星工程费，按10%作为预算定额与概算定额差。

（2）厂区征地青苗补偿费及土地复垦费，按6.0万元/亩（1亩=666.6m²）计。

（3）地基处理费为暂估值，待地质资料齐全后，按时调整。

（4）设计费及预算编制费按国家物价局、建设部（1992）价费字375号文《工程设计收费标准》计列。

（5）建设期按两年计，基本预备费按10%计，价差预备费按6%计。

（6）土建、安装工程均按一类工程计取费用。

（7）设计的材料价格采用1998年《××市建筑安装工程预算价格》计算。

（8）综合费率计算如下

对建筑工程　　定额直接费×0.3363+定额人工费×0.4234

对安装工程　定额直接费×0.03573+定额人工费×6.3508+定额机械费×1.1393

（9）总概算表见表2-7。

表 2-7　总概算表

项目名称：××市污水处理厂工程

序　号	工程及费用名称	概算价值/万元				
		建筑工程费	设备购置费	安装工程费	其他费用	合计
	第一部分：工程费用					
1	主要工程项目					
1.1	粗格栅及提升泵房	98.31	169.52	15.79		283.62
1.2	细格栅及沉砂池	69.26	269.06	157.69		496.01
1.3	生物反应池	1428.79	899.37	51.90		2380.06
1.4	鼓风机房	42.87	198.31	13.54		254.72
1.5	二沉池	586.83	164.99	46.94		798.76
1.6	污泥泵站	88.14	132.77	12.25		233.16
1.7	污泥浓缩脱水间	66.88	540.75	18.96		626.59
1.8	排水泵站	45.52	27.87	26.69		100.08
1.9	中央控制室		91.81	56.00		147.81
1.10	厂区综合管线	36.87		187.41		224.28
1.11	全厂防腐保温			193.96		193.96
1.12	备品备件购置费		24.30			24.30
1.13	器具及生产用具费		46.30			46.30
	小计	2463.47	2565.05	781.13		5809.65
2	辅助工程项目					
2.1	维修间	22.23	84.30	1.69		108.22
2.2	综合仓库	14.56				14.56
2.3	分析化验		132.93	3.00		135.93
	小计	36.79	217.23	4.69		258.71
3	公用项目					
3.1	全厂化学消防		1.95			1.95
3.2	厂内打井	21.00				21.00
3.3	变电所	53.40	221.33	11.60		286.33
3.4	全厂供电外线及照明			203.58		203.58
3.5	全厂电信		25.32	9.90		35.22
3.6	锅炉房	12.00	23.18	5.17		40.35
3.7	围墙	26.15				26.15
3.8	大门门卫	27.50				27.50

（续）

序号	工程及费用名称	概算价值/万元				
		建筑工程费	设备购置费	安装工程费	其他费用	合计
3.9	厂区道路	136.71				136.71
3.10	运输车辆		89.54			89.54
3.11	厂区绿化及喷泉	66.88				66.88
3.12	地基处理费	100.00				100.00
3.13	四通一平	32.45				32.45
	小计	476.09	361.32	230.25		1067.66
4	服务性工程项目					
4.1	综合楼	146.43	10.78	2.63		159.84
4.2	食堂、浴室	70.56				70.56
4.3	汽车库	24.99				24.99
4.4	自行车棚	1.80				1.80
4.5	倒班及单身宿舍	32.76				32.76
	小计	276.54	10.78	2.63		289.95
5	厂外工程项目					
5.1	厂外供电线路			45.00		45.00
5.2	处理水排放管			30.00		30.00
5.3	厂外道路	67.62				67.62
5.4	厂外防护林带	13.62				13.62
	小计	81.24		75.00		156.24
	第一部分工程费用合计	3334.13	3154.38	1093.70		7582.21
	第二部分：其他费用					
1	土地购置、拆迁复垦费				807.60	807.60
2	建设单位管理费				91.01	91.01
3	办公及生活家具购置费				6.50	6.50
4	生产职工培训费				11.70	11.70
5	生产职工提前进厂费				3.25	3.25
6	勘察费				49.30	49.30
7	前期工作及环评费				35.00	35.00
8	设计费及概算编制费				171.12	171.12

（续）

序　号	工程及费用名称	概算价值/万元				
		建筑工程费	设备购置费	安装工程费	其他费用	合计
9	施工机械迁移费				44.28	44.28
10	联合试运转费				31.57	31.57
11	工程监理费				57.56	57.56
12	供水增容费				48.00	48.00
13	竣工图编制费				8.23	8.23
14	城市配套设施费				233.37	233.37
	小计				1598.49	1598.49
	第三部分：预备费					
1	基本预备费				919.30	919.30
2	价差预备费				648.02	648.02
	小计				1567.32	1567.32
	固定资产投资	3334.13	3154.38	1093.70	3165.81	10748.02
	建设期贷款				584.21	584.21
	铺底流动资金				60.51	60.51
	报批项目总投资	3334.13	3154.38	1093.70	3810.53	11392.74

2.3　施工图预算

2.3.1　施工图预算概述

1. 施工图预算概念

当施工图设计完成后，以施工图样为依据，根据国家颁布的预算定额（或地区差价表）、费用定额、材料预算价格、计价文件及其他有关规定而编制的工程造价文件，叫做施工图预算。

施工图预算反映的是建筑安装产品的计划价格，它受建筑安装产品单件性、复杂性等特点的影响而呈现多样性。因此，必须根据不同的工程采用特殊的计价程序，逐项、逐个地编制施工图预算。

施工图预算的内容要既能反映实际，又能适应施工管理工作的需要，同时必须符合国家工程建设的各项方针、政策和法令。施工图预算编制人员要不断研究和改进编制方法，提高效率，准确、及时地编制出高质量的预算，以满足工程建设的需要。

2. 编制施工图预算的意义

施工图预算是确定和控制工程造价的文件，它直接影响着建设单位的工程投资支出数量和投资效果，以及施工企业的额定收入。因此，施工图预算的编制意义重大，它是确定工程施工造价的依据，也是控制工程建设投资、签订承建合同、办理拨款、结算款、编制标底、投标报价、实施经济核算、考核工程成本、施工企业编制施工计划、进行施工准备等工作的依据。

3. 编制施工图预算的主要依据

（1）施工图样及说明。它是编制施工图预算的主要依据，必须经建设、设计、施工单位共同会审确定后，才能作为编制的依据。

（2）现行预算定额或计价表。施工预算项目的划分、工程量计算等都必须以预算定额为依据。

（3）工程量计算规则。与《全国统一安装工程预算定额》配套执行的“工程量计算规则”计算工程量、套用定额单价的必备依据。

（4）批准的初步设计及设计概算等有关文件。我国基本建设预算制度决定了经批准的初步设计、设计概算是编制施工图预算的依据。

（5）费用定额及取费标准。它是计取各项应取费用的标准。目前，各省、市、自治区都制定了费用定额及取费标准，编制施工图预算时，应按工程所在地的规定执行。

（6）地区人工工资、材料及机械台班预算价格。预算定额的工资标准仅限定额编制时的工资水平，在实际编制预算时应结合当时、当地的相应工资单价调整。同样，在一段时间内，材料价格和机械费都可能变动很大，必须按照当地规定调整价差。

（7）施工组织设计或施工方案。它是确定工程进度计划、施工方法或主要技术组织措施以及施工现场平面布置和其他有关准备工作的文件。经过批准的施工组织设计或施工方案是编制施工图预算的依据。

（8）建设单位、施工单位拟定的施工合同、协议。如建设单位、施工单位在材料加工订货方面的分工，以及材料供应方式等的协议。

2.3.2 施工图预算的组成和编制方法

1. 给水排水工程施工图预算书的组成

通常，给水排水工程施工图预算书由以下几部分组成。

1）编制依据。

2）工程说明。

3）工程量计算表。

4）主要材料明细表。

5）工程预算表。

2. 施工图预算书的编制方法

给水排水工程施工图预算书的编制方法通常有工料单价法和综合单价法。

（1）工料单价法。目前施工图预算普遍采用工料单价法。在编制时，首先应根据单位工程施工图计算出各分部分项工程的工程量，然后从预算定额或计价表中查出各分项工程的预算定额单价，并将各分项工程量与其相应的定额单价相乘，累计后的各分项工程的价值即为该单位工程的定额直接费；再计算根据有关施工及验收规范、规程要求必须配套完成的工程内容所需的措施项目费；再根据地区费用定额和各项取费标准，计算出间接费、利润、税金和其他费用等；最后汇总各项费用，即得到单位工程施工图预算的造价。

工料单价法编制施工图预算能够简化编制工作，便于技术经济分析。但在市场价格波动较大的情况下，用该法计算的造价可能会偏离实际水平，造成误差，通常采用系数或价差调整的方法来弥补。

（2）综合单价法。综合单价即分项工程全费用单价，也是工程量清单的单价。用综合单价法编制施工图预算时，首先应计算出各分部分项工程的工程量，将各分部分项工程综合单价乘以工程量得到该分项工程的合价，汇总所有分项工程合价形成分部分项工程费，该分部分项工程费包含了人工费、材料费、机械费、主材费、管理费和利润，计算相应的措施项目费及其他项目费，并计算按规定计取的规费；再根据地区标准，计算出税金等；最后汇总各项费用，即得到单位工程施工图预算的造价。

总之，综合单价法是将单位工程的间接费、利润和税金等费用，用应计费用分摊率分摊到各分项工程单价中，从而形成分项工程的完全单价。其计算更直观、更简便，便于造价管理和工程价款结算。

3. 施工图预算的审查

（1）审查工程预算的意义。工程预算是根据工程设计图样（施工图）、预算定额、费用标准计算的工程造价文件。审查工程预算就是对工程造价的确认，以防止高估低算，纠正偏高或偏低的现象。经审定的施工图预算，是确定工程预算造价、签订建筑安装工程合同、办理工程拨款和结算的依据。

在预算审查过程中，应做好预算的定案工作。定案，就是对审查中发现的问题，经过原编制单位和有关单位共同研究，得出一致的结论，然后以此结论为依据来修正原来的预算。做好审查预算的定案工作，是提高预算文件的质量，正确确定工程造价，巩固审查成果的重要环节。

目前，我国施工图预算一般由施工单位编制，由建设单位负责审查，或由建设单位委托具有相应工程资质的工程咨询公司或监理公司审查。

（2）一般土建工程施工图预算的审查。

1）审查形式。根据各地区的实际情况、工程规模、工程复杂程度的不同，可以分别采取下面三种形式：

① 单审。单审是指由建设单位、施工单位主管预算的部门分别进行审查，充分协商，实事求是地定案。这种方式比较灵活，不受时间限制，是目前各地区普遍采用的一种审查方式。适合用于规模较小，采用高技术的工程。

② 会审。会审是指建设单位、设计单位和施工企业联合对工程预算进行审查的一种形式。一般适用于建设规模较大，施工技术复杂，设计变更和现场签证较多，不能单独进行审查的工程。它的特点是涉及面广，审查效率高。

③ 委托审查。委托审查是指不具备会审条件，或不能单独进行审查时，建设单位委托具有相应工程资质和业务范围的工程咨询公司或监理公司进行审查的一种形式。

2）审查的主要内容。给水排水工程造价是由直接费、间接费、利润和税金四部分费用组成的。其中直接费是预算所列各分部分项工程的工程量乘以相应的定额单价所得的积，经累加而得的；间接费、利润和税金是以直接费或人工费或直接费加间接费或直接费加间接费加利润之和乘以一定的百分比而得的。因此，在工程预算中，工程量是确定工程造价的决定因素。工程量的大小，与直接费大小成正比，与工程造价成正比。审查给水排水工程预算，主要就是审查其工程量，审查其所用的定额单价，同时也要审查各项费用标准。

① 审查工程量。对工程预算中的工程量，可根据设计或施工单位编制的工程量计算表，并对照施工图样尺寸进行审查。主要审查其工程量是否有漏项、重算和错算。审查工程量的项目时，要抓住那些占预算价值比例比较大的重点项目进行。例如对砖石工程、钢筋混凝土工程、金属工程、地面工程等分部工程，应作详细校对，其他分部工程可只作一般的审查。同时要注意各分部工程项目，其构配件的名称、规格、计量单位和数量是否与设计要求及施工规定相符合。为了审查工程量，要求审查人员必须熟悉设计图样、预算定额和工程量计算规则。

a. 审查项目是否齐全，有否漏项或重复。综合预算定额是在预算定额基础上扩大、综合、简化而成的，因此要了解综合预算定额的工作内容，防止漏项或重复计算工程项目。

b. 审查工程量，尤其是计算规则容易混淆的部位。综合预算定额的工程量计算规则已大大简化了，许多项目工程量是按建筑面积、投影面积计算的，但也有部分项目工程量仍是按净面积、实铺面积或展开面积计算的，一定要分清，不能混淆。

② 审查定额单价。

a. 审查预算书中单价是否正确。应着重审查预算书上所列的工程名称、种类、规格、计量单位，与预算定额或单位估价表上所列的内容是否一致。如果一致时才能套用，否则套错单价，就会影响直接费的准确度。

b. 审查换算单价。预算定额规定允许换算部分的分项工程单价，应根据预算定额的分部分项说明、附注和有关规定进行换算；预算定额规定不允许换算部分的分项工程单价，则不得强调工程特殊或其他原因，而任意加以换算。

c. 审查补充单价。目前各省、市、自治区都有统一编制的，经过审批的“地区单位估价表”，是具有法令性的指标，这就无需再进行审查。但对于某些采用新结构、新技术、新材料的工程，在定额确实缺少这些项目，尚需编制补充单位估价时，就应进行审查，审查分项项目和工程量是否属实，套用单价是否正确。

③ 审查直接费。决定直接费用的主要因素，是各分部分项工程量及其预算定额（或单位估价表）单价。因此，审查直接费，也就是审查直接费部分的整个预算表，即根据已经过审查的分项工程量和预算定额单价，审查单价套用是否准确，有否套错以及应换算的单价是否已换算，换算是否正确等。审查时应注意：

a. 预算表上所列的各分项工程的名称、内容、做法、规格及计量单位，与单位估价表中所规定的内容是否相符。

b. 在预算表中是否有错列已包括在定额中的项目，从而出现重复多算的情况；或因漏列定额未包括的项目，而少算直接费的情况。

④ 审查间接费及其他费用。

a. 审查人工费补差和施工流动津贴。人工费补差与施工流动津贴是以定额工日数为基础计算的，要注意人工费补差和施工流动津贴的规定适用期与施工期是否一致。

b. 次要材料差价。审查次要材料差价方法同审查人工费补差，要注意的是次要材料差价的计费基础不是定额直接费，而是定额材料费。

c. 审查主要材料差价。审查主要材料差价应注意以下几点：

a）主要材料应是“建筑工程主要材料一览表”中所列的材料。

b）材料数量应是审核后预算的定额材料消耗量。

c）主要材料差价计算公式

$$\text{主要材料差价} = \sum \text{主要材料定额消耗量} \times (\text{市场价} - \text{定额预算价})$$

其中

$$\text{市场价} = \text{中准价} \times (1 \pm \text{浮动率}) + \text{运费} + \text{运耗}$$

式中，中准价 ×（1 ± 浮动率）按合同规定方法确定。

（3）审查的方法。根据施工工程的规模大小、繁简程度不同，所编工程预算的复杂程度和质量水平不同，采用的审查方法也应不同。审查预算的方法较多，主要有全面审查法、重点抽查法、分解对比法、分组计算审查法、利用手册审查法等。

1）全面审查法。全面审查法是指按全部施工图的要求，全面审核工程数量、定额单价和取费标准。其具体方法与编制预算基本相同，这里不再重复。全面审查法的优点是全面、细致、准确，质量高，但是工作量大。全面审查法适用于工程规模小、工艺比较简单的工程和采用重点审查法和分解对比法发现差错率较大的工程。作为工程审价机构，对于某些已定型的标准施工图，也应采用全面审查法审查。

2）重点抽查法。重点抽查法是抓住对工程造价影响比较大的项目和容易发生差错的项目重点进行审查。重点抽查的内容有：

① 工程量大或直接费较高的项目。

② 工程量计算规则容易混淆的项目。

③ 换算定额单价和补充定额单价。

④ 根据以往审查经验，经常发生差错的项目。

⑤ 各项费用的计费基础及其费率标准。

重点抽查法，应灵活掌握。在重点抽查过程中，如发现问题较多、较大，应扩大审查范围，甚至放弃重点抽查，进行全面审查；反之，如没有发现问题，或发现差错很小，可考虑适当缩小审查范围。此外，对工程计算较为简单的项目，如平整场地、室内回填土、垫层、找平层、面层、浴厕间壁、屋顶水箱等可顺便一起审查。

3）分解对比法。单位建筑工程，如果其用途、结构和标准都一样，在一个地区或一个城市内，其预算造价也应该基本相同，特别是采用标准设计更是如此。虽然其建造地点和运输条件可能不同，但总可以利用对比方法，计算出它们之间的预算价值差别，来进一步对比审查整个单位工程施工图预算。分解对比法即把一个单位工程，按直接费和间接费进行分解，然后再把直接费按工种工程和分部工程进行分析，分别与审定的施工图预算进行对比的方法。

4）分组计算审查法。分组计算审查法是一种加快审查工程量速度的方法，把预算中的项目划分为若干组，并把相邻且有一定内在联系的项目编为一组，审查或计算同一组中某个分项工程量，利用工程量间具有相同或相似计算基础的关系，判断同组中其他几个分项工程量计算的准确程度的方法。

一般土建工程可以分为以下几个组：

① 地槽挖土、基础砌体、基础垫层、槽坑回填土、余土外运。

② 底层建筑面积、楼（地）面面积、地面垫层、楼面找平层、露面找平层、楼板体积、顶棚抹灰、顶棚刷浆、屋面层。

③ 内墙外抹灰、外墙内抹灰、外墙内面刷浆、外墙上的门窗、外墙上的过圈梁、外墙砌体。

在第一组中，先将挖地槽土方、基础砌体体积（室外地坪以下部分）、基础垫

层体积计算出来，而槽坑回填土量、余土外运量的体积按下式确定

回填土量 = 挖土量 −（基础砌体 + 基础垫层体积）

余土外运量 = 基础砌体 + 基础垫层体积

在余土外运工程量中，如果房间较大，房心能存土，留作室内回填土者，其体积也要从外运土的体积中扣除。

在第二组中，先把底层建筑面积、楼（地）面面积计算出来。而楼面找平层、顶棚抹灰、刷白的工程量与楼（地）面面积相同；地面垫层工程量等于楼（地）面面积乘以地面垫层厚度，空心楼板工程量由露面工程量乘以楼板的折算厚度计算；底层建筑面积如挑檐面积，乘以坡度系数就是屋面层工程量；底层建筑面积乘以坡度系数再乘以保温层的平均厚度为保温层的工程量。

在第三组中，首先把各种厚度的内外墙上的门窗面积和过梁体积分别列表填写，然后再计算工程量。

5）利用手册审查法。就是把工程中常用的构件、配件单位工程量的组成事先整理成预算手册，按手册对照审查的方法。如工程常用的预制构配件洗涤池、大便台、检查井、化粪池等，几乎每个工程都有，把这些按标准图计算出工程量，套上单价，编制成预算手册使用，可以大大简化预算的编审工作。

4. 设备安装工程预算的审查

设备安装工程预算的审查与一般土建工程类似，要对工程量、设备及主要安装材料价格、预算单价的套用、其他费用的计取等进行审查。

（1）工程量的审查。对设备安装工程要分需要安装和不需要安装分别进行工程量统计。

1）设备安装工程。对设备安装工程的审查，要注意设备的种类、规格、数量是否符合设计要求，是否将不需要安装的设备也计算到安装工程中去。

2）电气照明工程。对电气照明工程的审查，应注意灯具的种类、型号、数量以及吊风扇、排风扇等是否与设计图样一致；审查线路的敷设方法、线材品种是否达到设计标准，线路长度计算是否准确，注意各种配件、零件有些是包括在预算定额的有关项目内的，如灯具、明暗开关、插座、按钮等预留线已综合在定额的有关项目内；有无重复计算的情况。

3）给水排水工程。对给水排水工程量的审查，应正确区分室内外给水排水工程的界限，审查管道敷设的各种管材的品种、规格与长度计算是否准确；阀门等管件不应扣除的是否扣去；而室内排水管路是否已扣除应扣除的卫生设备本身所带管路长度；用承插管的室内排水工程是否扣除异形管及检查口所占长度；成组安装的卫生设备有无重算的现象等。

（2）预算单价审查。审查设备安装工程预算单价是否正确；预算书所列分项工程名称、规格、计量单位、工作内容与预算定额是否一致。

审查非安装设备、安装设备、未计价材料的预算价格是否符合有关定额；材料设备原价是否符合规定；有无高估加工费用，多算材料消耗，多计运输费用等现象。

(3) 各种费用审查。审查各种费用的计取、各种费用的列项、计算基础、取费标准是否符合要求。

2.4 工程价款结算与竣工决算

建设项目的竣工验收是项目建设过程的最后一个程序，是建设成果转入生产使用的标志。在竣工验收阶段，应严格按照国家有关规定，对项目的总体进行检验和认证，进行综合评价和鉴定。该阶段涉及的工程造价管理的最主要工作是竣工结算的编制与审查及竣工决算的编制。

1. 工程价款结算

《工程价款结算办法》规定：建设工程价款结算是指对建设工程的承发包方依据合同约定，进行工程预付款、工程进度款、工程竣工价款结算的活动。

由于建设工程施工周期长，一般在工程承包合同签订后和开工前业主要预付工程备料款，工程施工过程中要拨付工程进度款，工程全部完工后办理竣工结算。

通过工程价款结算，可确定承包人完成生产计划的数量及获得的货币收入，统计建设单位完成建设投资任务的数值，为建设单位编制竣工决算提供依据。

2. 竣工决算

竣工决算是指在竣工验收交付使用阶段，建设单位按照国家有关规定对新建、改建和扩建工程建设项目，编制的从筹建到竣工验收、交付使用全过程实际支付的建设费用的经济文件。

竣工决算是以实物数量和货币指标为计量单位，综合反映竣工项目从筹建开始到项目竣工交付使用为止的全部建设费用，是核定新增固定资产价值，考核投资效果，反映建设项目实际造价，建立经济责任制的依据。

竣工决算与工程价款结算的主要区别：

(1) 针对范围不同。竣工决算针对整个建设项目，是在项目全部竣工后编制的经济文件；而价款结算是指承包商完成部分工程后，向业主结算工程价款，用以补偿施工过程中的物资和资金的消耗。

(2) 作用不同。竣工决算是考核项目基建投资效果，办理移交新增资产价值的依据；工程价款结算是发包与承包双方结算工程价款，以及施工单位核算生产成果和考核工程成本的依据。

3. 价款结算的方法

价款结算涉及工程预付款、工程进度款、质量保证金、工程竣工价款的结算活动，是加速资金周转，提高资金使用有效性的重要环节。

（1）工程预付款及其计算方法。工程预付款又称为预付备料款，是施工企业进行施工准备和购置主要材料、结构件等所需流动资金的主要来源。通常在工程承包合同条款中，明确规定发包人在正式开工前预先支付给承包人工程款的数量和支付工程款的时间。

《建设工程施工合同（示范文本）》规定："实行工程预付款的，双方应当在专用条款内约定发包人向承包人预付工程款的时间和数额，开工后按约定的时间和比例逐次扣回。预付时间应不迟于约定的开工日期前7天。发包人不按约定预付，承包人在约定预付时间7天后向发包人发出要求预付的通知，发包人收到通知后仍不能按要求预付，承包人可在发出通知后7天停止施工，发包人应从约定应付之日起向承包人支付应付款的贷款利息，并承担违约责任。"

各地区、各部门对工程预付款的额度的规定不完全相同，但预付款的用途是相同的，主要是保证施工所需材料和构件的正常储备。一般根据建安工作量、主要材料和构件费用占总费用的比例、施工工期、材料储备周期等因素来综合确定。《工程价款结算办法》规定："包工包料工程的预付款按合同约定拨付，原则上预付比例不低于合同金额的10%，不高于合同金额的30%，对重大工程项目，按年度工程计划逐年预付。计价执行《建设工程工程量清单计价规范》的工程，实体性消耗和非实体性消耗部分应在合同中分别约定预付款比例。"

在实际工作中，工程预付款的数额应根据各工程类型、合同工期、承包方式和供应体制等不同条件而定。对于包工不包料的工程项目，则可以不预付备料款。

（2）工程预付款额度计算。工程预付款额度取决于主要材料和构件占工程造价的比例、材料储备周期、施工工期等因素。

常年施工企业的预付款额度计算公式为

$$A=\frac{BK}{T}t$$

式中 A——工程预付款额度；

B——年度承包工程总值；

K——主要材料和构件费占年度工程造价的比例；其中，$K=C/B$，C为主要材料和构件费用，可根据施工图预算中的主要材料和构件费用确定；

T——年度施工日历天数；

t——材料储备天数，可根据材料储备定额或当地材料供应情况确定。

（3）工程预付款的扣回。工程预付款属于预支工程款，随着工程的实施、材料和构配件的储备量逐渐减少，当施工进行到一定程度之后，预付款应以抵充工程价款的方式陆续扣回。

① 可以从未施工工程尚需要的主要材料及构件的价值相当于工程预付款数额

时起扣，从工程每次结算工程款中按主要材料比例抵扣工程价款，竣工前全部扣清，即

$$W = B - \frac{A}{K}$$

式中 W——起扣点，即工程预付款开始扣回时累计完成工作量金额。

其他符号含义同上式。

②《招标文件范本》规定："在承包人完成金额累计达到合同总价的10%后，由承包人开始向发包人还款。发包人从每次应付给承包人的工程款中扣回工程预付款，并至少在合同规定的完工期前3个月将工程预付款全部扣回。"

工程预付款额度与工程预付款抵扣方式最终由发包人和承包人通过合同的形式予以确定。例如，有些工程工期较短、造价较低，就无需分期扣还；有些工期较长，如跨年度工程，预计次年承包工程价值大于或相当于当年承包工程价值时，可以不扣回当年的预付备料款；如小于当年承包工程价值时，应按实际承包工程价值进行调整，在当年扣回部分预付备料款，并将未扣回部分转入次年，直到竣工年度，再按上述办法扣回。

（4）工程进度款的结算。根据《建设工程施工合同（示范文本）》规定，承包人应按合同约定的时间向工程师提交本阶段（月）已完工程量的报告，说明本期完成的各项工作内容和工程量。工程师接到承包人的报告后7天内（《工程价款结算办法》中规定为14天），按设计图样核实已完工程量。

按工程结算的时间和对象，进度款的结算可分为按月结算、分段结算和竣工后一次结算。

① 按月结算与支付，即实行按月支付进度款，竣工后清算的办法。若合同工期在两个年度以上的工程，在年终进行工程盘点，办理年度结算。目前，我国建筑安装工程项目中，大部分采用按月结算法。

② 分段结算与支付，即当年开工、当年不能竣工的工程按照工程形象进度，划分不同阶段支付工程进度款，具体划分在合同中明确。

③ 竣工后一次结算。当建设项目或单项工程全部建筑安装工程建设期在12个月以内，或者工程承包合同价值在100万元以下的，可实行工程价款每月月中预支，竣工后一次结算。

《建设工程施工合同（示范文本）》和《工程价款结算办法》中对工程进度款支付规定如下：

a. 在双方确认计量结果后14天内，发包人应按不低于工程价款的60%和不高于工程价款的90%向承包人支付工程进度款。按约定时间发包方应扣回的预付款与工程款（进度款）同期结算。

b. 符合规定范围的合同价款的调整，工程变更调整的合同价款及其他条款中

约定的追加合同价款，应与工程款同期调整支付。

c. 发包方超过约定的支付时间不支付工程款，承包方可向发包方发出要求付款通知。发包方收到承包方通知后仍不能按要求付款，可与承包方协商签订延期付款协议，经承包方同意后方可延期支付。协议须明确延期支付时间和从发包方计量结果确认后第15天起计算应付款的贷款利息。

d. 发包方不按合同约定支付工程款，双方又未达成延期付款协议，导致施工无法进行，承包方可停止施工，由发包方承担违约责任。

工程进度款的结算步骤，如图2-2所示。

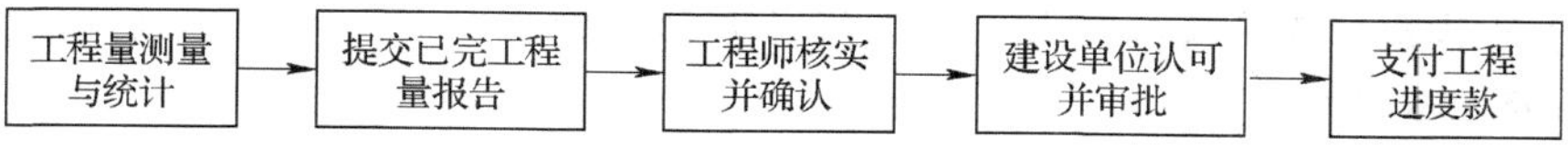

图2-2　工程进度款结算步骤

（5）工程质量保证金的预留。按照有关规定，工程项目总造价中应预留一定比例的尾款作为质量保修费用，待工程项目保修期结束后再行支付。工程质量保证金的预留办法如下：

① 按照《工程价款结算办法》的规定，发包人根据确认的竣工结算报告向承包人支付工程竣工结算价款，保留5%左右的质量保证金，待工程交付使用质保期到期后清算（合同另有约定的，从其约定）。质保期内如有返修，发生费用应从质量保证金内扣除。

② 按照《招标文件范本》中的规定，可以从发包人向承包人第一次支付的工程进度款开始，在每次承包人应得的工程款中扣留投标书附录中规定金额作为质量保证金，直至保留金总额达到投标书附录中规定的限额为止。

（6）工程竣工结算。竣工结算是在工程竣工并经验收合格后，在原合同造价的基础上，将有增减变化的内容，按照合同约定，对原合同造价进行相应的调整，编制确定工程实际造价并作为最终结算工程价款的经济文件。在实际工作中，当年开工、竣工的工程，只需办理一次性结算。跨年度的工程，在年终办理一次年终结算，将未完工程转到次年度，此时竣工结算等于各年度结算的综合。

在调整合同造价中，应把施工中发生的设计变更、现场签证、费用索赔等内容加以计算。

办理工程竣工结算的一般计算公式为

竣工结算工程价款 = 预算或合同价款 + 施工过程中预算或合同价款调整数额 − 预付及已结算工程价款 − 工程质量保证金

【例2-5】　某工程项目，安装工程承包合同总额为700万元，合同约定预付备料款额度为25%，主要材料和设备金额占总合同额的70%，工程质量保证金为合同总额的5%。预付款开始扣回的时间是当未施工工程需要的主要材料和设备的价值相当于预付款数额时，从每次中间结算工程价款中，按材料及设备的比例抵扣工程价款。实际施工中每月完成的产值，见表2-8，试计算预付备料款、月结算工程款和竣工结算价款。

表2-8 各月完成的实际产值 （单位：万元）

月份	3月	4月	5月	6月	7月
完成产值	80	100	180	200	140

【解】 ① 预付备料款 700万元×25%＝175万元

② 计算预付备料款起扣点，算出何时开始扣回备料款，才能正确计算出每月应支付的工程进度款

$$开始扣回预付备料款的合同价值=(700-175\div70\%)万元=(700-250)万元=450万元$$

当累计完成合同价值450万元后，开始扣回预付备料款。

③ 3月份结算款：完成产值80万元，结算工程款80万元。

④ 4月份结算款：完成产值100万元，结算工程款100万元，累计结算工程款180万元。

⑤ 5月份结算款：完成产值180万元，本月结算工程款180万元，累计结算工程款(180＋180)万元＝360万元。

⑥ 6月份结算款：完成产值200万元，累计(360＋200)万元＝560万元，已超过扣回备料款的起扣点为450万元，超过110万元，应扣除其70%的材料款。本月结算工程款为(200－110×70%)万元＝123万元，累计结算为483万元，已扣材料预付款77万元。

⑦ 7月份结算款：完成产值140万元，应扣回预付备料款＝140万元×70%＝98万元，同时由于7月是竣工月，最后一月支付进度款时，要扣出工程质量保证金。质量保证金＝700万元×5%＝35万元。则本月结算工程款为7万元。

⑧ 竣工结算价款：累计结算工程款为490万元，加上预付备料款175万元，共应结算工程款665万元，预留合同总额的5%（35万元）作为质量保证金。

4. 竣工决算书的编制

（1）竣工决算的内容。按有关文件规定，竣工决算书由竣工财务决算说明书、竣工财务决算报表、工程竣工图和工程造价对比分析四部分组成。其中，前两部分又称建设项目竣工财务决算，是竣工决算的核心内容。

1）竣工财务决算说明书。该说明书主要包括：工程建设进度、质量、安全和造价方面的分析；资金来源及运用等财务分析，包括工程价款结算、会计财务处理、财产物资情况及债权债务清偿情况等；各项技术经济指标的分析；工程建设的

经验及项目管理和财务管理工作及竣工财务决算中有待解决的问题；需要说明的其他事项。它概括了竣工工程建设成果和经验，是全面考核分析工程投资与造价的书面总结，是竣工决算报告的重要组成部分。

2）竣工财务决算报表。财务决算报表反映项目从开工到竣工为止全部资金来源和资金运用的情况，以及项目建成后新增固定资产、流动资产、无形资产和递延资产的情况和价值，是考核和分析投资效果、检查投资计划完成情况、财产交接的依据。

建设项目竣工财务决算报表是根据大、中型建设项目和小型建设项目分别制订的。大、中型建设项目竣工财务决算报表主要包括：建设项目竣工财务决算审批表，大、中型建设项目概况表，大、中型建设项目竣工财务决算表，大、中型建设项目交付使用资产总表。小型建设项目竣工财务决算报表主要包括：建设项目竣工财务决算审批表，竣工财务决算总表，建设项目交付使用资产明细表。

3）工程竣工图。工程竣工图是真实地记录各种地上（下）建筑物、构筑物等情况的技术文件。通常由施工单位负责在原施工蓝图的基础上注明修改的部分，并附以设计变更通知单和施工说明，加盖“竣工图”标志后作为竣工图。若项目有重大变更，属于设计原因造成的，由设计单位负责重新绘制竣工图；属于施工原因造成的，由施工单位负责重新绘制竣工图。

4）工程造价对比分析。以批准的概算作为考核建设工程造价的依据，将建筑安装工程费、设备与工器具购置费和其他工程费用逐一与竣工决算中的实际数据进行对比分析，其目的是判断项目总造价是节约或是超支，分析其原因，提出改进措施。

在实际工作中，应分析：主要实物工程量，主要材料消耗量，工程建设的管理费、措施项目费和间接费等。

（2）竣工决算书的编制步骤。

1）收集、整理、分析原始资料，主要包括设计文件、施工记录、概预算文件、工程结算资料、财务处理账目等。

2）清理各项财务、债务和结余物资。

3）对照、核实工程变动情况。

4）编制建设工程竣工决算说明。

5）填写竣工决算报表。

6）做好工程造价对比分析。

7）清理、装订好工程竣工图。

8）上报主管部门审查。

思考与练习题

1. 什么是设计概算？设计概算有什么作用？设计概算包括哪些内容？简述设计概算编制方

法的特点和编制程序。

2. 单位工程概算书、综合概算书、总概算书的编制对象和编制方法是什么？

3. 国产设备购置概算如何编制？设备安装工程概算的编制方法是什么？

4. 审查设计概算的方式是什么？

5. 可行性研究的作用和意义是什么？对给水排水工程项目，如何编制可行性报告？

6. 投资估算的内容是什么？投资估算通常有哪几种类型？

7. 如何正确使用投资估算指标？

8. 结合常规的给水排水处理工艺，简述如何合理选择厂（场）址。

9. 拟建普通活性污泥法污水处理厂一座，处理规模 $10\times10^4 m^3/d$，试估算污水处理厂厂站建设费用。

10. 工程价款结算的含义是什么？简述价款结算的方法。

11. 工程竣工结算与竣工决算有什么区别？

第3章 工程定额

3

3.1 定额概述

3.1.1 定额的概念

定额是一种规定的额度或限额，广义地说，是一种处理待定事物的数量界限。在社会化生产中，为了完成某一合格产品，必须投入一定量的活劳动与物化劳动。在社会生产发展的不同阶段，由于生产力水平不同，产品在生产过程中所消耗的活劳动与物化劳动的数量不同，但是在一定生产力水平条件下，总有一个合理的标准，此标准即为定额，因此，定额是指在正常生产条件下，完成单位合格产品所必须消耗的人工、材料、机械及其资金数量标准。

在建筑工程施工过程中，为了完成某一工程项目或某一分项工程，就必须消耗一定数量的人力、物力和财力，人力、物力和财力的消耗数量是随着施工对象、施工方法和施工条件的变化而变化的。建筑工程定额反映了在一定生产水平条件下，施工企业的生产技术和管理水平，即建筑工程定额是指在正常的施工生产条件下，完成单位合格产品所必需消耗的人工、材料、施工机械设备及其价值的数量标准。定额除规定消耗数量标准外，还规定了应完成的工作内容以及要求达到的质量标准和安全要求。

所谓“正常施工条件”是指施工过程符合生产工艺、施工验收规范和操作规程的要求，并且满足施工条件完善、劳动组织合理、机械运转正常、材料供应及时等条件。

3.1.2 定额的特性

在社会主义市场经济条件下，定额主要有四个方面的特性。

1. 定额的科学性

定额的科学性首先表现在用科学的观点与方法制定定额，制定定额要充分考虑客观施工生产技术和管理方面的条件，在分析各种影响工程施工生产消耗因素的基础上，定额的内容、范围、体系和水平既要适应社会生产力发展水平的需要，又要尊重工程建设中的生产消耗。此外，制定定额要与现代科学管理技术紧密结合，充分利用现代管理科学的理论、方法和手段，通过严密的测定、统计和分析来确定定额的消耗量。

2. 定额的权威性

在计划经济体制下，我国的各类定额是由国家或其授权机关组织编制和颁发的一种法令性指标，在执行范围内，任何单位都必须严格遵守和执行，未经定额主管部门的许可，不得随意改变定额的内容和水平，因此，具有经济法规的性质。

目前，在市场经济条件下，随着建筑产品商品化和建设项目竞争报价，定额的法令性已经淡化。但是，应该看到，定额在相当大的范围内和相当长的时间内，仍将具有很大的权威性。

3. 定额的群众性

定额的群众性是指定额的制定和执行都必须有广泛的群众基础。首先，在定额的制定过程中，必须通过科学的方法和手段对群众中的先进经验和操作方法进行系统的调查、分析、测定和整理，充分听取群众的意见，并吸收工人代表直接参与定额的测定和制定工作；其次，定额的贯彻执行要依靠广大群众，并且在生产经营中逐步提高定额水平，积累经验，为定额的再次调整提供新的经验和依据。

4. 定额的稳定性和时效性

任何一种定额都是一定时期在一定生产力水平下的反映，因而在一定时期内，定额都表现出稳定状态，即定额的稳定性。定额的稳定性是必需的，如果定额经常处于修改变动中，那么必然造成执行过程中的困难和混乱，很容易导致定额权威性的丧失。另外，定额的编制或修改是一项十分繁重的工作，它需要投入大量的人力、物力和财力，需要收集大量材料、数据，进行反复的调查研究、测算、比较、分析、审查，及至最后的定稿、印刷、发行工作，不可能在短期内完成。

定额的稳定性是相对的，随着生产力的发展，定额就会越来越不适应当前生产力水平，有一个由量变到质变的过程，当定额不能满足促进生产力发展的作用时，定额就需要重新修订编制了，即定额的时效性。定额的稳定期一般在 5 ~ 10 年之间。

此外，在同一定额内，不同的内容其稳定性和时效性的强弱也不同，一般来说，工程量计算规则稳定性强一些，而人工、材料和机械台班价格则时效性弱一些。

3.1.3 定额的作用

定额是实现企业科学管理的基础和必备条件，定额在企业管理科学化中始终占有重要的地位，没有定额就谈不上科学管理。在市场经济中，每一个商品生产者和商品经营者都被推向市场，他们必须在竞争中求生存、求发展，为此，他们必须提高自己的竞争能力，这就要求必须利用定额手段加强管理，以达到提高工作效率，降低生产和经营成本，提高市场竞争能力的目的。在工程建设中，建筑工程定额主要的作用有四个方面。

（1）定额是企业计划管理的依据。企业为了组织和管理施工生产活动，必须编制各种计划，而计划的编制就要依据定额来进行，在编制施工进度计划，下达施工任务单、限额领料单，计算劳动力、各种材料、机械设备等的需用量时，均应以建筑工程定额为依据编制。

（2）定额是确定工程造价和进行技术经济评价的依据。工程造价是根据设计图及有关规定，并依据定额规定的人工、材料、机械台班的消耗量和单位价值来计算的，因此，定额是确定工程造价的依据。另外，同一工程项目的设计会有若干个方案，每个方案的投资及其使用功能的多少，直接反映了该设计方案技术经济水平的高低，所以，根据定额和概算指标及其他相关知识对一个工程的若干设计方案进行技术经济分析，可从中选择经济合理的最优设计方案。

（3）定额是加强企业科学管理，贯彻按劳分配，搞好经济核算的依据。企业为了加强科学管理，提高企业管理水平，须正确地编制各种计划，要以各种定额为依据。企业为了分析和比较施工生产中的各种消耗，进行工程成本核算时，必须以定额为标准，分析比较企业各项成本，肯定成绩，找出差距，提出改进措施，降低工程成本，提高企业经济效益。

（4）定额是总结、分析、改进生产方法，提高劳动生产率的重要手段。定额确定的消耗量是企业应达到的基本要求，故可以促进企业加强技术改造，总结先进生产方法，提高劳动生产率。

3.1.4 定额的分类

定额的种类很多，按照生产要素、编制程序和定额的用途不同、专业及费用的不同、主编单位和执行范围的不同，分为四类。

1. 按生产要素分类

进行物质资料生产所必须具备的三要素是劳动者、劳动对象和劳动手段。劳动者是指人，劳动对象是指建筑材料的各种半成品等，劳动手段是指生产机具与设备。为了适应建筑施工活动的需要，定额可按以下三个要素编制，即劳动定额、材料消耗定额、机械台班使用定额，这三种定额被称作三大基本定额。

（1）劳动定额。劳动定额是指在正常施工条件下，生产单位合格产品所必需消耗的劳动时间，或者是在单位时间内生产合格产品的数量标准。

（2）材料消耗定额。材料消耗定额是指在合理使用材料的条件下，生产单位合格产品所必需消耗的一定品种、规格的原材料、半成品、成品或结构构件的数量标准。

（3）机械台班使用定额。机械台班使用定额是指在正常施工条件下，利用某种施工机械生产单位合格产品所必需的机械工作时间，或者在单位时间内机械完成合格产品的数量标准。

2. 按编制程序和用途分类

在建筑工程定额中，按编制程序和用途分为施工定额、预算定额、概算定额、概算指标。

（1）施工定额。施工定额是施工企业内部直接用于施工管理的一种技术定额。它是以工作过程或复合工作过程为标定对象，规定某种建筑产品的人工消耗量、材料消耗量和机械台班使用消耗量。施工定额是建筑企业中最基本的定额，可用以编制施工预算、施工组织设计、施工作业计划，是考核劳动生产率和进行成本核算的依据。施工定额也是编制预算定额的基础材料。

（2）预算定额。预算定额是以建筑物或构筑物的各个分部分项工程为单位编制的。定额中包括所需人工工日数、各种材料的消耗量和机械台班使用量，同时表示对应的地区基价。预算定额是以施工定额为基础编制的，它在施工定额的基础上综合和扩大，用以编制施工图预算，确定建筑安装工程造价，编制施工组织设计和工程竣工决算。预算定额也是编制概算定额和概算指标的基础。

（3）概算定额。概算定额是以扩大结构构件、分部工程或扩大分项工程为单位编制的，它包括人工、材料和机械台班消耗量，并列有工程费用。概算定额是以预算定额为基础编制的，它是预算定额的综合和扩大。用以编制初步设计概算，进行设计方案经济比较，也可作为编制主要材料申请计划的依据。

（4）概算指标。概算指标是比概算定额更为综合的指标。它是以整座房屋或构筑物为单位来编制的，其内容包括人工、材料消耗和机械台班使用定额三个组成部分，同时还列有各结构部分的工程量和以每100m^2建筑面积或每座构筑物体积为计量单位而规定的造价指标。概算指标是方案设计阶段编制概算的依据，是进行经济分析，考核建设成本的标准，是国家控制基本建设投资的主要依据。

3. 按定额编制单位和管理权限分类

按编制单位和管理权限划分为全国统一定额、行业统一定额、地区统一定额、企业定额和补充定额五种。

（1）全国统一定额。全国统一定额是综合全国基本建设的生产技术和施工组织、生产劳动的一般情况而编制的，在全国范围内执行，如全国统一的劳动定额、全国统一建筑工程基础定额、专业通用和专业专用定额等。

（2）行业统一定额。行业统一定额是一个行业根据本行业的特点、行业标准和行业施工规范要求编制的，只在本行业的工程中使用，如电力定额、化工定额、水利定额等。

（3）地区统一定额。地区统一定额是在考虑地区特点和统一定额水平的条件下编制的，只在规定的地区范围内使用。各地区不同的气候条件、物质技术条件、地方资源条件和交通运输条件，是确定定额内容和水平的重要依据，如一般地区通用的建筑工程预算定额、概算定额和补充劳动定额。

（4）企业定额。企业定额是由建筑企业编制的，在本企业内部执行的定额。由于生产技术的发展，我国加入WTO以来，建筑工程工程量清单规范的实行，编制企业定额将是各个企业参与市场竞争的必要手段。

（5）补充定额。补充定额是指统一定额和企业定额中未列入的项目，或在特殊施工条件下无法执行统一的定额，由预算员和有经验的工人根据施工特点、工艺要求等直接估算的定额。补充定额制定后必须上报主管部门批准。

4. 按适用专业分类

一般可分为建筑工程定额、装饰工程定额、房屋修缮工程定额、安装工程定额、仿古建筑及园林工程定额、公路工程定额、铁路工程定额、矿井工程定额等。

3.2 企业定额与施工定额

3.2.1 企业定额

1. 企业定额的概念

施工企业根据本企业的施工技术和管理水平，以及有关工程造价资料制定的，并供本企业使用的人工、材料和机械台班消耗量标准。

2. 适用范围

企业定额是由企业自行编制，只限于本企业内部使用的定额，例如施工企业附属的加工厂、车间为了内部核算便利而编制的定额。至于对外实行独立核算的单位如预制混凝土和金属构件厂、大型机械化施工公司、机械租赁站等，虽然它们的定额标准并不纳入建筑安装工程定额系列之内，但它们的生产服务活动与建设工程密切相关，因此，其定额标准、出厂价格、机械台班租赁价格等，都要按规定的编制程序和方法经有关部门的批准才能在规定的范围内执行。企业定额只在企业内部使用，是企业素质的一个标志。企业定额水平一般应高于国家现行定额，才能满足生产技术发展、企业管理和市场竞争的需要。

3. 企业定额的特点

作为企业定额，必须体现以下特点。

1）企业定额各单项的平均造价要比社会平均价低，体现企业定额的先进合理性，至少要基本持平，否则，就失去企业定额的实际意义。

2）企业定额要体现本企业在某方面的技术优势，以及本企业的局部管理或全面管理方面的优势。

3）企业定额的所有单价都实行动态管理；定期调查市场，定期总结本企业各方面业绩与资料，不断完善，及时调整，与建设市场紧密联系，不断提高竞争力。

4）企业定额要紧紧联系施工方案、施工工艺并能与其全面接轨。

4. 企业定额的作用

随着我国社会主义市场经济体制的不断完善，工程价格管理制度改革的不断深入，企业定额将日益成为施工企业进行管理的重要工具。

1）企业定额是施工企业计算和确定工程施工成本的依据，是施工企业进行成本管理、经济核算的基础。企业定额是根据本企业的人员技能、施工机械装备程度、现场管理和企业管理水平制定的，按企业定额计算得到的工程费用是企业进行施工生产所需的成本。在施工过程中，对实际施工成本的控制和管理，就应以企业定额作为控制的计划目标数，开展相应的工作。

2）企业定额是施工企业进行工程投标、编制工程投标报价的基础和主要依据。企业定额的定额水平反映出企业施工生产的技术水平和管理水平，在确定工程投标报价时，首先是依据企业定额计算出施工企业拟完成投标工程需发生的计划成本。在掌握工程成本的基础上，再根据所处的环境和条件，确定在该工程上拟获得的利润、预计的工程风险费用和其他应考虑的因素，从而确定投标报价。因此，企业定额是施工企业编制计算投标报价的根基。

3）企业定额是施工企业编制施工组织设计、制定施工计划和作业计划的依据。企业定额可以应用于工程的施工管理，用于签发施工任务单、签发限额领料单以及结算计件工资或计量奖励工资等。企业定额直接反映本企业的施工生产力水平，运用企业定额，可以更合理地组织施工生产，有效确定和控制施工中人力、物力消耗，节约成本开支。

5. 企业定额在工程量清单报价中的作用

实行工程量清单报价，很明显打破了过去由政府的造价部门统一单价的做法，让施工企业能最大限度地发挥自己的价格和技术优势，不断提高自己企业的管理水平，推动竞争，从而在竞争中形成市场，进一步推进整个建设领域的纵深发展；这也是招标投标制度和造价管理与国际惯例接轨过程中要经过的必然阶段。施工企业要生存壮大，就现有的建设市场形势，有一套切合企业本身实际情况的企业定额是十分重要的；运用自己的企业定额资料去制定工程量清单中的报价，尽管工程量清单中的工程量计算规则和报价包括的内容仍然沿用了地方定额或行业定额的规定，但是，在材料消耗、用工消耗、机械种类、机械配置和使用方案、管理费用的构成等各项指标上，基本上是按本企业的具体情况制定的；与地方定额或行业定额相比，表现了自己企业的施工管理上的个性特点，提高了竞争力。如在电力工程建设中，其特点是建设规模大，投资大，建设工期较长，施工工艺要求高等，为此，在电力工程项目招标投标中，科学合理先进的企业定额显得更为重要；同一个项目，可能由于每个企业自身的情况而制定的企业定额的水平差距较大，相应的投标报价也会相差较大；这是因为每个电力施工企业除了在材料消耗、用工消耗、管理费用的构成等各项指标上的不同之处，更为重要的原因之一是机械种类、机械配置和使用方案的不同，因为机械费用在电力建设费用中占有较大比重；如在某电厂2×600MW机组工程招标投标中某一标段的投标报价，最高报价为3.44 亿元，最低报价为3.07 亿元，相差3700 万元；这就充分说明了企业定额在工程量清单报价中的重要性。

6. 意义

企业定额不是简单地把传统定额或行业定额的编制手段用于编制施工企业的内部定额，它的形成和发展同样要经历从实践到理论，由不成熟到成熟的多次反复检验、滚动、积累，在这个过程中，企业的技术水平在不断发展，管理水平和管理手段、管理体制也在不断更新提高。可以这样说，企业定额产生的过程，就是一个快速互动的内部自我完善的进程。

7. 企业定额编制的原则

企业定额编制的原则有如下六个。

1）平均先进原则。

2）简明适用性原则。贯彻定额的简明适用性原则，关键要做到定额项目设置完全，项目划分粗细适当。

3）以专家为主编制定额的原则。

4）独立自主的原则。

5）时效性原则。

6）保密原则。

8. 企业定额编制的方法

编制企业定额最关键的工作是确定人工、材料和机械台班的消耗量，计算分项工程量单价和综合单价。

人工消耗量的确定，首先是根据企业环境，拟定正常的施工作业条件，分别计算测定基本用工和其他用工的工日数，进而拟定施工作业的定额时间。

材料消耗量的确定是通过企业历史数据的统计分析、理论计算、实验室试验、实地考察等方法，计算确定包括周转材料在内的净用量与耗用量，从而拟定材料消耗的定额指标。

机械台班消耗量的确定，同样需要按照企业的环境，拟定机械工作的正常施工条件，确定机械工作效率和利用系数，据此拟定施工机械作业的定额台班与机械作业相关的人工和小组的定额时间。

9. 企业定额的发展方向

企业定额在个性化方面已经比按定额模式计价处理工程量清单有了较大进步，但由于企业定额的起步一般是源于地方定额或行业定额，经企业消化吸收变动过来的，因而从内容到形式上都不可避免地受到地方定额或行业定额有关规则的影响；对具体工程项目的个性特点的体现，仍然相对缺少；政府对企业的各项管理制度，与国际惯例的行业管理制度存在着差距，这种相互间的不协调，也不可避免地影响到编制企业定额时对管理费用的考虑。

制定一套完善的企业定额，要充分利用计算机技术，去完成原始数据资料的收集、整理、分析等任务。地方定额或行业定额的采样范围较一个企业要广泛得多，企业定额的数据采集，主要是自己的资料；企业定额要充分体现企业的个性，但同时又要反映本企业不同时期、不同地点、不同特点的各个工程项目的共性；随着计算机软件业的飞速发展，计算机完全可以帮助企业为制定自己的企业定额创造一个良好的技术支持环境，使企业能随时准确地记录好相关资料。另外，由于当前我国建筑造价管理处于一个多种计价方式并存的局面，而我国在加入“WTO”后与国际惯例接轨势在必行，因此，企业定额要尽可能做到多种计价模式都能兼容。

先进的方案应该是建立一套企业成本管理系统，从工程实际中收集、汇总、分析相关的内容，以便日后投标时直接运用，当然要保证数据的及时性。国内好的方案有金长风软件提出的施工企业成本控制系统，它将工程的计划、实施，和最后的考核连成一个系统，公司运用此系统，能及时掌控成本，提供各种材料供应商和分包单位的来往账目和材料采购领用明细表。在投标时也就有了相应的实时成本资料，对相关人员的要求低，不需要建立专门的企业定额汇总分析部门。

根据目前建设市场经济的发展要求，现行的地方定额或行业定额已不能满足市场要求；实行工程量清单报价的基本思路就是“控制量，放开价，由企业自主报价，最终由市场开放价格”。控制量即由国家统一工程量计算规划、项目分类、统一编码、统一术语。现行的规范是 GB 50500—2008《建设工程工程量清单计价规范》。

3.2.2 施工定额

1. 施工定额的概念

施工定额是直接用于建筑工程施工企业内部施工管理的一种定额。

施工定额是以同一性质的施工过程为对象，确定在正常的施工条件下，完成一定计量单位的某一施工过程所需的人工、材料和机械台班消耗的数量标准。

2. 施工定额的作用

（1）施工定额是施工企业编制施工预算，进行工料分析和“两算”对比，加强企业成本管理的基础。

施工预算是根据施工定额和施工图编制的，施工预算反映了在正常施工条件下劳动消耗的社会平均先进水平，是施工企业内部完成一个建筑产品的计划成本。认真执行施工预算，能更加合理组织施工生产，有效地控制施工生产中人工、材料和机械台班的消耗，降低工程成本。

“两算”对比即施工预算与施工图预算的对比，施工图预算反映了劳动消耗的社会平均水平，是完成一个建筑产品的预算成本。显然，“两算”对比是施工企业为完成建筑产品可能得到的收入与计划支出的分析对比。通过“两算”对比分析，可以使施工企业做到心中更有数，从而更加有效、主动地控制实际成本的消耗，不断加强企业成本管理。

（2）施工定额是编制施工组织设计、施工作业计划的依据。

施工组织设计中有两项很重要的内容，即施工进度计划和施工现场平面布置图。施工进度计划中应包含施工工期的时间安排及人工、材料和机械台班需用量计划；施工现场平面布置时，也需根据其机械台班和各种材料需用量计划来计算各种机械和材料占地面积的大小，而这些工作均要根据施工定额来完成。

（3）施工定额是施工企业向班组签发生产任务单和限额领料单的依据。

通过签发生产任务单，将施工任务落实到班组，使班组做到心中有数。生产任务单又是计算工人工资的依据。

通过签发限额领料单，在施工中能够及时有效控制材料用量，降低材料消耗。

（4）施工定额是计取工人劳动报酬，实行按劳分配的依据。

施工定额是计算工人计件工资的基础，通过施工定额，将工人的劳动成果和劳动消耗直接联系起来，按劳分配，多劳多得。

（5）施工定额是编制预算定额的基础。

预算定额是在施工定额的基础上，根据施工定额中人工、机械和材料的消耗标准，并结合预算定额的水平及其适用范围编制而成的，施工定额是基础性定额。

3. 施工定额的组成

施工定额由劳动定额、材料消耗定额和机械台班使用定额三部分组成。

（1）劳动定额。劳动定额又称作人工定额，反映建筑产品生产活动中劳动的消耗数量的标准。劳动定额是指正常的施工生产条件下，完成单位合格产品所必需消耗的劳动时间，或在单位时间内完成合格产品的数量。

劳动定额按其表现形式的不同又可分为时间定额和产量定额。

1）时间定额。时间定额是指在正常的施工生产条件下，生产单位合格产品所必需消耗的劳动时间。它包括准备与结束时间、基本工作时间、辅助工作时间、不可避免的中断时间以及工人所必需的休息时间。

时间定额的单位是工日，每一工日工作时间按 8h 计算。

$$\text{个人完成单位产品的时间定额(工日)}=\frac{1}{\text{每工产量}}$$

或
$$\text{小组完成单位产品的时间定额(工日)}=\frac{\text{小组成员工日数总和}}{\text{小组每班产量}}$$

2）产量定额。产量定额是指在正常的施工生产条件下，在单位时间（工日）内完成的合格产品的数量。

$$\text{每工产量定额}=\frac{1}{\text{个人完成单位产品的时间定额}}$$

或
$$\text{小组每班产量定额}=\frac{\text{小组成员工日数总和}}{\text{小组完成单位产品的时间定额}}$$

3）时间定额与产量定额的关系。从时间定额与产量定额的概念和计算公式可以看出，时间定额与产量定额两者之间互为倒数关系，即

$$\text{时间定额}=\frac{1}{\text{产量定额}}$$

时间定额与产量定额虽然是同一劳动定额的不同表现形式，但其用途却各不相同。时间定额是完成单位合格产品所必需消耗的工日数量，便于计算某工程所需要的工日数，编制施工进度计划，计算工期和核算工资。产量定额是单位时间内完成的产品数量，便于分配施工任务，考核工人劳动生产率和签发生产任务单。

（2）材料消耗定额。材料消耗定额是指合理和节约使用材料的条件下，生产单位质量合格的建筑产品所必需消耗的一定品种、规格的建筑材料的数量标准。

在建筑产品中，建筑材料品种繁多，耗用量大，在一般工业与民用建筑工程中，材料费约占整个工程费用的 60% ~ 70%。因此，材料在运输、存储、管理、使用的过程中，如何合理使用，减少建筑材料的消耗量，降低成本，在工程施工中占有极其重要的地位。

根据材料使用次数的不同，建筑材料分为非周转性材料和周转性材料两类。

1）非周转性材料。非周转性材料也称为直接性材料，它是指在建筑施工中，一次性消耗并直接构成工程实体的材料。如水泥、钢材、砂、石等。非周转性材料的消耗量由材料净用量和损耗量两部分组成，其相互间关系可表示为

$$\text{材料消耗量}=\text{净用量}+\text{损耗量}$$

$$\text{损耗率}=\frac{\text{损耗量}}{\text{净用量}}\times 100\%$$

2）周转性材料。周转性材料是指在建筑工程施工中，能多次反复使用的材料，如模板、脚手架等。这些材料在施工中不是一次消耗的，而是随着使用次数逐

渐消耗的，故称为周转性材料。周转性材料在定额中是按照多次使用，分次摊销的方法计算，一般以摊销量表示。

（3）机械台班使用定额。机械台班使用定额是指在正常的施工生产条件下，生产单位合格产品所必需消耗的一定品种、规格施工机械的工作时间或某种施工机械在单位时间内完成的合格产品的数量。机械台班使用定额以台班为单位，每一台班按 8h 计算，机械台班使用定额有机械台班时间定额和机械台班产量定额两种表现形式。

1）机械台班时间定额。机械台班时间定额是指在正常的施工条件下，某种机械生产单位合格产品所必需消耗的台班数量。

$$\text{机械台班时间定额}=\frac{1}{\text{台班产量定额}}$$

当人工配合机械工作时

$$\text{人工时间定额}=\frac{\text{小组成员工日数总和}}{\text{台班产量定额}}$$

例如，某种型号的挖土机一个台班挖土 5m³，挖土机小组成员为 2 人，则

$$\text{机械台班时间定额}=\frac{1}{5\text{m}^3/\text{台班}}=0.2\ \text{台班}/\text{m}^3$$

$$\text{人工时间定额}=\frac{2\ \text{工日}/\text{台班}}{5\text{m}^3/\text{台班}}=0.4\ \text{台班}/\text{m}^3$$

2）机械台班产量定额。机械台班产量定额是指某种机械在合理的施工组织和正常施工的条件下，单位时间内完成合格产品的数量。

$$\text{机械台班产量定额}=\frac{1}{\text{时间定额}}$$

当人工配合机械施工时

$$\text{机械台班产量定额}=\frac{\text{小组成员工日数总和}}{\text{人工时间定额}}$$

如上例，则

$$\text{机械台班产量定额}=\frac{1}{\text{时间定额}}=\frac{1}{0.2\ \text{台班}/\text{m}^3}=5\text{m}^3/\text{台班}$$

当人工配合机械施工时

$$\text{机械台班产量定额}=\frac{\text{小组成员工日数总和}}{\text{人工时间定额}}=\frac{2\ \text{工日}/\text{台班}}{0.4\ \text{工日}/\text{m}^3}=5\text{m}^3/\text{台班}$$

3.2.3 施工定额手册的组成内容

施工定额手册主要由目录、总说明、分部工程说明、分项工程定额项目表及附录几部分组成，其主要内容如下：

1. 总说明

在总说明中，主要阐述了施工定额的适用范围、作用、编制原则和依据、工程质量要求、有关问题的规定及说明等。

2. 分部工程说明

主要介绍了该部分工程的适用范围、工作内容、质量和安全要求、施工方法、工程量计算规则以及有关规定。

3. 分部分项工程定额项目表

定额项目表主要列出该分项工程项目的定额编号、项目名称、计量单位以及完成该分项工程内容所需消耗的人工、材料和机械台班的数量标准。在定额项目表的上方列有完成该项工程的工作内容。在定额的下方列有附注，以说明各项工程项目的适用范围或与其不同时如何调整。

4. 附录

附录中主要列有混凝土、砂浆配合比，各种建筑材料的名称、规格及相应的损耗率，工人等级，施工方法、施工规定以及示意图等。

3.3 概算定额与概算指标

3.3.1 概算定额

1. 概算定额的概念

概算定额以扩大的分部分项工程或单位扩大结构构件为对象，以预算定额为基础，根据通用设计或标准图集等资料，计算和确定完成合格的工程项目所需的人工、材料和机械台班的数量标准，所以概算定额又称作扩大结构定额，是介于预算定额与概算指标之间的一种定额。

概算定额是由预算定额综合而成的。它是在预算定额的基础上，在保证相对准确的前提下，将预算定额中相关联的若干分项工程项目综合为一个概算定额项目。例如，砖基础工程在预算定额中一般划分为挖地槽土方、基础垫层、砖基础、墙基防潮层等若干个分项工程项目，但在概算定额中，可以将上述内容综合为一个项目，即砖基础定额项目。由于概算定额综合了若干预算定额子目，因此用概算定额编制的设计概算及其工程量计算比编制施工图预算简化了许多。

（1）概算定额的作用。

1）概算定额是编制投资规划，控制基本建设投资的依据。

2）概算定额是初步设计阶段编制设计概算和技术设计阶段编制修正概算的依据。建设程序规定：采用两段设计时，其初步设计必须编制设计概算；采用三段设计时，其技术设计必须编制修正概算，对拟建项目进行总评价。

3）概算定额是优选设计方案，进行技术经济分析的依据。通过技术经济分析，目的是选择优先可靠、经济合理的方案，在满足使用功能的条件下，达到降低造价和资源消耗的目的。

4）概算定额是编制主要材料需用量的计算基础。在施工设计之前，可根据概算定额计算出工程主要材料用量，以便及时提出供应计划，为材料的采购、供应做好准备。

（2）概算定额的内容。按专业特点和地区特点编制的概算定额手册，内容基本上由文字说明、定额项目表和附录三个部分组成。

1）文字说明部分。文字说明部分包括总说明和分部工程说明。在总说明中主要阐述概算定额的编制依据、使用范围、包括的内容及作用、应遵守的规则及建筑面积计算规则等，分部工程说明主要阐述本分部工程包括的综合工作内容及分部分项工程的工程量计算规则等。

2）定额项目表。定额项目表是概算定额手册的主要内容，它由若干分节定额组成，各节定额由工程内容、定额表及附注说明组成。定额表中列有定额编号、计量单位、概算价格，以及人工、材料、机械台班消耗量指标，综合了预算定额的若干项目与数量。

2. 概算定额与预算定额的区别

（1）项目的划分不同。预算定额的项目是按分项工程或结构构件划分的，而概算定额主要是按工程形象部位，以主体结构分部为主，将预算定额中一些施工顺序相衔接、相关性较大的分项工程合并成一个综合分项工程项目，如混凝土带形基础项目和砖墙项目。由于概算定额综合性强，所以利用概算定额编制的设计概算更为简化，但精确性较低。

（2）概算定额与预算定额的定额水平基本一致，但两者之间有一个合理的幅度差。预算定额是按照社会消耗的平均劳动时间制定的，反映了社会平均水平。概算定额在编制过程中，为了满足规划、设计和施工的要求，正确反映正常情况下大多数企业的设计、施工和管理水平，概算定额和预算定额的水平基本一致。同时，为了适应设计深度的要求，二者之间在水平上需要保留一个必要的、合理的幅度差，以便用概算定额编制的设计概算，能够控制住用预算定额编制的施工图预算。

3.3.2 概算指标

1. 概算指标的概念

概算指标是一种比概算定额综合性更强的指标。它是以一个单项建筑工程或一个单位建筑工程为编制对象，规定的完成一定计量单位合格产品所需人工、材料、机械台班消耗数量和资金数量的标准。以一个单项工程为编制对象的概算指标可以表示土建、水、暖、电气工程等的指标；以一个单位工程为编制对象的概算指标只能表示土建工程或水、暖、电气等工程的消耗指标。

在概算指标中常用的计量单位有每 $1m^3$ 或 $100m^2$ 建筑面积，每万元投资金额，构筑物以座为计量单位。

2. 概算指标的作用

概算指标与概算定额是属于同一类性质的概算文件，但概算指标的综合概括性更强，利用它编制工程概算更为简捷、快速。它的作用与概算定额基本相似，主要有以下几点：

1）概算指标是在项目前期筹措和规划阶段编制投资估算或控制初步设计概算的依据。

2）概算指标是对工程方案进行可行性论证和进行设计方案的技术经济分析的依据。

3）概算指标是建设单位编制基本建设计划，申请投资拨款和主要材料计划的依据。

3. 概算指标与概算定额的区别

（1）确定各种消耗量指标的对象不同。概算定额是以扩大分项工程或扩大结构工程为编制对象，而概算指标是以整个建筑物为编制对象，因此，概算指标比概算定额更为综合、扩大。

（2）确定各种消耗量指标的依据不同。概算定额是以现行预算定额为基础，通过测算之后综合确定出扩大分项工程的各种消耗量指标；概算指标中的各种消耗量指标除依据概算定额外，还主要来自根据各种类型的典型工程设计图样和有代表性的标准设计图样编制的工程竣工结算和竣工决算资料。

4. 概算指标的内容

（1）总说明。从总体上说明概算指标的作用、编制依据、适用范围和使用方法等。

（2）示意图。说明工程的结构形式，工业建筑项目还需表示出起重机起重能力。

（3）结构特征。说明工程的结构形式、层高、层数、建筑面积等。

（4）经济指标。说明该工程项目每 $100m^2$ 建筑面积构筑物中每座的工程造价指标，及其中土建、水、暖、电气等单位工程的相应造价。

（5）构造内容及工程量指标。说明构造内容及相应计量单位的工程量指标及人工、主要材料消耗量指标。

5. 概算指标的应用

概算指标的应用比概算定额具有更大的灵活性。由于它是一种综合性很强的指标，不可能与拟建工程的建筑特征、结构特征、自然条件、施工条件完全一致，因此在选用概算指标时必须十分慎重，选用的指标与设计对象在各个方面应尽量一致或接近，不一致的地方主要进行调整换算，以提高概算的准确性。

概算指标的应用一般有两种情况：第一种情况，如果设计对象的结构特征与概算指标的规定一致时，可直接套用；第二种情况，如果设计对象的结构特征与概算指标的规定局部不一致时，要对概算指标的局部内容调整后再套用。

3.4 单位估价表

3.4.1 单位估价表的概念

单位估价表又称地区单位估价表，它是以 GJD 101—1995《全国统一建筑工程基础定额》或各省、自治区、直辖市的建筑工程实物量定额中每个项目规定的人工、材料和机械台班数量，配合本地区所确定的人工工日单价、材料预算价格和机械台班预算价格，从而制定出适合本地区的相应项目的基价、人工费、材料费和机械费的一种预算价值表，称为单位估价表。单位估价表是现行基础定额或预算定额在某个城市或地区的具体表现形式。因此，单位估价表的作用与预算定额相同。

1. 单位估价表的作用

1）单位估价表是进行设计方案技术经济分析的重要工具。工程设计采用何种设计方案，必须考虑经济条件，这就需要采用地区单位估价表进行衡量比较，决定应用哪种结构比较经济。

2）单位估价表是已完工程结算的依据。有了地区单位估价表，可以算出企业实际完成的建筑安装工程量，可办理施工过程中的结算和竣工工程结算。

3）单位估价表中的综合单价，是基本建设核算和分析工作常用的货币指标。单位估价表是确定工程预算成本的主要依据。

2. 人工工日单价的确定

人工工日单价是指一个建筑安装工人一个工日应计入的全部人工费用。它反映了建筑安装工人的工资水平。

人工工日单价由基本工资、辅助工资、工资性补贴、职工福利费和劳动保护费五部分组成。即

$$\text{人工工日单价} = \text{日基本工资} + \text{日工资性补贴} + \text{日辅助工资} + \text{日职工福利费} + \text{日劳动保护费}$$

（1）基本工资。基本工资均执行岗位技能工资制度，以便更好地体现按劳取酬和适应市场经济的需要。基本工资由岗位工资、技能工资和工龄工资三部分组成。

（2）工资性补贴。工资性补贴是指按规定标准发放的物价补贴，煤、燃气补

贴，交通补贴，住房补贴，流动施工津贴，地区津贴等。

(3) 辅助工资。生产工人的辅助工资是指生产工人年有效施工天数以外非作业天数的工资，包括职工学习、培训期间的工资，调动工作、探亲、休假期间的工资，因气候影响的停工工资，女人哺乳时间的工资，病假在六个月以内的工资及产、婚、丧假的工资。

(4) 职工福利费。职工福利费是指按规定标准计提的职工福利费。

(5) 劳动保护费。生产工人劳动保护费是指按规定标准发放的劳动保护用品的购置费及修理费，徒工服装补贴，防暑降温费，在有害身体健康环境中施工的保健费用等。

3.4.2　材料预算价格的确定

材料预算价格是指材料由提货地点到达施工工地仓库或工地材料堆放点后的出库价格。出库价格是指材料入库经过保管再领出仓库时的价格。

材料预算价格应包括材料采购时发生的原价、手续费和运到工地仓库的全部费用以及发生的采购保管费。材料预算价格由以下几部分组成。

1. 材料原价

材料原价是指材料直接向生产厂家采购的出厂价。在确定原价时，同一种材料因产地或供应单位的不同而有几种价格时，应根据不同来源地的供应数量及不同的单价，计算出加权平均单价。

2. 材料供销部门手续费

材料供销部门手续费是指材料不能直接向生产厂家采购、订货，必须经过当地物资部门或供销部门采购时附加的手续费，可按下式计算

$$材料供销部门手续费=材料原价\times材料供销部门手续费率$$

式中，材料供销部门手续费率，可按照原国家经委规定和当地物资部门现行的取费规定进行计算。原国家经委规定：金属材料的费率为2.5%，建筑材料为3.0%，各省、自治区、直辖市对此费率可作适当的调整。

3. 材料的包装费

材料的包装费是指为了便于材料运输，减少损耗以及保护材料而进行包装所需要的费用。

4. 材料的运杂费

材料的运杂费是指材料由其来源地（或提货地点）起（包括中间仓库转达）运至施工工地仓库或堆放场地后，全部运输过程中所支付的一切费用。主要包括以下五部分：

1）调车（或驳船）费：指机车到专用线或非公用地点装货时的调车费（或驳船费）。

2）装卸费：指火车、汽车、轮船等装卸货物时所发生的费用。

3）运输费：指火车、汽车、轮船等运输材料费。

4）附加工作费：指货物从来源地运至工地仓库期间发生的材料搬运、分类堆放及整理等费用。

5）途中损耗：指材料在装卸运输过程中不可避免的合理损耗。

材料运输费的项目及各种费用标准，均按当地运输管理部门公布的现行价格和方法计算。运输方法和车种比例，各地可根据当地运输情况确定并按照各种材料的不同特征、性能确定计算各车种和单一车种运价。轻浮物资或怕挤压物资按容积核定装载量。工程大宗材料应考虑整车运输，工程用量较少的材料可以采用整车、零担或整车与零担各占一定比例的运输方式计算。

计算材料运输费时，运输管理部门规定运输密度的材料，按其规定计算运输质量。机械装卸或人工装卸应按材料特征和性能，各地根据当地实际情况确定。

编制地区材料预算价格时，材料来源地的确定，应该贯彻就地、就近取材的原则，应根据物资合理分布情况和历年来物资实际分配情况来确定。当同一种材料有几个货源地时，应按各货源地供应的数量比例和运费单价，计算其加权平均运费。

5. 材料的采购保管费

材料的采购保管费是指材料供应部门在组织采购供应和保管材料过程中发生的各种费用。可按下式计算

采购保管费 =（材料原价 + 供应部门手续费 + 包装费 + 运杂费）× 采购及保管费率

采购保管费率一般取 2.5%，也可根据各地区有关规定计取。

3.4.3 机械台班预算价格的确定

机械台班预算价格是指在一个台班中为使机械正常运转，所需支出和分摊的各种费用。主要由以下七部分组成。

1. 折旧费

折旧费是指机械设备在规定的使用期限内，收回机械原值而分摊到每一台班的费用。

$$折旧费 = \frac{机械原值 \times (1 - 残值率)}{使用总台班}$$

2. 大修理费

大修理费是指为保证机械完好和正常运转达到大修理间隔，必须进行大修理而支出各项费用的台班分摊费。

$$大修理费 = \frac{一次大修理费 \times 大修理次数}{使用总台班}$$

3. 经常修理费

经常修理费是指机械设备除大修理外的各级保养及临时故障排除所需费用。为

保障机械正常运转所需替换设备及随机使用工具、附具摊销和维护的费用；机械运转与日常保养所需的润滑材料、擦拭材料费用；机械停置期间的维护保养费用等。

4. 安拆费及场外运输费

安拆费是指机械在施工现场进行安装、拆卸所需的人工、材料、机械和试运转费用，以及机械辅助设施（包括基础、底座、行走轨道、枕木等）的折旧、搭设、拆除等费用。

场外运输费是指机械整体或分件自停放场地运至施工现场的运距在25km以内的机械进出场运输及转移费用，包括机械的装卸、运输、辅助材料及架线费用等。

5. 燃料动力费

燃料动力费是指机械设备在运转作业中所消耗的燃料、电力等费用。

6. 人工费

人工费是指专业操作机械的驾驶员、司炉及其他操作机械人员的工资。

7. 运输机械养路费（或燃油附加税）、车船税及保险费

运输机械养路费（燃油附加税）和车船税及保险费是指按国家规定应缴纳的养路费（或燃油附加税）和车船税及车船等上保险的费用。

3.4.4 人工费、材料费、机械费的调整

一般来说，预算定额与单位估价表的使用期限为5~10年，在此期间，各项费用难免与原规定费用之间产生一定的差异。为了适应社会主义市场经济体制，改革建设工程费用的计价和定价制度，根据“控制量、指导价、竞争费”的改革思路，必须对建设工程人工、材料和机械台班的费用实施动态管理方法。

1. 人工费调整

人工费调整主要有两种方法。

（1）系数调整法。

$$人工费差价 = 定额直接费 \times 人工补差系数$$

$$人工补差系数 = \frac{人工费单价差}{超额人工费单价} \times 定额直接费中人工费比例$$

系数调整法，使用简便，但由于不同类型的工程定额直接费中人工费比例不同，会造成费用不均的现象，准确性较差。

（2）据实调整法。

$$人工费差价 = 定额工日数 \times 人工费单价$$

据实调整法，工作量不是很大，且准确性高，是人工费调整的理想方法。

2. 材料费调整

材料费调整是指在材料预算价格的基础上，根据市场材料价格的变化，通过定期发布主要材料的市场指令价或指导价、次要材料的价差系数来调整材料的费用。

（1）主要材料的材料差价调整方法。

主要材料的材料差价 = ∑单项调整的材料差价

= ∑（材料的市场价格 − 材料的定额预算价格）× 单项材料的定额消耗量

主要材料的调整范围一般由定额管理部门定期发布。

（2）次要材料的材料差价调整方法。次要材料采用材料差价系数调整的方法，即由定额管理部门按照市场价格、定额分类和工程类别，测算材料价差系数，一般每半年或一年发布一次。

次要材料的材料差价 = 材料差价调整系数 × 材料差价调整基数

材料差价调价基数一般以定额直接费或材料费为基础计算。

材料费调整为上述两项之和。

3. 机械费调整

机械费调整从理论上讲也有系数调整法和据实调整法两种，但由于机械费占定额直接费的比例较小，而且机械型号、规格较多，因此一般采用系数调整的方法。

机械费差价 = 机械差价调整系数 × 机械费调价基数

机械费调价基数一般以定额直接费或机械费为基础计算。

3.4.5 单位估价表的编制

从理论上讲，预算定额只规定单位分项工程或结构构件的人工、材料、机械台班的消耗量标准，不使用货币量标准，为实物量定额。部分地区的定额已经实行“量价”分离。但基于我国定额发展的具体过程，以前，各省、自治区、直辖市编制的预算定额中都包含了分项工程项目的基价，确定基价的目的是为了统一本地区费用的计算，保持一致的取费水平。当然这已经不能适应市场经济发展的需要。目前，对于各地区来说，仍然制定该地区的单位估价表。

1. 单位估价表的编制依据

1）全国或地区编制的现行预算定额。

2）本地区建筑安装工人的工资标准。

3）本地区材料预算价格。

4）本地区的施工机械台班预算价格。

5）国家或地区对编制单位估价表的有关规定及计算手册等资料。

2. 编制方法

由于单位估价表是由若干个计算出了基价的分项工程项目构成的，所以，编制单位估价表的主要工作内容就是计算各分项工程的基价。其计算公式如下

分项工程预算价格 = 人工费 + 材料费 + 机械费

式中，人工费 = ∑（分项工程定额工日数 × 地区综合平均日工资标准）

材料费 = Σ(分项工程定额材料用量 × 地区材料预算价格)

机械费 = Σ(分项工程定额机械台班使用量 × 地区机械台班预算价格)

3. 编制步骤

1) 选定适合本地区的估价表的分项工程项目名称。

2) 根据基础定额或预算定额抄用选定项目的人工、材料、机械台班数量。

3) 根据本地区价格填写人工、各种材料、各种机械台班的消耗标准。

4) 计算分项工程人工费、材料费、机械费和基价。

5) 复核计算过程。

3.5 工程预算定额

3.5.1 工程预算定额概述

1. 工程预算定额的概念及内容

预算定额是规定消耗在质量合格的单位工程基本构造要素上的人工、材料和机械台班的数量标准，是计算建筑安装产品价格的基础。

所谓基本构造要素，即通常所说的分项工程和结构构件。预算定额按工程基本构造要素规定人工、材料和机械台班的消耗数量，以满足编制施工图预算、规划和控制工程造价的要求。

预算定额是建设工程中一项重要的技术经济指标，它的各项指标，反映了在完成规定的计量单位范围内，符合设计标准和施工及验收规范要求的分项工程消耗的人工劳动和物化劳动的数量限度。这种限度最终决定着单项工程和单位工程的成本和造价。

在编制施工图预算时，需要按照施工图样和工程量计算规则计算工程量，还需要借助于某些可靠的参数计算人工、材料、机械台班的耗用量，并在此基础上计算出资金的需要量，计算出建筑安装工程的造价。

在我国，现行的工程建设概预算制度，规定了通过编制概算和预算确定造价，概算定额、概算指标、预算定额等则为计算人工、材料、机械台班的耗用量，提供统一的可靠参数。同时，现行制度还赋予了概预算定额相应的权威性，使之成为建设单位和施工企业之间建立经济关系的重要基础。

2. 预算定额的作用

(1) 预算定额是编制施工图预算，确定建筑安装工程造价的基础。施工图设计一经确定，工程预算造价就取决于预算定额水平和人工、材料及机械台班的价格。预算定额起着控制人工消耗、材料消耗和机械台班的作用，进而起着控制建筑产品价格的作用。

（2）预算定额是编制施工组织设计的依据。施工组织设计的重要任务之一是确定施工中所需人力、物力的供求量，并作出最佳安排。施工单位在缺乏本企业施工定额的情况下，根据预算定额，也能够比较精确地计算出施工中各项资源的需要量，为有计划地组织施工材料采购和预制件加工、劳动力和施工机械调配，提供了可靠的计算依据。

（3）预算定额是工程结算的依据。工程结算是建设单位和施工单位按照工程进度，对已完成的分部分项工程实现货币支付的行为。按进度支付工程款需要根据预算定额将已完成分项工程的造价算出，以保证建设单位资金的合理使用和施工单位的经济收入。

（4）预算定额是施工单位进行经济活动分析的依据。预算定额规定的物化劳动和劳动消耗指标是施工单位在生产经营中允许消耗的最高标准。目前，预算定额决定着施工单位的收入，因此，施工单位就必须以预算定额作为评价企业工作的重要标准，并作为努力实现的目标。施工单位可以根据预算定额对施工中的人工、材料和机械台班的消耗情况进行具体分析，找出解决低功效、高消耗等问题的办法，提高竞争力。只有在施工中尽量降低劳动消耗，采用新技术，提高劳动者素质，提高劳动生产率，才能取得好的经济效益。

（5）预算定额是编制概算定额的基础。概算定额是在预算定额的基础上综合扩大编制出来的。以预算定额为编制依据，不但可以节省编制工作的大量人力、物力和时间，收到事半功倍的效果，还可以使概算定额在计算口径、计算方法、计算依据、计算水平上与预算定额保持一致，以免造成执行中的不一致。

（6）预算定额是合理编制招标标底、投标报价的基础。在深化改革的过程中，预算定额的指令性作用日益削弱，但对施工单位按照工程个别成本报价的指导性作用依然存在。因此，预算定额作为编制招标标底和施工企业报出投标报价的依据的基础性作用仍然存在，这是由预算定额本身的科学性和权威性决定的。

3.5.2 预算定额的编制原则

为保证预算定额的编制质量，充分发挥预算定额的作用，保证编制的预算定额在实际使用中的简便，在预算定额编制工作中应遵循以下原则：

1. 按社会平均水平确定预算定额的原则

预算定额是确定和控制建筑安装工程造价的主要依据。因此，它必须遵照价值规律的客观要求，即按生产过程中消耗的社会必要劳动时间确定定额水平。因此，预算定额的平均水平，是在正常施工情况下，通过合理的施工组织和施工工艺，按照平均劳动熟练程度和平均劳动强度的要求，完成单位分项工程基本构造要素所需要的劳动时间。

预算定额的水平以大多数施工单位的施工定额水平为基础，但是预算定额绝不是简单地套用施工定额的水平。首先，要考虑预算定额中包含了许多的可变因素，需要保留合理的幅度差。例如，人工幅度差，机械幅度差，材料的超运距，辅助用工及材料堆放、运输、操作损耗和由细到粗综合后的量差等；其次，预算定额应当是平均水平，而施工定额是平均先进水平，两者相比，预算定额水平相对要低一些，但是应限制在一定范围内。

2. 简明适用原则

预算定额项目是在施工定额项目的基础上进一步综合，通常将建筑物分解为分部、分项工程项目。简明适用是指在编制预算定额时，将那些主要的、常用的、价值量大的分项工程进行细分，而次要的、不常用的、价值量小的分项工程则进行粗分。

定额项目的多少，与定额的步距有关。步距大，定额的子目就会减少，精确度就会降低；步距小，定额子目则会增加，精确度也会提高。

预算定额要项目齐全。要注意补充那些因采用新技术、新结构、新材料而出现的新的定额项目。如果项目不全，缺项多，就会使计价工作缺少足够的、可靠的依据。补充定额一般因材料所限费时费力，可靠性较差，容易引起争执。

对定额的活口也要设置适当。所谓活口，即在定额中规定符合适当条件时，允许该定额另行调整。在编制定额的过程中要尽量不留活口，对实际情况变化较大，影响定额水平幅度大的项目，确需留活口的，也应该从实际出发尽量少留。

3. 坚持统一性和差别性相结合的原则

所谓统一性，就是从培育全国统一市场规范计价行为出发，计价定额的制定规划和组织实施由住房建设部和城乡行政主管部门归口，并负责全国统一定额制定或修订，颁发有关工程造价管理的规章制度办法等。这样有利于通过定额和工程造价的管理实现建筑安装工程价格的宏观调控。通过编制全国统一定额，使建筑安装工程具有一个统一的计价尺度，也使考核设计和施工的经济效果具有一个统一标准。

所谓差别性，就是在统一性的基础上，各省、自治区、直辖市主管部门可以在自己的管辖范围内，根据本部门和地区的具体情况，制定部门和地区性定额、补充性制度和管理办法，以适应我国幅员辽阔，地区间发展不平衡和差异大的实际情况。

3.5.3 预算定额的编制依据

1）现行的劳动定额和施工定额。

2）现行的设计规范、施工及验收规范、质量评定标准和安全操作规程。

3）具有代表性的典型工程施工图及有关标准图。

4）新技术、新结构、新材料和先进的施工方法等技术文件。

5）有关科学实验、技术测定的统计、经验资料。

6）现行的预算定额、材料预算价格及有关文件规定等。

3.5.4 预算定额编制的步骤

1. 准备工作阶段

准备工作阶段主要做以下两项工作。

（1）拟定编制方案。抽调人员根据专业需要划分编制小组和综合小组。

（2）收集资料阶段。

1）普遍收集资料。在已确定的范围内，采用表格化方法收集预算定额编制所需的基础资料，该资料以统计为主，收集时要注明所需要资料的内容、填表要求和时间范围，以便于资料整理，并具有广泛性。

2）召开专题会议。邀请建设单位、设计单位、施工单位及其他有关单位有经验的专业人士开座谈会，提出意见和建议。

3）收集现行规定、规范和政策法令等相关资料。

4）收集定额管理部门积累的资料，主要包括日常定额解释材料，补充定额材料，新结构、新工艺、新材料、新机械、新技术用于工程实践的资料。

5）专项检查及实验资料。主要是指混凝土配合比和砌筑砂浆实验资料。除收集实验试配资料外，还应收集一定数量的现场实际配合比资料。

2. 定额编制阶段

1）确定定额编制细则。主要包括统一编制表格及编制方法，统一计算口径、计量单位和小数点位数的要求，有关统一性规定等。

① 确定定额的项目划分和工程量计算规则。

② 定额人工、材料、机械台班消耗量的计算、复核和测算的方法。

③ 定额报批阶段。

④ 审核原稿。

⑤ 预算定额水平测算。

2）新定额编制成稿后，必须与原定额进行比较测算，分析水平升降原因。一般新编定额的水平应该不低于历史上已经达到过的水平，并且略有提高。在测算定额水平前，必须编出同一人工工资、材料价格、机械台班费用的新旧两套定额的工程单价。

3. 修改定稿、整理资料阶段

1）印发征求意见稿。定额编制初稿完成后，要征求各有关方面的意见并组织讨论，及时收集反馈意见。在归纳各种意见的基础上整理分类，制定修改方案。

2）修改、整理、报批。

3）撰写编制说明。

4）立卷、归档、成卷。定额编制资料是贯彻执行定额中需要经常查对的重要资料，也是以后修订和编写新定额的历史资料数据，应作为技术档案永久保存。

思考与练习题

1. 什么是建筑工程定额？
2. 建筑工程定额的作用有哪些？
3. 建筑工程定额的性质是什么？
4. 建筑工程定额的分类有哪几种？如何划分？
5. 建筑工程施工定额的作用是什么？具体组成有哪几部分？
6. 建筑工程预算定额的作用是什么？
7. 建筑工程预算定额由哪些内容组成？
8. 建筑工程预算定额与施工定额的区别是什么？
9. 什么是地区单位估价表？单位估价表的编制依据是什么？
10. 单位估价表由哪三部分费用组成？其具体内容各是什么？
11. 建筑工程概算定额的作用是什么？
12. 建筑工程预算定额与概算定额的区别是什么？
13. 简述概算指标的作用。
14. 建筑工程概算定额与概算指标的区别是什么？

4

第 4 章 水工程概预算费用与计价程序

4.1 水工程费用与组成

给水排水工程概预算费用是建设项目投资的主要组成部分。其费用由直接费、间接费、利润和税金组成，见表 4-1。

表 4-1 建筑安装工程费用构成

序 号	费用名称		
1	直接费	直接工程费	① 人工费；② 材料费；③ 施工机械使用费
		措施项目费	① 安全文明施工费（含环境保护、文明施工、安全施工、临时设施）；② 夜间施工费；③ 二次搬运费；④ 冬雨期施工费；⑤ 大型机械设备进出场及安拆费；⑥ 施工排水费；⑦ 施工降水费；⑧ 地上、地下设施及建筑物临时保护设施费；⑨ 已完工程及设备保护费
2	间接费	规费	① 工程排污费；② 工程定额测定费；③ 社会保障费：a. 养老保险费，b. 失业保险费，c. 医疗保险费；④ 住房公积金；⑤ 危险作业意外伤害保险费
		企业管理费	① 管理人员工资；② 办公费；③ 差旅交通费；④ 固定资产使用费；⑤ 工具用具使用费；⑥ 劳动保险费；⑦ 工会经费；⑧ 职工教育经费；⑨ 财产保险费；⑩ 财务费；⑪ 税金；⑫ 其他
3	利润		
4	税金	1. 营业税；2. 城市维护建设税；3. 教育附加税	

注：执行 GB 50500—2008《建设工程工程量清单计价规范》。

4.1.1 直接费

直接费由直接工程费和措施费组成。

1. 直接工程费

直接工程费是指施工过程中耗费的构成工程实体的各项费用，包括人工费、材料费、施工机械使用费。

（1）人工费是指直接从事建筑安装工程施工的生产工人开支的各项费用。内容包括：

1）基本工资，指发放给生产工人的基本工资。

2）工资性补贴，指按规定标准发放的物价补贴，比如煤、燃气补贴，交通补贴，住房补贴，流动施工津贴等。

3）生产工人辅助工资，指生产工人年有效施工天数以外非作业天数的工资，包括职工学习、培训期间的工资，调动工作、探亲、休假期间的工资，因气候影响的停工工资，女工哺乳时间的工资，病假在六个月以内的工资及产、婚、丧假的工资。

4）职工福利费，指按规定标准计提的职工福利费。

5）生产工人劳动保护费，指按规定标准发放的劳动保护用品的购置费及修理费，徒工服装补贴，防暑降温费，在有碍身体健康环境中施工的保健费用等。

（2）材料费是指施工过程中耗费的构成工程实体的原材料、辅助材料、构配件、零件、半成品的费用。内容包括：

1）材料原价（或供应价格）。

2）材料运杂费，指材料自来源地运至工地仓库或指定堆放地点所发生的全部费用。

3）运输损耗费，指材料在运输装卸过程中不可避免的损耗。

4）采购及保管费，指为组织采购、供应和保管材料过程中所需要的各项费用。包括采购费、仓储费、工地保管费、仓储损耗。

5）检验试验费，指对建筑材料、构件和建筑安装物进行一般鉴定、检查所发生的费用，包括自设实验室进行试验所耗用的材料和化学药品等费用。不包括新结构、新材料的试验费和建设单位对具有出厂合格证明的材料进行检验，对构件做破坏性试验及其他特殊要求检验试验的费用。

（3）施工机械使用费是指施工机械作业所发生的机械使用费以及机械安拆费和场外运费。施工机械台班单价应由下列七项费用组成：

1）折旧费，指施工机械在规定的使用年限内，陆续收回其原值及购置资金的时间价值。

2）大修理费，指施工机械按规定的大修理间隔台班进行必要的大修理，以恢复其正常功能所需的费用。

3）经常修理费，指施工机械除大修理以外的各级保养和临时故障排除所需的费用。包括为保障机械正常运转所需替换设备与随机配备工具附具的摊销和维护费用，机械运转中日常保养所需润滑与擦拭的材料费用及机械停滞期间的维护和保养费用等。

4）安拆费及场外运费，指施工机械在现场进行安装与拆卸所需的人工、材料、机械和试运转费用以及机械辅助设施的折旧、搭设、拆除等费用；场外运费指施工机械整体或分体自停放地点运至施工现场或由一施工地点运至另一施工地点的运输、装卸、辅助材料及架线等费用。

5）人工费，指机上驾驶员（司炉）和其他操作人员的工作日人工费及上述人员在施工机械规定的年工作台班以外的人工费。

6）燃料动力费，指施工机械在运转作业中所消耗的固体燃料（煤、木柴）、液体燃料（汽油、柴油）及水、电等费用。

7）养路费（或燃油附加税）及车船税等，指施工机械按照国家规定和有关部门规定应缴纳的养路费（或燃油附加税）、车船税、保险费及年检费等。

2. 措施项目费

措施项目费是指为完成工程项目施工，发生于该工程施工准备和施工过程中技术、生活、安全、环境保护等方面的非工程实体项目的费用。内容包括：

1）安全文明施工（含环境保护、文明施工、安全施工、临时设施）费，指施工现场为达到环保部门要求，现场文明施工、安全施工所需要，施工企业为进行建筑工程施工所必须搭设的生活和生产用的临时建筑物、构筑物和其他临时设施的各项费用。

2）夜间施工费，指因夜间施工所发生的夜班补助费、夜间施工降效、夜间施工照明、设备摊销及照明用电等费用。

3）二次搬运费，指因施工场地狭小等特殊情况而发生的二次搬运费用。

4）冬雨期施工费，指冬期和雨期施工所采取的措施增加的费用。

5）大型机械设备进出场及安拆费，指机械整体或分体自停放场地运至施工现场或由一个施工地点运至另一个施工地点，所发生的机械进出场运输及转移费用，以及机械在施工现场进行安装、拆卸所需的人工费、材料费、机械费、试运转费和安装所需的辅助设施的费用。

6）施工排水费，指为确保工程在正常条件下施工，采取各种排水措施所发生的各种费用。

7）施工降水费，指为确保工程在正常条件下施工，采取各种降水措施所发生的各种费用。

8）地上、地下设施及建筑物临时保护设施费，指施工过程中地上、地下设施的搭设、维修、拆除费或临时保护费等。

9）已完工程及设备保护费，指竣工验收前，对已完工程及设备进行保护所需费用。

4.1.2 间接费

间接费由规费、企业管理费组成。

1. 规费

规费是指政府和有关权力部门规定必须缴纳的费用（简称规费）。包括：

1）工程排污费，指施工现场按规定缴纳的工程排污费。

2）工程定额测定费，指按规定支付工程造价（定额）管理部门的定额测定费。

3）社会保障费。

a. 养老保险费，指企业按国家规定标准为职工缴纳的基本养老保险费。

b. 失业保险费，指企业按照国家规定标准为职工缴纳的失业保险费。

c. 医疗保险费，指企业按照规定标准为职工缴纳的基本医疗保险费。

4）住房公积金，指企业按规定标准为职工缴纳的住房公积金。

5）危险作业意外伤害保险，指按照建筑法规定，企业为从事危险作业的建筑安装施工人员支付的意外伤害保险费。

2. 企业管理费

企业管理费是指建筑安装企业组织施工生产和经营管理所需费用。内容包括：

1）管理人员工资，指管理人员的基本工资、工资性补贴、职工福利费、劳动保护费等。

2）办公费，指企业管理办公用的文具、纸张、账表、印刷、邮电、书报、会议、水电、烧水和集体取暖（包括现场临时宿舍取暖）用煤等费用。

3）差旅交通费，指职工因公出差、调动工作的差旅费、住勤补助费，市内交通费和误餐补助费，职工探亲路费，劳动力招募费，职工离退休、退职一次性路费，工伤人员就医路费，工地转移费以及管理部门使用的交通工具的油料、燃料、养路费（或燃油附加税）及牌照费。

4）固定资产使用费，指管理和试验部门及附属生产单位使用的属于固定资产的房屋、设备仪器等的折旧、大修、维修或租赁费。

5）工具用具使用费，指管理使用的不属于固定资产的生产工具、器具、家具、交通工具和检验、试验、测绘、消防用具等的购置、维修和摊销费。

6）劳动保险费，指由企业支付离退休职工的易地安家补助费、职工退职金、六个月以上的病假人员工资、职工死亡丧葬补助费、抚恤费、按规定支付给离休干部的各项经费。

7）工会经费，指企业按职工工资总额计提的工会经费。

8）职工教育经费，指企业为职工学习先进技术和提高文化水平，按职工工资总额计提的费用。

9）财产保险费，指施工管理用财产、车辆保险。

10）财务费，指企业为筹集资金而发生的各种费用。

11）税金，指企业按规定缴纳的房产税、车船税、土地使用税、印花税等。

12）其他，包括技术转让费、技术开发费、业务招待费、绿化费、广告费、公证费、法律顾问费、审计费、咨询费等。

4.1.3 利润

利润是指施工企业完成所承包工程获得的盈利。

4.1.4 税金

税金是指国家税法规定的应计入建筑安装工程造价内的营业税、城市维护建设税及教育附加税等。

4.1.5 费用计算方法

费用各组成部分的计算公式如下：

1. 直接费

（1）直接工程费。

1）人工费。

$$人工费 = \sum(人工消耗量 \times 日工资单价)$$

$$日工资单价\ (G) = \sum_{i=1}^{i=5} G_i$$

① 基本工资。

$$基本工资(G_1) = \frac{生产工人平均工资}{年平均月法定工作日}$$

② 工资性补贴。

$$工资性补贴(G_2) = \frac{\sum 年发放标准}{全年日历日 - 法定假日} + \frac{\sum 月发放标准}{年平均每月法定工作日} + 每工作日发放标准$$

③ 生产工人辅助工资。

$$生产工人辅助工资(G_3) = \frac{全年无效工作日 \times (G_1 + G_2)}{全年日历日 - 法定假日}$$

④ 职工福利费。

$$职工福利费(G_4) = (G_1 + G_2 + G_3) \times 福利费计提比例$$

⑤ 生产工人劳动保护费。

$$生产工人劳动保护费(G_5) = \frac{生产工人年平均支出劳动保护费}{全年日历日 - 法定假日}$$

2）材料费。

$$材料费=\sum(材料消耗量\times材料基价)+检验试验费$$

① 材料基价。

$$材料基价=(材料原价+运杂费)\times(1+运输损耗率)\times(1+采购及保管费率)$$

② 检验试验费。

$$检验试验费=\sum(单位材料量检验试验费\times材料消耗量)$$

应注意：该检验试验费是指对建筑材料、构件和安装物进行一般鉴定、检查所发生的费用，包括自设实验室进行试验所耗用的材料和化学药品等费用，不包括新结构、新材料的试验费和建设单位对具有出厂合格证明的材料进行检验，对构件作破坏性试验及其他特殊要求检验试验的费用。

3）施工机械使用费。

$$施工机械使用费=\sum(施工机械台班消耗量\times施工机械台班单价)$$

式中，施工机械台班单价由折旧费、大修理费、经常修理费、人工费、燃料动力费、安拆费及场外运费、养路费（或燃油附加税）及车船税等7项费用组成。

4）主材费，指安装工程中某项目的主体设备和材料的费用。

$$主材费=\sum分项工程量\times主材定额耗量\times主材现行预算单价$$

式中，主材定额耗量指标是指完成单位安装工程量所需消耗的主材数量的标准，已包括了材料的损耗量，且与安装工程量的计量单位一致。

$$主材定额耗量=安装工程量\times(1+损耗率)$$

预算定额单价或综合单价中均未包括主材的价格。因此，主材费的计算需根据现行主材预算单价（而不是定额预算单价）乘以主材的实际耗量。

在具体计算中，由于各册安装定额的规定不同，主材费有三种表现形式：

① 在定额中主材以列出耗量带括号的形式出现，此时主材费未计入预算定额单价，应根据上述公式计算出主材费，并单独列项。

② 定额内未列出主材耗量，但在定额附注中指明了未计价材料名称，该项主材应根据实际耗量，另列项计算。

③ 有些主体设备或材料，主材费未计入定额基价，但在定额中无耗量指标，也无附注说明，此时仍应按规定确定材料耗量后，另列项计算出主材费。

有些主材若由建设单位自购提供，则主材费可不列入预算。施工企业代购的主材，则应按规定计算主材费。

【例4-1】 给水排水安装工程室内镀锌钢管（*DN*25）安装工程量为432m，试求其主材费。

【解】 查《全国统一安装工程预算定额》第8册8-89知：*DN*25镀锌钢管安装的主材即为*DN*25镀锌钢管，每10m其耗量为10.20m，在定额中以括号的形式表示，则

$$主材费 = 43.2 \times 10.20\text{m} \times 8.66\ 元/\text{m} = 3815.94\ 元$$

式中，8.66 元/m 为某地区 2006 年 *DN*25 镀锌钢管的材料预算价格。

（2）措施项目费。

1）环境保护。

环境保护费 = 直接工程费 × 环境保护费费率

$$环境保护费费率 = \frac{本项费用年度平均支出}{全年建安产值 \times 直接工程费占总造价比例}$$

2）文明施工。

$$文明施工费 = 直接工程费 \times 文明施工费费率$$

$$文明施工费费率 = \frac{本项费用年度平均支出}{全年建安产值 \times 直接工程费占总造价比例}$$

3）安全施工。

$$安全施工费 = 直接工程费 \times 安全施工费费率$$

$$安全施工费费率 = \frac{本项费用年度平均支出}{全年建安产值 \times 直接工程费占总造价比例}$$

4）临时设施费。临时设施费由以下三部分组成：周转使用临建（如活动房屋）费；一次性使用临建（如简易建筑）费；其他临时设施（如临时管线）费。

$$临时设施费 = (周转使用临建费 + 一次性使用临建费) \times (1 + 其他临时设施所占比例)$$

① 周转使用临建费。

$$周转使用临建费 = \sum\left[\frac{临建面积 \times 每\ \text{m}^2\ 造价}{使用年限 \times 365 \times 利用率} \times 工期(天)\right] + 一次性拆除费$$

② 一次性使用临建费。

$$一次性使用临建费 = \sum 临建面积 \times 每\ \text{m}^2\ 造价 \times (1 - 残值率) + 一次性拆除费$$

③ 其他临时设施费在临时设施费中所占比例，可由各地区造价管理部门依据典型施工企业的成本资料经分析后综合测定。

5）夜间施工增加费。

$$夜间施工增加费 = \left(1 - \frac{合同工期}{定额工期}\right) \times \frac{直接工程费中的人工费合计}{平均日工资单价} \times 每工日夜间施工费开支$$

6）二次搬运费。

$$二次搬运费 = 直接工程费 \times 二次搬运费费率$$

$$二次搬运费费率 = \frac{年平均二次搬运费开支额}{全年建安产值 \times 直接工程费占总造价的比例}$$

7）大型机械进出场及安拆费。

$$大型机械进出场及安拆费 = \frac{一次进出场及安拆费 \times 年平均安拆次数}{年工作台班}$$

8）脚手架搭拆费。

$$脚手架搭拆费 = 脚手架摊销量 \times 脚手架价格 + 搭、拆、运输费$$

$$脚手架摊销量 = \frac{单位一次使用量 \times (1 - 残值率)}{耐用期/一次使用期}$$

$$租赁费 = 脚手架每日租金 \times 搭设周期 + 搭、拆、运输费$$

9）已完工程及设备保护费。

$$已完工程及设备保护费 = 成品保护所需机械费 + 材料费 + 人工费$$

10）施工排水、降水费。

$$排水、降水费 = \sum 排水、降水机械台班费 \times 排水、降水周期 + 排水、降水使用材料费、人工费$$

2. 间接费

间接费的计算方法按取费基数的不同分为以下三种：

1）以直接费为计算基础。

$$间接费 = 直接费合计 \times 间接费费率$$

2）以人工费和机械费合计为计算基础。

$$间接费 = 人工费和机械费合计 \times 间接费费率$$

$$间接费费率 = 规费费率 + 企业管理费费率$$

3）以人工费为计算基础。

$$间接费 = 人工费合计 \times 间接费费率$$

3. 规费费率

根据本地区典型工程承发包价的分析资料综合取定规费计算中所需数据：每万元承发包价中人工费含量和机械费含量；人工费占直接费的比例；每万元承发包价中所含规费缴纳标准的各项基数。

规费费率的计算公式：

1）以直接费为计算基础。

$$规费费率 = \frac{\sum 规费缴纳标准 \times 每万元发承包价计算基数}{每万元发承包价中的人工含量} \times 人工费占直接费的比例$$

2）以人工费和机械费合计为计算基础

$$规费费率 = \frac{\sum 规费缴纳标准 \times 每万元发承包价计算基数}{每万元发承包价中的人工含量和机械费含量} \times 100\%$$

3）以人工费为计算基础。

$$规费费率 = \frac{\sum 规费缴纳标准 \times 每万元发承包价计算基数}{每万元发承包价中的人工含量} \times 100\%$$

4. 企业管理费费率

企业管理费费率计算公式：

1）以直接费为计算基础。

$$企业管理费费率=\frac{生产工人年平均管理费}{年有效施工天数\times人工单价}\times人工费占直接费比例$$

2）以人工费和机械费合计为计算基础。

$$企业管理费费率=\frac{生产工人年平均管理费}{年有效施工天数\times(人工单价+每一工日机械使用费)}\times100\%$$

3）以人工费为计算基础。

$$企业管理费费率(\%)=\frac{生产工人年平均管理费}{年有效施工天数\times人工单价}\times100\%$$

5. 利润

利润是指施工企业完成所承包工程获得的盈利。其计算公式为

$$利润=人工费\times利润率$$

6. 税金

（1）营业税。依据税法规定，以营业收入额的百分比缴纳的税费，建筑安装工程营业税税率为3%。

营业收入额是指从事建筑、安装、修缮、装饰及其他工程作业取得的全部收入（即工程造价），还包括建筑、修缮、装饰工程所用原材料及其他物资和动力的价款。当安装的设备价值作为安装工程产值时，也包括所安装设备的价款。但建筑业的总承包人将工程分包或转包给他人的，其营业额中不包括付给分包或转包人的价款。

（2）城市建设维护税。该税是以营业税额为计税基础，用于城市的公用事业和公共设施的维护建设。其税率依纳税人所在地点的不同而分别为：纳税人所在地在市区的，税率为7%；纳税人所在地在县城、建制镇的，税率为5%；纳税人所在地不在市区、县城、建制镇的，税率为1%。

（3）教育附加税。教育附加税是指为加快发展地方教育事业，扩大地方教育资金来源的一种地方税，也是以营业税额为计费基础，其税率为4%。

在工程造价计算程序中，税金计算在最后进行。将税金计算之前的所有费用之和称为不含税工程造价，其加上税金后称为含税工程造价。

税金的计算通常执行综合税率的计算方法，其计算方法为

$$不含税工程造价税金率=\frac{含税工程造价税金率}{1-含税工程造价税金率}$$

$$税金=不含税工程造价\times不含税工程造价税金率$$

纳税人所在地在市区的税金率

$$含税工程造价税金率=3\%+3\%\times7\%+3\%\times4\%=3.33\%$$

$$不含税工程造价税金率=\frac{3.33\%}{1-3.33\%}=3.44\%$$

纳税人所在地在县城、镇的税金率

$$含税工程造价税金率=3\%+3\%\times5\%+3\%\times4\%=3.27\%$$

$$不含税工程造价税金率=\frac{3.27\%}{1-3.27\%}=3.38\%$$

纳税人所在地不在市区、县城（镇）的税金率

$$含税工程造价税金率=3\%+3\%\times1\%+3\%\times4\%=3.15\%$$

$$不含税工程造价税金率=\frac{3.15\%}{1-3.15\%}=3.25\%$$

4.2 水工程计价程序

根据《建筑工程施工发包与承包计价管理办法》的规定，现阶段给水排水工程费的计价方法有工料单价法和综合单价法两种。其计价程序也有所不同。

1. 工料单价法计价程序

工料单价法是以分项工程量乘以相应分项工程预算定额单价后的合计为直接工程费。其中，分项工程工料单价为人工、材料、机械的消耗量乘以相应价格合计而成的直接工程费单价。其计算公式为

直接工程费 = Σ(分项工程量 × 相应分项工程预算定额单价)

单位工程直接费 = 单位工程直接工程费 + 措施项目费 + 主材费

单位工程概预算造价 = 单位工程直接费 + 间接费十利润 + 税金

单项工程概预算造价 = Σ单位工程概预算造价 + 设备、工器具购置费 + 工程建设其他费用 + 预备费

设备安装工程工料单价法计价通常以人工费为计算基础。其计价程序详见表4-2。

表 4-2 工料单价法计价程序

序号	费用项目	计算方法	备注
1	直接工程费	按预算表	
2	直接工程费中人工费	按预算表	
3	主材费	Σ主材消耗量×主材单价	
4	措施项目费	按规定标准计算	
5	措施项目费中人工费	按规定标准计算	
6	直接费小计	(1)+(3)+(4)	
7	人工费小计	(2)+(5)	
8	间接费	(6)×相应费率	
9	利润	[(6)+(8)]×利润率	
10	合计	(6)+(8)+(9)	
11	含税造价	(10)×(1+相应税率)	

例如：某工程直接费10000元，间接费费率20%，措施项目费1000元，利润率20%，企业纳税地点在市区，以直接费为计价基础取费。请按工料单价法生成过程发包价（取整）。计算见表4-3。

表4-3　工料单价法计价计算表

序　　号	费用项目	计算方法	备注（单位：元）
1	直接工程费	按预算表	10000
4	措施项目费	按规定标准计算	1000
6	直接费小计	(1)+(4)	11000
8	间接费	(6)×相应费率	11000×20%=2200
9	利润	[(6)+(8)]×利润率	13200×20%=2640
10	合计	(6)+(8)+(9)	15840
11	含税造价	(10)×(1+3.44%)	16385

2. 综合单价法计价程序

综合单价法是计算完成一个规定计量单位的分部分项工程量清单项目或措施项目所需的人工费、材料费、施工机械使用费和企业管理费与利润，以及一定范围内的风险费用的方法。其计算公式为

$$分部分项工程费=\sum 分部分项工程量\times 相应分部分项工程综合单价$$

$$单位工程报价=分部分项工程费+措施项目费+其他项目费+规费+税金$$

$$单项工程报价=\sum 单位工程报价$$

由于各分部分项工程中的人工、材料、机械的比例不同，各分项工程可根据其材料费占人工费、材料费、机械费合计的比例（C表示该项比值）在以下三种计算程序中选择一种，计算其综合单价。

（1）当$C>C_0$（C_0为本地区原费用定额测算所选典型工程材料费占人工费、材料费、机械费合计的比例）时，可采用以人工费、材料费、机械费合计为基数计算该分项工程的间接费和利润。计算程序见表4-4。

表4-4　综合单价法计价程序

序　　号	费用项目	计算方法	备　　注
1	分项直接工程费	人工费+材料费+机械费	
2	间接费	(1)×相应费率	
3	利润	[(1)+(2)]×相应利润率	
4	合计	(1)+(2)+(3)	
5	含税造价	(4)×(1+相应税率)	

（2）当 $C<C_0$（C_0 值的下限）时，可采用以人工费和机械费合计为基数计算该分项工程的间接费和利润。计算程序见表4-5。

表 4-5 综合单价法计价程序

序号	费用项目	计算方法	备注
1	分项直接工程费	人工费＋材料费＋机械费	
2	其中人工费和机械费	人工费＋机械费	
3	间接费	（2）×相应费率	
4	利润	（2）×相应利润率	
5	合计	（1）＋（3）＋（4）	
6	含税造价	（5）×（1＋相应税率）	

（3）如该分项的直接费仅为人工费，无材料费和机械费时，可以采用以人工费为基数计算该分项工程的间接费和利润。其计算程序见表4-6。

表 4-6 综合单价法计价程序

序号	费用项目	计算方法	备注
1	分项直接工程费	人工费＋材料费＋机械费	
2	其中人工费	人工费	
3	间接费	（2）×相应费率	
4	利润	（2）×相应利润率	
5	合计	（1）＋（3）＋（4）	
6	含税造价	（5）×（1＋相应税率）	

4.3 水工程费用计算

《建筑安装工程费用项目组成》的规定，从理论上界定了建筑安装产品价格的内容，为其合理地计价奠定了基础，但是它的实际操作性不强，给建筑安装产品准确定价带来了一定困难；同时，GB 50500—2008《建设工程工程量清单计价规范》规定了建设工程的计价行为，统一了建设工程计价方法。

根据《建筑安装工程费用项目组成》和《建设工程工程量清单计价规范》，各省市结合当地情况，从简便、适用和准确计算建筑产品价格的务实出发，制定了相应的操作规程。本节结合某省的现行计价办法，探讨给水排水工程预算费用的组成和计价程序。

1. 费用项目划分

给水排水工程预算费用由分部分项工程费、措施项目费、其他项目费、规费和税金组成。

(1) 分部分项工程费。分部分项工程费包括人工费、材料费、机械费、管理费和利润。其中，人工费、材料费、机械费的含义见4.1节。管理费包括企业管理费、现场管理费、冬雨期施工增加费、生产工具用具使用费、远地施工增加费等。现场管理费是指现场管理人员在组织工程施工过程中所发生的费用。冬雨期施工增加费是在冬雨期施工期间，为了确保工程质量，采取保温、防雨措施所增加的费用，包括冬期作业、临时取暖、建筑物门窗洞口封闭以及防雨措施、排水、工效降低等费用。

(2) 措施项目费。措施项目费是指通常应计算的根据有关建设工程施工及验收规范、规程要求必须配套完成的工作内容所需的各项费用。

安装工程通常需计算安全文明施工（含环境保护、文明施工、安全施工、临时设施），夜间施工，二次搬运，冬雨期施工，大型机械设备进出场及安拆，施工排水，施工降水，地上、地下设施，建筑物临时保护设施，已完工程及设备保护等，工程按质论价。其中：

1）赶工措施费。赶工措施费是建设单位对工期有特殊要求，则施工单位必须增加施工成本的费用。各地区赶工措施费费率的取值不尽相同，比如江苏地区采用的具体办法如下。

① 住宅工程。较本省现行定额工期提前20%以内，则须增加2%~3%的赶工措施费。

② 高层建筑工程。较本省现行定额工期提前25%以内，则须增加3%~4%的赶工措施费。

③ 一般框架、工业厂房等其他工程。较本省现行定额工期提前20%以内，则须增加2.5%~3.5%的赶工措施费。

2）工程按质论价。工程按质论价是指建设单位要求施工单位完成的单位工程质量，达到有关权威部门规定的优良、优质（含市优、省优、国优）标准而必须增加的施工成本费用。具体规定如下：

① 住宅工程。优良级增加建安造价的1.5%~2.0%，优质级增加建安造价的2%~3%。一、二次验收不合格者，除返工合格外，尚应按建安造价的0.8%~1%和1.2%~2%扣罚工程款。

② 一般工业与公共建筑。优良级增加建安造价的1%~1.5%，优质级增加建安造价的1.5%~2.5%。一、二次验收不合格者，除返修合格外，尚应按0.5%~0.8%和1%~1.7%扣罚工程款。

措施项目费的计算方法有两种：系数计算法和方案分析法。

系数计算法是用与措施项目有直接关系的工程项目直接工程费（或人工费或人工费与机械费之和）作为计算基数，乘以措施费系数得出措施项目费。措施费系数是根据以往有代表性工程的资料，通过分析计算取得的。例如，某地区文明施工费按分部分项工程费的0.6%～1.5%计算；临时设施费按分部分项工程费的0.6%～1.5%计算；检验试验费按分部分项工程费的0.3%计算。

方案分析法是通过编制具体的措施实施方案，对方案所涉及的各种经济技术参数进行计算后，所确定的措施项目费。

（3）其他项目费。其他项目费是指暂列金额、暂估价（包括材料暂估价、专业工程暂估价）、计日工、总承包服务费等估算金额的总和，包括完成其他项目所需的人工费、材料费、机械使用费、管理费、利润及一定范围内的风险费用。

（4）规费。规费也称地方规费，是税金之外的由政府有关部门收取的各种费用，主要包括：工程排污费、工程定额测定费、社会保障费（包括养老保险费、失业保险费、医疗保险费）、住房公积金、危险作业意外伤害保险。其计算公式为

$$规费 = 计算基数 \times 规费费率$$

规费费率一般按国家或有关部门制定的费率标准执行。如工程定额测定费通常按工程不含税造价的0.1%收取，劳动保险费通常按分部分项工程费的1.3%收取。

计算时要注意计算基数（或者为分部分项工程费，或者为分部分项工程费、措施项目费、其他项目费的合计，或者为人工费，或者为人工费和机械费的合计数），计算基数不同，规费费率的取值就不同。

（5）税金。税金项目清单应包括下列内容：营业税、城市维护建设税、教育附加税。

规费和税金应按国家或省级、行业建设主管部门的规定计算，不得作为竞争性费用。

2. 工程造价计价程序

具体见表4-7和表4-8。

表4-7 包工包料工程综合单价法计价程序

序号	费用名称		计算公式	备注
1	分部分项工程费		综合单价×工程量	按计价表
	其中	① 人工费	计价表人工消耗量×人工单价	
		② 材料费	计价表材料消耗量×材料单价	
		③ 机械费	计价表机械消耗量×机械单价	
		④ 主材费	计价表主材消耗量×主材单价	
		⑤ 管理费	①×费率	
		⑥ 利润	①×费率	
2	措施项目费		分部分项工程费×费率或措施项目综合单价×工程量	按计价表或费用计算规则

（续）

序号	费用名称		计算公式	备注
3	其他项目费			双方约定
4	规费			
	其中	① 工程定额测定费	(1)+(2)+(3)×费率	按规定计取
		② 安全生产监督费		按规定计取
		③ 建筑管理费		按规定计取
		④ 劳动保险费		按规定计取
5	税金		(1)+(2)+(3)+(4)×税率	
6	工程造价		(1)+(2)+(3)+(4)+(5)	

表4-8 包工不包料工程综合单价法计价程序

序号	费用名称		计算公式	备注
1	分部分项工程量清单人工费		计价表人工消耗量×地区包工不包料人工工资标准	按计价表
2	措施项目清单计价		(1)×费率或按计价表	按计价表或费用计算规则
3	其他项目费			双方约定
4	规费			
	其中	① 工程定额测定费	(1)+(2)+(3)×费率	按规定计取
		② 安全生产监督费		按规定计取
		③ 建筑管理费		按规定计取
5	税金		(1)+(2)+(3)+(4)×税率	
6	工程造价		(1)+(2)+(3)+(4)+(5)	

其中，管理费率通常根据工程类别的不同而取不同的数值。见表4-9。

表4-9 安装工程企业管理费费率、利润率表

工程名称	计算基础	管理费费率（%）			利润率（%）
		一类工程	二类工程	三类工程	
设备安装工程	人工费	59	53	47	14

注：该表为2001江苏省造价文件规定。

【例4-2】 某市区某单位19层办公楼给水排水工程，由某施工企业包工包料承担施工。按现行安装工程预算定额计算得定额直接工程费为85000元，其中人工费为32000元，机械费为11000元，主材费为600000元。试按现行规定计算该办公楼给水排水工程造价。

【解】 方法1：造价计算见表4-10。

表4-10 以人工费为计算基础的工料单价法

序 号	费用项目	计算方法	金额/元
1	直接工程费	按预算表	85000.00
2	直接工程费中人工费	按预算表	32000.00
3	主材费	∑主材消耗量×主材单价（单独列表计算）	600000.00
4	措施项目费	脚手架搭拆费＝32000×3%	960.00
5	措施项目费中人工费	人工费＝960×25%	240.00
6	直接费小计	(1)+(3)+(4)	685960.00
7	人工费小计	(2)+(5)	32240.00
8	间接费	管理费：(7)×53%＝17087.20 规费：工程定额测定费＝(6)×1×10^{-3}＝685.96 劳动保险费＝(6)×1.3%＝8917.48	26690.64
9	利润	(7)×14%	4513.60
10	合计	(6)+(8)+(9)	717164.24
11	含税造价	(10)×(1+3.44%)	741834.69

方法2：造价计算见表4-11。

表4-11 按某省包工包料工程综合单价法计价程序计算总价

序 号	费用名称		计算公式	金额/元
1	分部分项工程费		综合单价×工程量	706440.00
	其中	① 人工费	计价表人工消耗量×人工单价	32000.00
		② 材料费	直接工程费－人工费－机械费	42000.00
		③ 机械费	计价表机械消耗量×机械单价	11000.00
		④ 主材费	计价表主材消耗量×主材单价	600000.00
		⑤ 管理费	①×53%	16960.00
		⑥ 利润	①×14%	4480.00
2	措施项目费		脚手架搭拆费＝32000×3%	960.00
3	其他项目费		按双方约定	0
4	规费			12450.24
	其中	① 工程定额测定费	(706440.00+960.00)×1×10^{-3}	707.40
		② 安全生产监督费	(706440.00+960.00)×0.06%	424.44
		③ 建筑管理费	(706440.00+960.00)×0.3%	2122.20
		④ 劳动保险费	(706440.00+960.00)×1.3%	9196.20
5	税金		(1)+(2)+(3)+(4)×3.44%	24762.85
6	工程造价		(1)+(2)+(3)+(4)+(5)	744613.09

3. 用系数法计算的费用

安装工程定额采用系数法将一些不便单列定额子目进行计算的工程费用，通过规定调整系数的计算方法来进行计算。这些费用包括超高增加费、高层建筑增加费、脚手架搭拆费等。同时，它们的计算方法不完全相同，各种用系数计算的费用应根据其性质分别属于不同的计价类别。

（1）超高增加费。

1）取费条件。定额中规定的操作物的高度是指有楼层的按楼层地面至安装物的距离和无楼层的按操作地面（或设计 ±0.0 标高）至操作物的距离。

当操作物的高度超过《全国统一安装工程预算定额》各分册规定高度时，就可计算由于人工降效而增加的超高费用。如《全国统一安装工程预算定额》第 8 册给水排水、采暖、燃气工程定额中工作物操作高度以 3.6m 为界线，如超过 3.6m 时，其超高部分（指由 3.6m 至操作物高度）的定额人工费应乘以超高增加费系数（表 4-12）计取超高增加费。

表 4-12　超高增加费系数

标高/±m	3.6～8	3.6～12	3.6～16	3.6～20
超高增加费系数	0.10	0.15	0.20	0.25

2）计算方法。超高增加费的计算公式为

超高增加费 = 定额人工费 × 超高增加费系数

式中，定额人工费是指超过部分的人工费，超高增加费系数见《全国统一安装工程预算定额》各册说明。

例如，某建筑层高 5m，给水工程定额人工费为 2000 元，其中安装高度超过 3.6m 工程量的人工费为 500 元，则该工程超高增加费为：500 ×0.25 元 =125 元，整个给水工程人工费为：2000 元 + 125 元 =2125 元，或者 2000 元 − 500 元 +500 ×(1 +0.25)元 =2125 元。

3）说明。

① 采用工料单价法计价程序时，超高增加费属于直接工程费的增加。采用综合单价法计价程序时，超高增加费可计入相应的分部分项工程综合单价中，而且属于综合单价中的人工费的增加费用。

② 超高增加费中的人工费计算基础与高层建筑增加费、脚手架搭拆费、安装与生产同时进行增加费、在有害身体健康环境中施工降效所增加的人工费计算基础不同。高层建筑增加费、脚手架搭拆费、安装与生产同时进行增加费、在有害身体健康环境中施工降效所增加的人工费的计算基础是分部分项工程的全部人工费，包括超高增加费中的人工费。

（2）高层建筑增加费。

1）取费条件。高层建筑增加费是指高度在6层以上或20.0m以上的工业与民用建筑施工应增加的费用。由于高层建筑增加系数是按全部面积的工程量综合计算的，因此在计算工程量时不扣除6层或20.0m及其以下的工程量。高层建筑增加费费率按表4-13计取。

表4-13 高层建筑增加费费率表

层　　数	9层以下(30m)	12层以下(30m)	15层以下(30m)	18层以下(30m)	21层以下(30m)	24层以下(30m)	27层以下(30m)	30层以下(30m)	33层以下(30m)	36层以下(30m)	40层以下(30m)
高层建筑增加费费率（%）	12	17	22	27	31	35	40	44	48	53	58
其中人工费（%）	17	18	18	22	26	29	33	36	40	42	43
机械费（%）	83	82	82	78	74	71	68	64	60	58	57

高层建筑增加费的计取范围包括：给水排水、采暖、燃气、电气、消防及安全防范、通风空调、刷油、绝热、防腐蚀等工程。费用内容包括：人工降效，材料、工具垂直运输增加的机械台班费用，施工用水加压泵的台班费用及工人上、下乘坐的升降设备台班费用等。

2）计算方法。高层建筑增加费的计算公式为

高层建筑增加费 = 定额人工费 × 高层建筑增加费费率

式中，定额人工费是指分部分项工程的全部人工费，并包括超高增加费中的人工费。高层建筑增加费费率见《全国统一安装工程预算定额》各册说明。

3）管廊系数。设置于管道间、管廊内的管道、阀门、法兰、支架，其定额人工费乘以1.3，即增加费系数为0.3。如某建筑管廊内有*DN*50的给水管道100m，查定额基价为10.13元，其中人工费为62.23元，则该管廊内给水管的人工费为62.23元×10×1.3 = 808.99元。

该项内容是指一些高级建筑、宾馆、饭店内封闭的顶棚、竖向通道（或称管道间）内安装的暖气、给水排水、煤气管道及阀门、法兰、支架等工程量，不包括管沟内的管道安装。

4）浇筑工程系数。为配合预留孔洞，凡主体结构为现场浇筑并采用钢模施工的工程，内外浇筑的定额人工费乘以系数1.05，内筑外砌的定额人工费乘以系数1.03。

例如：有一工程，其主体结构为现场浇筑并采用钢模施工，该工程给水排水工程定额人工费为10000元。根据定额规定，定额人工费应乘以系数，即10000元×

1.05＝10500元（内外浇筑）。若是内浇外砌，则其人工费为：10000元×1.03＝10300元。

（3）若干规定。

1）高层建筑的层数和高度计算以室外设计±0.0至檐口（不包括屋顶水箱间、电梯间、屋顶平台出入口等）高度为准，不包括地下室的高度和层数，半地下室也不计算层数。

2）同一建筑物有部分高度不同时，可分别按不同高度计算高层建筑增加费。

3）单层建筑物超过20.0m的高层建筑增加费计算，首先应将自室外设计±0.0至檐口的高度除以3.0m计算出相当于多层建筑的层数，然后再按表4-13所列的相应层数的增加费率计算。

（4）说明。采用工料单价法计价程序时，高层建筑增加费属于直接工程费的增加；采用综合单价法计价程序时，高层建筑增加费应计入相应的分部分项工程综合单价中，而且属于综合单价中的人工费和机械费的相应费用增加。

（5）脚手架搭拆费。

1）取费条件。按定额的规定，脚手架搭拆费不受操作物高度限制均可收取；同时，在测算脚手架搭拆费系数时，均应考虑如下：

① 各专业工程交叉作业施工时，可以互相利用脚手架，测算时应扣除可以重复利用的脚手架费用。

② 安装工程用脚手架与土建所用的脚手架不尽相同，测算脚手架搭拆费用时，大部分是按简易架考虑的。

③ 施工时，如部分或全部使用土建的脚手架，则作为有偿使用处理。

2）计算方法。脚手架搭拆费的计算公式为

$$脚手架搭拆费＝定额人工费\times脚手架搭拆系数$$

式中，定额人工费是指分部分项工程的全部人工费，并包括超高增加费中的人工费。脚手架搭拆系数按《全国统一安装工程预算定额》各册说明取值。

3）说明。采用工料单价法计价程序或采用综合单价法计价程序，超高增加费均属于措施项目费。

（6）安装与生产同时进行增加的费用。该项费用的计取是指改扩建工程在生产车间或装置内施工，因生产操作或生产条件限制影响了安装工程正常进行而增加的降效费用（其中不包括为保证安全生产和施工所采取的措施费用，如安装工作不受影响的，不应计取此项费用）。

该项费用的计算基础是分部分项工程的全部人工费，费率为10%（《全国统一安装工程预算定额》各分册），其人工工资占100%。

采用工料单价法计价程序时，安装与生产同时进行增加的费用属于直接工程费的增加。采用综合单价法计价程序时，安装与生产同时进行增加的费用应计入相应的分部分项工程综合单价中，而且属于综合单价中的人工费增加。

（7）在有害身体健康环境中施工降效增加费。在有害身体健康环境中施工降效增加费指在有关规定允许的前提下，由于车间、装置范围内有害气体或高分贝的噪声超过国家标准以至影响人员身体健康而增加的费用。

该项费用的计算基础是分部分项工程的全部人工费，费率为10%（《全国统一安装工程预算定额》各册），其中人工工资占100%。

采用工料单价法计价程序时，在有害身体健康环境中施工降效增加费属于直接工程费的增加。采用综合单价法计价程序时，该项费用应计入相应的分部分项工程综合单价中，而且属于综合单价中的人工费增加。

4. 使用定额应注意的问题

1）室内外给水、雨水铸铁管的安装，定额已包括接头零件安装所需人工费（包括雨水漏斗），但不包括接头零件和雨水漏斗的材料费，应按设计需用量另计主材费。

2）铸铁排水管及塑料排水管均包括管卡及托架、支架、臭气帽的制作与安装。其用量和种类不得调整。

3）定额规定，给水管道室内外界限的划分，以建筑物外墙面1.5m为界。如果给水管道绕房屋周围1m以内敷设，不得按室内管道计算，而是按室外管道计算。

4）《全国统一安装工程预算定额》没有碳钢法兰螺纹连接安装子目，如发生可执行本定额中铸铁法兰螺纹连接项目。

5）定额中，室内给水螺纹连接部分，给出的附属零件是综合计算的，无论实际需用多少，均不得调整。

6）各种水箱连接管和支架均未包括在定额内，可按室内管道安装的相应项目执行：型钢支架可执行《全国统一安装工程预算定额》中的“一般管架项目”；混凝土或砖支座可执行各省、自治区、直辖市建筑工程预算定额有关项目。

7）系统调整费只有采暖工程才可计取，热水管道不属于采暖工程，不能收取系统调整费。

8）地漏安装中所需的焊接管量，定额是综合取定的，任何情况都不能调整。

9）钢管调直，燃气工程中的阀门研磨、抹密封油等工作量均已分别包括在相应定额内，不得列项另计。

10）采暖工程暖气片的安装定额中没有包括其两端阀门，可以按其规格，另套用阀门安装定额相应项目。

【例4-3】 某高层建筑（21层），底层高6.0m，其余各层高3.0m。室内给水排水安装直接工程费为60000元，其中人工费21000元（底层超高部分人工费5000元），机械费8000元。该工程主材费140000元。试按系数计算有关费用。

【解】 该工程底层超高，可以收取超高增加费；且该工程为21层的高层建筑，可收取高层建筑增加费。同时，脚手架搭拆费不受操作物高度限制均可收取。故该工程按系数计算的费用如下：

① 超高增加费：查定额费率表得费率为10%，则

超高增加费＝5000元×10%＝500.00元

② 高层建筑增加费：查定额费率表得费率为31%，其中人工工资占26%，机械费占74%。

高层建筑增加费＝(21000＋500)元×31%＝6665.00元

人员工资＝6665元×26%＝1732.90元

机械费＝6665元×74%＝4932.10元

③ 脚手架搭拆费：查《全国统一安装工程预算定额》第8册定额脚手架搭拆费率为5%，其中人工工资占25%，则

脚手架搭拆费＝(21000＋500)元×5%＝1075.00元

人员工资＝1075元×25%＝268.75元

材料费＝1075元×75%＝806.25元

所以　调整后的直接工程费＝(60000＋500＋6665)元＝67165.00元

工资＝(21000＋500＋1732.90)元＝23232.90元

将上述数据填入预算表4-14。

表4-14　例4-3预算表

费用名称	主材费/元	直接工程费/元	人工工资费/元	机械费/元	材料费/元
直接工程费	140000.00	60000.00	21000.00	8000.00	31000.00
超高增加费		500.00	500.00	0	0
高层建筑增加费		6665.00	1732.90	4932.12	0
调整后的各项费用合计	140000.00	67165.00	23232.90	12932.12	31000.00

措施项目费增加脚手架搭拆费1075.00元。措施项目费中人工费增加268.75元。

【例4-4】　某给水排水安装工程预留金10000元，纳税地区在城市（税率3.41%），工程排污费和管理费等合计为16%，已列分部分项工程量清单计价表，见表4-15。请完成措施项目清单计价表（表4-16）空格部分，按要求列出工程量清单造价表（清单费用构成表以人工费为计价基础）。

表4-15　分部分项工程量清单计价

序号	项目编号	项目名称	计量单位	工程数量	金额/元		
					综合单价	合计	其中人工费
1	030801002001	钢管 *DN*15	m	30	17.23	517.00	139.47
2	030801002007	钢管 *DN*70	m	37.11	54.73	2031.00	262.74
	合计					2548.00	402.21

表 4-16 措施项目清单计价

序号	项目名称	计算公式	金额/元
1	文明施工费	人工费 ×3.42%	?
2	安全施工费	人工费 ×2.98%	?
合计			?

【解】 措施项目清单计价表，见表 4-17；工程量清单造价表，见表 4-18。

表 4-17 措施项目清单计价

序号	项目名称	计算公式	金额/元
1	文明施工费	人工费 ×3.42%	13.76
2	安全施工费	人工费 ×2.98%	11.99
合计			25.75

表 4-18 单位工程量清单造价

序号	项目名称	计算公式	金额/元
1	工程量清单计价合计	表 4-15 计算	2548.00
2	措施项目清单合计	表 4-16 计算	25.75
3	其他项目费	题目给出	10000
4	规费	人工费 × 费率	64.35
5	税金	(1) + (2) + (3) + (4) × 费率	430.96
6	造价	(1) + (2) + (3) + (4) + (5)	13069.06

4.4 水工程造价构成分析

4.4.1 净水厂造价构成分析

1. 净水厂的组成部分

净水厂的组成部分从工艺流程上可以分为取水工程、净水处理工程、配水工程等几个部分。其中取水工程主要指水源、取水构筑物、源水管线等；净水处理工程包括配水构筑物、预处理构筑物、混合反应构筑物、沉淀构筑物、澄清构筑物、气浮构筑物、过滤构筑物、污泥处理构筑物、加药及消毒构筑物、深度处理构筑物以及附属构筑物（一般指仓库、配电、办公必要设施）等；配水工程包括二级泵站、清水池等输配水构筑物，一般和水厂净水处理工程部分合建在一起，没有明显的界限。

2. 净水厂造价构成分析

净水厂的造价构成方式一般根据净水厂的实际工艺组成从各单项构筑物的造价出发来分析整个净水厂的总体造价。而分析各单项构筑物的造价构成方式也就成为分析整个净水厂的造价构成方式。

单项构筑物的造价构成一般从土建、配管、安装和设备等几方面进行分析，其中土建、配管及安装造价定额的具体分析和制定要从该构筑物主要工程数量和主要工料两方面计算。各人工单价定额、材料单价定额以及设备单价应根据当地概预算定额合理取定，也可以根据市场价格计算，但是当利用市场价格计算时，一定要考虑市场行情的变化和货币价值的变化情况，留出一定的调整空间。工程量则须根据各构筑物的规模、尺寸及相关参数进行概算或预算来确定。按照工程数量、设备数量和所取定额列表计算不同单项构筑物的造价，根据净水厂工艺，将所有构筑物造价进行汇总。

某一规格平流沉淀池单项指标计算如下。

工艺标准、机构特征及主要设备：矩形钢筋混凝土平流式沉淀池，回转式隔板絮凝池，流速0.6～0.2m/s，絮凝时间23min；沉淀池水平流速15.4mm/s，停留时间80min，采用机械吸泥；沉淀池平面尺寸98.9m×13.2m，池深3.5m；现浇钢筋混凝土池壁及底板，壁厚200～250mm，底板厚350mm；预制钢筋混凝土柱、板及梁；半砖导流墙，一砖穿孔墙和隔墙。

主要设备：虹吸式机械吸泥机1套。

表4-19为平流沉淀池构筑物造价汇总。

表4-19 平流沉淀池构筑物造价汇总

设计水量		50000m^3/d	容积	4682m^3
项目		构筑物/元	水量指标/(m^3/d)	容积指标/m^3
直接费	合计	946399	18.93	202.15
	土建	825146	16.51	176.25
	配管及安装	40441	0.81	8.65
	设备	80794	1.61	17.25

主要工程数量			主要工料数量		
项目	单位	数量	项目	单位	数量
砖垫层	m^3	1794	土建人工	工日	7163
混凝土垫层	m^3	17.2	安装人工	工日	304
现浇钢筋混凝土池底	m^3	442.3	水泥	t	461
现浇钢筋混凝土池壁	m^3	253.5	钢材	t	88.6
预制钢筋混凝土平板	m^3	86	锯材	m^3	45.7
预制钢筋混凝土柱	m^3	16.6	机制标砖	万块	8.83
预制钢筋混凝土梁	m^3	26.4	砂	m^3	3257
钢丝网水池直壁	m^3	62	碎（砾）石	m^3	1057
砌砖墙	m^3	165.6	块（片）石	m^3	—
金属结构	m^3	2.2	铸铁管	t	—
水刷石墙面	m^3	762	钢管及钢管件	t	0.6
二毡二油防水层	m^3	947	铸铁管件	t	5.6
			手动闸门	t	0.85

4.4.2 污水处理厂造价构成分析

1. 污水处理厂的组成部分

污水处理厂处理工艺较净水厂要复杂得多，但从工艺上一般可以分为三个级别，称为污水一级处理、污水二级处理和污水三级处理。一级处理一般指应用物理方法，即用隔栅、沉砂池、沉淀池等构筑物，去除污水中不溶解的污染物和寄生虫卵。二级处理是应用生物方法，即主要通过微生物的代谢作用进行物质转化的过程，将污水中各种复杂的有机物氧化降解为简单的物质。生物处理对污水水质、水温、供气量、pH 值等都有一定的要求。三级处理是用生物化学（硝化-反硝化）法、碱化吹脱法、离子交换法除氮，用化学沉淀法除磷，用臭氧化法、活性炭吸附法或超滤法去除难降解的有机物，用反渗透法去除盐类，用氯化法消毒等单元过程的一种或多种组合成的污水处理工艺。三级处理是城市污水的高级处理（又称深度处理）措施。

一般用一级处理作为预处理，二级处理为主体，三级处理由于费用昂贵一般根据建设计划和国家环境质量要求分期建设。另外，三级处理一般和城市再生水回用系统相结合，实现水资源的可持续利用，这已经成为世界公认的水资源健康循环模式。

2. 污水处理厂造价构成分析

污水处理厂的造价构成和净水厂相类似，但是污水处理厂的造价一般要比净水厂高。某一污水处理厂的圆形曝气池的单项构筑物造价计算如下。

工艺标准、结构特征及主要设备：圆形合建式曝气沉淀池 2 座，为钢筋混凝土结构，净空尺寸 $D=17\text{m}$，$H=4.9\text{m}$，壁厚 200 ~ 250mm，底板厚 300 ~ 400mm，C10 混凝土垫层厚 100mm；上部曝气机室为混合结构，建筑面积 $20\text{m}\times4.05\text{m}=81\text{m}^2$，$H=4\text{m}$；污泥负荷 0.3kg BOD_5/[kg(MLSS)·d]，污泥浓度 4g(MLSS)/L，曝气区上升流速 0.3mm/s，沉淀时间 1.5h，泵（E）型 ϕ1500 表曝机 2 套，30kW 立式直流电动机 2 台，2 + PW 型污水泵 1 台，JO_2-41-4 型电动机 1 台，1t 环链手拉葫芦 1 台。其构筑物造价汇总见表 4-20。

表 4-20 污水处理厂的圆形曝气池构筑物造价汇总表

设计水量		50000m³/d	容　积	1600m³
项目		构筑物/元	水量指标/（m³/d）	容积指标/m³
直接费	合计	727205	145.45	454.50
	土建	431441	86.25	269.65
	配管及安装	86528	17.31	54.08
	设备	209236	41.85	130.77

（续）

主要工程数量			主要工料数量		
项　　目	单　　位	数　　量	项　　目	单　　位	数　　量
挖土方	m^3	830	土建人工	工日	6135
混凝土垫层	m^3	24	安装人工	工日	880
钢筋混凝土池壁	m^3	144	水泥	t	255.4
钢筋混凝土底板	m^3	90	钢材	t	51.5
钢筋混凝土导流筒	m^3	64	锯材	m^3	63.04
钢筋混凝土水槽	m^3	8	机制标砖	万块	2.20
钢筋混凝土井	m^3	8.8	砂	m^3	374
钢筋混凝土板	m^3	40	碎（砾）石	m^3	402
钢筋混凝土梁	m^3	20.7	块（片）石	m^3	—
钢筋混凝土柱	m^3	4.3	铸铁管	t	—
预制钢筋混凝土V形折板	m^3	8.4	铸铁管件	t	—
钢筋混凝土漏花墙	m^3	101	钢管及钢管件	t	7.52
240mm 砖墙	m^3	43	钢筋混凝土管	t	—
120mm 砖墙	m^3	158	预应力钢筋混凝土管	t	—
栏杆	m^3	190	手动闸门	t	—
钢走道	t	1.26			

4.5　工程量清单计价

4.5.1　基本概念

1. 工程量清单计价规范

计价规范是统一工程量清单编制，规范工程量清单计价的国家标准，调整建设工程工程量清单计价活动中发包人与承包人各种关系的规范性文件。GB 50500—2008《建设工程工程量清单计价规范》的编制（下简称“08规范”），对清单计价的指导思想进行了进一步的深化，在“政府宏观调控、企业自主报价、市场形成价格”的基础上提出了“加强市场监管”的思路，以进一步强化清单计价的执行。

工程量清单是工程量清单计价的基础，应作为编制招标控制价、投标报价、工程计量及进度款支付、调整合同款、办理竣工结算以及工程索赔等的依据之一。

建设工程工程量清单计价规范的特征：

（1）强制性。按照计价规范规定，全部使用国有资金或以国有资金投资为主的建设工程，都必须执行工程量清单计价方法。同时，凡是在建设工程招标投标实行工程量清单计价的工程，都应遵守计价规范。

（2）统一性。规范明确了工程量清单是招标文件的组成部分，招标人在编制工程量清单时应根据“08规范”附录规定的项目编码、项目名称、项目特征、计量单位和工程量计算规则进行编制。

(3) 实用性。工程量清单计价规范要求分部分项工程量清单的计量单位应按“08 规范”附录中规定的计量单位确定，特别是还列有项目特征和工程内容，便于编制工程量清单时确定项目名称和工程造价。

(4) 竞争性。工程量清单中列有“措施项目”一项，具体采用什么措施，需由投标人根据施工组织设计及企业自身情况确定。另外，工程量清单中人工、材料和施工机械没有具体的消耗量，也没有单价，投标人既可以依据企业的定额和市场价格信息，也可以参照建设行政主管部门发布的社会平均消耗量定额进行报价，这些都有利于各企业发挥其竞争能力。“08 规范”的建筑安装工程造价要求的是建筑安装工程在工程交易和工程实施阶段工程造价的组价要求，包括索赔等，内容更全面、更具体。

(5) 通用性。采用工程量清单计价能与国际惯例接轨，符合工程量计算方法标准化、统一化和工程造价确定市场化的要求，这是国际上通用的工程造价计价方法。

2. 工程量清单

工程量清单是拟建工程的分部分项工程项目、措施项目、其他项目、规费项目和税金项目的名称和相应数量的明细清单。

工程量清单是招标文件的重要组成部分，是由招标人提供的拟建工程各实物工程名称、性质、特征、数量、单位，以及开办项目、税费等相关表格组成的文件。它体现了招标人要求投标人完成的工程项目及相应的工程数量，并反映了投标报价的要求，是投标人进行报价的基本依据。

3. 工程量清单计价

投标人依据工程量计算规则和统一划分的施工项目，根据设计图样及施工现场实际情况，按照本企业的施工水平、技术及机械装备力量、管理水平、价格信息，并充分考虑各种风险因素等，对招标文件中的工程量清单进行计价。其中所含费用为清单项目所需的全部费用，包括分部分项工程费、措施项目费、其他项目费、规费和税金。

4.5.2 工程量清单计价与定额计价的异同

我国长期以来采用建设工程定额计价的计价模式，即国家通过颁布统一的估价指标、概算指标、概算定额、预算定额和相应的费用定额，对建设产品价格进行计划管理。在计价中，以定额为依据，按定额规定的分部分项子目，逐项计算工程量，套用定额（或单位估价表）单价确定直接工程费，然后按规定取费标准确定构成工程价格的其他费用和利税，从而得出建筑安装工程造价。

工程量清单计价方法是指建设工程招标投标中，按照“08 规范”，招标人或委托具有资质的中介机构编制反映工程实体消耗和措施消耗的工程量清单，并作为招标文件的一部分提供给投标人，由投标人依据工程量清单，根据所获得的工程造价信息和经验数据，结合企业定额自主报价的计价方式，是一种主要由市场定价的计价模式。

目前，我国建设工程造价实行“双轨制”计价办法，即定额计价方法和工程量清单计价方法并行。工程量清单计价作为一种市场价格的形成机制，在全部使用国有资产投资或国有资产投资为主的工程建设项目中必须采用。工程量清单计价与定额计价的对比，见表4-21。

表4-21　工程量清单计价与定额计价的对比

序　号	内　容	计价方式	
		定额计价	工程量清单计价
1	项目设置	定额项目一般是按照施工工序、工艺进行设置的，定额项目包括的工程内容一般是单一的	清单项目设置是以一个“综合实体”考虑的，“综合项目”一般包括多个子目工程内容
2	单价原则	按工程造价管理机构发布的有关规定及定额中的基价计价	按照清单的要求，企业自主报价，反映的是市场决定价格
3	单价构成	采用定额子目基价，包括定额编制时期人工费、材料费、机械费，并不包括管理费、利润和各种风险因素带来的影响	采用综合单价，包括人工费、材料费、机械费、管理费和利润，且各项费用均由投标人根据企业自身情况和考虑各种风险因素自行编制
4	差价调整	按工程承发包双方约定的价格与定额价的对比，调整价差	按工程承发包双方约定的价格直接计算，除招标文件规定外，不存在价差调整问题
5	计价过程	招标方只负责编写招标文件，不设置工程项目内容，也不计算工程量。工程计价的子目和相应的工程量由投标方根据设计文件确定	招标方设置清单项目并计算清单工程量，清单项目的特征和包括的工程内容必须清晰、完整地告诉投标人，投标方拿到工程量清单后根据清单报价
6	消耗量	人工、材料、机械消耗量按定额标准计算，定额标准是按社会平均水平编制的	由投标人根据企业的自身情况或《企业定额》自定，真正反映各企业自身的水平
7	工程量计算规则	定额工程量计算规则	清单工程量计算规则
8	计价方法	根据施工工序计价，将相同施工工序的工程量相加汇总，选套定额，计算出一个子项的定额分部分项工程费，每一个项目独立计价	按一个综合实体计价，子项目随主体项目计价。由于主体项目与组合项目是不同的施工程序，一般要计算多个子项才能完成一个清单项目的分部分项工程综合单价

（续）

序号	内容	计价方式	
		定额计价	工程量清单计价
9	价格表现形式	只表示工程总价，分部分项工程费不具有单独存在的意义	主要为分部分项工程综合单价，是投标、评标、结算的依据，单价一般不调整
10	工程风险	工程量由投标人计算和确定，价差一般可调整，投标人一般只承担工程量计算风险，不承担材料价格风险	招标人计算工程量，编制工程量清单，承担差量的风险。由于单价通常不调整，投标人报价应考虑多种因素，投标人要承担一定范围内的风险费用
11	结算方式	预算价（或合同价）+签证	综合单价×工程量

4.5.3 工程量清单的内容和编制

工程量清单主要包括工程量清单封面（还有招标控制价封面、投标总价封面和竣工结算总价封面）、填表须知、工程量清单总说明、分部分项工程量清单、措施项目清单、其他项目清单，以及主要材料价格表等。下面以某综合楼给水排水工程为例，具体介绍工程量清单的编制方法。

1. 工程量清单封面

招标人需在工程量清单封面上填写拟建的工程项目名称、招标人（即招标单位）、法定代表人、中介机构法定代表人、造价工程师及注册证号、编制时间等内容，见表4-22。

表4-22 某综合楼给水排水工程工程量清单封面

某综合楼给水排水工程	
工程量清单	
招标人：	（单位签字盖章）
法定代表人：	（单位签字盖章）
中介机构法定代表人：	（签字盖章）
造价工程师及注册证号：	（签字盖职业专用章）
编制时间：	

2. 填表须知

填表须知主要包括以下内容（招标人可根据具体情况进行补充）：

（1）工程量清单及其计价格式中所有要求签字、盖章的地方，必须由规定的单位和人员签字、盖章。

（2）工程量清单及计价格式中的任何内容不得随意删除或涂改。

（3）工程量清单计价格式中列明的所有需要填报的单价和合价，投标人均应填写，未填报的单价和合价，视为此项费用已包含在工程量清单的其他单价和合价中。

3. 工程量清单总说明

工程量清单总说明是招标人关于拟招标工程的工程概况、招标范围、工程量清单的编制依据、工程质量的要求、主要材料的价格来源等的说明，示例见表 4-23。

表 4-23 某综合楼给水排水工程总说明

工程名称：某综合楼给水排水工程　　　　第 1 页共 1 页

（1）工程概况：由某投资总公司投资兴建的某综合楼给水排水工程，坐落于 × × 市北郊，建筑面积 $7331m^2$，占地面积 $15000m^2$；建筑总高度 21.7m，首层层高 4.7m，标准层层高 3.2m，层数 6 层；结构形式为框架结构；基础类型为独立基础；施工工期为 10 个月；施工现场临近公路，交通运输方便。

（2）本期工程范围包括：给水排水工程。

（3）编制依据：本工程依据《× × 省建筑工程计价办法》中工程量清单计价办法，根据某单位设计的某综合楼给水排水安装工程施工设计图计算实物工程量。

（4）工程质量应达到优良标准。

（5）材料价格按照本地 2008 年一季度市场价计入。

（6）考虑施工中可能发生的设计变更或清单有误，招标人预留金为 135000 元。

（7）投标人在投标时应按 GB 50500—2008《建设工程工程量清单计价规范》规定的统一格式，提供“分部分项工程量清单综合单价分析表”、“措施项目费分析表”。

4. 分部分项工程量清单的编制

分部分项工程量清单应根据“08 规范”附录规定的项目编码、项目名称、项目特征、计量单位和工程量计算规则进行编制。招标人不得因情况不同而随意变动。

分部分项工程清单项目的设置，原则上是以形成工程实体为主。所谓实体是指形成生产或工艺作用的主要实体部分，对附属或次要部分不设置项目。项目必须包括形成实体部分的全部工作内容。如工业管道安装工程项目，实体部分指管道，完成这个项目还包括防腐、刷油、绝热、保温、管道试压等。防腐，做保温层、保护壳尽管也是实体，但对管道而言，它们属于附属项目。但也有个别工程项目，既不能形成工程实体，又不能综合在某一个实物量中。分部分项工程量清单的编制须明确以下内容：

（1）项目编码。每一个分部分项工程清单项目都给定一个编码。项目编码采用 12 位阿拉伯数字表示，前 9 位为统一编码，后 3 位是清单项目名称编码，应根据拟建工程的工程量清单项目名称设置，同一招标工程的项目编码不得重码。

项目编码的形式和含义如下：

编码 030801001001。

第 1、2 位编码表示建设工程分类：01 为建筑工程，02 为装饰装修工程，03 为安装工程，04 为市政工程，05 为园林绿化工程。第 3、4 位编码表示专业工程：

0308 表示安装工程中的给水排水安装工程，0309 表示安装工程中的通风空调工程。第 5、6 位编码表示分部工程：030801 表示给水排水管道制作安装，030701 表示水灭火系统安装。第 7、8、9 位编码表示该分部工程中分项工程：030801001 表示给水排水管道镀锌钢管安装。第 10、11、12 位编码表示拟建工程的工程量清单项目名称设置。

例如，项目编码 030803001001 的含义为：从左起 03 表示安装工程，08 表示给水排水工程，03 表示其中水表安装，001 表示螺纹阀门安装，最后 3 位由编制人设置，表示螺纹阀门安装该同类项目的第 1 项。若项目编码 030801001002，前边 9 位数字含义同前，最后的 002 表示螺纹阀门安装的第 2 项。

对于计价规范中没有及时体现出来的新材料、新技术、新工艺等项目，由编制人自行补充编码。补充项目的编码由“08 规范”附录的顺序码与 B 和三位阿拉伯数字组成，并应从 ×B001 起顺序编制，同一招标工程的项目不得重码。

（2）项目名称。清单项目名称应严格按照计价规范规定，可根据拟建工程项目的规格、型号、材质等特征进行描述，但不得随意更改项目名称。例如，030803003 的工程项目名称为“焊接法兰阀门”，可描述为“焊接法兰止回阀”或“焊接法兰闸阀”。但不能简单表述为“阀门”，否则便不能够反映出影响工程造价的主要因素。在编制工程量清单时，对于项目名称必须表述清楚，只有这样才能区别不同型号、规格，以便分别编码和设置项目。

（3）项目特征和工程内容。设备安装工程比较复杂，项目特征既要包括自身特征和工艺特征，还要包括施工方法特征，否则容易造成计价混乱。例如，卫生器具制作安装中水箱制作安装项目特征，见表 4-24。

表 4-24 水箱制作安装项目

项目编码	项目名称	项目特征	计量单位	工程内容
030804014	水箱制作与安装	1. 材质 2. 型号、规格 3. 类型	套	1. 制作 2. 安装 3. 支架制作、安装 4. 除锈刷油

项目特征是清单项目设置的基础和依据。即使是同一规格、同一材质的项目，如果施工工艺或施工位置不同，原则上也应分别设置清单项目，做到具有不同特征的项目分别列项。清单项目特征描述越清晰准确，投标人越能全面准确理解招标工程内容和要求，报价越正确。如果发生了计价规范中没有列出的工程内容，清单项目描述时应予以补充。

项目特征和工程内容的作用不同，必须按规范要求分别体现在项目设置和描述上。如水箱制作安装项目，材质、型号、规格、类型是其自身的特征，最能体现该清单项目，而除锈、刷油不是其自身特征，是项目的附属工作，有时候存在，有时候不存在，与项目特征无必然联系。但由于项目是包括全部工作内容的，即完成水箱制作安装还要求除锈、刷油，因此需提示报价者考虑这些内容。

在编制工程量清单时，当有的工程内容无法确定其发生与否时，可按“发生”考虑，也可按“不发生”考虑（即不描述）。但必须在招标文件有关条款中明确，当与清单描述不同时，应做增减处理。

（4）工程量计算。分部分项工程量清单编制，要求分部分项工程量清单的计量单位应按“08规范”附录中规定的计量单位确定，以“t”为计量单位的应保留小数点三位，第四位小数四舍五入；以“m^3”、“m^2”、“m”、“kg”为计量单位的应保留小数点两位，第三位小数四舍五入；以“项”、“个”等为计量单位的应取整数。这一点与定额计价的计量单位不同。

工程量的计算应执行计价规范中统一的清单工程量计算规则。各地区、各部门在编制其工程量清单计价办法和工程量计算规则时，都不能背离统一的清单工程量计算。

在国际工程估价中，没有统一的定额标准，但有统一的工程量计算规则。国际上通用的工程量计算规则有：英国RICS体系下的工程量计算依据——标准工程量计算规则（Standard Method of Measurement，SMM），目前使用的是SMM7；与FIDIC合同条款配套使用的FIDIC工程量计算规则等。

工程量清单中的工程量是以实体安装就位的净尺寸计算的，投标人计价时，应考虑施工中的各种损耗和需要增加的工程量。这个量随施工方法、措施的不同而变化。而传统的定额计价、定额消耗量是在净值的基础上，加上施工操作（或定额）规定的预留量。因此，两者的工程量计算规则有区别，不能混淆。

（5）措施项目清单的编制。为了顺利完成工程项目的施工，在工程施工前期和施工过程中发生的技术、生活、安全等方面的非工程实体项目称为措施项目，其清单也是用表格形式来表现的。计价规范提供了拟建工程各方面可能发生的措施项目名称，供编制工程量清单时参考。措施项目内容，见表4-25。

表4-25 措施项目内容一览表

序号	措施项目名称	序号	措施项目名称
1. 通用项目		1.5	大型机械设备进出场及安拆
1.1	安全文明施工（含环境保护、文明施工、安全施工、临时设施）	1.6	施工排水
1.2	夜间施工	1.7	施工降水
1.3	二次搬运	1.8	地上、地下设施、建筑物临时保护设施
1.4	冬雨期施工	1.9	已完工程及设备保护

（续）

序 号	措施项目名称	序 号	措施项目名称
	2. 建筑工程	4.5	焦炉烘炉、热态工程
2.1	垂直运输机械	4.6	管道安装后的充气保护措施
	3. 装饰装修工程	4.7	隧道内施工的通风、供水、供气、供电、照明及通信设备
3.1	垂直运输机械	4.8	现场施工围栏
3.2	室内空气污染测试	4.9	长输管道临时水工保护设施
	4. 安装工程	4.10	长输管道施工便道
4.1	组装平台	4.11	长输管道穿越或跨越施工措施
4.2	设备、管道施工安全防冻和焊接保护措施	4.12	长输管道地下穿越地上建筑物的保护措施
4.3	压力容器和高压管道检验	4.13	长输管线施工队伍调整
4.4	焦炉施工大棚	4.14	格架式抱杆

注：表中“通用项目”所包含的内容，在编制各专业工程的“措施项目清单”中都可以考虑列入。其他各专业工程中所包含的内容，只能在编制各相应专业的“措施项目清单”时才可以列入。措施项目清单的编制，应考虑多种因素，除工程本身的因素外，还涉及水文、气象、环境、安全，以及施工企业的实际情况。表中提供的措施项目只是作为列项的参考，应根据工程的具体情况择项选用。若有表中未列的措施项目，可予以补充，补充项目的编码由“08 规范”附录的顺序码与B和三位阿拉伯数字组成，并应从×B001起顺序编制，同一招标工程的项目不得重码。

（6）其他项目清单的编制。除分部分项工程清单和措施项目清单以外，工程项目施工中还可能发生的其他费用部分，可用其他项目清单表示出来。计价规范中提供的其他项目包括暂列金额、暂估价（包括材料暂估价、专业工程暂估价）、计日工（包括用于计日工的人工、材料、施工机械）、总承包服务费等。

其他项目清单由招标人部分、投标人部分组成，分别由招标人和投标人填写，见表4-26。

表4-26 其他项目清单计价表

序 号	项 目 名 称	金额/元
1	招标人部分	
1.1	暂列金额	
1.2	暂估价（包括材料暂估价、专业工程暂估价）	
1.3	其他	
	小计	

（续）

序　　号	项 目 名 称	金额/元
2	投标人部分	
2.1	计日工（包括用于计日工的人工、材料、施工机械）	
2.2	总包服务费	
2.3	其他	
	小计	
	合计	

1）招标人部分。该部分的内容由招标人填写，并随同招标文件一同发至投标人。

暂列金额是招标人在工程量清单中暂定并包括在合同价款中的一笔款项，用于施工合同签订时尚未确定或者不可预见的所需材料、设备、服务的采购，施工中可能发生的工程变更、合同约定调整因素出现时的工程价款调整以及发生的索赔、现场签证确认等的费用。一般来说，在初步设计阶段，最少要预留工程总造价的10%～15%；对于设计阶段，设计质量高的工程，一般要预留工程总造价的3%～5%。

暂估价是指招标阶段直至签订合同协议时，招标人在招标文件中提供的用于支付必然要发生但暂时不能确定价格的材料以及需另行发包的专业工程金额。材料暂估价：甲方列出暂估的材料单价及使用范围，乙方按照此价格来进行组价，并计入到相应清单的综合单价中；其他项目合计中不包含，只是列项。专业工程暂估价：按项列支，如塑钢门窗、玻璃幕墙、防水等，价格中包含除规费、税金外的所有费用；此费用计入其他项目合计中。暂列金额由招标人根据工程特点，按有关计价规定进行估算确定，一般可以分部分项工程量清单费的10%～15%为参考。索赔费用、签证费用从此项扣支。

招标人部分的“其他”是指招标人部分可增加的新列项，如由于某单位工程或某分项工程专业性较强，必须由专业队伍施工，则需增加这项费用。

2）投标人部分。这部分由投标人填写，主要是对工程量清单、措施项目清单以外的工作补充列项。

总承包服务费是总承包人为配合协调发包人进行的工程分包自行采购的设备、材料等进行管理、服务以及施工现场管理、竣工资料汇总整理等服务所需的费用。对于总承包服务费，一定要在招标文件中说明总包的范围，以减少后期不必要的纠纷；规范中列出的参考计算标准如下：招标人仅要求对分包的专业工程进行总承包管理和协调时，按分包的专业工程估算造价的1.5%计算；招标人要求对分包的专业工程进行总承包管理和协调并同时要求提供配合服务时，根据招标文件中列出的配合服务内容和提出的要求按分包的专业工程估算造价的3%～5%计算；招标人自行供应材料的，按招标人供应材料价值的1%计算。

计日工应根据所列出的具体项目和数量分别计算并汇总。其中，单价应为综合单价，如人工综合单价应综合了管理费和利润，材料综合单价应综合了材料采购保管费，机械综合单价应综合了机械台班使用费、车船税、设备调遣费等。

投标人部分的“其他”是指投标人还需增加的新列项。

（7）主要材料价格表。招标人提供的工程量清单中的主要材料价格表中包含详细的材料编码、材料名称、规格型号和计量单位。其中材料编码按统一的编码填写，示例参见表4-27。

表4-27 主要材料价格表

工程名称：某宿舍楼给水排水工程　　　　年　月　日

序　号	材料编码	工程名称	规格型号等特殊要求	单　位	单价/元
1	030801001	镀锌钢管	*DN*70mm	m	30
2	030804016	水龙头	*DN*20mm	个	7.5
3	030804017	地漏	*DN*50mm	个	6.3
4	030804012	大便器		个	45.5

4.5.4 工程量清单计价

1. 工程量清单计价的内容

工程量清单计价所得出的工程造价，应包括按招标文件规定完成工程量清单所列项目的全部费用，以及工程量清单项目中没有体现的，施工中又必须发生的工程内容所需的费用。具体包括：分部分项工程费、措施项目费、其他项目费、规费和税金。

工程量清单计价采用综合单价法计价，即完成一个规定计量单位的分部分项工程量清单项目或措施项目所需的人工费、材料费、施工机械使用费和企业管理费与利润，以及一定范围内的风险费用。当工程量的变化幅度在10%以内时，其综合单价不作调整，执行原有综合单价；当工程量的变化幅度在10%以外，且影响分部分项工程费超过0.1%时，由承包人对增加的工程量或减少后剩余的工程量提出新的综合单价和措施项目费，经发包人确认后调整。

（1）分部分项工程费。

$$分部分项工程费=\sum 清单工程量\times 综合单价$$

分部分项工程的综合单价包括：分部分项工程主体项目的每一清单计量单位的人工费、材料费、机械费、管理费、利润；与主体项目相结合的辅助项目的每一清单计量单位的人工费、材料费、机械费、管理费、利润；在不同条件下，施工需增加的人工费、材料费、机械费、管理费、利润；在不同时期应调整的人工费、材料费、机械费、管理费、利润。

首先，实际计算工程费时，需测算各分部分项工程所需人工工日、材料及机械台班的消耗量。各企业的劳动生产率、技术装备水平和管理水平均不相同，并且不同的施工方案也会带来不同的损耗。因此，企业可以按本企业定额或参照政府消耗量定额确定人工、材料及机械台班的消耗量。

其次，需进行市场调查和询价。工程量清单计价的最大特点就是“量价分离，自主计价”。企业作为市场的主体应是价格决策的主体。因此，投标人在日常工作中就应建立相应的价格体系，积累生产要素价格。除此之外，在进行投标报价前，还应进行市场调查和多方询价，了解生产要素的价格及影响价格的各方面因素，这样才能为准确计价打下基础。询价方式有询问厂家或供应商的挂牌价，了解已施工工程材料的购买价，了解政府定期或不定期发布的信息价及各种网站发布的信息价等。

最后，计算综合单价。综合单价不但包括直接工程费，而且还包括管理费、利润等，因此由消耗量和相应的生产要素价格计算出的直接工程费还要加上企业的管理费和利润等部分才能形成分部分项工程综合单价。

（2）措施项目费。此项费用应根据拟建工程的具体情况计算。为指导措施项目费的正确计算，各省、市都制定了相应的项目名称和费用标准。投标报价时，措施项目清单中的安全文明施工费应按照国家或省级、行业建设主管部门的规定计价，不得作为竞争性费用；投标方安全防护、文明施工的报价，不得低于依据工程所在地工程造价管理机构测定费率计算所需费用总额的90%。建筑施工企业提取的安全费用列入工程造价，在竞标时，不得删减；措施项目应按照招标文件中提供的措施项目清单确定，采用分部分项工程综合单价形式进行计价的工程量，应按措施项目清单中的工程量，并按“08规范”的规定确定综合单价；以“项”为单位的方式计价的，按“08规范”的规定计价，包括除规费、税金以外的全部费用。编制人没有计算或少计算的费用视为已包括在其他费用内，额外的费用除招标文件和合同约定外，不予支付。其计算方法为

$$措施项目费=\sum 措施项目清单工程量\times 综合单价$$

措施项目的综合单价应根据拟建工程的施工组织设计或施工方案，详细分析其所含的工程内容再确定。措施项目不同，综合单价的组成内容就有差异。另外，招标人提供的措施项目清单是根据一般情况提出的，投标人可根据本企业的实际情况，调整措施项目的内容再报价。

（3）其他项目费。其他项目清单中的暂列金额、暂估价、计日工、总承包服务费，均为预测数量，虽然在投标时计入投标报价中，但并不为投标人所有。工程结算时，按承包人实际完成的工作量结算，剩余部分仍归招标人所有。为便于计算，各省、市都制定了相应的项目费用标准。其计算方法为

$$其他项目费 = \sum 其他项目清单估算量 \times 综合单价$$

（4）规费和税金。略。

2. 工程量清单计价的步骤

（1）熟悉工程量清单。工程量清单是计算工程造价最重要的基础依据，计价时应该全面了解每一个清单项目的特征描述，熟悉其包含的工程内容，做到不漏、不重。

（2）研究招标文件。工程招标文件的有关条款、要求和合同条件是计算工程造价的重要依据。有关承发包工程范围、内容、期限、工程材料、设备采购供应等在招标文件中都有具体规定，只有按规定进行计价，才能保证其有效性。投标单位拿到招标文件后，要对照图样，对招标文件提供的工程量清单复查或复核，及时发现清单中存在的问题。

（3）熟悉施工图样。全面、系统地阅读施工图样是准确计算工程造价的重要工作。收集设计图样中选用的标准图和大样图，掌握安装构件的部位、尺寸和施工要求，了解本专业施工和其他专业施工之间的搭接顺序，记录图样中的错、漏或不清楚的地方，都有助于工程造价的计算。

（4）了解施工组织设计。施工组织设计或施工方案是施工单位对具体工程的特征编制的指导施工的文件，包括施工技术措施、安全措施、施工机械配置、是否增加辅助项目等，所涉及的费用主要属于措施项目费。

（5）了解主材和设备的有关情况。建设工程中主材和设备的型号、规格、质量、材质、品牌等对工程计价的影响非常大，投标人对主材和设备的范围及有关内容要了解，必要时还需了解其产地和厂家。

（6）计算工程量。工程量计算包括两部分内容：一是核算工程量清单提供的项目工程量是否准确；二是计算每一个清单主体项目所组合的辅助项目工程量，用来确定综合单价。

（7）确定措施项目清单内容。措施项目清单是完成项目施工所必须采取的措施工作内容，要根据自己的施工组织设计或施工方案来填写。

（8）计算综合单价。目前，大部分仍采用预算定额来分析综合单价。首先根据定额的计量单位，选择套用相应定额计算出各项的管理费和利润，然后汇总为清单项目费合价，最后确定综合单价。综合单价是报价和调价的主要依据。

（9）计算措施项目费、其他项目费、规费、税金等。根据项目费用计算基础和当地的费用标准计算出措施费、其他项目费、规费和税金。

（10）工程量清单计价。将分部分项工程项目费、措施项目费、其他项目费、规费和税金进行汇总，最后计算出工程造价。

工程量清单计价程序参见4.2节。工程量清单计价编制示例见第5章和第6章实例。

3. 工程量清单计价的风险管理

由信息科学的理论可知，信息的不完备性是绝对的，信息的完备性是相对的，即确定性事件是不存在的，不确定性事件是肯定会发生的。所以，任何工程项目的实施都具有一定程度的不确定性。这种不确定性导致了在工程项目的实施过程中存在着各种各样的风险。

工程量清单计价模式创造了充分竞争的环境，但是在降低工程造价，合理节约投资的同时，风险也无处不在。招标人承担了工程量计量的风险，投标人承担着工程价格的风险。

（1）工程量计量风险。在工程量清单计价模式下，招标人主要承担的是工程量计量风险。因此，工程量清单是合同文件的一部分，清单开列的工程数量和工程内容是不得随意更改、增减的，出现错误就会在今后项目的实施过程中被索赔或被利用。工程量计量风险存在的原因主要有设计的缺陷，设计概算或施工图预算不准确，造价工程师失职，项目实施过程中监理工程师失职，材料设备供应商履约不力或违约，合同条件的缺陷等。

（2）工程价格风险。工程量清单计价使得企业作为市场的主体从而成为了价格决策的主体，在实现了企业公平竞争的同时，承包商主要承担的是工程价格风险。价格风险产生的原因，一方面是因为施工期间可能发生通货膨胀或其他市场原因引起材料、设备及人工费上涨，导致工程直接成本上升；另一方面是由于技术措施的变化带来工程费用的增加。技术措施的变化包括施工组织、施工方法的变化，或新材料、新技术和新工艺应用的变化等。具体包括以下内容：

1）施工组织、施工方法的改变若使得施工计划安排不周，各工序间交接、配合和作业面上产生矛盾，工艺流程、技术方案及检测手段失当等，会导致工期拖延、质量下降和成本上升，原投标报价就存在着风险。

2）工程施工中新材料、新工艺和新管理方法的应用，可能缩短工期、提高质量和降低成本，但另一方面，由于其可靠性是不完全确定的，因此也存在着失败的可能性，反而会导致项目工期延长和成本上升。另外，如果一味地避免使用新材料、新工艺、新技术和新管理方法，也会导致在缩短工期、提高质量和降低成本方面的机会损失。这样，也会使投标报价存在着风险。

风险管理理论认为，大多数风险都具有两大特性，即风险的渐进性和风险的阶段性。风险的渐进性表明风险的爆发不是突然的，它是随着环境、条件变化和自身固有的规律一步一步逐渐发生和发展的。风险的阶段性是指风险的发展是分阶段的，一般有潜在风险阶段、风险发生阶段和造成后果阶段。

风险的渐进性提示人们在工程项目进行的过程中应该判断可能存在的风险及风险发展的程度，并掌握这些风险发展进程的主要规律和认识风险可能带来的结果。这样，可以通过主观能动性的发挥，在风险渐进的过程中根据风险发展的客观规律开展对风险的管理和控制，并进一步开展成本或造价的风险性管理。

风险的阶段性提示人们可以在风险的不同阶段采取不同的风险管理和控制措施。例如，在潜在风险阶段，应预先采取措施规避风险；在风险发生阶段，应采用风险转化与化解的办法对风险及其后果进行控制和管理；在造成后果阶段，应采取措施消减风险后果，降低由于风险的发生和发展所造成的损失。

在招标投标阶段，工程量计量风险和工程价格风险还处在潜在风险阶段，因此，这个阶段强调的是预先采取措施规避风险。在标价的编制过程中，编制人应增强风险意识，充分掌握市场信息，尽量规避风险（参见 13.3.2 工程项目风险管理）。只有将风险防患于未然，并合理配置企业内部各种要素，发挥其最大效能，企业才能抵抗各种风险。

思考与练习题

1. 简述建筑安装工程费用的组成。试就 GB 50500—2003《建设工程工程量清单计价规范》和 GB 50500—2008《建设工程工程量清单计价规范》进行对比，找出不同点并说明。
2. 什么是工料单价法计价？列表说明工料单价法的计价程序。
3. 什么是综合单价法计价？列表说明综合单价法的计价程序。
4. 分部分项工程费包括哪些费用？
5. 措施项目费的含义是什么？通常包括哪些内容？
6. 规费的含义是什么？通常包括哪些内容？
7. 安装工程中用系数计算的费用有哪些？具体计算方法是什么？
8. 工程量清单及工程量清单计价的含义是什么？
9. 简述分部分项工程量清单的编制方法。
10. 简述工程量清单计价的方法。

第5章 给水排水工程施工图概预算编制

5

5.1 给水排水工程系统概述

5.1.1 建筑给水排水系统的组成与施工图识读

1. 建筑给水排水系统的组成

（1）建筑内部给水系统的组成。室内给水方式按水平干管敷设位置和干管布置形式可分为直接给水、设水箱给水、设水泵给水、设水泵和水箱给水及分区分压给水等方式。无论哪种给水方式，其系统一般均由进户管、水表节点、给水管网、用水设备、给水附件、增压和储水设备等组成。

（2）建筑内部排水系统的组成。室内排水系统一般由卫生器具、横支管、立管、排出管、通气系统、清通设备、特殊设备（主要指污水提升设备和污水局部处理设备）等基本部分组成。

（3）采暖系统的组成。采暖系统主要由热源、输配管道、散热器、其他设备和附件组成。

2. 建筑给水排水工程施工图识读

在识读给水工程施工图时，应首先阅读施工说明，了解设计意图；然后由平面图对照系统图阅读，一般按供水流向，由底层至顶层逐层看图，弄清整个管路全貌后，再对管路中的设备、器具的数量及位置进行分析；最后要了解和熟悉给水设计和验收规范中部分用水设备的安装高度，以利于计算管道工程量。

室内排水工程施工图主要包括平面图、系统图及详图等，阅读时应将平面图和系统图结合起来，从用水设备起，沿排水方向进行顺序阅读。

对于采暖工程施工图，也应首先阅读施工说明，了解设计意图；在识读平面图时，应着重了解整个系统的平面布置情况，找到采暖管道的进出口位置，以及供水和回水干管的走向；在识读系统图时，应着重了解立管的根数及分布情况；最后，弄清系统中散热设备和其他附件的安装位置。

5.1.2 给水排水、采暖工程安装工艺

1. 给水工程安装工艺

（1）管道安装。

1）管材选用。

① 埋地管道。管材应具有耐腐蚀性和能承受相应地面荷载的能力。当管径大于 *DN*75 时，通常采用有内衬的给水铸铁管、球墨铸铁管、给水塑料管或复合管；当管径小于或等于 *DN*75 时，通常采用给水塑料管、复合管或经可靠处理的钢管、热镀锌钢管。

② 室内给水管道。管材应选耐腐蚀，安装连接方便的管材。明敷或嵌墙敷设一般采用塑料给水管、复合管、薄壁不锈钢管、经可靠防腐处理的钢管、热镀锌钢管。地面敷设管道宜采用 PP-R 管、PEX 管、PVC-C 管、铝塑复合管及耐腐蚀的金属管材。

③ 室外明敷管道。一般不宜采用铝塑复合管、塑料给水管。给水泵房内管道及输水干管宜采用法兰连接的衬塑钢管或涂塑钢管及配件。水池（箱）进水管、出水管、泄水管通常采用管内外壁及管口端涂塑钢管或塑料管，浸水部分的管道通常采用耐腐蚀金属管材或内外涂塑焊接钢管及管件。

室内给水工程常用管道名称、连接方式及套管尺寸，见表5-1。

表5-1 常用给水管道名称、连接方式及套管尺寸

管道名称	表示方法	连接方式	套管尺寸	
			穿楼板	穿墙
硬聚氯乙烯（PVC-U）管	管外径（*De*）	承插连接	大于管外径 50～100mm	与楼板同
氯化聚氯乙烯（PVC-C）管	管外径（*De*）	承插连接	大于管外径 50mm	与楼板同
聚丙烯（PP-R）管	管外径（*De*）	热熔连接		大于管外径 50mm
交联聚乙烯（PEX）管	管外径（*De*）	卡箍式（≤*De*25），卡套式（≥*De*32）	大于管外径 70mm	与楼板同
铝塑复合管	管外径（*De*）	卡套式连接		
钢塑复合管	管外径（*De*）	螺纹连接（≤*De*100） 法兰连接（>*De*100）	大于管外径 40mm	
普通钢管	公称直径（*DN*）	螺纹连接、法兰连接或焊接	大于管径 1～2号	

（续）

管道名称	表示方法	连接方式	套管尺寸	
			穿楼板	穿墙
薄壁不锈钢管	公称直径（*DN*）	卡压式、卡套式连接	可用塑料套管	大于管外径50～100mm
铜管	公称直径（*DN*）	软钎焊接、卡套连接、法兰连接	大于管外径50～100mm	与楼板同
铸铁管	公称直径（*DN*）	承插连接，胶圈接口		

2）管道敷设。应根据建筑或室内工艺设备的要求及管道材质的不同来确定管道的敷设方式。其中，室内暗敷给水管道有直埋式和非直埋式两种形式。

① 嵌墙敷设的塑料管、铝塑复合管管径通常不大于25mm，嵌墙敷设的铜管管径通常不大于20mm，嵌墙敷设的薄壁不锈钢管宜采用覆塑薄壁不锈钢管，管径通常不大于20mm。

② 明敷给水管道与墙、梁、柱的间距应满足施工、维护、检修的要求。例如，横干管与墙、地沟壁的净距不小于100mm，与梁、柱的净距不小于50mm。立管中心距柱表面不小于50mm，与墙面的净距，当管径小于*DN*32时，净距不小于25mm；当管径为*DN*32～*DN*50时，净距不小于35mm；当管径为*DN*75～*DN*100时，净距不小于50mm；当管径为*DN*125～*DN*150时，净距不小于60mm。

3）管道支架。管道的支架要根据管道的材质、重量等确定，或者是金属管卡、吊架，或者是塑料管卡、吊架等。管道支、吊架的间距也各不相同，分别见表5-2和表5-3。

表5-2 金属管道支、吊架的最大间距（单位：m）

管道名称 \ 公称直径/mm		15	20	25	32	40	50	65	70	80	100
普通钢管（水平安装）	保温管	2	2.5	2.5	2.5	3.0	3.0	—	4.0	4	4.5
	不保温管	2.5	3.0	3.5	4.0	4.5	5.0	—	6.0	6	6.5
薄壁不锈钢管	水平管	1.0	1.5	1.5	2.0	2.0	2.5	2.5	3.0	3.0	3.0
	立管	1.5	2.0	2.0	2.5	2.5	3.0	3.0	3.5	3.5	3.5
铜管	立管	1.8	2.4	2.4	3.0	3.0	3.0	3.5	—	3.5	3.5
	横管	1.2	1.8	1.8	2.4	2.4	2.4	3.0	—	3.0	3.0

表5-3 塑料管、复合管道支、吊架的最大间距（单位：m）

名称 \ 管外径/mm		20	25	32	40	50	63	75	90	110
PVC-U管	立管	1.0	1.1	1.2	1.4	1.6	1.8	2.1	2.4	2.6
	横管	0.6	0.65	0.7	0.9	1.0	1.2	1.3	1.45	1.6

（续）

名称 \ 管外径/mm		20	25	32	40	50	63	75	90	110
PVC-C 管	立管	1.0	1.1	1.2	1.4	1.6	1.8	2.1	2.4	2.7
	横管	0.8	0.8	0.85	1.0	1.2	1.4	1.5	1.6	1.7
PP-R 管	立管	1.2	2.4	1.5	1.7	1.8	2.0	2.0	2.1	2.5
	横管	0.8	1.8	0.95	1.1	1.25	1.4	1.5	1.6	1.9
铝塑复合管	立管	1.0	—	1.1	1.3	1.6	1.8	2.0	—	—
	横管	0.7	—	0.8	1.0	1.2	1.4	1.5	—	—

4）管道的防腐与保温。金属管材一般应采取适当的防腐措施。明装的镀锌钢管应涂装银粉两遍或调和漆两遍；埋地铸铁管宜在管外壁刷冷底子油一遍、石油沥青两遍；埋地钢管宜在外壁刷冷底子油一遍、石油沥青两遍外加保护层。钢塑复合管埋地敷设，其外壁防腐同普通钢管；薄壁不锈钢管埋地敷设，宜采用管沟形式或其外壁应有防腐措施（管外加防护套管或外缚防腐胶带）；薄壁铜管埋地敷设时应在管外加防护套管。

5）常用卫生器具给水配件的安装高度。在计算管道工程量时，给水支管的管道工程量除部分在施工图上有图示外，一般则取决于给水配件的安装高度，见表5-4。

表5-4 常用卫生器具给水配件安装高度

卫生器具给水配件名称		给水配件中心离地面高度/mm
洗涤盆、盥洗槽	冷或热水龙头，回转水龙头	1000
洗脸盆、洗手盆	冷或热水龙头，混合式水龙头	800~820
浴盆	混合式水龙头，带软管莲蓬头	500~700
	混合式水龙头，带固定莲蓬头	550~700
淋浴器	进水调节阀	1150
	莲蓬头下沿	2100
蹲式大便器	高水箱进水角阀或截止阀	2048
	低水箱进水角阀	600
	自闭式冲洗阀	800~850
坐式大便器	低水箱进水角阀，侧配水	500~750
	连体水箱进水角阀，下配水	60~100
	自闭式冲洗阀	775~785
墙挂式小便器	冲洗水箱进水角阀	2300
	光电式感应冲洗阀	950~1200
	自闭式冲洗阀	1150~1200
小便槽	冲洗水箱进水角阀或截止阀	≥2400
	多孔冲洗管	1100

（2）阀门安装。给水管道上使用的阀门应耐腐和耐压，阀门型号主要根据管道材质、管径大小、管道压力和使用温度等因素确定。一般的阀门产品型号由7个单元组成（有些单元可省略），如J11T—10、Z44W—10K等。对于预算编制人员，应熟练掌握其中3个单元的代号名称及含义：第一单元为阀门类别代号，表明阀门的类型，见表5-5；第三单元为阀门连接形式代号，见表5-6；第六单元为阀门公称压力代号。当明确了这3个单元的代号名称及含义后，就可确定该阀门的主材价格、套用定额的种类和适用于《全国统一安装工程预算定额》中的哪册。

例如：J11T—10，第一单元，“J”表示阀门类别为截止阀，可明确阀门的价格；第二单元省略；第三单元，“1”表示联接形式为内螺纹，为螺纹阀，套用螺纹阀定额子目；第四单元，“1”表示阀门的结构形式（与编制预算没有关系）；第五单元，“T”表示密封面或衬里材质（与编制预算没有关系）；第六单元，“10”表示公称压力为10×9800Pa，说明适用于《全国统一安装工程预算定额》第8册（否则应套用《全国统一安装工程预算定额》第6册）；第7单元常省略。

表5-5 阀门类型代号

阀门类型	闸阀	截止阀	节流阀	隔膜阀	球阀	旋阀	止回阀	蝶阀	疏水阀	安全阀	减压阀
代号	Z	J	L	G	Q	X	H	D	S	A	Y

表5-6 连接形式代号

连接形式	内螺纹	外螺纹	法兰	法兰	法兰	焊接
代号	1	2	3	4	5	6

注：1. 法兰连接代号3仅用于双弹簧安全阀。
2. 法兰连接代号5仅用于杠杆式安全阀。

（3）水表安装。小区建筑的引入管、住宅和公寓的进户管、各用户的进水管、需计量的设备进水管上均须装设水表。一般规定：用水管道公称直径不超过50mm时，应采用旋翼式水表；管道公称直径超过50mm时，应采用螺翼式水表；通过水表的流量变化幅度很大时应采用复式水表。

旋翼式水表和垂直螺翼式水表应水平安装，水平螺翼式和容积式水表可根据实际情况确定水平、倾斜或垂直安装。螺翼式水表的前端应有8~10倍水表公称直径的直管段，其他类型水表前后宜有不小于300mm的直管段。

引入管的水表前后和旁通管上均应设检修闸阀，水表与表后阀门之间应设泄水装置，当管网有反压时，水表后与阀门之间的管道上应设置止回阀。但住宅的分户水表前应设置阀门，表后不设阀门和泄水装置。

（4）水泵和水箱。离心式水泵的基本工作参数有流量、总扬程、功率。水泵型号一般用汉语拼音字头和数字组成。例如，BA表示单级单吸悬臂式离心泵，DA表示单吸多级分段式离心泵，SH表示双吸单级离心泵等。数字表示缩小10倍的水泵的比转数。例如，4DA—8 表示吸水口直径为 100mm（4×25mm）的单吸多级分段式离心泵，比转数为 80。

每台水泵宜用独立的吸水管，吸水管口应设置喇叭口，其直径一般为吸水管直径的 1.3～1.5 倍。每台水泵的出水管上应装设压力表、可曲挠橡胶接头、止回阀和阀门。

水箱通常用钢板或钢筋混凝土建造，其外形有圆形及矩形两种。圆形水箱结构上较为经济，矩形水箱则便于布置。水箱上设有进水管、出水管、溢流管、泄水管、透气管、水位信号装置、人孔等。

2. 排水工程安装工艺

（1）管道安装。

1）管材选用。生活排水管管材的选择应综合考虑建筑物的使用性质、建筑高度、抗震要求、防火要求等因素。常用的建筑物内排水管道有排水塑料管及管件、柔性接口排水铸铁管及相应管件。对环境温度有特殊要求或排水温度较高时，应使用金属排水管。硬聚氯乙烯管宜采用胶黏剂连接。排水立管应采用挤压成型的硬聚氯乙烯螺旋管，排水横管应采用挤出成型的建筑排水用硬聚氯乙烯管，连接管件及配件采用注塑成型的硬聚氯乙烯管件。柔性接口排水铸铁管直管及管件为灰铸铁。

2）管道安装。排水管道一般宜地下埋设或在地面上、楼板下明设，也可在管槽、管道井、管沟或吊顶内暗设。使用塑料排水管时，应合理设置伸缩节。

3）管道支架。塑料排水管道支、吊架间距应符合表 5-7 所示的规定。

表 5-7　塑料排水管道支、吊架最大间距　（单位：m）

管径/mm	40	50	75	90	110	125	160
立管	—	1.2	1.5	2.0	2.0	2.0	2.0
横管	0.40	0.50	0.75	0.90	1.10	1.25	1.60

金属排水管道上的吊钩或卡箍应固定在承重结构上，其间距一般为：横管不大于 2m，立管不大于 3m；层高不大于 4m 时，立管可安装 1 个固定件，立管底部弯管处应设支墩或承重支、吊架。

4）管沟土石方工程。室外管道安装涉及管沟土石方工程，在计算其工程量时，首先要明确土壤类别、挖土深度，其次对放坡系数和管沟宽度要有所考虑。

一般来说，挖沟、槽土方时，应根据施工组织设计规定放坡；如无规定时，可按表 5-8 的比例放坡。管沟底宽按表 5-9 规定计取。

表 5-8　土方放坡比例

土壤类别	放坡起点深/m	人工挖土	机械挖土	
			坑内作业	坑上作业
一、二类土	1.20	1∶0.5	1∶0.33	1∶0.75
三类土	1.50	1∶0.33	1∶0.25	1∶0.67
四类土	2.00	1∶0.25	1∶0.10	1∶0.33

表 5-9　管沟底宽取值

管径/mm	管沟底宽/mm		管径/mm	管沟底宽/mm	
	铸铁管、钢管、石棉水泥管	混凝土、钢筋混凝土、预应力混凝土管		铸铁管、钢管、石棉水泥管	混凝土、钢筋混凝土、预应力混凝土管
50～70	600	800	700～800	1600	1800
100～200	700	900	900～1000	1800	2000
250～350	800	1100	1100～1200	2000	2300
400～450	1000	1300	1300～1400	2200	2600
500～600	1300	1500			

沟槽土方回填应在管道验收后进行，基坑要在构筑物达到足够强度后再回填土方。回填土方的体积可按“基槽、坑回填土体积 = 挖土体积 -（垫层体积 + 基础体积 + 管道外形体积）”计算。但预算时，管径在 500mm 以内的，不扣除管道所占体积；管径在 500mm 以上的，应扣除管道所占体积，扣除数量速算表见表 5-10。

表 5-10　每延长米管道应减土方量　（单位：m^3）

管道种类＼管径/mm	减去数量					
	500～600	700～800	900～1000	1100～1200	1300～1400	1500～1600
钢管	0.24	0.44	0.71	—	—	—
铸铁管	0.24	0.49	0.77	—	—	—
钢筋混凝土管	0.33	0.60	0.92	1.15	1.35	1.55

（2）管道附件。排水管道附件主要包括检查口、清扫口和检查井。

检查口装设在排水立管及较长水平管段上，可作检查和双向清通之用。底层和设有卫生器具的二层以上的建筑物最高层必须设置检查口。铸铁排水立管上检查口之间的距离不宜大于 10m，立管上检查口的设置高度以从地面至检查口中心 1.0m 为宜。

清扫口装设在排水横管上，用作单向清通排水管道的维修口，通常设置在楼板或地坪上，与地面相平。设置原则：在连接 2 个及其以上的大便器或 3 个及其以上的卫生器具的铸铁排水横管上，宜设置清扫口；采用塑料排水管道时，在连接 4 个及其以上的大便器的污水横管上，宜设置清扫口；管径小于 100mm 的排水管道上设置清扫口，其尺寸与管道同径。排水铸铁管道上设置的清扫口一般采用铜制品，塑料排水管道上设置的清扫口一般与管道同质，也可采用铜制品。

检查井：当井深不大于 1.0m 时，检查井内径大于 0.45m 且小于 0.7m；当井深大于 1.0m 时，检查井内径不宜小于 0.7m。井深是指井底至盖板顶面的深度，方形检查井的内径指内边长。

(3) 排水处理设施。当室内生活用水不能靠重力排出时，或当排水的水质达不到城镇排水管道或接纳水体的排放标准时，应设置相应的排水处理设施进行处理，以达到相应的要求。其排水处理设施主要有污水泵和化粪池等。

1) 污水泵。建筑物内使用的污水泵有潜水排污泵、液下排水泵、立式污水泵和卧式污水泵等，其中由于潜水排污泵占用场地小，在建筑物内使用较多。公共建筑内应以每个生活排水集水池为单元设置两台泵，平时交替运行。当两台或两台以上的水泵共用一条出水管时，应在每台水泵出水管上装设阀门和止回阀。

2) 化粪池。化粪池距建筑物外墙不宜小于5m。矩形化粪池的长度一般不小于1.0m，宽度不小于0.75m，深度（水面至池底）不小于1.3m。圆形化粪池的直径一般不小于1.0m。化粪池进水口、出水口应设置连接井与进水管、出水管相接。顶板上应设有人孔和盖板。

3. 采暖工程安装工艺

(1) 管道安装。供暖管道的安装有明装和暗装两种。管道系统的立管应垂直地面安装，采暖主立管一般应进行保温，敷设在采暖房间内管路较长的供、回水干管，条件适宜时宜进行保温。采暖管道穿越建筑物基础墙时一般应设管沟，无条件设管沟时应设套管，并设置柔性连接。水平管道穿隔墙时应设套管，立管穿楼板时也应设套管，且套管上端应高出地面20mm。

对于不保温明装螺纹连接的管道，*DN*32 及其以下的管道，与墙距离为20～25mm；大于*DN*32 且小于*DN*80 的管道，与墙距离为25～35mm；*DN*100 及以上的管道，与墙距离大于50mm。

系统最高点或有空气集聚的部位应设相应的排气装置，即散热器上设手动放气阀，管道上设集气罐和自动排气阀。系统最低点或可能有水积存的部位应设泄水装置，通常采用旋塞阀。

(2) 散热器安装。散热器按其材质的不同可分为钢制散热器、铸铁散热器、铝制散热器、钢铝复合制及超导散热器等。散热器一般应明装，若暗装则需留有足够的空气流通通道，并方便维修。

供、回水干管一般采用异程式系统，条件适宜且经济时可采用同程式系统。各分支供回水干管一般设置有分路检修阀门及泄水装置，检修阀门通常采用低阻力阀（如闸阀、蝶阀），且分支回水干管上设置流量调节阀（如手动调节阀、平衡阀、自力式流量控制阀等）。立管上也设置有检修阀门和泄水装置，检修阀门宜采用低阻力阀。每组散热器进、出口也应设置低阻力阀。

散热器立管与干管连接处应根据立管端部位移量设置2～3个自然补偿弯头，弯头间应设置适当长度的直管段。

5.2 给水排水工程量计算规则与计价表套用

1. 工程量计算规则

（1）管道安装工程。

1）室内外管道安装界线的划分。

① 给水管道。室内外给水管道以建筑物外墙皮 1.5m 为界，入口处设阀门者以阀门为界；与市政管道的界线以水表井为界，无水表井者以市政管道碰头点为界。

② 排水管道。室内外管道以出户第一个排水检查井为界；与市政管道界线以室外管道和市政管道碰头点为界。

③ 采暖热源管道。室内外管道以入口阀门或建筑物外墙皮 1.5m 为界；与工业管道的界线以锅炉房或泵站外墙皮 1.5m 为界；工厂车间内采暖管道以采暖系统与工业管道碰头点为界；设在高层建筑内的加压泵间管道以泵间外墙皮为界。

2）管长。各种管道的管长均以设计图所示管道中心线长度以“m”为计量单位计算，不扣除阀门及管件、附件所占的长度。室外管道，特别是排水管道工程量不扣除检查井所占长度，即室外排水管道长度应按上一个井中心至下一个井中心长度计算。

3）不需计算的工程量。计价表中管道安装子目的工程量不需再计算的内容包括：接头零件安装；水压试验或灌水试验；室内（*DN*32 以下）钢管的管卡及托钩制作安装；钢管的弯管制作与安装（伸缩器除外），无论现场煨制或使用成品弯头均不作换算；铸铁排水管、雨水管及塑料排水管的管卡及吊托支架、臭气帽、雨水漏斗的制作安装；穿墙及过楼板铁皮套管的安装人工。

4）工程量计算时的注意事项。管道安装工程量计算时需注意以下几点：

① 室内外管沟土方及管道基础应执行相应的土建定额。

② 管道安装中不包括法兰、阀门及伸缩器的制作安装，按相应项目另行计算。

③ 室内外给水、雨水铸铁管包括接头零件所需的人工费，但接头零件的价格应另计。

④ *DN*32 以上的管道支架制作安装需另行计算。

⑤ 过楼板钢套管的制作安装，按室外钢管（焊接）项目，以“延长米”计算；防水套管按照套管的数量套用《全国统一安装工程预算定额》第 6 册《工业管道工程》的套管制作与安装子目。

（2）管道支架制作安装。管道支架制作安装的工程量计算规则是：室内钢管公称直径 *DN*32 以下的支架制作安装工程已包括在相应的定额内，不另计工程量；公称直径 *DN*32 以上的，按支架钢材图示几何尺寸以“kg”为单位计算，不扣除切肢开孔质量，不包括焊条和螺栓、螺母、垫片的质量。如使用标准图集，可按图集所列支架钢材明细表计算。

（3）管道附件制作安装。管道附件制作安装工程量计算规则如下。

1）阀门安装工程量，按阀门不同连接方式（螺纹、法兰）、公称直径，均以“个”为计量单位计算。未计价材料：阀门。

2）自动排气阀安装工程量，按不同公称直径，以“个”为计量单位计算。综合单价中已包括了支架制作安装，不得另行计算。未计价材料：排气阀。

3）减压器、疏水器组成安装工程量，按不同连接方式（螺纹、法兰）、公称直径，均以“组”为计量单位计算。其中，减压器安装按高压侧的直径计算。

4）法兰安装分铸铁螺纹法兰和钢制焊接法兰工程量，按图示以“副”为计量单位计算。

5）水表组成与安装分螺纹水表、焊接法兰水表工程量，以“组”为单位计算，定额中的旁通管及止回阀如与设计规定的形式不同时，阀门与止回阀可按设计规定调整，其余不变。

6）伸缩器制作安装按不同形式分法兰式套筒伸缩器安装（分螺纹联接和焊接）和方形伸缩器制作安装工程量，按图示数以“个”为单位计算。方形伸缩器的两臂按臂长的两倍合并在管道长度内计算。方形伸缩器制作安装中的主材费已包括在管道延长米中，不另行计算。

（4）卫生器具制作安装。卫生器具制作安装项目较多，应按材质、组装形式、型号、规格、开关等不同特征计算工程量。

1）浴盆安装。搪瓷浴盆、玻璃钢浴盆、塑料浴盆安装工程量，分冷水、冷热水、冷热水带喷头等几种形式，以“组”为单位计算。浴盆安装范围分界点：给水（冷、热）在水平管与支管交接处，排水管在存水弯处。浴盆未计价材料包括浴盆、冷热水嘴或冷热水嘴带喷头、排水配件。浴盆的支架及四周侧面砌砖、粘贴的瓷砖，应按土建定额计算。

2）洗脸盆、洗手盆安装。该项安装分为钢管组成式洗脸盆、钢管冷热水洗脸盆及立式冷热水、肘式开关、脚踏开关等洗脸盆安装工程量。安装范围分界点为给水水平管与支管交接处，排水管垂直方向计算到地面。

综合单价中已包括存水弯、角阀、截止阀、洗脸盆下水口、托架钢管等材料价格，如设计材料品种不同时，可以换算。定额未计价材料包括洗脸盆（或洗手盆）、水嘴。

3）洗涤盆和化验盆安装。洗涤盆和化验盆均以“组”为单位计算。安装范围分界点同洗脸盆。定额未计价材料有洗涤盆、水嘴或回转龙头、化验盆、水嘴或脚踏式开关。

4）淋浴器组成、安装。该项安装分钢管组成（分冷水、冷热水）及铜管制品（冷水、冷热水）安装子目。铜管制品定额适用于各种成品淋浴器的安装，分别以

“组”为单位套用定额。淋浴器安装范围划分点为支管与水平管交接处。淋浴器组成安装定额中已包括截止阀、接头零件、给水管的安装，不得重复列项计算。定额未计价材料为莲蓬喷头或铜管成品淋浴器。

5）大便器安装。大便器有蹲式和坐式两种。其中，蹲式大便器安装分瓷高水箱及不同冲洗方式，坐式大便器分低水箱坐便、连体水箱坐便共4种形式。工程量根据大便器形式、冲洗方式、接管种类不同，分别以“套”为单位计算。大便器角阀已包括在低水箱全部铜活内，如果铜活中未包括角阀，可另计。大便器盖已包括在定额基价内，不应另行计算。蹲式大便器的存水弯品种与设计要求不同时，可以调整。脚踏大便器均按设备配套组装，单独安装脚踏门可以套用阀门安装定额的相应项目。定额未计价材料：瓷蹲式大便器，瓷高水箱（低水箱），水箱配件。

6）小便器安装。该项安装分挂斗式（普通、自动冲洗）、立式（普通、自动冲洗）小便器安装。工程量根据小便器形式、冲洗方式，分别以“套”为单位计算。定额未计价材料：小便器、瓷高水箱、自动平便配件或自动立便配件。

7）大便槽及小便槽自动冲洗水箱安装。其定额按容量大小划分子目，定额基价中已包括便槽水箱托架、自动冲洗阀、冲洗管、进水嘴等，不应另行计算。如果水箱不是成品，应另行套用水箱制作子目。铁制水箱的制作可套用钢板水箱制作子目。

8）水龙头安装。按不同直径划分子目，编制预算时水龙头按施工图说明的材质计算主材费。工程量以“个”为单位计算，按不同直径套用计价表。

9）排水栓、地漏及地面扫除口安装。排水栓有带存水弯与不带存水弯两种形式，以“组”为单位计算。地漏及地面扫除口安装，均按公称直径划分子目，工程量按图示数量以“个”为单位计算。排水栓（带链堵）、地漏、地面扫除口均为未计价材料，应按定额含量另行计算。地漏材质和形式较多，有铸铁水封地漏、花板地漏（带存水弯）等，均套用同一种定额，但主材费应按设计型号分别计算。地漏安装定额子目中综合了每个地漏0.1m的焊接管，定额已综合考虑，实际有出入也不得调整。

10）小便槽冲洗管制作、安装。小便槽冲洗管制作、安装定额按公称直径划分子目，以延长米计算。定额基价内未包括冲洗阀门和镀铬球面菊花落水的安装，应另套用阀门安装和地漏安装相应子目。

11）开水炉、电热水器、电开水炉的安装。该项安装应区分不同的规格型号，以“台”为单位计算，并套用定额来计算安装工程量。开水炉安装定额内已按标准图计算了其中的附件，但不包括安全阀安装。开水炉本体保温、涂装和基础的砌筑，应另套用相应的定额项目。电热水器、电开水炉安装定额仅考虑本体的安装，其连接管、管件等安装定额内不包括，应另套用相应的安装子目。

（5）小型容器制作安装。小型容器制作安装包括钢板水箱制作、钢板水箱安装两大类。

钢板水箱制作：按施工图样所示尺寸，不扣除接管口和人孔，包括接口短管和法兰质，以“kg”为计量单位。水箱制作不包括除锈与油漆，必须另列项计算。一般的要求是水箱内涂装樟丹漆两遍，外部涂装樟丹漆1遍、调合漆两遍，按《全国统一安装工程预算定额》第11册执行。

钢板水箱安装：以“个”为计量单位，按水箱容量“m^3”套用相应子目。

各种水箱连接管，均未包括在定额基价内，应按室内管道安装的相应项目执行。各类水箱均未包括支架制作安装。支架如为型钢，则按“一般管道支架”项目执行，若为混凝土或砖支架，则按土建相应项目执行。

2. 计价表套用

给水排水、采暖工程施工图预算可套用“给排水、采暖、燃气工程计价表”，该计价表共划分7章，有的地区计价表增加了第8章“补充定额”的内容。套用计价表时，应注意以下规定。

（1）计价表的内容。该计价表包括给水排水、采暖、燃气工程，其内容各自相对独立。

（2）与有关定额册的关系。各类泵、风机等传动设备安装计价表参见《全国统一安装工程预算定额》第1册《机械设备安装工程》的有关章节。锅炉安装执行计价表参见《全国统一安装工程预算定额》第3册《热力设备安装工程》有关项目。压力表、温度计等按《全国统一安装工程预算定额》第10册《自动化控制仪表安装工程》有关章节执行。刷油、保温部分参见《全国统一安装工程预算定额》第11册《刷油、防腐蚀、绝热工程》有关项目。

工业管道、生产与生活共用管道、锅炉房和泵类配管以及高层建筑内加压泵间的管道套用《全国统一安装工程预算定额》第6册《工业管道工程》定额有关项目。铜管、不锈钢管套用第6册的相应项目。集气罐、分气筒制作安装可执行第6册第6章的相应项目。单独安装的除污器可套用《全国统一安装工程预算定额》第6册相同口径的阀门安装定额，如为成组安装时，可按其构成的部分套用第6册相应项目。

埋地管道的土石方及砌筑工程执行地区建筑工程定额，如水表井、检查井、阀门井、化粪池、水泥管等均执行建筑工程定额。

（3）关于计取有关费用的规定。

1）超高增加费。操作高度以3.6m为界，超过3.6m时，其超过部分（指由3.6m至操作高度）的定额人工费乘以超高增加费系数。

2）高层建筑增加费。高度在6层或层高20m以上的工业与民用建筑的给水排水、采暖、燃气工程，可计取高层建筑增加费，用于对人工和机械费用的补偿。

3）脚手架搭拆费。脚手架搭拆费按人工费的5%计算，其中人工工资占25%，材料占75%。本系数为定额综合考虑系数，不论实际搭设与否，均不作调整。

4）采暖工程系统调整费。按采暖工程人工费的15%计算，其中人工工资占20%。

5）安装与生产同时进行增加的费用。按人工费的10%计算，全部为人工降效费用。

6）在有害身体健康的环境中施工增加的费用。按人工费的10%计算，全部为人工降效费用。

7）设置于管道间、管廊内的管道、阀门、法兰、支架安装，人工费应乘以1.3。

5.3　工程量清单项目设置

给水排水、采暖、燃气工程工程量清单项目设置执行GB 50500—2008《建设工程工程量清单计价规范》附录C.8的规定，它包括给水排水、采暖管道，管道支架制作安装，燃气管道制作安装，管道附件，卫生器具制作安装，供暖器具，燃气器具，采暖工程系统调整7个部分。

（1）给排水、采暖管道安装。给水排水、采暖管道安装工程量清单项目设置，见表5-11。

表5-11　给水排水、采暖管道清单项目设置

项目编码	项目名称	项目特征	计量单位	工程内容
030801001	镀锌钢管	1. 安装部位（室内、室外）；2. 输送介质（给水、排水、热媒体、燃气、雨水）；3. 材质；4. 型号、规格；5. 连接方式；6. 套管形式、材质、规格；7. 接口材料；8. 除锈、刷油、防腐、绝热及保护层设计要求	m	1. 管道、管件及弯管的制作、安装；2. 管件安装（指铜管管件、不锈钢管管件）；3. 套管（包括防水套管）制作、安装；4. 管道除锈、刷油、防腐；5. 管道绝热及保护层安装、除锈、刷油；6. 给水管消毒、冲洗；7. 水压及泄漏试验
030801002	钢管			
030801003	承插铸铁管			
030801005	塑料管			
030801007	塑料复合管			
030801010	铜管			

注：选自GB 50500—2008附录C.8中的表C.8.1（节选部分，编码030801）。

管道支架制作安装工程清单项目设置，见表5-12。

表5-12　管道支架制作安装工程清单项目设置

项目编码	项目名称	项目特征	计量单位	工程内容
030802001	管道支架制作安装	1. 形式；2. 除锈、刷油设计要求	kg	1. 制作、安装 2. 除锈、刷油

注：选自GB 50500—2008附录C.8中的表C.8.2，编码030802。

管沟土石方工程量清单项目设置可参见表5-13。

表 5-13　管沟土石方工程量清单项目设置

项目编码	项目名称	项目特征	计量单位	工程内容
010101006	管沟土方	土壤类别、管外径、挖沟平均深度、弃土运距、回填要求	m	排地表水、土方开挖、挡土板支拆、运输、回填
010102003	管沟石方	岩石类别、管外径、开挖深度、弃渣运距、基底摊座要求、爆破石块直径要求	m	石方开凿、爆破，处理渗水、积水，解小，摊座，清理、运输、回填，安全防护、警卫

注：选自 GB 50500—2008 附录 A.1 土(石)方工程中的表 A.1.1 和表 A.1.2。

1）在编制工程量清单时，一定要明确描述管道的项目特征和所要求的工程内容。项目特征决定了所要套用的计价表的编号，工程内容决定了所要套用子目的多少。

2）室外给水排水管沟土石方清单工程量按设计图示以管道中心线长度计算，单位为 m，但管沟土石方计算应根据管沟截面形状所确定的实际开挖量进行，单位是 m^3。因此，在确定管沟土石方综合单价时，应将清单工程量分摊计算综合单价。

【例 5-1】　某卫生间埋地排水管道 DN100mm 安装工程量为 30m，管材为铸铁排水管，石棉水泥接口。土壤类别为二类土，人工挖土，管沟平均深 1.5m。试计算该项目土方工程的清单项目综合单价。

【解】　① 由表 5-8，管沟放坡比例取 1∶0.5；由表 5-9，管沟下底宽取 700mm。

管沟上口宽　　$B = 700\text{mm} + 2 \times 0.5 \times 1500\text{mm} = 2.2\text{m}$

管沟体积　　$V = [(2.2 + 0.7) \times 1.5 \div 2 \times 30]\text{m}^3 = 65.25\text{m}^3$

② 计算该项目土方工程的清单项目综合单价。

该项目土方开挖工程内容：土方开挖，土方回填。

管理费按人工费和机械费之和的 25% 计，利润按人工费和机械费之和的 12% 计。

该项目综合单价　　766.56 元 ÷ 30m = 25.55 元/m

其他具体数据见表 5-14。

表 5-14　分部分项工程量清单综合单价计算表

工程名称：　　　　　　　　　　　　计量单位：m

项目编码：010101006　　　　　　　工程数量：30

项目名称：管沟土方开挖　　　　　　综合单价：25.55 元

序号	定额编号	工程内容	单位	数量	总合单价组成					小　计
					人工费	材料费	机械费	管理费	利润	
1	1-19	人工挖地槽，二类土上，深度 1.5m 内	m^3	65.25	407.16			101.79	48.94	557.89
2	1-102	土方回填	m^3	65.25	150.60			39.15	18.92	208.67
3		合计								766.56

（2）管道支架制作安装。管道支架制作安装工程清单项目设置，可参见表 5-15。管道支架安装可组合的其他项目很少，清单项目基本上为本体安装项目，工程量计算规则同计价表工程量计算规则，综合单价与计价表单价基本相同。

表 5-15　管道支架制作安装工程清单项目设置

项目编码	项目名称	项目特征	计量单位	工程内容
030803001	螺纹阀门	1. 类型；2. 材质；3. 型号、规格	个	安装
030803002	螺纹法兰阀门			
030803006	安全阀			
030803008	疏水器	1. 材质　2. 型号、规格　3. 连接方式	组	
030803009	法兰		副	
030803010	水表		组	

注：选自 GB 50500—2008 附录 C. 8 中的表 C. 8. 3（节选部分，编码 030803）。

（3）卫生器具制作安装。卫生器具制作安装工程清单项目设置（部分项目）见表 5-16。各种卫生器具制作安装工程量按设计图示数量计算，由于其计量单位是自然计量单位，因此工程量的计算较简单。需注意的是卫生器具“组”内所包括的阀门、水龙头、冲洗管等不能再另列清单项目。

表 5-16　卫生器具制作安装工程清单项目设置

项目编码	项目名称	项目特征	计量单位	工程内容
030804001	浴盆	1. 材质；2. 组装形式；3. 型号；4. 开关	组	器具、附件安装
030804003	洗脸盆			
030804007	淋浴器	1. 材质；2. 组装方式；3. 型号、规格	套	
030804012	大便器			
030804014	水箱制作安装	1. 材质；2. 类型；3. 型号、规格		1. 制作；2. 安装；3. 支架制作、安装及除锈、刷油；4. 除锈、刷油

注：选自 GB 50500—2008 附录 C. 8 中的表 C. 8. 3（节选部分，编码 030804）。

5.4　给水排水工程施工图预算编制实例

本工程为某市物流中心办公综合楼。建筑层数 5 层，屋顶平面标高为 18. 60m，局部标高为 20. 90m。该综合楼给水排水工程设计内容包括给水系统，排水系统，热水系统，消火栓系统，自动喷淋系统。其中，消火栓系统和自动喷淋系统的预算编制将在第 6 章消防工程施工图概预算中讲解，本章着重讲述给水系统、排水系统和热水系统的施工图预算编制程序和编制方法（该实例执行 GB 50500—2008《建设工程工程量清单计价规范》规定）。

1. 设计与施工说明

1）本工程室内生活给水由厂区室外给水管网直接供水，用水高峰时厂区室外给水管网供水水压为0.3MPa，排水采用雨、污分流制。

2）生活给水管采用聚丙烯（PP-R）冷水管，热熔连接；热水管采用塑钢管。

3）室内生活污水排水管采用聚氯乙烯（UPVC）芯层发泡塑料管，采用胶黏接。

4）雨水管采用聚氯乙烯（UPVC）塑料管，采用胶黏接。

5）室外排水管采用高密度聚乙烯（HDPE）双壁波纹管，橡胶圈承插连接。

6）生活给水管道上的阀门：管径小于或等于 *DN*50 的采用铜芯截止阀，管径大于 *DN*50 的采用 Z45T—10 型闸阀。

7）管道穿地下混凝土墙处需预埋套管，套管管径比管道管径大1或2号。

8）管道支架除锈后涂装红丹两遍，银粉漆两遍。埋地钢管涂装热沥青两遍防腐。

9）楼梯间及室外明露的给水管、消防管需保温，保温层采用50mm厚的硬聚氨酯泡沫塑料管瓦。

10）管道安装完毕后须进行水压试验，生活给水管试验压力为1.0MPa。排水管、雨水管安装完毕后应做闭水试验。

2. 给水排水工程施工图

如图5-1～图5-14所示，其中图5-9至图5-14见书后插页。

3. 施工图预算编制

（1）给水排水安装工程施工图预算书封面。

工程概预算书封面样式

××市物流中心办公综合楼给水排水工程 建设单位：　　　　　　　　（单位签字盖章） 法定代表人：　　　　　　　（单位签字盖章） 中介机构法定代表人：　　　（签字盖章） 造价工程师及注册证号：　　（签字盖职业专用章） 编制时间：

（2）预算编制说明。

1）编制依据。给排水工程施工图及有关标准图集，《全国统一安装工程预算定额》某省安装工程计价表第8册与第11分册。

2）本工程按施工企业包工包料承包方式取费。

3）本工程预算只计算给水排水单位工程造价，未包括室外工程和其他工程费用。

4）排水检查井、化粪池、水表井等未计入，可参见土建定额。

5）主材价为2007年某市材料预算价格，竣工决算时按规定计算价差。

（3）安装工程预算表（工料单价法计价）。

见表5-17、表5-18、表5-19。

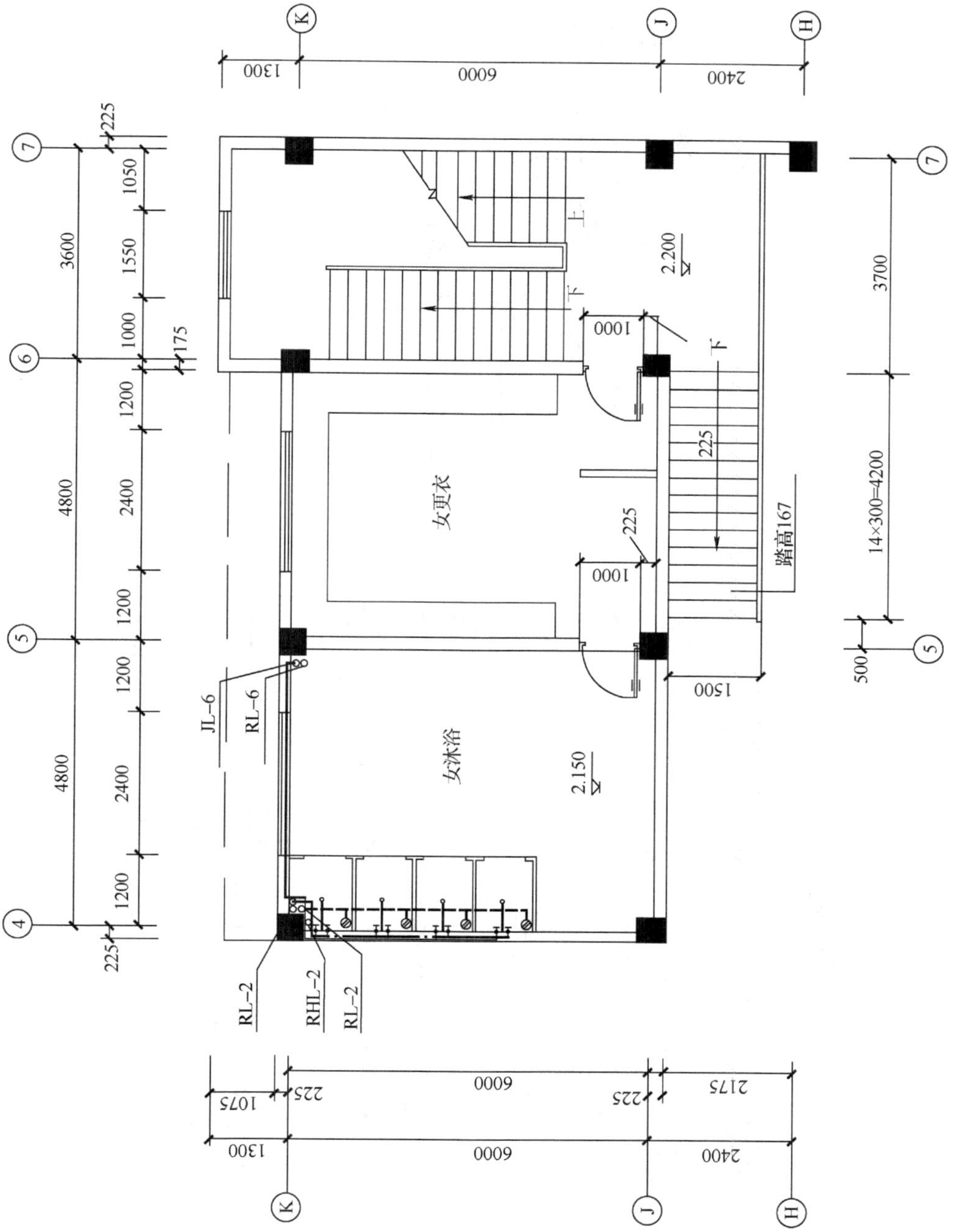

图 5-1　夹层给水排水平面图

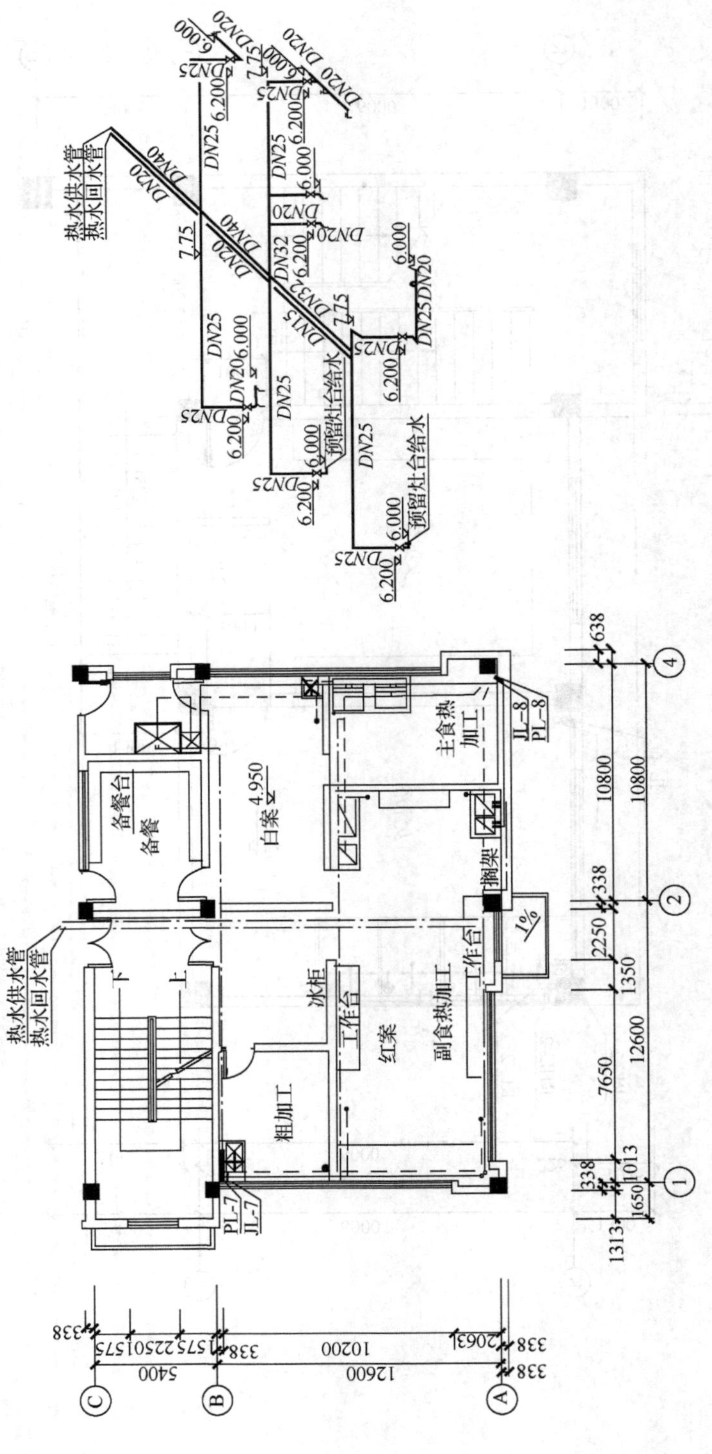

图 5-2 厨房布置平面图、厨房热水系统图

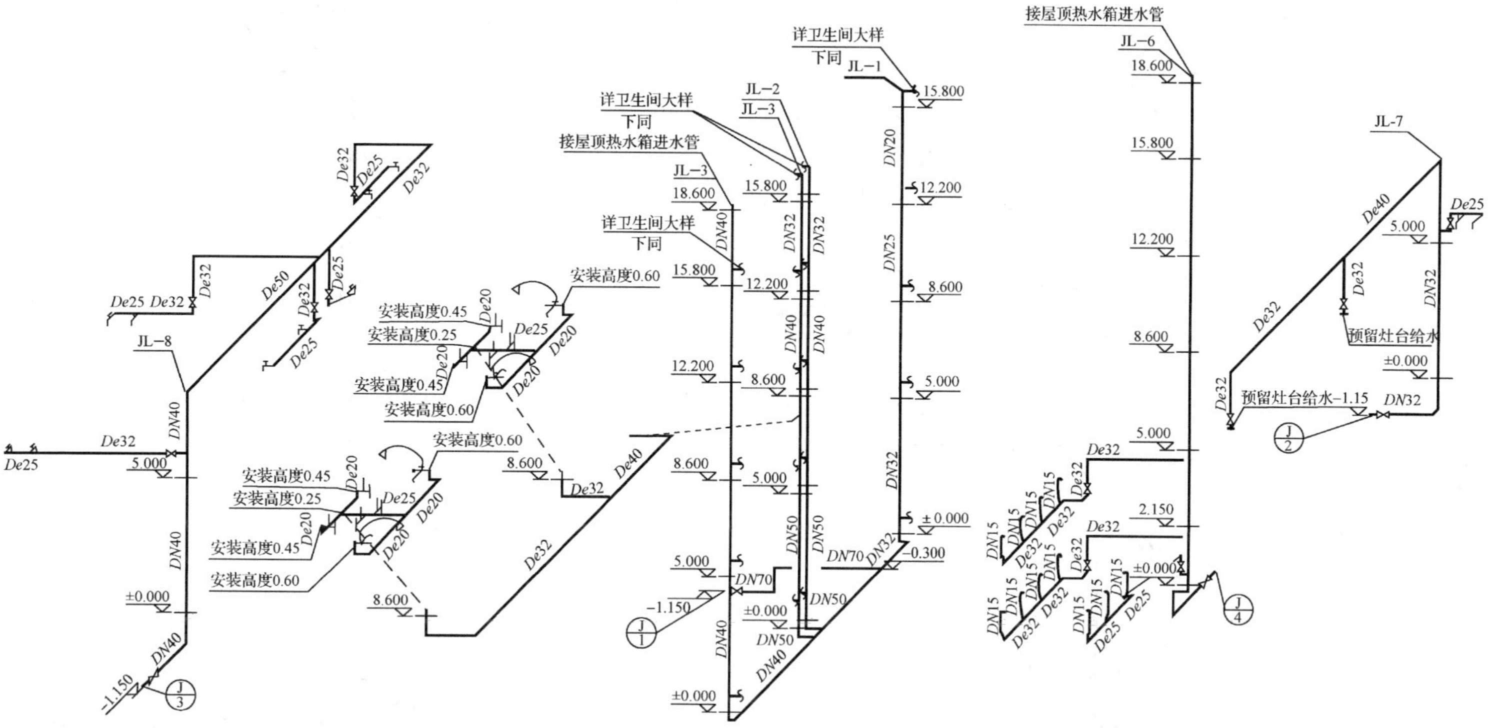
JL−8
JL−3
JL−2
JL−1
JL−6
JL-7
详卫生间大样
下同
接屋顶热水箱进水管
安装高度0.60
安装高度0.45
安装高度0.25
预留灶台给水
预留灶台给水-1.15

图 5-3　给水系统图

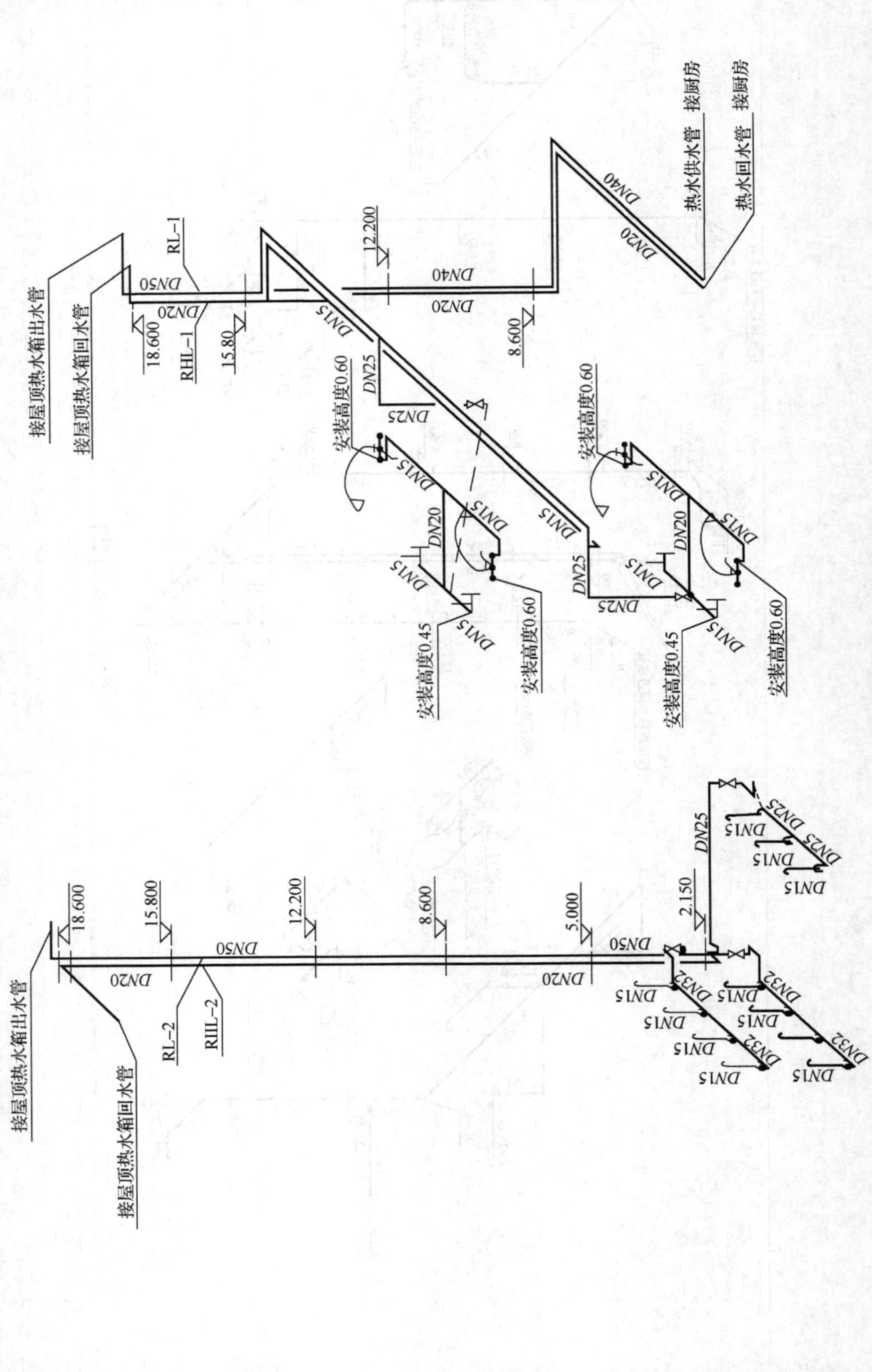

接屋顶热水箱出水管
接屋顶热水箱回水管
RL-1
RHL-1
RL-2
RHL-2
18.600
15.800
12.200
8.600
5.000
2.150
DN50
DN20
DN40
DN25
DN15
DN32
热水供水管 接厨房
热水回水管 接厨房
安装高度0.60
安装高度0.45

图 5-4 热水系统图

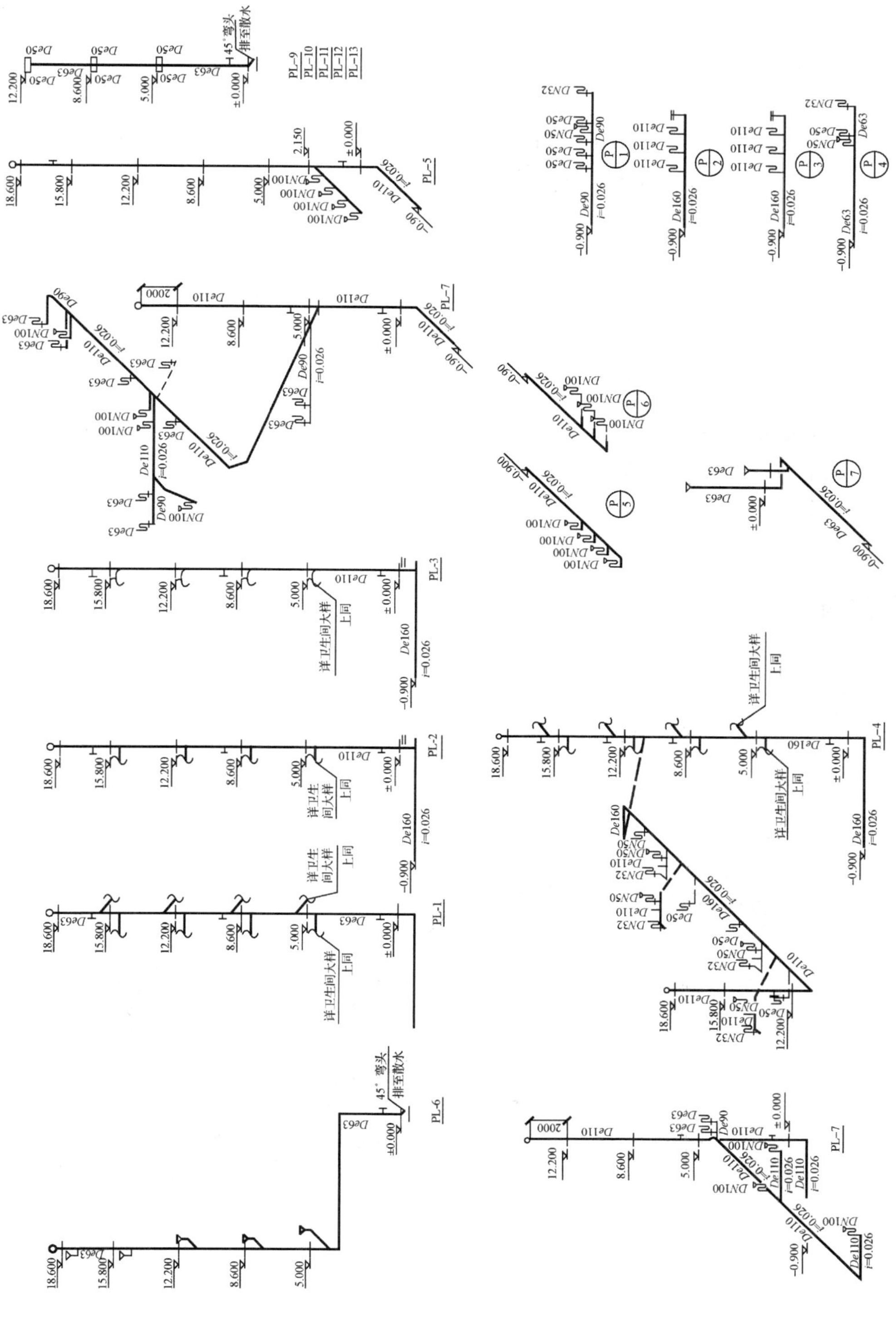
PL-9
PL-10
PL-11
PL-12
PL-13
PL-5
PL-7
PL-3
PL-2
PL-1
PL-6
PL-4
45°弯头
排至散水
详卫生间大样
上同
i=0.026

图 5-5　排水系统图

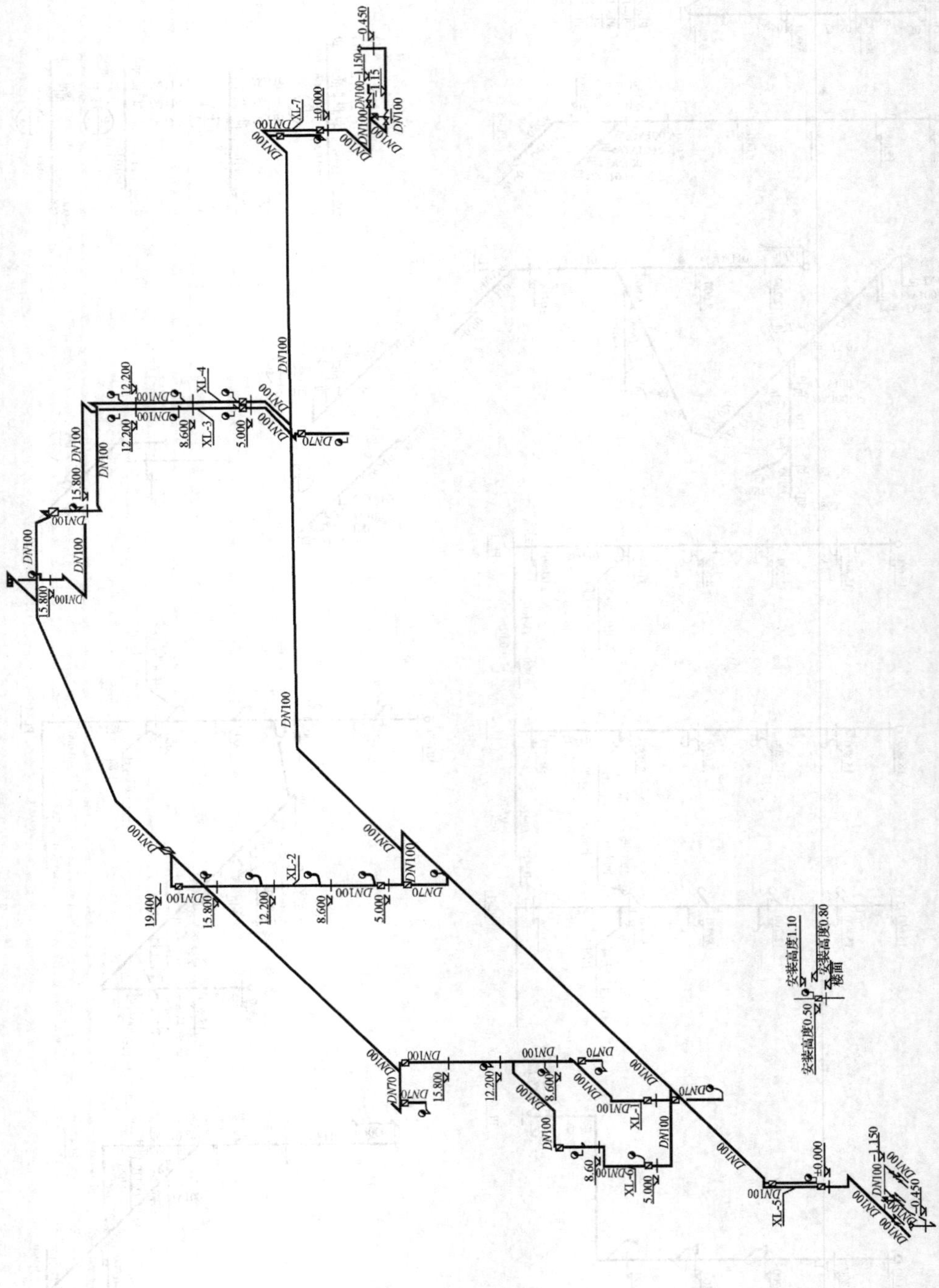
XL-1
XL-2
XL-3
XL-4
XL-5
XL-6
XL-7
DN100
DN70
19.400
15.800
12.200
8.600
5.000
±0.000
-1.150
-0.450
安装高度1.10
安装高度0.80
安装高度0.50
楼面

图 5-6 消火栓系统图

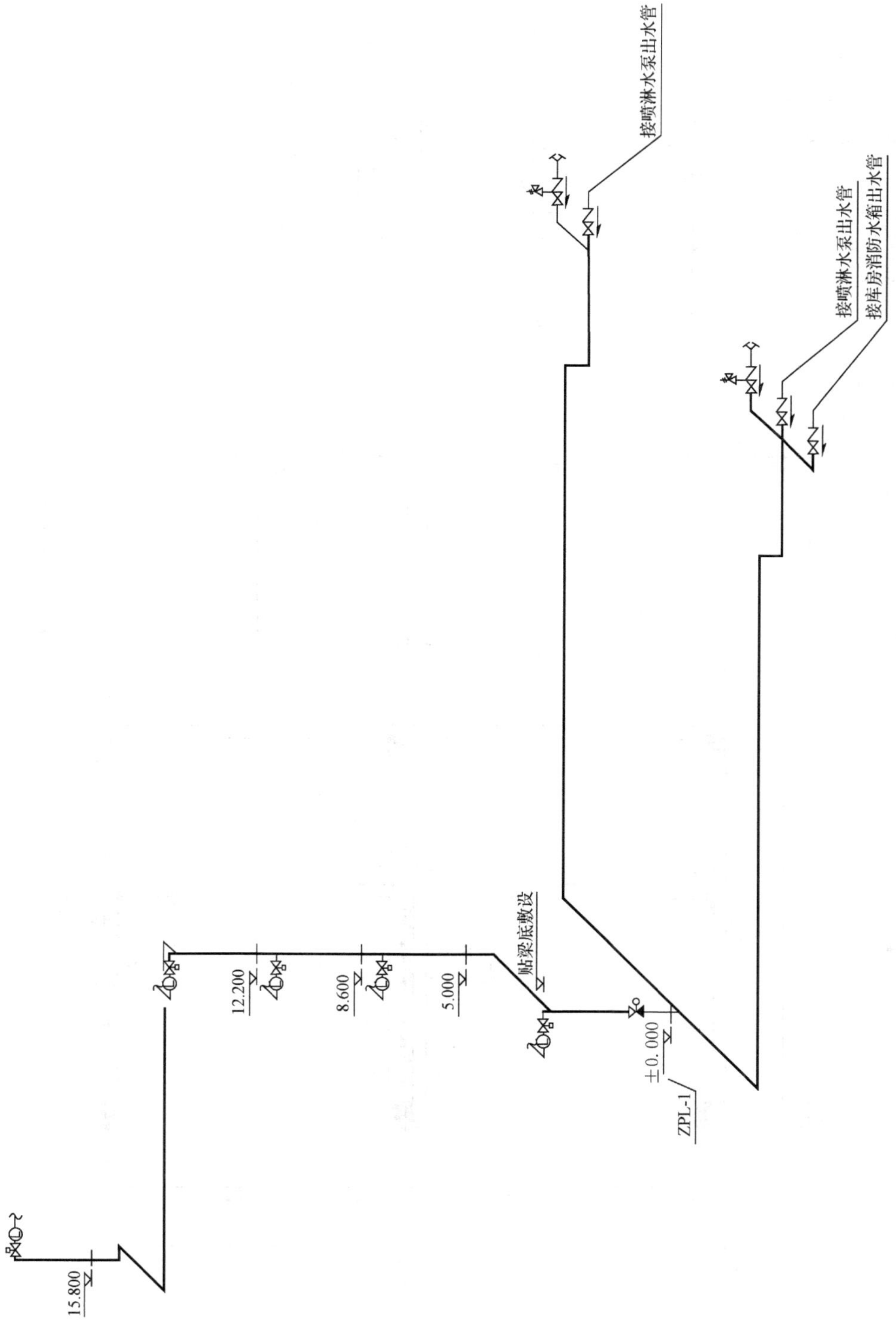
接喷淋水泵出水管
接喷淋水泵出水管
接库房消防水箱出水管
贴梁底敷设
15.800
12.200
8.600
5.000
±0.000
ZPL-1

图 5-7　喷淋系统图

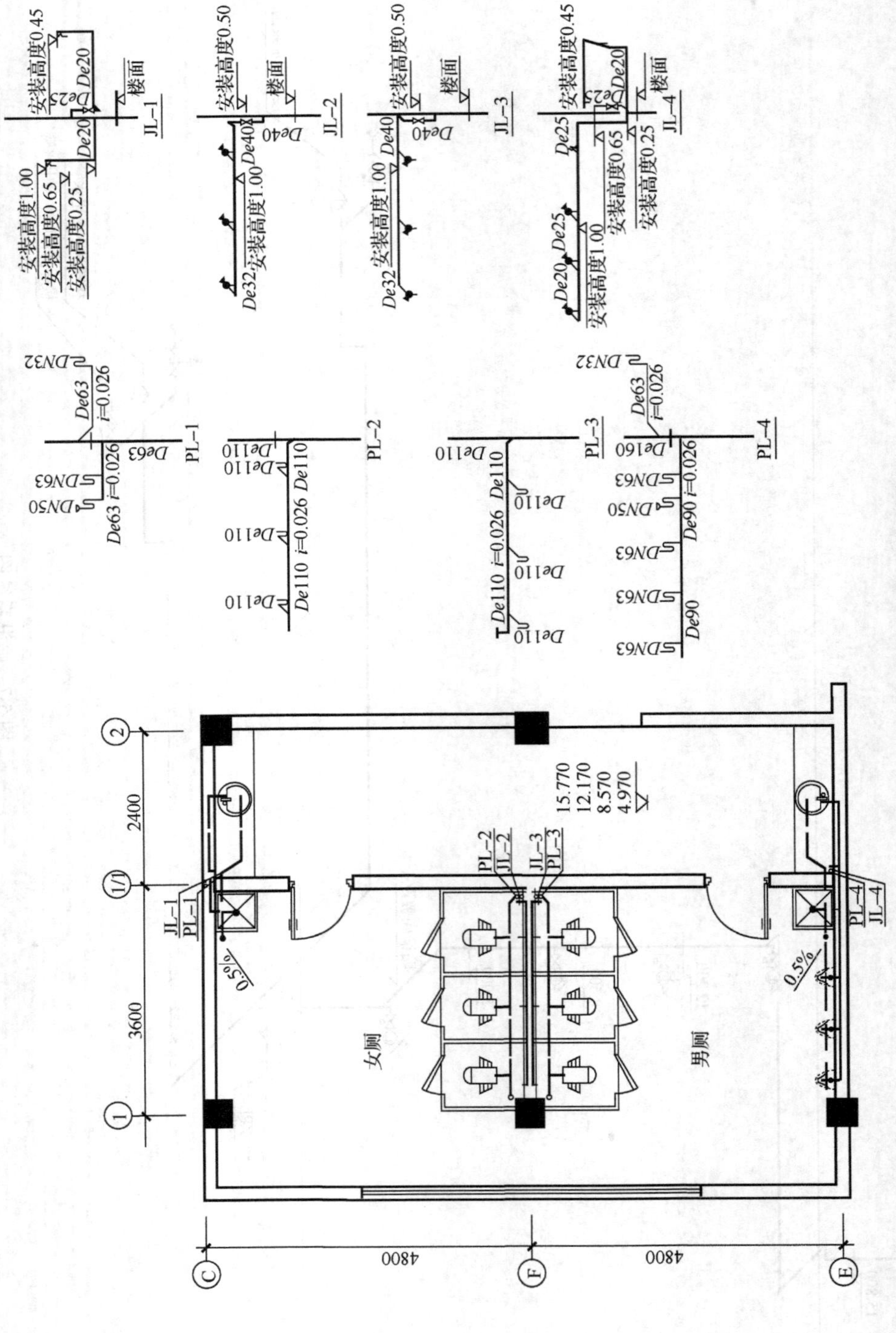

图 5-8 卫生间详图及给水排水系统图

表5-17　工程预算表

工程名称:物流中心办公综合楼给水排水工程

序号	定额号	项目名称	单位	工程量	定额单价	其中			合价	其中			主材费	
						人工费	材料费	机械费		人工费	材料费	机械费	单价	合价
1	8-23	穿楼板套管 *DN*32	10m	0. 176	23. 72	18. 46	3. 26	2. 00	4. 17	3. 25	0. 57	0. 35	10. 15 ×10. 17	18. 17
2	8-24	穿楼板套管 *DN*40	10m	0. 016	24. 81	19. 24	3. 57	2. 00	0. 40	0. 31	0. 057	0. 03	10. 15 ×12. 48	2. 027
3	8-25	穿楼板套管 *DN*50	10m	0. 064	31. 57	22. 36	7. 21	2. 00	2. 02	1. 43	0. 46	0. 13	10. 15 ×15. 86	10. 30
4	8-26	穿楼板套管 *DN*65	10m	0. 336	57. 73	24. 96	10. 86	21. 91	19. 40	8. 39	3. 65	7. 36	10. 15 ×21. 58	73. 60
5	8-27	穿楼板套管 *DN*80	10m	0. 224	61. 79	29. 12	10. 76	21. 91	13. 84	6. 52	2. 41	4. 91	10. 15 ×30. 88	70. 21
6	8-补10	聚丙烯管 *De*15	10m	0. 300	40. 39	29. 90	9. 90	0. 59	12. 12	8. 97	2. 97	0. 18	10. 20 ×5. 55	16. 98
7	8-补11	聚丙烯管 *De*20	10m	7. 685	40. 44	29. 90	9. 95	0. 59	310. 78	229. 78	76. 47	4. 53	10. 20 ×7. 94	622. 39
8	8-补12	聚丙烯管 *De*25	10m	6. 465	43. 82	34. 06	9. 17	0. 59	283. 30	220. 20	59. 28	3. 81	10. 20 ×11. 22	739. 88
9	8-补13	聚丙烯管 *De*32	10m	13. 175	44. 02	34. 06	8. 94	1. 02	579. 96	448. 74	117. 78	13. 44	10. 20 ×26. 00	3494. 0
10	8-补14	聚丙烯管 *De*40	10m	11. 71	50. 45	40. 3	9. 13	1. 02	590. 77	471. 91	106. 91	11. 94	10. 20 ×40. 22	4803. 9
11	8-补15	聚丙烯管 *De*50	10m	2. 02	51. 53	40. 3	9. 62	1. 61	104. 09	81. 40	19. 43	3. 25	10. 20 ×45. 72	942. 01
12	8-补16	聚丙烯管 *De*70	10m	1. 015	55. 74	32. 76	17. 78	5. 20	56. 58	33. 25	18. 05	5. 28	10. 20 ×60. 88	630. 29
13	8-补17	塑钢管 *De*15	10m	3. 53	17. 22	12. 74	4. 48		60. 79	44. 97	15. 81		10. 20 ×22. 00	792. 13
14	8-补18	塑钢管 *De*20	10m	12. 45	17. 22	12. 74	4. 48		214. 39	158. 61	55. 78		10. 20 ×26. 00	3301. 74
15	8-补19	塑钢管 *De*25	10m	8. 91	19. 23	14. 04	5. 19		171. 34	125. 10	46. 24		10. 20 ×32. 00	2908. 22
16	8-补20	塑钢管 *De*32	10m	2. 205	19. 35	14. 04	5. 31		42. 67	30. 96	11. 71		10. 20 ×39. 00	877. 15
17	8-补21	塑钢管 *De*40	10m	4. 35	19. 78	17. 68	2. 10		86. 04	76. 91	9. 13		10. 20 ×42. 00	1863. 54
18	8-补22	塑钢管 *De*50	10m	5. 115	19. 78	17. 68	2. 10		101. 18	90. 43	10. 74		10. 20 ×56. 00	2921. 69
19	8-155	UPVC 塑料排水管 *De*32	10m	0. 8	57. 02	39. 78	16. 82	0. 42	45. 62	31. 82	13. 46	0. 34	9. 67 ×13. 00	100. 57
		塑料排水管件 *De*32	10m	0. 8									9. 02 ×5. 00	36. 08

（续）

序号	定额号	项目名称	单位	工程量	定额单价	其中			合价	其中			主材费	
						人工费	材料费	机械费		人工费	材料费	机械费	单价	合价
20	8-156	UPVC 塑料排水管 *De*50	10m	3. 70	57. 02	39. 78	16. 82	0. 42	210. 97	147. 19	62. 23	1. 55	9. 67 × 15. 36	549. 56
		塑料排水管件 *De*50	10m	3. 70									9. 02 × 5. 50	183. 56
21	8-156	UPVC 塑料排水管 *De*63	10m	18. 48	77. 57	54. 08	23. 07	0. 42	1433. 49	999. 40	426. 33	7. 76	9. 63 × 28. 55	5080. 83
		塑料排水管件 *De*63	10m	18. 48									10. 76 × 9. 50	1889. 03
22	8-157	UPVC 塑料排水管 *De*90	10m	2. 34	97. 91	60. 32	37. 17	0. 42	229. 11	141. 15	86. 98	0. 98	8. 52 × 33. 02	658. 31
		塑料排水管件 *De*90	10m	2. 34									11. 38 × 12. 50	332. 87
23	8-157	UPVC 塑料排水管 *De*100	10m	1. 64	97. 91	60. 32	37. 17	0. 42	160. 57	98. 92	60. 96	0. 69	8. 52 × 33. 02	503. 02
		塑料排水管件 *De*100	10m	1. 64									11. 38 × 15. 00	279. 95
24	8-158	UPVC 塑料排水管 *De*110	10m	25. 48	119. 43	85. 02	33. 99	0. 42	3043. 08	2166. 31	866. 06	10. 70	9. 47 × 37. 00	8927. 94
		塑料排水管件 *De*110	10m	25. 48									6. 98 × 19. 00	3379. 16
25	8-158	UPVC 塑料排水管 *De*160	10m	6. 325	119. 43	85. 02	33. 99	0. 42	755. 39	537. 75	214. 99	2. 66	9. 47 × 41. 00	2455. 81
		塑料排水管件 *De*160	10m	6. 325									6. 98 × 46. 00	2030. 83
26	8-231	管道冲洗 *De*100 以内	100m	7. 90	40. 35	17. 68	22. 67		318. 76	139. 67	179. 09			7. 90
27	8-242	截止阀 *DN*20	个	2	5. 65	2. 60	3. 05		11. 30	5. 20	6. 10		1. 01 × 13. 00	26. 26
28	8-243	截止阀 *DN*25	个	32	7. 44	3. 12	4. 32		238. 08	99. 84	138. 24		1. 01 × 18. 00	581. 76
29	8-244	截止阀 *DN*32	个	10	9. 79	3. 90	5. 89		97. 90	39. 0	58. 90		1. 01 × 28. 00	282. 8
30	8-245	截止阀 *DN*40	个	1	15. 25	6. 50	8. 75		15. 25	6. 50	8. 75		1. 01 × 32. 00	32. 32
31	8-260	闸阀 Z45T—10*DN*80	个	1	140. 7	17. 16	99. 19	24. 35	140. 7	17. 16	99. 19	24. 35	1. 00 × 140. 93	140. 93
32	8-379	浴盆	10 组	0. 4	407. 25	232. 96	174. 29		162. 9	93. 18	69. 72		10 × 600	2400
33	8-384	洗脸盆	10 组	0. 4	842. 38	169. 26	673. 12		336. 95	67. 70	269. 25		10 × 400	1600

（续）

序号	定额号	项目名称	单位	工程量	定额单价	其中			合价	其中			主材费	
						人工费	材料费	机械费		人工费	材料费	机械费	单价	合价
34	8-390	洗手盆	10组	1.0	207.91	67.60	140.31		207.91	67.60	140.31		10.1×220	2222
35	8-395	洗涤池	10组	2.1	605.07	154.54	450.53		1270.65	324.53	946.11		10.1×220	4242
36	8-404	淋浴器（钢管冷热水）	10组	1.1	520.9	145.60	375.30		572.99	160.16	412.83		10×150	1650
37	8-411	蹲式大便器	10组	3.0	469.9	149.76	320.14		1409.7	449.28	960.42		10.1×300	9090
38	8-414	坐便器	10组	0.4	494.22	208.78	285.44		197.69	83.51	114.18		10.1×500	2020
39	8-419	小便器	10组	1.5	1132.3	127.92	1004.35	2.00	1698.4	191.88	1506.5		10.1×160.00	2424
40	8-447	地漏 *DN*50	10个	1.7	60.01	41.6	18.41		102.02	70.72	31.30		10×30.00	510
41	8-449	地漏 *DN*100	10个	1.2	135.93	96.98	38.95		163.12	116.38	46.74		10×60.00	720
42	8-454	清扫口 *De*110	10个	1.0	32.74	31.2	1.54		32.74	31.20	1.54		10×50.00	500
43	8-561	热水箱	只	2	188.98	143.5	1.83	43.63	377.96	287.04	3.66	87.26	1个×12000	24000
44	6-2946	刚性防水套管制作 *DN*80	个	9	66.12	17.55	31.16	17.41	595.08	157.95	280.44	156.69	4.02kg×4.50	162.81
45	6-2947	刚性防水套管制作 *DN*100	个	1	86.5	23.17	37.15	26.18	86.5	23.17	37.15	26.18	5.14kg×4.50	23.13
46	6-2948	刚性防水套管制作 *DN*125	个	1	98.75	27.85	42.31	28.59	98.75	27.85	42.31	28.59	8.35kg×4.50	37.575
47	6-2949	刚性防水套管制作 *DN*150	个	7	108.1	29.72	48.28	30.10	756.7	208.04	337.96	210.70	9.46kg×4.50	297.99
48	6-2950	刚性防水套管制作 *DN*200	个	3	137.39	36.74	66.34	34.31	412.17	110.22	199.02	102.93	13.78kg×4.50	186.03
49	6-2963	刚性防水套管制作 *DN*150 以内	个	18	73.72	17.08	56.64		1326.9	307.44	1019.5			
50	6-2964	刚性防水套管制作 *DN*200 以内	个	3	91.39	23.63	67.76		274.17	70.89	203.28			
51	11-1892	管道保温	m^3	1.48	412.45	93.83	311.70	6.92	610.43	138.87	461.32	10.24	$1.03m^3 \times 900$	1371.96
		合计							20172.09	9458.67	9862.32	726.83		105025.30

表 5-18 措施项目费用计算表 （单位：元）

项目名称		定额合价	人工费	材料费	机械费
		20172.09	9458.67	9862.32	726.83
其中	《全国统一安装工程预算定额》第 8 册	15887.09	8414.22	7281.30	191.50
	脚手架搭拆费（5%，25%）	420.71	105.18	315.53	0
	《全国统一安装工程预算定额》第 6 册	3674.57	905.58	2119.68	525.09
	脚手架搭拆费（7%，25%）	63.39	15.85	47.54	0
	《全国统一安装工程预算定额》第 11 册	610.43	138.87	461.32	10.24
	脚手架搭拆费（20%，25%）	27.77	6.94	20.83	0
其中	措施项目费合计	1157.38	127.97		
	脚手架搭拆费合计	511.87	127.97	383.90	
	环境保护费（2%）	20172.09 × 2% = 403.44			
	临时设施费（0.6%）	20172.09 × 0.6% = 121.03			
	安全文明施工费（0.6%）	20172.09 × 0.6% = 121.03			

表 5-19 工程造价计算表 （单位：元）

序号	费用名称	计算式	合计
1	直接工程费	按预算表	20172.09
2	直接工程费中的人工费	按预算表	9458.67
3	主材费	Σ主材消耗量 × 主材单价	105025.30
4	措施项目费	按规定标准计算	1157.38
5	措施项目费中的人工费	按规定标准计算	127.97
6	直接费小计	1 + 3 + 4	126354.77
7	人工费合计	2 + 5	9586.64
8	间接费	7 × 间接费率	管理费：9586.64 × 47% = 4505.72 规费：工程定额测定法 = 126354.77 × 1 × 10^{-3} = 126.35 劳动保险费 = 126354.77 × 1.3% = 1642.61
9	利润	7 × 利润率	9586.64 × 14% = 1342.13
10	合计	6 + 8 + 9	133971.58
11	含税造价	10 ×（1 + 相应税率）	133971.58 ×（1 + 3.44%）= 138580.20

4. 工程量计算表（表5-20）

表5-20 工程量计算表

建设单位：　　　　　　　　　　　　　　第　页　共　页

单位工程：　　　　　　　　　　　　　　年　月　日

分部分项工程名称	位　　置	计　算　式	计量单位	数量
		一、给水工程		
（1）卫生间				
冷水管 De70	J/1，JL-1	5.6+(1.15-0.3)+3.7=10.15	m	10.15
De32		水平立管：1.8 立管：(8.6+0.3)[系统图]+0.65[详图]=9.55	m	11.35
De25		立管：12.2-8.6=3.6 支管：[(0.65-0.25)+0.6]×4=4.00	m	7.60
De20		立管：15.8-12.2=3.6 支管：[(0.65-0.25)+0.6+2.6+(0.45-0.25)+(1.0-0.25)]×5=22.75	m	26.35
冷水管 De50	JL-2，JL-3	水平管：0.7×2=1.40 立管：[(8.6+0.30)+0.5]×2=18.80	m	20.20
De40		立管：(12.2-8.6)×2=7.20 支管：[(1.0-0.5)+1.0]×5×2=15.00	m	22.20
De32		立管：(15.8-12.2)×2=7.2 支管：2.4×5×2=24.00	m	31.20
冷水管 De40	JL-4	水平管：5.00 立管：(18.6+0.3)(系统图)+0.65(详图)=19.55	m	24.55
De25		立管：[(0.65-0.25)+0.6+(1.0-0.25)+4.0]×5=28.75	m	28.75
De20		支管：[(0.45-0.25)+3.6+2.5]×5=31.5	m	31.50
（2）女更衣室	三层引出支管			
De40	三层平面图	水平管：5.40	m	5.40
De32	三层平面图 给水系统图	水平管：11.00 立管：(12.2-8.6)×2=7.2	m	18.20
De25		支管：5.00	m	5.00
De20		支管：19.00	m	19.00
De40	JL-4 接屋顶热水箱	屋面水平管：20.50（保温）	m	20.50
（3）男淋浴、夹层女淋浴	J/4，JL-6			

（续）

分部分项工程名称	位　置	计　算　式	计量单位	数量
De40		水平管：2.50 立管：18.60+1.15=19.75 屋面水平管（接屋顶热水箱）：11.5（保温）	m	33.75
De32		支管：10.00	m	10.00
De25		支管：3.20	m	3.20
De15		支管：1.80	m	1.80
De32	夹层女淋浴	支管：8.60	m	8.60
De15	夹层女淋浴	支管：1.20	m	1.20
（4）厨房				
De32	J/2，JL-7	水平管：2.50　立管：7.75+1.15=8.90 支管：11.50	m	22.90
De25	J/2，JL-7	支管：3.60	m	3.60
De40	J/3，JL-8	水平管：1.80　立管：7.75+1.15=8.90	m	10.70
De32	J/3，JL-8	支管：29.50	m	29.50
De25	J/3，JL-8	支管：16.50	m	16.50
（5）小计		De70　10.15　De25　64.65 De50　20.20　De20　76.85 De40　117.10　De15　3.00 De32　131.75		
（6）阀门		闸阀 Z45T—10DN80　1个　截止阀 DN40　1个 截止阀 DN32　9个　截止阀 DN25　23个		
（7）套管		套管长度		
刚性防水套管 DN100 穿楼板套管 DN80 穿楼板套管 DN65 穿楼板套管 DN50 穿楼板套管 DN40 穿楼板套管 DN32		1个 0.16×7=1.12m 0.16×18=2.88m 0.16×4=0.64m 0.16×1=0.16m 0.16×1=0.16m	m	
（8）其他				
管道冲洗 DN100 以内			m	423.70
管道保温	管道长 32.0m	保温厚度 δ=50mm，DN40：32.0÷100×1.55=0.50	m^3	0.50
		二、热水系统		
塑料管 De50	RL-1	水平管：18.80（屋顶平面） 立管：18.60−15.80+0.45(热水系统图)=3.25	m	22.05
塑料管 De40		立管：15.80−5.00(热水系统图)=10.80 水平管：22.40(二层平面)+10.30(厨房平面)=32.70	m	43.50

（续）

分部分项工程名称	位　　置	计　算　式	计量单位	数量
塑料管 *De*32		支管：11.10（厨房平面）	m	11.10
塑料管 *De*25		支管：16.80（四层平面） 支管：64.90（厨房平面）	m	81.70
塑料管 *De*20		支管：5.20（四层平面） 支管：13.30（厨房平面）	m	18.50
塑料管 *De*15		支管：19.60（四层平面）	m	19.60
塑料管 *De*20	RHL-1	水平管：19.50（屋顶平面） 立管：18.60－5.00（热水系统图）＝13.60 支管：22.40（二层平面）＋18.60（厨房平面）＝41.00	m	74.10
塑料管 *De*15		支管：12.90（四层平面）	m	12.90
塑料管 *De*50	RL-2	水平管：12.20（屋顶平面） 立管：18.60－2.15＋0.45（热水系统图）＝16.90	m	29.10
塑料管 *De*32		支管：4.50（夹层平面）＋2.15（热水系统图）＋4.3（底层平面）＝10.95	m	10.95
塑料管 *De*25		支管：7.40（底层平面）	m	7.40
塑料管 *De*15		支管：1.00（夹层平面）＋1.8（底层平面）＝2.80	m	2.80
塑料管 *De*20	RHL-2	12.80（屋顶平面）＋18.6（立管）＋0.5（底层平面）＝31.90	m	31.90
小计		塑钢管 *De*50　51.15　　塑钢管 *De*15　35.30 塑钢管 *De*40　43.50　　截止阀 *DN*20　2个 塑钢管 *De*32　22.05　　截止阀 *DN*25　9个 塑钢管 *De*25　89.10　　截止阀 *DN*32　1个 塑钢管 *De*20　124.50	m	
套管 *DN*70		套管长度：0.16×7＝1.12	m	
套管 *DN*65		套管长度：0.16×3个＝0.48	m	
套管 *DN*32		套管长度：0.16×10个＝1.60	m	
管道冲洗 *DN*100以内			m	365.95
管道保温	屋顶明露管道		m^3	0.98
热水箱			只	2
三、排水系统				
（1）PL1				
塑料管 *De*63	1层平面图 排水系统图	埋地管：6.80 立管：18.6＋0.90＋0.75＝20.25 支管：（1.2＋1.8＋0.5）×4（详图）＝14.00	m	41.05

（续）

分部分项工程名称	位　　置	计　算　式	计量单位	数量
塑料管 De50		支管：0.5×4(登高管)=2.00	m	2.00
塑料管 De32		支管：0.5×4=2.00	m	2.00
防水套管 DN80			个	1
（2）PL2，PL3			m	
塑料管 De160	1层平面图 排水系统图	埋地管：6.40×2=12.80	m	12.80
塑料管 De110		立管：(18.6+0.9+0.75)×2=40.50 支管：[3.5+0.4×3(支管)+0.5×4]×4×2=53.60	m	94.10
防水套管 DN150			个	2
（3）PL4				
塑料管 De160	1层平面图 排水系统图	埋地管：6.80 立管：18.6+0.9+0.75=20.25	m	27.05
塑料管 De90		支管：3.6×4(详图)=14.40	m	14.40
塑料管 De63		支管：(1.8+0.5×4)×4(详图)=15.20	m	15.20
塑料管 De50		支管：0.5×4(详图)=2.0	m	2.00
塑料管 De32		支管：0.5×4=2.0	m	2.00
塑料管 De160	4层平面图 排水系统图	13.60	m	13.60
塑料管 De110		立管：18.6−12.2+0.3=6.7 支管：2.9+(1.8+3.2)×4=22.9	m	29.60
塑料管 De50		支管：0.5×4=2.0	m	2.00
塑料管 De32		支管：0.4×4=2.0	m	2.00
防水套管 DN200			个	1
（4）PL5				
塑料管 De110	1层平面图 排水系统图	埋地管：3.5 立管：18.6+0.9+0.75=20.25 支管：3.8+0.3×4=5.0	m	28.75
塑料管 De100		支管：0.5×4(登高管)=2.0	m	2.00
防水套管 DN150			个	1
（5）PL6				
塑料管 De63	1层平面图 排水系统图	埋地管：7.5 立管：18.6−0.0+0.75=19.35 支管：3.5（到每层的喷淋末端）	m	30.35
防水套管 DN80			个	1

（续）

分部分项工程名称	位置	计算式	计量单位	数量
（6）PL7				
塑料管 *De*110	厨房平面图 排水系统图	埋地管：3.3 立管：12.2 +0.9 +2.0 =15.1 支管：11.1 +2.6 +2.9 =16.6（厨房平面）	m	35.00
塑料管 *De*100		支管：0.5 ×3(登高管) =1.5	m	1.50
塑料管 *De*90		支管：1.1	m	1.10
塑料管 *De*63		支管：0.5 ×2(登高管) =1.0	m	1.00
防水套管 *DN*150			个	1
（7）PL8				
塑料管 *De*110	厨房平面图 排水系统图	埋地管：3.0 立管：12.2 +0.9 +2.0 =15.1 支管：6.5 +16.9 +0.5 =23.9（厨房平面）	m	42.00
塑料管 *De*100		支管：3.9 +0.5 ×4(登高管) =5.9	m	5.90
塑料管 *De*63		支管：4.7 +0.5 ×7 +0.5 ×2(登高管) =9.2	m	9.20
防水套管 *DN*150			个	1
（8）PL9 ~ PL13				
塑料管 *De*63	排水系统图	立管：(12.3 −0.00) ×5 =61.00	m	61.00
塑料管 *De*50		支管：[(1.00 +0.3 ×2) ×3] ×5 =24.00	m	24.00
防水套管 *DN*80			个	5
（9）P/1				
塑料管 *De*90	1层平面图 排水系统图	埋地管：7.90	m	7.90
塑料管 *De*50		支管：1.00 ×5(登高管) =5.00	m	5.00
塑料管 *De*32		支管：1.00	m	1.00
防水套管 *DN*125			个	1
（10）P/2，P/3				
塑料管 *De*160	1层平面图 排水系统图	埋地管：7.90 ×2 =9.80	m	9.80
塑料管 *De*110		支管：1.00 ×4(登高管) ×2 =8.0	m	8.00
防水套管 *DN*200			个	2
（11）P/4				
塑料管 *De*63	1层平面图 排水系统图	埋地管：7.90	m	7.90
塑料管 *De*50		支管：1.0 ×2（登高管） =2.00	m	2.00
塑料管 *De*32		支管：1.00	m	1.00
防水套管 *DN*80			个	1

（续）

分部分项工程名称	位　　置	计　算　式	计量单位	数量
（12）P/5				
塑料管 *De*110	1层平面图 排水系统图	埋地管：7.20+0.6×4=9.60	m	9.60
塑料管 *De*100		支管：1.0×4(登高管)=4.0	m	4.00
防水套管 *DN*150			个	1
（13）P/6				
塑料管 *De*110	1层平面图	埋地管：6.20+0.5×3=7.70	m	7.70
塑料管 *De*100		支管：1.00×3(登高管)=3.0	m	3.00
防水套管 *DN*150			个	1
（14）P/7				
塑料管 *De*63	1层平面图 排水系统图	埋地管：8.90+(5.0−0.8+0.9)×2=19.1	m	19.10
防水套管 *DN*80			个	1
（15）小计		*De*160　63.25m　地漏 *DN*50　17个 *De*110　254.75m　地漏 *DN*100　12个 *De*100　16.40m　清扫口 *De*110　10个 *De*90　23.40m　洗涤池　21组 *De*63　184.80m　洗手池　10组 *De*50　37.00m　蹲式大便器　30组 *De*32　8.00m　小便器　15组 防水套管 *DN*200　3个　浴盆　4组 防水套管 *DN*150　7个　坐便器　4组 防水套管 *DN*125　1个　洗脸盆　4组 防水套管 *DN*80　9个　淋浴器　11组		

5.5 给水排水工程工程量清单计价编制实例

工程量清单计价采用综合单价法计价，并遵循工程量清单计价的原则。本节仍以5.4节工程为实例，说明工程量清单计价的编制方法和编制步骤。

工程量按GB 50500—2008《建设工程工程量清单计价规范》规定的计算。因本例涉及的项目中工程量计算规则与定额计价工程量计算规则基本相同，所以不再单独列出工程量计算表，可参见5.4节工程量计算表。主材费的计算也可参见5.4节相应列表。

1. 分部分项工程量清单（表5-21）

表5-21 分部分项工程量清单

工程名称：物流中心办公综合楼（给水排水） 第____页 共____页

序号	项目编码	项目名称	计量单位	工程数量
1	030801005001	聚丙烯管 *De*15	m	3.00
2	030801005002	聚丙烯管 *De*20	m	76.85
3	030801005003	聚丙烯管 *De*25	m	64.65
4	030801005004	聚丙烯管 *De*32	m	131.75
5	030801005005	聚丙烯管 *De*40	m	117.10
6	030801005006	聚丙烯管 *De*50	m	20.20
7	030801005007	聚丙烯管 *De*70	m	10.15
8	030801007001	塑钢管 *De*15	m	35.30
9	030801007002	塑钢管 *De*20	m	124.50
10	030801007003	塑钢管 *De*25	m	89.10
11	030801007004	塑钢管 *De*32	m	22.05
12	030801007005	塑钢管 *De*40	m	43.50
13	030801007006	塑钢管 *De*50	m	51.15
14	030801005008	UPVC 塑料排水管 *De*32	m	8.00
15	030801005009	UPVC 塑料排水管 *De*50	m	37.00
16	030801005010	UPVC 塑料排水管 *De*63	m	184.80
17	030801005011	UPVC 塑料排水管 *De*90	m	23.40
18	030801005012	UPVC 塑料排水管 *De*100	m	16.40
19	030801005013	UPVC 塑料排水管 *De*110	m	254.75
20	030801005014	UPVC 塑料排水管 *De*160	m	63.25
21	030803001001	截止阀 *DN*20	个	2
22	030803001002	截止阀 *DN*25	个	32
23	030803001003	截止阀 *DN*32	个	10
24	030803001004	截止阀 *DN*40	个	1
25	030803003001	闸阀 Z45T—10*DN*80	个	1
26	030804001001	浴盆	组	4
27	030804003001	洗脸盆	组	4
28	030804004001	洗手池	组	10
29	030804005001	洗涤池	组	21
30	030804007001	淋浴器（钢管冷热水）	组	11

（续）

序号	项目编码	项目名称	计量单位	工程数量
31	030804012001	蹲式大便器	组	30
32	030804012002	坐便器	组	4
33	030804013001	小便器	组	15
34	030804014001	热水箱	只	2
35	030804017001	地漏 *DN*50	个	17
36	030804017002	地漏 *DN*100	个	12
37	030804018001	清扫口 *De*110	个	10

2. 分部分项工程量清单计价表（表 5-22）

表 5-22 分部分项工程量清单计价表

工程名称：物流中心办公综合楼（给水排水） 第 页 共 页

序号	项目编码	项目名称	计量单位	工程数量	金额/元	
					综合单价	合计
1	030801005001	聚丙烯管 *De*15	m	3.00	11.488	34.46
2	030801005002	聚丙烯管 *De*20	m	76.85	11.493	883.24
3	030801005003	聚丙烯管 *De*25	m	64.65	10.469	676.82
4	030801005004	聚丙烯管 *De*32	m	131.75	10.645	1402.48
5	030801005005	聚丙烯管 *De*40	m	117.10	12.535	1467.85
6	030801005006	聚丙烯管 *De*50	m	20.20	15.417	311.42
7	030801005007	聚丙烯管 *De*70	m	10.15	16.041	162.82
8	030801007001	塑钢管 *De*15	m	35.30	2.499	88.21
9	030801007002	塑钢管 *De*20	m	124.50	2.499	311.13
10	030801007003	塑钢管 *De*25	m	89.10	2.78	247.70
11	030801007004	塑钢管 *De*32	m	22.05	2.792	61.56
12	030801007005	塑钢管 *De*40	m	43.50	3.057	132.98
13	030801007006	塑钢管 *De*50	m	51.15	16.647	851.49
14	030801005008	UPVC 塑料排水管 *De*32	m	8.00	8.129	65.03
15	030801005009	UPVC 塑料排水管 *De*50	m	37.00	8.129	300.77
16	030801005010	UPVC 塑料排水管 *De*63	m	184.80	14.789	2734.67
17	030801005011	UPVC 塑料排水管 *De*90	m	23.40	17.77	415.82
18	030801005012	UPVC 塑料排水管 *De*100	m	16.40	20.527	336.64
19	030801005013	UPVC 塑料排水管 *De*110	m	254.80	26.541	6762.65

（续）

序号	项目编码	项目名称	计量单位	工程数量	金额/元	
					综合单价	合计
20	030801005014	UPVC 塑料排水管 *De*160	m	63.25	29.727	1880.23
21	030803001001	截止阀 *DN*20	个	2	7.23	14.46
22	030803001002	截止阀 *DN*25	个	32	9.35	299.20
23	030803001003	截止阀 *DN*32	个	10	12.17	121.70
24	030803001004	截止阀 *DN*40	个	1	19.22	19.22
25	030803003001	闸阀 Z45T—10*DN*80	个	1	151.17	151.17
26	030804001001	浴盆	组	4	54.935	219.74
27	030804003001	洗脸盆	组	4	94.563	378.25
28	030804004001	洗手池	组	10	24.914	249.14
29	030804005001	洗涤池	组	21	69.29	1455.09
30	030804007001	淋浴器（钢管冷热水）	组	11	60.971	670.68
31	030804012001	蹲式大便器	组	30	56.126	1683.78
32	030804012002	坐便器	组	4	62.158	248.63
33	030804013001	小便器	组	15	121.03	1815.45
34	030804014001	热水箱	只	2	276.52	553.04
35	030804017001	地漏 *DN*50mm	个	17	8.538	145.15
36	030804017002	地漏 *DN*100mm	个	12	19.509	234.11
37	030804018001	清扫口 *De*110mm	个	10	5.177	51.77
		合计				27438.56

3. 分部分项工程人工费计价表（表5-23）

表5-23 分部分项工程人工费计价表

工程名称：物流中心办公综合楼（给水排水） **第 页 共 页**

序号	项目编码	项目名称	计量单位	工程数量	金额/元	
					人工费单价	人工费合计
1	030801005001	聚丙烯管 *De*15	m	3.00	3.167	9.501
2	030801005002	聚丙烯管 *De*20	m	76.85	3.167	243.38
3	030801005003	聚丙烯管 *De*25	m	64.65	5.429	350.98
4	030801005004	聚丙烯管 *De*32	m	131.75	5.507	725.55
5	030801005005	聚丙烯管 *De*40	m	117.10	6.443	754.48
6	030801005006	聚丙烯管 *De*50	m	20.20	6.703	135.40

（续）

序号	项目编码	项目名称	计量单位	工程数量	金额/元	
					人工费单价	人工费合计
7	030801005007	聚丙烯管 *De*70	m	10.15	6.365	64.60
8	030801007001	塑钢管 *De*15	m	35.30	1.274	44.97
9	030801007002	塑钢管 *De*20	m	124.50	1.274	158.61
10	030801007003	塑钢管 *De*25	m	89.10	1.404	125.10
11	030801007004	塑钢管 *De*32	m	22.05	1.404	30.96
12	030801007005	塑钢管 *De*40	m	43.50	1.768	76.91
13	030801007006	塑钢管 *De*50	m	51.15	4.483	229.31
14	030801005008	UPVC 塑料排水管 *De*32	m	8.00	3.978	31.82
15	030801005009	UPVC 塑料排水管 *De*50	m	37.00	3.978	147.19
16	030801005010	UPVC 塑料排水管 *De*63	m	184.80	6.263	1157.40
17	030801005011	UPVC 塑料排水管 *De*90	m	23.40	7.022	164.31
18	030801005012	UPVC 塑料排水管 *De*100	m	16.40	7.730	126.77
19	030801005013	UPVC 塑料排水管 *De*110	m	254.80	10.525	2681.77
20	030801005014	UPVC 塑料排水管 *De*160	m	63.25	11.365	718.84
21	030803001001	截止阀 *DN*20	个	2	2.60	5.20
22	030803001002	截止阀 *DN*25	个	32	3.12	99.84
23	030803001003	截止阀 *DN*32	个	10	3.90	39.00
24	030803001004	截止阀 *DN*40	个	1	6.50	6.50
25	030803003001	闸阀 Z45T—10*DN*80	个	1	17.16	17.16
26	030804001001	浴盆	组	4	23.296	93.18
27	030804003001	洗脸盆	组	4	16.926	67.70
28	030804004001	洗手池	组	10	6.76	67.60
29	030804005001	洗涤池	组	21	15.454	324.53
30	030804007001	淋浴器（钢管冷热水）	组	11	14.56	160.16
31	030804012001	蹲式大便器	组	30	14.976	449.28
32	030804012002	坐便器	组	4	20.878	83.51
33	030804013001	小便器	组	15	12.792	191.88
34	030804014001	热水箱	只	2	143.52	287.04
35	030804017001	地漏 *DN*50mm	个	17	4.16	70.72
36	030804017002	地漏 *DN*100mm	个	12	9.698	116.38
37	030804018001	清扫口 *De*110mm	个	10	3.12	31.20
		合计				10088.75

4. 措施项目清单计价表（表5-24）

表5-24　措施项目清单计价表

工程名称：物流中心办公综合楼（给水排水）　　　　第　页　共　页

序　号	项目名称	金额/元
1	脚手架搭拆费（10088.75×5%）	504.44
2	环境保护费（27438.56×2%）	548.77
3	临时设施费（27438.56×0.6%）	164.63
4	安全文明施工费（27438.56×0.6%）	164.63
	合计	1382.47

5. 其他项目（表5-25）

表5-25　其他项目计价表

工程名称：物流中心办公综合楼（给水排水）　　　　第　页　共　页

序　号	项目名称	金额/元
1	招标人部分	
1.1	暂列金额	3000
1.2	暂估价	
	小计	3000
2	投标人部分	
2.1	计日工	
2.2	总包服务费	
	小计	0
	合计	3000

6. 单位工程费用汇总表（表5-26）

表5-26　单位工程费用汇总表

工程名称：物流中心办公综合楼（给水排水）　　　　第　页　共　页

序　号	项目名称	计算公式	金额/元
1	分部分项工程量清单计价合计	27438.56+105025.3	132463.86
	其中：主材费	见工程预算表	105025.30
2	措施项目清单计价合计	见措施项目清单计价表	1382.47
3	其他项目清单计价合计	见其他项目清单计价表	3000.00
4	规费		1873.85
	（1）工程定额测定法（按分部分项工程费+措施项目费+其他项目费）	136846.33×1‰	136.85
	（2）劳动保险费（同上）	136846.33×1.3%	1779.00
5	税金（按市区）	（1+2+3+4）×3.41%	4771.97
6	合计造价	1+2+3+4+5	143492.15

7. 分部分项工程量清单综合单价分析（表5-27）

表 5-27　分部分项工程量清单综合单价分析(部分)

工程名称:物流中心办公综合楼(给水排水)　　　　第　页　共　页

序号	项目编码	项目名称	工程内容	定额编号	单位	数量	总合单价	综合单价组成				
								人工费	材料费	机械费	管理费	利润
1	030801005003	聚丙烯管 *De*25mm			m	64.65	10.469	5.429	1.47	0.259	2.552	0.76
			(1)管道及管件的制作、安装,管架安装,水压试验	8-补12	10m		64.60	34.06	9.17	0.59	16.01	4.77
			(2)穿楼板套管制作安装 *DN*32mm	8-23	10m		34.98	18.46	3.26	2.00	8.68	2.58
			(3)给水管道消毒冲洗 *DN*100mm 以内	8-231	10m		5.114	1.768	2.267		0.831	0.248
2	030801005014	UPVC 塑料排水管 *De*160mm			m	63.25	29.727	11.365	9.759	1.669	5.342	1.591
			(1)管道及管件的制作、安装,管架安装,水压试验	8-158	10m	6.325	171.29	85.02	33.99	0.42	39.96	11.90
			(2)刚性防水套管制作 *DN*200mm 以内	6-2950	个	3	159.80	36.74	66.34	34.31	17.27	5.14
			(3)刚性防水套管安装 *DN*200mm 以内	6-2964	个	3	105.81	23.63	67.76		11.11	3.31
		合价	(1)数量×单价				1083.41	537.75	214.99	2.66	252.75	75.27
			(2)数量×单价				479.40	110.22	199.02	102.93	51.81	15.42
			(3)数量×单价				317.43	70.89	203.28		33.33	9.93
		小计					1880.24	718.86	617.29	105.59	337.89	100.62
		每 m 综合单价及组成	小计值÷63.25				29.727	11.365	9.759	1.669	5.342	1.591

思考与练习题

1. 简述建筑给水系统和排水系统的一般组成。
2. 简述建筑采暖系统的组成。
3. 阀门型号与套用定额有何关系？
4. 试述给水工程和排水工程施工图的组成及其主要内容。怎样识读给水排水工程施工图？
5. 给水排水工程的工程量计算应遵循哪些规则？
6. 采暖工程与给水排水工程的工程量计算规则有哪些相同之处和不同之处？
7. 卫生器具的工程量计算有什么特点？
8. 给水排水、采暖工程工程量清单项目设置有哪些内容？
9. 大作业：编制××学生宿舍楼给水排水安装工程施工图概预算造价（试执行“08规范”规定）。

资料如下：

建筑面积为2400m^2，共4层，层高3.3m。每层设男厕所、女厕所、盥洗室各1个。盥洗室内沿两侧墙设盥洗槽，每个盥洗槽设水嘴5个；男、女厕所各装瓷高蹲式大便器3个，各砌污水池一个，污水池各装水嘴1个，男厕所设小便槽1个，设冲洗管（管长2m）。上水立管均在1楼设置控制阀门，每层从上水立管引出的支干管均设控制阀门。

给水管道全部采用镀锌钢管，螺纹联接；排水管道采用排水铸铁管，石棉水泥接口。洗涤污水和粪便污水分别由甲乙两个排出口排出室外。第一个检查井距建筑外墙面3.5m。

埋地铸铁管涂装两遍沥青漆防腐，地面以上铸铁管涂装一遍防锈漆，两道银粉漆。

设备、管道规格型号、安装位置等详细情况如图5-15、图5-16、图5-17和图5-18所示，主要设备材料见表5-28、表5-29、表5-30。

表5-28 主要设备材料表

序号	设备材料名称	型号及规格/mm	单位	数量	备注
1	磁高水箱蹲式大便器		组	24	
2	水嘴	*DN*20	个	8	
3	水嘴	*DN*15	个	40	
4	法兰闸阀	Z45T—10，*DN*50	个	3	
5	螺纹阀门	Z45T—10，*DN*32	个	8	
6	螺纹阀门	Z45T—10，*DN*25	个	4	
7	螺纹阀门	Z45T—10，*DN*20	个	4	
8	螺纹阀门	Z45T—10，*DN*15	个	4	
9	地漏	*DN*50	个	20	

（续）

序　号	设备材料名称	型号及规格/mm	单　位	数　量	备　注
10	排水栓	DN50	个	24	
11	扫除口	DN100	个	8	
12	镀锌钢管	DN70	m	12	
13	镀锌钢管	DN50	m	20	
14	镀锌钢管	DN40	m	12	
15	镀锌钢管	DN32	m	25	
16	镀锌钢管	DN25	m	26	
17	镀锌钢管	DN20	m	25	
18	镀锌钢管	DN15	m	18	
19	排水铸铁管	DN125	m	18	
20	排水铸铁管	DN100	m	75	
21	排水铸铁管	DN75	m	15	
22	排水铸铁管	DN50	m	35	

表 5-29　镀锌钢管工程量汇总表　　（单位：m）

规格 名称	DN15	DN20	DN25	DN32	DN40	DN50	DN70
进户干管							10.26
水平支干管						6.80	
立管①		3.52	10.56	6.83	3.30	4.70	
立管②	2.24	3.52	10.56	6.83	3.30	4.70	
立管③	7.20	13.56	4.00	10.12	3.30	2.25	
合计	9.44	20.60	25.12	23.78	9.90	18.45	10.26

表 5-30　铸铁排水管安装工程量表　　（单位：m）

管径 部位	DN50	DN75	DN100	DN125	DN50（钢管）
甲排水口	7.96	14.78	36.87		10.35
乙排水口	8.00		38.56	19.19	8.00
合计	15.96	14.78	75.43	19.19	18.35

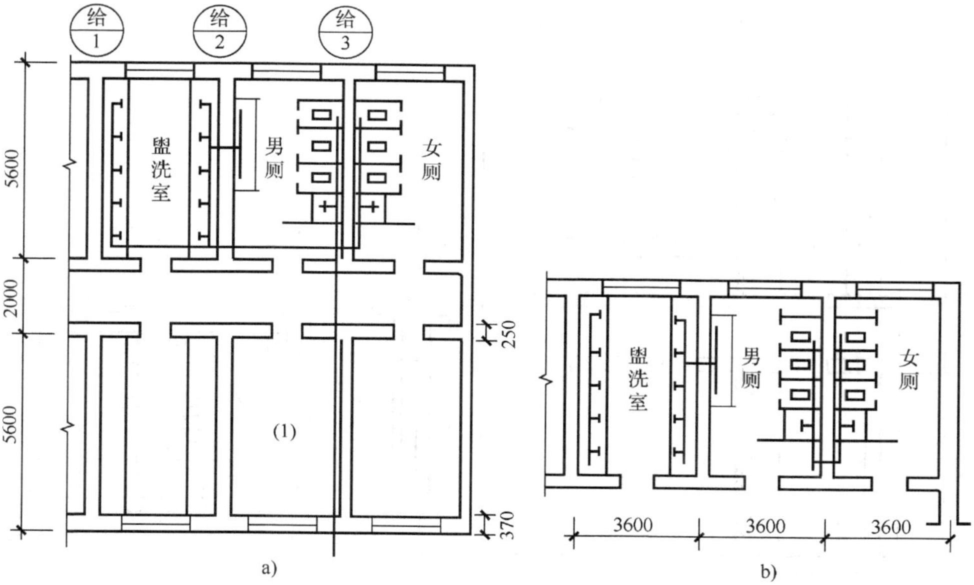

图5-15　卫生间给水平面图

a）1层给水平面图　b）2、3、4层给水平面图

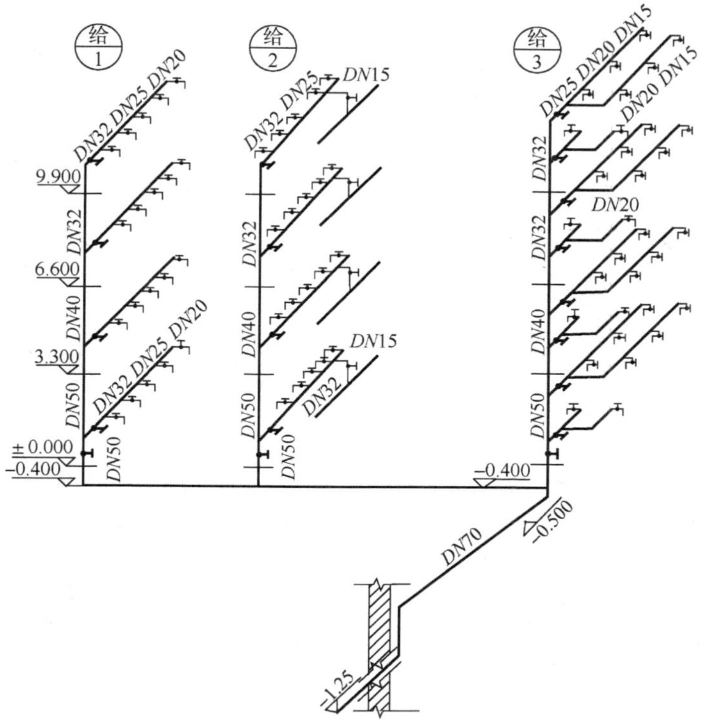

图5-16　卫生间给水管道系统图

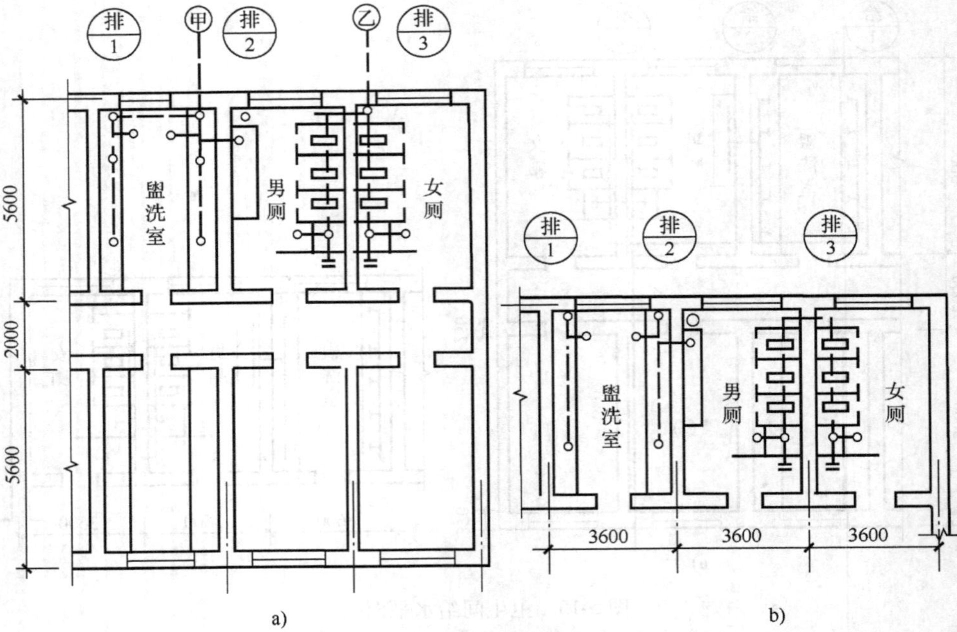

图 5-17 卫生间排水平面图

a）1层排水平面图 b）2、3、4层排水平面图

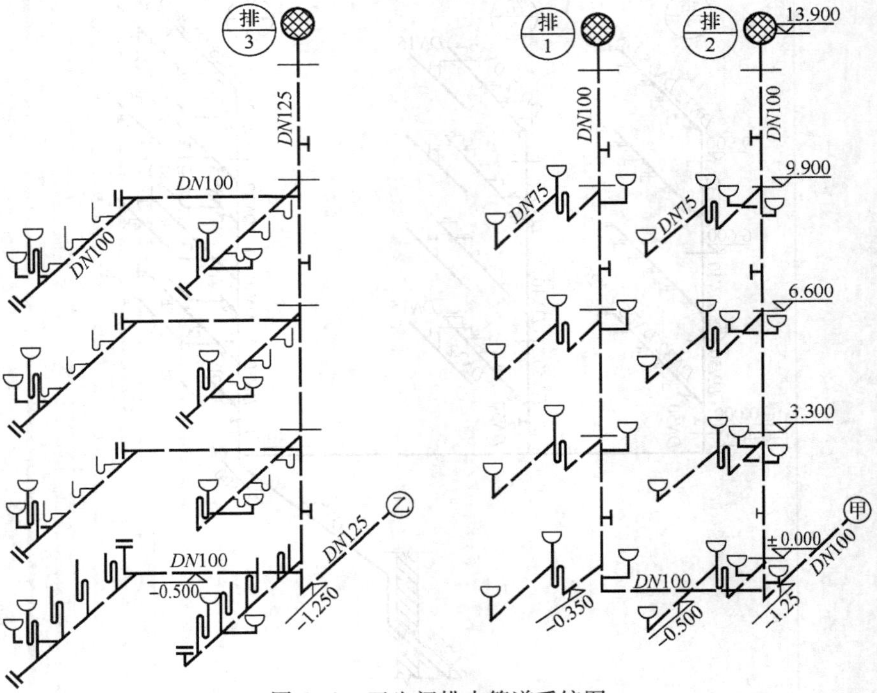

图 5-18 卫生间排水管道系统图

【工程项目划分及工程量计算——提示】

一、室内给水系统项目划分

1. 镀锌钢管的安装

包括 *DN*70、*DN*50、*DN*40、*DN*32、*DN*25、*DN*20、*DN*15 等规格。

2. 阀门的安装

包括法兰阀和螺纹阀。

3. 水嘴的安装

4. 小便槽冲洗管的制作与安装

5. 管道冲洗和消毒

6. 埋地管道土方的开挖与回填

二、室内排水系统工程项目划分

1. 排水铸铁管的安装（石棉水泥接口）

包括 *DN*125、*DN*100、*DN*75、*DN*50 四种规格。

2. 瓷高水箱蹲式大便器的安装

3. 排水铸铁管涂装防腐

包括涂装防锈漆、银粉漆、沥青漆。

4. 地漏的安装

5. 扫除口的安装

6. 埋地管道土方开挖与回填

三、计算工程量

1. 给水系统

（1）镀锌钢管的安装。管道安装工程量可以根据比例量取，也可根据建筑尺寸计算。现以建筑尺寸计算方法统计工程量。

1）*DN*70mm 镀锌钢管（给水进户干管）。根据定额室内外给水管道界限划分的规定，进户干管的范围是从距外墙面 1.5m 处起到厕所隔墙内止。其长度为

1.5m（距外墙面距离）+7.6m（外墙中至厕所隔墙中距离）+0.31m（外墙与隔墙厚度和的一半）+0.85m（引入管与室内管标高差）=10.26m

2）*DN*50mm 镀锌钢管。包括水平支干管和立管两大部分。水平支干管长度等于盥洗室和男厕所开间尺寸去掉两个隔墙厚度和的一半和两个立管管径以及规范规定管道距墙的距离。即水平支干管长度为

3.6×2m（开间尺寸）−0.13×2m（两墙厚度和的一半）−0.05×2m（两个立管管径）−0.02×2m（管道距墙距离）=6.80m

3）立管部分。立管共有三个，每个立管均包括地下部分和地上部分。

立管①，*DN*50 镀锌钢管，地下部分 0.40m，地上部分包括 1 层至 2 层高度 3.30m，盥洗台高 0.80m，水嘴至盥洗台距离 0.20m。*DN*50 镀锌钢管数量为

$$0.40m+3.30m+0.80m+0.20m=4.70m$$

*DN*40 镀锌钢管数量为 3.30m（相当层高）。

*DN*32 镀锌钢管数量为

3.30m(相当于层高)+[(5.60-0.31)÷6]×4m=6.83m

式中房间纵深减内外墙厚度和的一半，再六等分，为第一个水嘴至立管中心的距离；乘以4是因为4个楼层相同。

*DN*25镀锌钢管数量为

0.88(水嘴间距)×3(3个间距)×4(4层)m=10.56m

*DN*20镀锌钢管数量为

0.88×4(4层)m=3.52m

立管②，计算方法同立管①：*DN*50镀锌管为4.70m；*DN*40管为3.30m；*DN*32管为6.83m；*DN*25管为10.56m；*DN*20镀锌管为3.52m。

立管②和立管①不同之处在于还有*DN*15镀锌管，这是穿过隔墙到男厕小便槽冲洗管的管道。其长度为

[0.24(墙厚)+0.05×2(管中心距墙灰面距离)+0.01×2(墙两面抹灰厚度)+0.20(冲洗管与水平支管的距离)]×4(层)m=2.24m

立管③，*DN*50镀锌钢管2.25m（1层大便器水箱给水横管至地面高度，查标准图可知）。

*DN*40镀锌钢管为

3.30m(层高)-2.25m(1层大便器水箱给水横管距地面高度)+2.25m(2层大便器给水横管距2层地面高度)=3.30m

*DN*32镀锌钢管为

3.30×2m(同*DN*40算法)+0.88×4m(水平支管部分)=10.12m

*DN*25镀锌管为

0.90m(跨越拖布池的间距)×4层+0.10m(水箱进水管距隔墙距离)×4层=4.00m

*DN*20镀锌管为

[0.90m(大便池间距)×2(男、女厕所各1个)+0.25m(大便器隔墙厚加抹灰厚)+0.05m×2(管中心距墙距离)+1.25m(男、女厕拖布池配管,查大样图知)×4]=13.56m

*DN*15镀锌管为

0.90m(大便器间距)×2(男女厕所各1个)×4层=7.20m

4）镀锌钢管工程量合计。见表5-29。

（2）阀门、水嘴的安装、规格、型号、数量。可以从系统图、平面图上查得并和材料表对照确定。

法兰闸阀Z45T—10，*DN*50，3个；螺纹阀门Z15T—10，*DN*32，12个；螺纹阀门Z15T—10，*DN*20，4个；螺纹阀门Z15T—10，*DN*15，4个；水嘴，*DN*20，8个；水嘴，*DN*15，40个。

（3）小便槽冲洗管的制作与安装。*DN*15，4×2m=8m。

（4）管道的冲洗。*DN*50以内管道107.29m，*DN*100以内的管道10.26m。

（5）挖填土方。设计上对管沟无具体要求，按要求选用沟宽。给水系统埋地管道有*DN*70、*DN*50两种规格，沟宽均为0.60m。

土方量=[0.60×1.25(沟宽×*DN*70管埋深)×(1.50+0.38)(外墙面以外1.5m+墙厚)]+[0.60×0.50(沟宽×*DN*70管室内埋深)×(7.60-0.19+0.12+0.02)(外墙中至厕所墙中-外墙厚的一半+厕所墙厚的一半+管道距墙距离)]+[0.60×0.40(沟宽×*DN*50管埋深)×(3.60×2-

0.12×2－0.05×2－0.02×2)(开间尺寸－墙厚－立管管径－管距墙距离)]m^3 =1.41m^3 +2.265m^3 +1.6368m^3 =5.31m^3

回填土方量=5.31m^3

2. 排水系统

(1) 甲排水口管道。

1) *DN*100 铸铁排水管。9.07m+27.80m=36.87m。地下部分：[3.50(室内外管道分界)+0.38(外墙厚度)+0.16(管中心距墙面距离)+(1.25－0.5)(排水立管① 地下排水管与排出管标高差)+3.60(盥洗室开间尺寸)－0.16－0.16(排水立管①、②中心至隔墙距离)+0.50+0.50(排水立管①、②地坪以下部分)]m=9.07m。

地上部分：13.90×2（排水立管①、②由地面至铅丝球中心标高）m=27.80m。

2) *DN*75 铸铁排水管。4.22m+10.56m=14.78m。地下部分：0.88×2（右侧盥洗台排水栓至排水立管② 为两个水嘴的间距）+0.35(地下横排水管至地坪高差)+0.35(左侧高差)+0.88×2(左侧间距)m=4.22m。

地上部分：0.88×2（盥洗台排水栓至排水立管距离)×6（2、3、4层6个盥洗台）m=10.56m。

3) *DN*50 铸铁排水管。1.99m+5.97m=7.96m。地下部分：0.50×2(两个地漏横支管长)+0.99(通向小便槽水口总长度)m=1.99m。

地上部分：1.99×3m=5.97m（2、3、4层）。

4) *DN*50 焊接钢管。地下部分：0.35×3m=1.05m（3个地漏接钢管长度）。

地上部分：0.80（盥洗台存水弯下接钢管长度）×8（共8个存水弯）－0.35×2（一层地下部分算过）+0.40（一个地漏连接钢管长度）×9（2至4层共9个）m=9.30m。

(2) 乙排水口管道。

1) *DN*125 铸铁排水管。5.29m+13.90m=19.19m。地下部分：[3.50+0.38+0.16+1.25(透气立管地下埋深)] m=5.29m。

地上部分：13.90m（透气管标高）。

2) *DN*100 铸铁排水管。9.64m+28.92m=38.56m。地下部分：[0.60（女厕所隔墙距外墙间距）+0.90×4（女厕所4个蹲坑间距）+0.90×4（男厕所蹲坑间距）+0.16（立管距隔墙距离）+0.28（隔墙厚加抹灰厚）+0.40（清扫口离隔墙距离）+0.50×2（两个清扫口管长度)] m=9.64m。

地上部分：9.64×3m（2、3、4层同1层）=28.92m。

3) *DN*50 铸铁排水管。2.00m+6.00m=8.00m。地下部分：1.00m+1.00m=2.00m（男、女厕所地漏横管长）。

地上部分：2.00（1层长度）×3（2、3、4层）m=6.00m。

4) *DN*50 焊接钢管。2.00m+6.00m=8.00m。地下部分：[0.40×2（两个地漏连接钢管长度）+0.60×2（两拖布池排水栓存水弯连接钢管长度)] m=2.00m。

地上部分：2.00（一层长度）×3（三层楼高）m=6.00m。

(3) 铸铁排水管工程量合计。见表5-30。

(4) 排水栓的安装。*DN*50，6×4=24个。

(5) 铸铁地漏的安装。*DN*50，5×4=20个。

(6) 扫除口的安装。*DN*100，2×4=8个；*DN*125，1×4=4个。

（7）瓷高水箱蹲式大便器。$6 \times 4 = 24$ 组。

（8）管道防腐涂装沥青漆（两遍）。

1）排水铸铁管 $DN125$ 地下埋设 5.29m，外径为 137mm，表面积为 $S = \pi DL = 3.14 \times 0.137 \times 5.29\text{m}^2 = 2.28\text{m}^2$。

2）排水铸铁管 $DN100$ 地下埋设 18.71m，外径为 110mm，表面积为 $S = \pi DL = 3.14 \times 0.110 \times 18.71\text{m}^2 = 6.46\text{m}^2$。

3）排水铸铁管 $DN75$ 地下埋设 4.22m，外径为 85mm，表面积为 $S = \pi DL = 3.14 \times 0.085 \times 4.22\text{m}^2 = 1.13\text{m}^2$。

4）排水铸铁管 $DN50$ 地下埋设 3.99m，外径为 60mm；另地下埋设焊接钢管 3.05m，外径为 60mm，两项表面积为 $S = \pi DL = 3.14 \times 0.06 \times (3.99 + 3.05)\text{m}^2 = 1.33\text{m}^2$

管道涂装沥青漆工程量为

$$2.28\text{m}^2 + 6.46\text{m}^2 + 1.13\text{m}^2 + 1.33\text{m}^2 = 11.2\text{m}^2$$

（9）管道涂装（防锈漆一遍，银粉漆两遍）工程量。

1）排水铸铁管 $DN125$ 地上安装 13.90m，表面积为 $3.14 \times 0.137 \times 13.9\text{m}^2 = 5.98\text{m}^2$。

2）排水铸铁管 $DN100$ 地上安装 56.72m，表面积为 $3.14 \times 0.11 \times 56.72\text{m}^2 = 19.59\text{m}^2$。

3）排水铸铁管 $DN75$ 地上安装 10.56m，表面积为 $3.14 \times 0.085 \times 10.56\text{m}^2 = 2.82\text{m}^2$。

4）排水铸铁管和焊接钢管 $DN50$ 地上安装 27.27m，表面积为 $3.14 \times 0.06 \times 27.27\text{m}^2 = 5.14\text{m}^2$。

管道涂装工程量为

$$5.98\text{m}^2 + 19.59\text{m}^2 + 2.82\text{m}^2 + 5.14\text{m}^2 = 33.53\text{m}^2$$

（10）埋地管道挖填土方。

1）排出口甲。$DN100$，沟宽 0.7m

土方量 = 0.7(沟宽) × 1.25(埋深) × [3.5(检查井与建筑物外墙距离) + 0.38(墙厚) + 0.16(管中心距墙距离)]m^3 + 0.7(沟宽) × 0.5(埋深) × [3.6(开间尺寸) − 0.16 × 2(排水立管至墙距)]m^3 = $3.54\text{m}^3 + 1.15\text{m}^3 = 4.69\text{m}^3$。

$DN75$、$DN50$ 排水铸铁管和 $DN50$ 焊接钢管埋地敷设，沟宽均为 0.6m。

土方量 = [0.6(沟宽) × 0.35(埋深) × (0.88 × 2 + 0.88 × 2)(排水支管长)]m^3 + 0.6 × 0.35 × 1.99($DN50$ 铸铁排水管埋地长)m^3 = $0.74\text{m}^3 + 0.42\text{m}^3 = 1.16\text{m}^3$

$$甲排出口土方量 = 4.69\text{m}^3 + 1.16\text{m}^3 = 5.85\text{m}^3$$

2）排出口乙。$DN125$ 排水铸铁管埋地管沟宽为 0.7m，则

$$土方量 = 0.7(沟宽) \times 1.25(埋深) \times (3.5 + 0.38 + 0.16)(管长)\text{m}^3 = 3.54\text{m}^3$$

$DN100$ 排水铸铁管埋地土方量为

$$土方量 = 0.7 \times 0.5(埋深) \times 9.64(管长)\text{m}^3 = 3.37\text{m}^3$$

$DN50$ 排水铸铁管埋地土方量为

$$土方量 = 0.6 \times 0.5 \times 2\text{m}^3 = 0.6\text{m}^3$$

乙口排水铸铁管埋地工程量为

$$3.54\text{m}^3 + 3.37\text{m}^3 + 0.6\text{m}^3 = 7.51\text{m}^3$$

3）土方工程量合计。　　　$5.85\text{m}^3 + 7.51\text{m}^3 = 13.36\text{m}^3$

4）回填土方量。回填土方量也为 13.36m^3。

第 6 章 消防工程施工图概预算编制

6.1 消防工程系统概述

（1）消防工程内容包括水灭火系统、气体灭火系统、泡沫灭火系统、火灾自动报警系统。水灭火系统中包括消火栓灭火和自动喷淋灭火两部分。

（2）消防工程项目包括灭火管道安装、部件及阀门法兰安装、报警装置、水流指示器、消火栓、气体驱动装置、泡沫发生器等共52个清单项目。

（3）消防工程适用于采用工程量清单计价的工业与民用建筑。

6.2 工程量计算规则与计价表套用

6.2.1 消防工程量计算规则

1. 水灭火系统安装

（1）管道安装。水灭火系统管道一般采用镀锌钢管，可采用沟槽式管件连接、螺纹连接和法兰连接。其工程量计算应区别其不同材质、连接方式和公称直径，分别以“m”为单位计算，不扣除阀门、管件及各种组件所占长度。螺纹连接镀锌钢管的主材为钢管及钢管接头，法兰连接镀锌钢管的主材为钢管、钢管接头及法兰，其耗量应按定额耗量计算。其中管件含量见表6-1。

表6-1 镀锌钢管（螺纹连接）管件含量表 （单位：10m）

项　目	名　称	公称直径/mm						
		25	32	40	50	70	80	100
管件含量/（个/10m）	四通	0.02	1.20	0.53	0.69	0.73	0.95	0.47
	三通	2.29	3.24	4.02	4.13	3.04	2.95	2.12
	弯头	4.92	0.98	1.69	1.78	1.87	1.47	1.16
	管箍		2.65	5.99	2.73	3.27	2.89	1.44
	小计	7.23	8.07	12.23	9.33	8.91	8.26	5.19

镀锌钢管安装定额也适用于镀锌无缝钢管，其对应关系见表6-2。

表6-2 镀锌钢管与无缝钢管尺寸对应关系表

公称直径/mm	15	20	25	32	40	50	70	80	100	150	200
无缝钢管外径/mm	20	25	32	38	45	57	76	89	108	159	219

（2）系统组件安装。喷头安装的工程量计算应区别其不同的安装部位（无吊顶和有吊顶），分别以“个”为单位计算，其主材为喷头。

湿式报警装置安装应区别其不同公称直径，成套产品以“组”为单位计算。主材为湿式报警装置和法兰。其他报警装置安装均执行湿式报警装置安装定额（适用于雨淋、干湿两用及预作用报警装置）。湿式报警装置成套产品的安装内容见表6-3，其每“组”安装费均包括了表中所列内容。

表6-3 湿式报警阀装置成套产品安装内容表

序号	项目名称	型号	内容
1	湿式报警装置	ZSS	湿式阀、蝶阀、装配管、压力表、试验阀、试验管流量计、过滤器、延迟器、水力警铃、截止阀、漏斗、压力开关等
2	干湿两用报警装置	ZSL	两用阀、蝶阀、装配管、加速器、压力表、试验阀、试验管流量计、挠性接头、过滤器、延迟器、水力警铃、截止阀、漏斗、压力开关等
3	电动雨淋报警装置	ZSY1	雨淋阀、蝶阀、装配管、压力表、试验阀、流量表、注水阀、电磁阀、气压开关、手动试压器、水力警铃、截止阀等
4	预作用报警装置	ZSU	干式报警阀、蝶阀、压力表、流量表、截止阀、注水阀、止回阀、试验阀、装配管、电磁阀、气压开关、手动试压器、水力警铃、试压电磁阀、漏斗、过滤器等
5	室内消火栓	SN	消火栓箱、消火栓、水枪、水龙带、水龙带接扣、挂架、消防按钮
6	室外消火栓	地上式SS	地上式消火栓、法兰接管、弯管底座
		地下式SX	地下式消火栓、法兰接管、弯管底座或消火栓三通
7	消防水泵接合器	地上式SQ	消防接口本体、止回阀、安全阀、闸阀、弯管底座、放水阀
		地下式SQX	消防接口本体、止回阀、安全阀、闸阀、弯管底座、放水阀
		墙壁式SQB	消防接口本体、止回阀、安全阀、闸阀、弯管底座、放水阀、标牌

温感式水幕装置安装应区别其不同公称直径，分别以“组”为单位计算。但给水三通至喷头、阀门间管道的主材数量按设计管道中心长度加损耗另列项计算，喷头数量按设计数量另加损耗计算。

水流指示器、减压孔板安装，区别其不同的公称直径，均以“个”为单位计算。在多层或大型建筑的自动喷水灭火系统上，一般在每一层或每个分区的干管上或支管的始端安装一个水流指示器。减压孔板和相应的节流装置的安装用于均衡各层管段的流量，当管径大于或等于50mm时需设置，通常安装于管道内水流转弯处下游一侧的直管上，且与转弯处的距离不小于管径的两倍。

末端试水装置通常设在报警阀组控制的最不利点即喷头处，由试水阀、压力表及试水接头组成。其工程量计算时应区别不同公称直径，分别以“组”为单位计算。其中压力表及连接管已包含在材料消耗定额中，阀门作为主材另计。

（3）消火栓安装。室内消火栓安装的工程量计算，应按单栓和双栓，分别，以“套”为单位计算。室内消火栓安装时，栓口应朝外，其中心距地面为1.1m。

室外消火栓安装的工程量计算，应区分不同规格、工作压力和覆土深度，以“套”为单位计算。室外地上式消火栓根据是否设有检修阀门和阀门井室分为Ⅰ型和Ⅱ型。地上式消火栓Ⅰ型安装：消火栓下部直埋，通过消火栓三通与给水干管连接。地上式消火栓Ⅱ型安装：消火栓下部直埋，设有检修阀门和阀门井室，通过弯头和消火栓三通与给水干管连接。室外消火栓安装根据管道覆土深度分为浅装和深装。浅装：消火栓安装在支管上且管道覆土深度 $H \leqslant 1$m。深装：消火栓安装在支管上且管道覆土深度 $H > 1$m。

消防水泵接合器安装应按水泵接合器安装的不同形式（地下式、地上式、墙壁式），区别其不同公称直径（*DN*100或*DN*150），分别以“套”为单位计算。

（4）隔膜式气压水罐（气压罐）安装。气压罐主要用于满足系统的压力要求，即保证系统最不利点喷头的最小工作压力，所以又称为稳压气压水罐。气压罐安装的工程量计算，应按其不同公称直径，分别以“台”为单位计算。其中气压罐和法兰为主材。

（5）管道支吊架制作与安装。管道支吊架制作与安装的工程量均以“kg”为单位计算。一般规定每段配水干管上应设置一个活动支架，相邻两喷头间的管段上至少应设一个吊架。

（6）自动喷水灭火系统管网水冲洗。自动喷水灭火系统管网水冲洗的工程量计算，应区别其管道的不同公称直径，分别以“m”为单位计算。

2. 气体灭火系统安装

本章定额及计算规则适用于工业与民用建筑中设置的二氧化碳灭火系统、卤代烷1211灭火系统和卤代烷1301灭火系统中的管道、管件、系统组件等的安装。

（1）管道安装。管道安装（无缝钢管）的工程量计算，应按其不同材质和连接形式（螺纹连接和法兰连接），区别其管道的不同公称直径，分别以“m”为单位计算。无缝钢管安装定额中均不包括钢制管件连接内容，应按设计用量另执行“钢制管件”定额。

螺纹连接的不锈钢管、铜管及管件安装时，按无缝钢管和钢制管件安装相应定额乘以系数1.2。

(2) 系统组件安装。喷头安装的工程量计算，应区别其不同公称直径，分别以“个”为单位计算。选择阀安装的工程量计算，应按选择阀的不同规格和连接方式分别以“个”为单位计算。储存装置安装的工程量计算，应按其不同规格，分别以“套”为单位计算。其“套”的安装内容包括：储存容器和驱动气瓶的安装固定、支框架安装、系统组件安装（集流管、容器阀、单向阀、高压软管）、安全阀安装、驱动装置安装及氮气增压。

(3) 二氧化碳称重检漏装置安装。二氧化碳称重检漏装置以“套”为单位计算工程量，“套”包含了泄漏报警开关、配件、支架安装内容。

(4) 系统组件试验。系统组件包括选择阀、单向阀及高压软管等。试验按水压强度试验和气压严密性试验分别以“个”为单位计算。

3. 泡沫灭火系统安装

本章定额及计算规则适用于高、中、低倍数固定式或半固定式泡沫灭火系统的发生器及泡沫比例混合器安装。泡沫发生器安装可按不同型号以“台”为单位计算，法兰和螺栓按设计规定另行计算。泡沫比例混合器安装应按不同型号以“台”为单位计算。法兰和螺栓按设计规定另行计算。

4. 火灾自动报警系统安装

(1) 探测器安装。点型探测器安装包括接线盒、底座、装饰圈和探测器安装（接线盒和底座的安装在穿管布线时应事先埋入），其工程量以“只”为单位计算，包括所有安装内容及本体调试。在工程量统计时应按多线制和总线制的不同，并区别探测器感烟、感温、感光及可燃气体等的不同类型分别套用定额。线型探测器有缆式线型（热敏电缆为本体）和空气管式差温式探测器（敏感元件空气管为ϕ38mm×0.5mm纯铜管）等。在工程量计算时不分线制和保护形式，并综合了正弦、环绕、直线等安装方式，以“m”为单位计算。与探测器连接的模块和终端需另行计算。

(2) 按钮安装。按钮通常安装在墙上距地面高度1.5m处，其工程量计算不分型号和规格及安装方式，均以“只”为单位计算。

(3) 模块（接口）安装。模块分为控制模块和报警模块。前者仅起控制作用（亦称为中继器），后者只起监视、报警作用，均以“只”为单位计算其安装工程量。

(4) 报警控制器安装。多线制和（总线制）报警控制器安装，应按其不同安装方式（壁挂式和落地式），区别其不同的控制点数，分别以“台”为单位计算。这里的“点数”是指报警控制器所带报警器件（探测器、报警按钮、模块等）的数量。

（5）联动控制器安装。该工程量计算规则同报警控制器，只是这里的“点数”是指联动控制器所带联动设备的状态控制和状态显示的数量，或者是控制模块的数量。

（6）报警联动一体机安装。该工程量计算应按其不同安装方式（壁挂式和落地式），区别其不同控制点数，分别以“台”为单位计算。这里的“点数”是指报警联动一体机所带报警器件与联动设备的状态控制和状态显示，或者是控制模块的数量。

（7）重复显示器、警报装置、远程控制器安装。该工程量计算不分规格、型号、安装方式，按多线制和总线制划分，分别以“台”为单位计算。警报装置分声光报警和警铃报警两种形式，均以“台”为单位计算工程量。远程控制器按其控制回路数以“台”为单位计算工程量。

（8）消防专用通信系统安装。火灾事故广播、消防通信、报警备用电源等安装均以“个”为单位计算。

火灾自动报警系统传输线路应采用穿金属管、硬塑料管、半硬塑料管或封闭式线槽保护方式布线，配管配线的要求应符合 GB 50166—2007《火灾自动报警系统施工及验收规范》，工程量的计算规则参见《全国统一安装工程预算定额》第二册《电气设备安装工程》。

5. 消防系统调试

（1）自动报警系统装置调试。该系统包括各种探测器、报警按钮、报警控制器，按不同点数以“系统”为单位计算。调试费中包含了调试前对系统各装置的逐个单机通电检查。

（2）水灭火系统控制装置调试。应根据其控制点的不同数量，以“系统”为单位计算。调试范围包括消火栓、自动喷水、卤代烷、二氧化碳等固定灭火系统的控制装置。

（3）火灾事故广播、消防通信、消防电梯系统装置调试。除消防电梯的调试工程量以“部”为单位计算，事故广播、消防通信的调试工程量均以“只”为单位计算。

（4）消防系统装置调试。包括电动防火门、防火卷帘门、正压送风阀、排烟阀、防火阀控制。电动防火门、防火卷帘门均以“处”为单位计算，每樘为1处；正压送风阀、排烟阀、防火阀均以“处”为单位计算，1个阀为1处。

（5）气体灭火系统装置调试。该系统装置调试范围由驱动瓶起始至气体喷头终止。气体灭火系统装置调试内容包括模块喷气试验和储存容器的切换试验。气体灭火系统装置调试的工程量，应区别试验容器的不同规格，分别以“个”为单位计算。

6.2.2 计价表套用

1. 火灾自动报警系统

火灾自动报警系统通常由探测系统、联动控制系统、消防专用通信系统、显示打印系统等组成，计算工程量时应分区域、分系统、分楼层逐项计算，最后将型号规格、敷设条件、安装方式均相同的工程量汇总，并执行计价表相应子目。

2. 室内消防工程

室内消防工程若既包括消火栓灭火系统又包括自动喷水灭火系统，工程量计算应按各系统分别进行，计价表套用应按规定执行，此时应注意各系统的分界。

消防泵房安装包括水泵至水泵间外墙皮之间的管路、阀门、水泵安装项目。其中管道、管件、阀门安装执行《全国统一安装工程预算定额》第6册计价表相应子目，水泵安装执行《全国统一安装工程预算定额》第1册计价表相应子目。

消火栓灭火系统安装包括从水泵间外墙皮始至整个消火栓系统的管路、阀门、消火栓安装项目。其中消火栓管道、室外给水管道安装及水箱制作安装执行《全国统一安装工程预算定额》第8册计价表相应子目，消火栓安装执行《全国统一安装工程预算定额》第7册计价表相应子目。

自动喷水灭火系统安装包括从水泵间外墙皮始至整个自动喷水灭火系统的管路、阀门、报警装置、喷头等安装项目，均执行《全国统一安装工程预算定额》第7册计价表相应子目。计算管路时可按照水流方向由干管到支管分别计算，计算组件时可按系统或楼层进行数量统计。统计时对于报警装置等成套产品所包含的内容应熟悉，避免重复计算。

3. 气体灭火系统的工程量计算步骤

第1步，起动气瓶至储存装置、储存装置至选择阀部分：该部分主要计算储存装置的套数、二氧化碳称重检漏装置的套数、气体驱动装置管道长度、选择阀的个数。注意储存装置的“套”包括了储存容器、驱动气瓶、支框架、集流管、容器阀、单向阀、高压软管、安全阀、驱动装置等内容，不要重复套用定额。

第2步，选择阀至管网末端部分：该部分主要计算管路长度及气体喷头个数。

第3步，系统组件试验：主要计算选择阀、单向阀及高压软管等的个数。

计价表套用时还应遵循以下规则：

（1）《全国统一安装工程预算定额》第7册第3章“气体灭火系统安装”相应项目均适用于卤代烷1211和1301灭火系统，若采用二氧化碳灭火系统，则按卤代烷灭火系统相应子目乘以系数1.20。

（2）气体灭火系统管道穿过墙壁、楼板时应安装套管，穿墙套管长度应和墙厚相等，穿楼板套管长度应高出地面50mm。套管安装应执行《全国统一安装工程预算定额》第6册计价表相应子目。

（3）管道支吊架制作安装执行“水灭火系统安装”的相应项目。

（4）由于灭火剂的不断开发，已出现很多新品种，但因没有统一的国家标准和规范，所以在计价表中无法编入。发生时可根据系统的设置和工作压力参照相应子目执行。

4. 自动控制泡沫灭火系统

该系统一般由自动报警系统和泡沫灭火系统两部分组成，工程量计算时应区分两个系统分别计算。计算泡沫灭火系统工程量的步骤：

第1步，计算水池至比例混合器部分的管道长度及相关设备。

第2步，计算泡沫液储罐至比例混合器部分的管道长度及相关设备。

第3步，计算比例混合器至泡沫发生器部分的管道长度及相关设备。

泡沫灭火系统的管道、管件、法兰、阀门、管道支架等的安装及管道系统水冲洗、强度试验、严密性试验等执行《全国统一安装工程预算定额》第6册计价表相应子目。泡沫喷淋系统的管道、组件、气压水罐、管道支吊架等的安装执行《全国统一安装工程预算定额》第7册第2章“水灭火系统安装”相应项目。

5. 关于计取有关费用的规定

（1）超高增加费。操作高度以5m为界，超过5m时，其超过部分（5m处至操作高度）的定额人工费应乘以相应系数，见表6-4。

表6-4 超高系数

标高/m	±8	±12	±16	±20
超高系数	1.10	1.15	1.20	1.25

（2）高层建筑增加费。指高度在6层或20m以上的工业与民用建筑的消防工程，用于对人工和机械费用的补偿。高层建筑增加费费率，见表6-5。

表6-5 高层建筑增加费费率

层　　数	<9层 30m	<12层 40m	<15层 50m	<18层 60m	<21层 70m	<24层 80m	<27层 90m	<30层 100m	<33层 110m	<36层 120m	<40层
按人工费的百分比（%）	10	15	19	23	27	31	36	40	44	48	54
其中人工工资（%）	10	14	21	21	26	29	31	35	39	41	43
机械费（%）	90	86	79	79	74	71	69	65	61	59	57

（3）脚手架搭拆费。按人工费的5%计算，其中人工工资占25%，材料占75%。

（4）安装与生产同时进行增加的费用。按人工费的10%计算，全部为人工降效费用。

（5）在有害身体健康的环境中施工增加的费用。按人工费的10%计算，全部为人工降效费用。

6. 消防系统调试

调试费基本上按相应定额基价的60%计算，其中调试费用占70%，配合检测、验收费用占30%，工程结算时，施工单位应提供调试和检测报告，否则，不予结算该项费用。如系统调试是建设单位委托厂家调试，施工单位在配合厂家调试时，收取定额系统调试费的18%作为配合费。

6.3 工程量清单项目设置

消防工程工程量清单项目设置执行 GB 50500—2008 附录 C.7 的规定。该附录分6节，共47个清单项目，包括水灭火系统、气体灭火系统、泡沫灭火系统、管道支架制作安装、火灾自动报警系统、消防系统调试6个部分。

1. 水灭火系统

水灭火系统工程量清单项目设置，按表6-6的规定执行。

表6-6 水灭火系统（编码：030701）

项目编码	项目名称	项目特征	单位	工程量计算规则	工程内容
030701001	水喷淋镀锌钢管	1. 安装部位（室内、外） 2. 材质 3. 型号、规格 4. 连接方式 5. 除锈标准、刷油、防腐设计要求 6. 水冲洗、水压试验设计要求	m	按设计图示管道中心线长度以延长米计算，不扣除阀门、管件及各种组件所占长度；方形补偿器以其所占长度按管道安装工程量计算	1. 管道及管件安装 2. 套管（包括防水套管）制作、安装 3. 管道除锈、刷油、防腐 4. 管网水冲洗 5. 无缝钢管镀锌 6. 水压试验
030701002	水喷淋镀锌无缝钢管				
030701003	消火栓镀锌钢管				
030701004	消火栓钢管				
030701005	螺纹阀门	1. 阀门类型、材质、型号、规格 2. 法兰结构、材质、规格、焊接形式	个	按设计图示数量计算	1. 法兰安装 2. 阀门安装
030701006	螺纹法兰阀门				
030701007	法兰阀门				
030701008	带短管甲乙的法兰阀门				
030701009	水表	1. 材质 2. 型号、规格 3. 连接方式	组		安装
030701010	消防水箱制作安装	1. 材质 2. 形状 3. 容量 4. 支架材质、型号、规格 5. 除锈标准、刷油设计要求	台		1. 制作 2. 安装 3. 支架制作、安装及除锈、刷油 4. 除锈、刷油

（续）

项目编码	项目名称	项目特征	单位	工程量计算规则	工程内容
030701011	水喷头	1. 有吊顶、无吊顶 2. 材质 3. 型号、规格	个	按设计图示数量计算	1. 安装 2. 密封性试验
030701012	报警装置	1. 名称、型号 2. 规格	组	按设计图示数量计算（包括湿式报警装置、干湿两用报警装置、电动雨淋报警装置、预作用报警装置）	安装
030701013	温感式水幕装置	1. 型号、规格 2. 连接方式	组	按设计图示数量计算（包括给水三通至喷头、阀门间的管道、管件、阀门、喷头等的全部安装内容）	安装
030701014	水流指示器	规格、型号	个	按设计图示数量计算	
030701015	减压孔板	规格	个		
030701016	末端试水装置	1. 规格 2. 组装形式	组	按设计图示数量计算（包括连接管、压力表、控制阀及排水管等）	
030701017	集热板制作安装	材质	个	按设计图示数量计算	
030701018	消火栓	1. 安装部位（室内、外） 2. 型号、规格 3. 单栓、双栓	套	按设计图示数量计算（安装包括室内消火栓、室外地上式消火栓、室外地下式消火栓）	安装
030701019	消防水泵接合器	1. 安装部位 2. 型号、规格	套	按设计图示数量计算（包括消防接口本体、止回阀、安全阀、闸阀、弯管底座、放水阀、标牌）	安装
030701020	隔膜式气压水罐	型号、规格	台	按设计图示数量计算	1. 安装 2. 二次灌浆

在编制工程量清单时，首先应区分消火栓灭火系统和自动喷水灭火系统，再分别计算各系统的工程量，并列出各系统的工程量清单或工程量清单计价表。

水灭火系统清单项目的工程量计算规则同计价表工程量计算规则，但在进行综合单价计算时，凡是工程内容超过一项的项目，其综合单价则包含了计价表中的各项目费用。如消防水箱制作安装项目，其工程内容有4项，则消防水箱综合单价应包含消防水箱制作、消防水箱安装、支架制作安装及消防水箱除锈刷油4项费用，该4项费用均从计价表中获得。

2. 气体灭火系统

气体灭火系统工程工程量清单项目设置见表6-7。

表6-7 气体灭火系统（编码：030702）

<table>
<tr><th>项目编码</th><th>项目名称</th><th>项目特征</th><th>单位</th><th>工程量计算规则</th><th>工程内容</th></tr>
<tr><td>030702001</td><td>无缝钢管</td><td rowspan="4">1. 卤代烷灭火系统、二氧化碳灭火系统
2. 材质
3. 规格
4. 连接方式
5. 除锈、刷油、防腐及无缝钢管镀锌设计要求
6. 压力试验、吹扫设计要求</td><td rowspan="4">m</td><td rowspan="4">按设计图示管道中心线长度以延长米计算，不扣除阀门、管件及各种组件所占长度</td><td rowspan="4">1. 管道安装
2. 管件安装
3. 套管制作、安装（包括防水套管）
4. 钢管除锈、刷油、防腐
5. 管道压力试验
6. 管道系统吹扫
7. 无缝钢管镀锌</td></tr>
<tr><td>030702002</td><td>不锈钢管</td></tr>
<tr><td>030702003</td><td>铜管</td></tr>
<tr><td>030702004</td><td>气体驱动装置管道</td></tr>
<tr><td>030702005</td><td>选择阀</td><td>1. 材质
2. 规格
3. 连接方式</td><td rowspan="2">个</td><td rowspan="2">按设计图示数量计算</td><td>1. 安装
2. 压力试验</td></tr>
<tr><td>030702006</td><td>气体喷头</td><td>型号、规格</td><td rowspan="3">安装</td></tr>
<tr><td>030702007</td><td>储存装置</td><td rowspan="2">规格</td><td rowspan="2">套</td><td>按设计图示数量计算（包括灭火剂存储器、驱动气瓶、支框架、集流阀、容器阀、单向阀、高压软管和安全阀等储存装置和阀驱动装置）</td></tr>
<tr><td>030702008</td><td>二氧化碳称重检漏装置</td><td>按设计图示数量计算（包括泄漏开关、配重、支架等）</td></tr>
</table>

注：选自《全国统一安装工程预算定额》第七册《消防及安全防范设备安装工程》附录C.7中的表C.7.2。

3. 泡沫灭火系统

泡沫灭火系统工程工程量清单项目设置，见表6-8。

表6-8 泡沫灭火系统（编码：030703）

项目编码	项目名称	项目特征	单位	工程量计算规则	工程内容
030703001	碳钢管	1. 材质 2. 型号、规格 3. 焊接方式 4. 除锈、刷油、防腐设计要求 5. 压力试验、吹扫的设计要求	m	按设计图示管道中心线长度以延长米计算，不扣除阀门、管件及各种组件所占长度	1. 管道安装 2. 管件安装 3. 套管制作、安装 4. 钢管除锈、刷油、防腐 5. 管道压力试验 6. 管道系统吹扫
030703002	不锈钢管				
030703003	铜管				
030703004	法兰	1. 材质 2. 型号、规格 3. 连接方式	副	按设计图示数量计算	法兰安装
030703005	法兰阀门		个		阀门安装
030703006	泡沫发生器	1. 水轮机式、电动机式 2. 型号、规格 3. 支架材质、规格 4. 除锈、刷油设计要求 5. 灌浆材料	台		1. 安装 2. 设备支架制作、安装 3. 设备支架除锈、刷油 4. 二次灌浆
030703007	泡沫比例混合器	1. 类型 2. 型号、规格 3. 支架材质、规格 4. 除锈、刷油设计要求 5. 灌浆材料			
030703008	泡沫液储罐	1. 质量 2. 灌浆材料			1. 安装 2. 二次灌浆

4. 管道支架制作安装

管道支架制作安装工程量清单项目设置，见表6-9。

表6-9 管道支架制作安装（编码：030704）

项目编码	项目名称	项目特征	单位	工程量计算规则	工程内容
030704001	管道支架制作安装	1. 管架形式 2. 材质 3. 除锈、刷油设计要求	kg	按设计图示质量计算	1. 制作、安装 2. 除锈、刷油

管道支架制作安装适用于水灭火系统安装、气体灭火系统安装和泡沫灭火系统安装相应项目，因此单独作为清单项目设置。对于水灭火系统和气体灭火系统，其管道支架的综合单价包含《全国统一安装工程预算定额》第7册和第11册计价表相应项目费用；对于泡沫灭火系统，其管道支架的综合单价包含《全

国统一安装工程预算定额》第 6 册和第 11 册计价表相应项目费用。计算时，应注意区别。

5. 火灾自动报警系统

火灾自动报警系统安装工程量清单项目设置，见表 6-10。

表 6-10 火灾自动报警系统（编码：030705）

项目编码	项目名称	项目特征	单位	工程量计算规则	工程内容
030705001	点型探测器	1. 名称 2. 多线制 3. 总线制 4. 类型	只	按设计图示数量计算	1. 探头安装 2. 底座安装 3. 校接线 4. 探测器调试
030705002	线型探测器	安装方式	m		1. 探测器安装 2. 控制模块安装 3. 报警终端安装 4. 校接线 5. 系统调试
030705003	按钮	规格	只		1. 本体安装 2. 消防报警备用电源 3. 校接线 4. 调试
030705004	模块(接口)	1. 名称 2. 输出形式			1. 安装 2. 调试
030705005	报警控制器	1. 多线制 2. 总线制 3. 安装方式 4. 控制点数量	台		1. 本体安装 2. 消防报警备用电源 3. 校接线 4. 调试
030705006	联动控制器				
030705007	报警联动一体机				
030705008	重复显示器				
030705009	报警装置	1. 多线制 2. 总线制			1. 安装 2. 调试
030705010	远程控制器	控制回路			

编制工程量清单时，火灾自动报警系统工程量计算规则同计价表工程量计算规则，但在进行综合单价计算时，线型探测器的综合单价中应包括与探测器连接的模块和终端安装费，控制器的综合单价中应包括消防报警备用电源的安装费。

6. 消防系统调试

工程量清单项目设置及工程量计算规则按表 6-11 执行。

表6-11　消防系统调试（编码：030706）

项目编码	项目名称	项目特征	单位	工程量计算规则	工程内容
030706001	自动报警系统装置调试	点数	系统	按设计图示数量计算（由探测器、报警按钮、报警控制器组成的报警系统；点数按多线制、总线制报警器的点数计算）	系统装置调试
030706002	水灭火系统控制装置调试	点数	系统	按设计图示数量计算（由消火栓、自动喷水、卤代烷、二氧化碳等灭火系统组成的灭火系统装置；点数按多线制、总线制联动控制器的点数计算）	
030706003	防火控制系统装置调试	1. 名称 2. 类型	处	按设计图示数量计算（由消火栓、自动喷水、卤代烷、二氧化碳等灭火系统组成的灭火系统装置；点数按多线制、总线制联动控制器的点数计算）	
030706004	气体灭火系统装置调试	试验容器规格	个	按调试、检验和验收所消耗的试验容器总数计算	1. 模拟喷气试验 2. 备用灭火器储存容器切换操作试验

注：选自《全国统一安装工程预算定额》第七册《消防及安全防范设备安装工程》附录C.7中的C.7.6。

火灾事故广播、消防通信项目工程量清单执行GB 50500—2008《建设工程工程量清单计价规范》附录C.12（建筑智能化系统设备安装工程）有关内容。

【例6-1】　某一总线制火灾自动报警系统中安装了60m的缆式线型定温探测器（正弦式安装），已知该线型探测器附带的接口模块和终端盒各为10只，试计算该线型定温探测器的综合单价。

【解】　(1) 由火灾自动报警系统（C7.5编码030705）和已知条件编制分部分项工程量清单计价见表6-12。

表6-12　分部分项工程量清单计价

项目编码	项目名称	计量单位	工程数量	金额/元	
				综合单价	复合价
030705002001	线型探测器，正弦式安装	m	60	43.57	2614.20

（2）编制分部分项工程量清单综合单价分析表。

线型探测器每10m的定额主材耗量为13.20m，所以该60m的缆式线型定温探测器主材数量为79.20m，主材单价为5元/m。详见表6-13。

本例中管理费按人工费的47%计取，利润按人工费的14%计取。

表6-13 分部分项工程量清单综合单价计算表

工程名称： 计量单位：m

项目编码：030705002001 工程数量：60

项目名称：线型探测器安装 综合单价：43.57元

序号	定额编号	工程内容	单位	数量	综合单价组成					小计
					人工费	材料费	机械费	管理费	利润	
1	7-11	线型探测器安装、校接线、调试	10m	6	224.64	70.44		105.60	31.44	432.12
2	7-13	控制模块安装	只	10	378.60	68.90	14.60	177.90	53.00	693.00
3	7-15	报警终端安装	只	10	357.80	47.50	17.30	168.20	50.09	640.89
4		线型探测器主材费	m	79.200		396.00				396.00
5		控制模块和报警终端主材费	只	10.00		500.00				500.00
合计										2662.01

6.4 消防工程工程量清单计价编制实例

以某老干部活动中心自动喷淋工程为例，说明自动喷淋工程工程量清单计价的编制方法（该实例执行GB 50500—2008规定）。

6.4.1 熟悉施工图和施工内容

该活动中心自动喷淋平面图如图6-1、图6-2所示，系统图如图6-3所示。系统室外设有阀门井，内设消防水泵接合器2套，各层均设自动排气阀、螺纹泄水阀、信号蝶阀、水流指示器。施工内容包括管道安装、自动喷淋喷头安装、阀门安装、自动排气阀安装、支架制作安装、系统调整等。

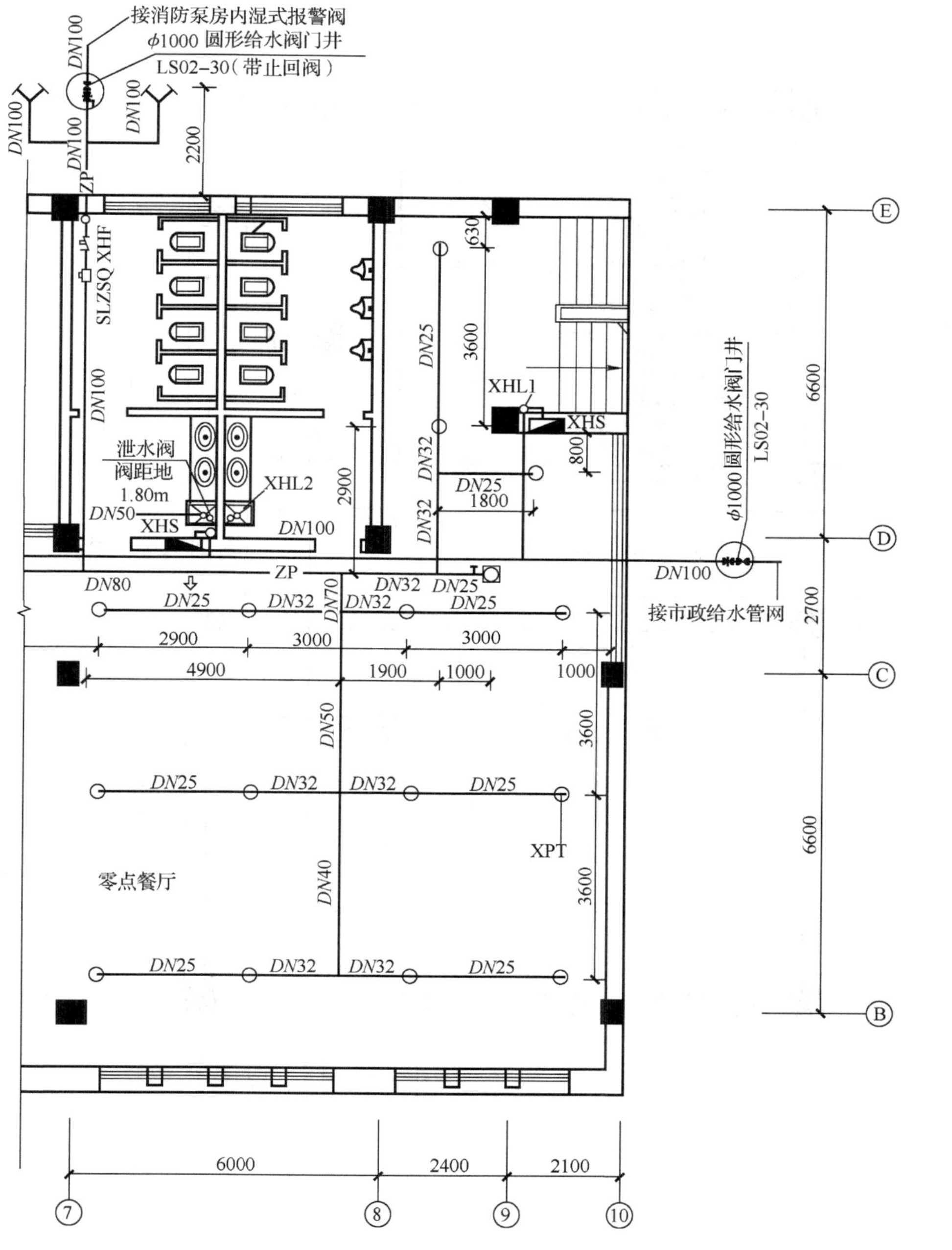

图 6-1 一层自动喷淋平面图

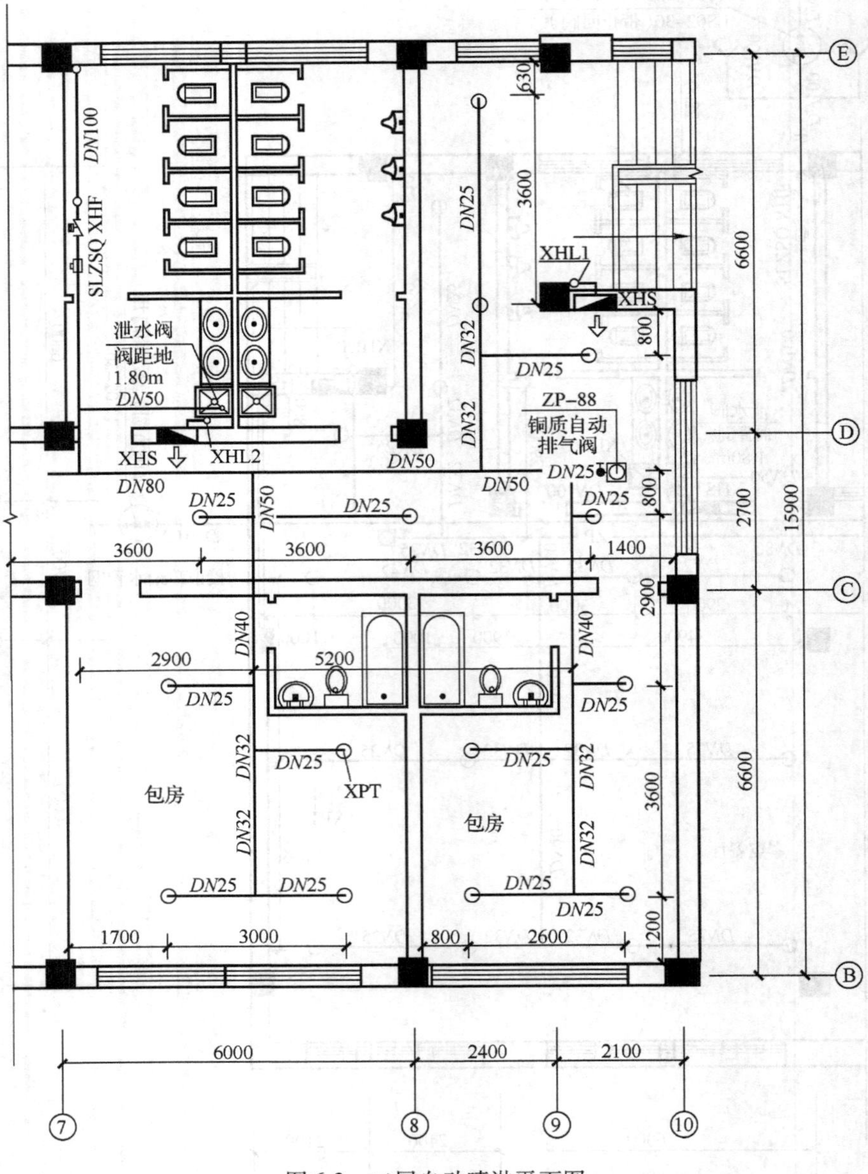

图 6-2　二层自动喷淋平面图

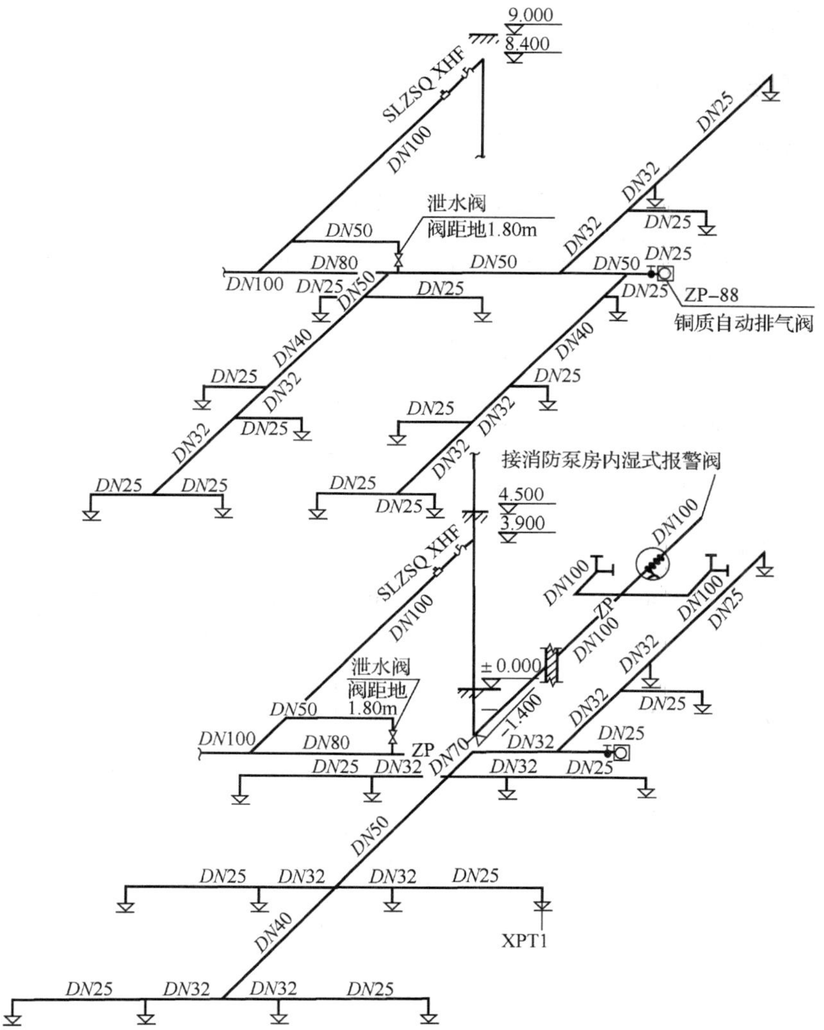

图6-3 自动喷淋系统图

6.4.2 项目设置

根据施工图、施工方法及GB 50500—2008的清单项目设置和工程量计算规则，将该项目工程的分项工程项目设置如下：

1）室内管道安装。

2）阀门安装。

3）支架制作安装。

4）消防组件安装。

5）系统调试。

6.4.3 工程量计算

自动喷淋工程量计算见表6-14。

表6-14 工程量计算书

工程名称：老干部活动中心自动喷淋工程

序号	分部分项工程名称	单位	工程量	工程量计算式
1	镀锌钢管 *DN*100	m	31.40	1.5×2+1.1×2+2.2+0.37+6.6+0.25+0.13+6.6+0.25+8.4+1.4=31.40
2	镀锌钢管 *DN*80	m	7.80	4.9+2.9=7.80
3	镀锌钢管 *DN*70	m	1.01	1.35−0.25−0.05−0.04=1.01
4	镀锌钢管 *DN*50	m	17.61	(4.55+3.6)+(4.55+1.01+3.9)=17.61
5	镀锌钢管 *DN*40	m	10.20	3.6+2.9+3.7=10.20
6	镀锌钢管 *DN*32	m	23.90	(3×3+1.9+2.9)+(3.6+3.6+2.9)=23.90
7	镀锌钢管 *DN*25	m	54.30	(3×3+2.9×3+3.6+1.8+1)+(3.6+3×2+2.6×2+3.6+1.8+1+0.3)+(0.3×29)=54.30
8	快速反应喷头	个	29.00	
9	自动排气阀 *DN*25	个	2.00	
10	螺纹泄水阀 *DN*50	个	2.00	
11	信号蝶阀 *DN*100	个	2.00	
12	水流指示器 *DN*100	个	2.00	
13	消防水泵接合器 *DN*100	套	2.00	
14	支架	kg	113.00	
15	水灭火系统调试	系统	1.00	

6.4.4 分部分项工程量清单

分部分项工程量清单见表6-15。

表6-15 分部分项工程量清单

工程名称：老干部活动中心自动喷淋工程

序 号	项目编号	分部分项工程名称	计量单位	工程数量
1	030701001001	镀锌钢管 *DN*100	m	31.40
2	030701001002	镀锌钢管 *DN*80	m	7.80
3	030701001003	镀锌钢管 *DN*70	m	1.01
4	030701001004	镀锌钢管 *DN*50	m	17.61
5	030701001005	镀锌钢管 *DN*40	m	10.20
6	030701001006	镀锌钢管 *DN*32	m	23.90
7	030701001007	镀锌钢管 *DN*25	m	54.30
8	030701011001	快速反应喷头	个	29.00
9	030803005001	自动排气阀 *DN*25	个	2.00
10	030701006001	螺纹泄水阀 *DN*50	个	2.00
11	030701006002	信号蝶阀 *DN*100	个	2.00
12	030701014001	水流指示器 *DN*100	个	2.00
13	030701018001	消防水泵接合器 *DN*100	套	2.00
14	030704001001	支架	kg	113.00
15	030706002001	水灭火系统控制装置调试	系统	1.00

6.4.5 项目综合单价

项目综合单价的计算是标底价和投标报价的关键环节，应按 GB 50500—2008 作出综合单价分析见表6-16～表6-30。

表6-16 分部分项工程工程量清单综合单价计算表（1）

工程名称：老干部活动中心自动喷淋工程　　计量单位：m

项目编码：030701001001　　工程数量：31.40

项目名称：镀锌钢管 *DN*100　　综合单价：82.45元

序号	定额编号	工程内容	计量单位	工程数量	其中/元					
					人工费	材料费	机械费	管理费	利润	小计
1	7-73	镀锌钢管 *DN*100	m	31.40	239.90	50.87	29.08			
		镀锌钢管 *DN*100	m	32.03		1563.93				
	7-135	系统管网冲洗	m	31.40	20.41	44.27				
	8-29	套管 *DN*125	m	1.30	4.44	5.45	1.40			
		钢管 *DN*125	m	1.33	87.07					
		小计			351.82	1664.52	30.48			
		主体结构增加费			17.59					
		合计			369.41	1664.52	30.48	232.73	291.83	2588.97

表 6-17　分部分项工程工程量清单综合单价计算表（2）

工程名称：老干部活动中心自动喷淋工程　　计量单位：m

项目编码：030701001002　　工程数量：7. 80

项目名称：镀锌钢管 *DN*80　　综合单价：61. 47 元

序号	定额编号	工程内容	计量单位	工程数量	其中/元					
					人工费	材料费	机械费	管理费	利润	小计
2	7-72	镀锌钢管 *DN*80	m	7. 80	52. 88	14. 43	8. 17			
		镀锌钢管 *DN*80	m	7. 96		298. 59				
	7-135	系统管网冲洗	m	7. 80	5. 07	11. 00				
		小计			57. 95	324. 02	8. 17			
		主体结构增加费			2. 90					
		合计			60. 85	324. 02	8. 17	38. 34	48. 07	479. 45

表 6-18　分部分项工程工程量清单综合单价计算表（3）

工程名称：老干部活动中心自动喷淋工程　　计量单位：m

项目编码：030701001003　　工程数量：1. 01

项目名称：镀锌钢管 *DN*70　　综合单价：50. 83 元

序号	定额编号	工程内容	计量单位	工程数量	其中/元					
					人工费	材料费	机械费	管理费	利润	小计
3	7-71	镀锌钢管 *DN*70	m	1. 01	5. 84	1. 70	0. 93			
		镀锌钢管 *DN*70	m	1. 03		30. 78				
	7-135	系统管网冲洗	m	1. 01	0. 66	1. 42				
		小计			6. 50	33. 90	0. 93			
		主体结构增加费			0. 32					
		合计			6. 82	33. 90	0. 93	4. 30	5. 39	51. 34

表 6-19　分部分项工程工程量清单综合单价计算表（4）

工程名称：老干部活动中心自动喷淋工程　　计量单位：m

项目编码：030701001004　　工程数量：17. 61

项目名称：镀锌钢管 *DN*50　　综合单价：40. 88 元

序号	定额编号	工程内容	计量单位	工程数量	其中/元					
					人工费	材料费	机械费	管理费	利润	小计
4	7-70	镀锌钢管 *DN*50	m	17. 61	91. 57	22. 72	16. 15			
		镀锌钢管 *DN*50	m	17. 96		394. 45				
	7-135	系统管网冲洗	m	17. 61	11. 45	24. 83				
		小计			103. 02	442. 00	16. 15			
		主体结构增加费			5. 15					
		合计			108. 17	442. 00	16. 15	68. 15	85. 45	719. 92

表 6-20　分部分项工程工程量清单综合单价计算表（5）

工程名称：老干部活动中心自动喷淋工程　　　　计量单位：m
项目编码：030701001005　　　　工程数量：10.20
项目名称：镀锌钢管 *DN*40　　　　综合单价：35.69 元

序号	定额编号	工程内容	计量单位	工程数量	其中/元					
					人工费	材料费	机械费	管理费	利润	小计
5	7-69	镀锌钢管 *DN*40	m	10.20	50.90	13.26	10.47			
		镀锌钢管 *DN*40	m	10.40		179.78				
	7-135	系统管网冲洗	m	10.20	6.63	14.38				
		小计			57.53	207.42	10.47			
		主体结构增加费			2.88					
		合计			60.41	207.42	10.47	38.05	47.72	364.07

表 6-21　分部分项工程工程量清单综合单价计算表（6）

工程名称：老干部活动中心自动喷淋工程　　　　计量单位：m
项目编码：030701001006　　　　工程数量：23.90
项目名称：镀锌钢管 *DN*32　　　　综合单价：30.12 元

序号	定额编号	工程内容	计量单位	工程数量	其中/元					
					人工费	材料费	机械费	管理费	利润	小计
6	7-68	镀锌钢管 *DN*32	m	23.90	104.92	20.32	16.30			
		镀锌钢管 *DN*32	m	24.38		343.49				
	7-135	系统管网冲洗	m	23.90	15.54	33.70				
		小计			120.46	397.50	16.30			
		主体结构增加费			6.02					
		合计			126.48	397.50	16.30	79.68	99.92	719.89

表 6-22　分部分项工程工程量清单综合单价计算表（7）

工程名称：老干部活动中心自动喷淋工程　　　　计量单位：m
项目编码：030701001007　　　　工程数量：54.30
项目名称：镀锌钢管 *DN*25　　　　综合单价：26.11 元

序号	定额编号	工程内容	计量单位	工程数量	其中/元					
					人工费	材料费	机械费	管理费	利润	小计
7	7-67	镀锌钢管 *DN*25	m	54.30	229.69	36.92	24.27			
		镀锌钢管 *DN*25	m	55.39		603.15				
	7-135	系统管网冲洗	m	55.39	36.00	78.10				
		小计			265.69	718.17	24.27			
		主体结构增加费			13.28					
		合计			278.97	718.18	24.27	175.76	220.4	1417.58

表 6-23 分部分项工程工程量清单综合单价计算表（8）

工程名称：老干部活动中心自动喷淋工程　　计量单位：个
项目编码：030701011001　　工程数量：29.00
项目名称：快速反应喷头　　综合单价：64.49 元

序号	定额编号	工程内容	计量单位	工程数量	其中/元					
					人工费	材料费	机械费	管理费	利润	小计
8	7-77	快速反应喷头	个	29.00	183.86	186.18	45.18			
		快速反应喷头	个	29.29		1171.60				
		小计			183.86	1357.78	45.18			
		主体结构增加费			9.19					
		合计			193.05	1357.78	45.18	121.62	152.5	1870.13

表 6-24 分部分项工程工程量清单综合单价计算表（9）

工程名称：老干部活动中心自动喷淋工程　　计量单位：个
项目编码：030803005001　　工程数量：2.00
项目名称：自动排气阀 *DN*25　　综合单价：104.03 元

序号	定额编号	工程内容	计量单位	工程数量	其中/元					
					人工费	材料费	机械费	管理费	利润	小计
9	8-301	自动排气阀 *DN*25	个	2.00	12.54	16.20				
		自动排气阀 *DN*25	个	2.00		160.00				
		小计			12.54	176.20				
		主体结构增加费			0.63					
		合计			13.17	176.20		8.30	10.40	208.07

表 6-25 分部分项工程工程量清单综合单价计算表（10）

工程名称：老干部活动中心自动喷淋工程　　计量单位：个
项目编码：030701006001　　工程数量：2.00
项目名称：螺纹泄水阀 *DN*50　　综合单价：177.17 元

序号	定额编号	工程内容	计量单位	工程数量	其中/元					
					人工费	材料费	机械费	管理费	利润	小计
10	8-225	丝扣泄水阀 *DN*50	个	2.00	22.76	96.50				
		丝扣泄水阀 *DN*50	个	2.00		200.00				
		法兰盘 *DN*50	副	2.00						
		小计			22.76	296.50				
		主体结构增加费			1.14					
		合计			23.90	296.50		15.06	18.88	354.34

表 6-26 分部分项工程工程量清单综合单价计算表 (11)

工程名称：老干部活动中心自动喷淋工程 计量单位：个

项目编码：030701006002 工程数量：2.00

项目名称：信号蝶阀 *DN*100 综合单价：449.76 元

序号	定额编号	工程内容	计量单位	工程数量	其中/元					
					人工费	材料费	机械费	管理费	利润	小计
11	8-249	信号蝶阀 *DN*100	个	2.00	45.04	81.08				
		信号蝶阀 *DN*100	个	2.02		404.00				
		法兰盘 *DN*100	副	2.00		300.00				
		小计			45.04	785.08				
		主体结构增加费			2.25					
		合计			47.29	785.08		29.79	37.36	899.52

表 6-27 分部分项工程工程量清单综合单价计算表 (12)

工程名称：老干部活动中心自动喷淋工程 计量单位：个

项目编码：030701014001 工程数量：2.00

项目名称：水流指示器 *DN*100 综合单价：402.64 元

序号	定额编号	工程内容	计量单位	工程数量	其中/元					
					人工费	材料费	机械费	管理费	利润	小计
12	7-94	水流指示器 *DN*100	个	2.00	69.20	84.74	24.70			
		水流指示器 *DN*100	个	2.00		520.00				
		小计			69.20	604.74	24.70			
		主体结构增加费			3.46					
		合计			72.66	604.74	24.70	45.78	57.40	805.28

表 6-28 分部分项工程工程量清单综合单价计算表 (13)

工程名称：老干部活动中心自动喷淋工程 计量单位：套

项目编码：030701018001 工程数量：2.00

项目名称：消防水泵接合器 *DN*100 综合单价：729.99 元

序号	定额编号	工程内容	计量单位	工程数量	其中/元					
					人工费	材料费	机械费	管理费	利润	小计
13	7-121	消防水泵接合器 *DN*100	套	2.00	82.20	226.40	24.70			
		消防水泵接合器 *DN*100	套	2.00		1000.00				
		小计			82.20	1226.40	24.70			
		主体结构增加费			4.11					
		合计			86.31	1226.40	24.70	54.38	68.18	1459.97

表 6-29　分部分项工程工程量清单综合单价计算表（14）

工程名称：老干部活动中心自动喷淋工程　　计量单位：kg
项目编码：030704001001　　工程数量：113.00
项目名称：支架　　综合单价：15.93 元

序号	定额编号	工 程 内 容	计量单位	工程数量	其中 /元					
					人工费	材料费	机械费	管理费	利润	小计
14	7-131	支架	kg	113.00	233.91	117.52	88.03			
		主材：型钢	kg	119.78		1000.00				
		小计			233.91	1117.52	88.03			
		主体结构增加费			11.70					
		合计			245.61	1117.52	88.03	154.73	194.03	1799.92

表 6-30　分部分项工程工程量清单综合单价计算表（15）

工程名称：老干部活动中心自动喷淋工程　　计量单位：系统
项目编码：030706002001　　工程数量：1.00
项目名称：水灭火系统控制装置调试　　综合单价：6143.67 元

序号	定额编号	工 程 内 容	计量单位	工程数量	其中 /元					
					人工费	材料费	机械费	管理费	利润	小计
15	7-200	水灭火系统调试	系统	1.00	2223.55	92.24	401.39			
		小计			2223.55	92.24	401.39			
		主体结构增加费			111.18					
		合计			2334.73	92.24	401.39	1470.88	1844.43	6143.67

6.4.6 分部分项工程量计价

分部分项工程量清单计价须按 GB 50500—2008 规定的格式填写。综合单价即为《分部分项工程量清单综合单价分析表》中清单项目所对应的综合单价，其分部分项工程量清单的名称、单位、数量、主要材料规格按招标人给出清单的内容计算和填写。分部分项工程工程量清单计价表见表 6-31。

表 6-31　分部分项工程工程量清单计价表

工程名称：老干部活动中心自动喷淋工程

序号	项 目 编 号	分部分项工程名称	计量单位	工程数量	金额/元		
					综合单价	合价	其中人工费
1	030701001001	镀锌钢管 *DN*100	m	31.40	82.45	2588.97	369.41
2	030701001002	镀锌钢管 *DN*80	m	7.80	61.47	479.45	60.85
3	030701001003	镀锌钢管 *DN*70	m	1.01	50.83	51.34	6.82

（续）

序号	项目编号	分部分项工程名称	计量单位	工程数量	金额/元		
					综合单价	合价	其中人工费
4	030701001004	镀锌钢管 DN50	m	17.61	40.88	719.92	108.17
5	030701001005	镀锌钢管 DN40	m	10.20	35.69	364.07	60.41
6	030701001006	镀锌钢管 DN32	m	23.90	30.12	719.89	126.48
7	030701001007	镀锌钢管 DN25	m	54.30	26.11	1417.58	278.97
8	030701011001	快速反应喷头	个	29.00	64.49	1870.13	193.05
9	030803005001	自动排气阀 DN25	个	2.00	104.03	208.07	13.17
10	030701006001	螺纹泄水阀 DN50	个	2.00	177.17	354.34	23.90
11	030701006002	信号蝶阀 DN100	个	2.00	449.76	899.52	47.29
12	030701014001	水流指示器 DN100	个	2.00	402.64	805.28	72.66
13	030701018001	消防水泵接合器 DN100	套	2.00	729.99	1459.97	86.31
14	030704001001	支架	kg	113.00	15.93	1799.92	245.61
15	030706002001	水灭火系统调试	系统	1.00	6143.67	6143.67	2334.73
	合计				8415.23	19882.12	4027.83

6.4.7　措施项目清单计价

1. 脚手架搭拆费

依据《全国统一安装工程预算定额》的要求，脚手架搭拆费按人工费的5%计算，其中人工费占25%。

脚手架搭拆费 = 人工费 ×5% + 人工费 ×5% ×25% ×（管理费费率 + 利润费率）

2. 环境保护费及文明施工费

环境保护费及文明施工增加费按人工费的3.42%计算。

3. 安全施工费

安全施工费按人工费的2.98%计算。

4. 临时设施费

临时设施费按人工费的7.25%计算。

以上费用按给出的措施项目清单编写措施项目清单计价表（表6-32）。

表6-32　措施项目清单计价表

工程名称：老干部活动中心自动喷淋工程

序　号	项目名称	金额/元
1	环境保护及文明施工费	137.75
2	安全施工费	120.03

（续）

序　　号	项 目 名 称	金额/元
3	临时设施费	292.02
4	脚手架搭拆费	272.89
合计		822.69

注：根据 GB 50500—2008《建设工程工程量清单计价规范》中规定，管理费按人工费的63%计算，利润按人工费的79%计算。

6.4.8　单位工程造价

单位工程的造价是由分部分项工程费、措施项目费、其他项目费、规费和税金构成（该例题执行 GB 50500—2008）。规费和税金在分部分项工程费、措施项目费和其他项目费的基础上进行计算。单位工程费汇总表见表6-33。

表6-33　单位工程费汇总表

工程名称：老干部活动中心自动喷淋工程

<table>
<tr><th>序　号</th><th colspan="4">项 目 名 称</th><th>简要说明及计算公式</th><th>金额/元</th></tr>
<tr><td>1</td><td colspan="4">分部分项工程工程量清单计价合计</td><td>见表6-31</td><td>19882.12</td></tr>
<tr><td>2</td><td colspan="4">措施项目清单计价合计</td><td>见表6-32</td><td>822.69</td></tr>
<tr><td>3</td><td colspan="4">其他项目清单计价合计</td><td>不计取</td><td>0.0</td></tr>
<tr><td rowspan="7">4</td><td rowspan="6">规费</td><td>①</td><td colspan="2">工程定额测定费</td><td>(1+2+3)×1.3‰</td><td>26.92</td></tr>
<tr><td>②</td><td colspan="2">工程排污费</td><td>人工费×1.3%</td><td>52.36</td></tr>
<tr><td rowspan="4">③</td><td rowspan="4">社会保障费</td><td>a、失业保险费</td><td>人工费×2.44%</td><td>98.28</td></tr>
<tr><td>b、医疗保险费</td><td>人工费×7.32%</td><td>294.84</td></tr>
<tr><td>c、住房公积金</td><td>人工费×6.10%</td><td>245.70</td></tr>
<tr><td>d、工伤保险费</td><td>人工费×1.22%</td><td>49.14</td></tr>
<tr><td>小计</td><td colspan="3"></td><td>①+②+③</td><td>767.24</td></tr>
<tr><td>5</td><td colspan="4">税金</td><td>(1+2+3+4)×3.44%</td><td>738.64</td></tr>
<tr><td>合计</td><td colspan="4">单位工程合计费用</td><td>1+2+3+4+5</td><td>22977.93</td></tr>
</table>

思考与练习题

1. 水灭火系统工程量计算应遵循哪些规则？
2. 气体灭火系统工程量计算应遵循哪些规则？
3. 火灾自动报警系统套用定额需注意哪些问题？
4. 消防系统调试主要包括哪些内容？
5. 消防工程工程量清单项目设置主要包括哪些内容？

第 7 章

7

水工程项目技术经济评价

7.1　项目技术经济评价概述

项目技术经济评价是对工程项目的经济合理性进行科学规范的调查、研究、计算、分析和论证，并对其财务可行性和经济合理性作出全面评价，提出结论性意见的全过程。项目技术经济评价是投资项目各方案评价的核心内容，是工程项目可行性研究和评估工作的重要依据。

项目技术经济评价的内容，应根据项目性质、项目目标、项目投资及项目对社会的影响程度等具体情况选择。

项目技术经济评价是在工程技术可行的基础上进行的，是以动态评价分析为主，以静态分析为辅，它包括财务评价和国民经济评价两个方面。前者是从企业角度进行企业盈利分析，后者是从整个国民经济角度进行国家盈利分析，根据项目对企业和对国家的贡献情况，确定项目的可行性。对涉及整个国民经济的重大项目和严重影响国计民生的项目，稀缺资源开发和利用的项目，涉及产品或原料、燃料进出口或代替进出口的项目，以及产品和原料价格明显不合理的项目等，除进行企业经济评价外，必须进行详细的国民经济评价。国民经济评价结论不可行的项目，一般应予以否定。

7.1.1　财务评价

从投资者角度，以会计学观点，财务评价是根据国家财税制度和价格体系，分析项目直接发生的财务费用收益，编制财务报表，计算项目的财务收入和财务支出，考察项目的财务盈利能力、清偿能力及资金平衡状况，判别项目财务的可行性。

财务评价大致可以分为三个步骤：第一步，进行分析的基础准备；第二步，编制财务报表；第三步，进行经济效果计算。

财务评价时，首先需要编制财务报表，财务报表是财务评价的主要依据。基本报表有现金流量表、损益表和资产负债表等；辅助报表有固定资产投资估算表、流动资产估算表、投资计划与资金筹措表、总费用估算表、产品销售收入和销售税金及附加税估算表、借款还本付息计算表等，这些财务报表都有通用的格式和要求。

财务评价指标包括项目盈利能力分析、项目偿债能力分析、财务生存能力分析。项目盈利能力指标是指财务内部收益率、投资回收期、财务净现值、投资利润率、投资利税率和资本金利润率等指标。项目清偿能力指标主要是指资产负债率、借款偿还期、流动比率、速动比率等。财务生存能力分析是计算净现金流量和累计盈余资金，通过分析项目是否有足够的净现金流量维持正常运营，考察项目在财务上的可持续性。

总的说来，财务评价指标包括销售利润率、总资产报酬率、资本收益率、资本保值增值率、资产负债率、流动比率、速动比率、应收账款周转率、存货周转率等。

7.1.2 国民经济评价

国民经济评价是从国民经济的利害得失出发，对项目所作的经济效果评估。它是将项目纳入整个国民经济系统之中，考虑对其他相关部门的影响，从国家和社会的全局出发去衡量项目在经济效果上是否可行。该评估要求真实地反映项目在寿命期间投入与产出的价值，国民经济的真正得失，因此在评估的方法及数据处理上不完全与财务评价相同。

国民经济评价是从国家的角度，评价项目对实现国家经济发展战略目标及对社会福利的实际贡献。它除了对项目的直接经济效果考虑外，还要考虑项目对社会的全面的费用效益状况。与财务评价不同，它将工资、利息、税金作为国家收益，它所采用的产品价格为社会价格，采用的贴现率也为社会贴现率。

项目工程国民经济评价的主要目的包括：制定一个能够确切完成项目目标的机制和组织模式；实现经济和社会的稳定、持续和协调发展；充分利用地方资源、人力、技术和知识，增强地方的参与程度；减少或避免项目建设和运行可能引起的社会问题；预测潜在危险并分析减少不良社会后果和影响的对策措施。

国民经济评价是从国家整体经济和社会角度出发，用经济学和社会学观点，根据国民经济长远发展目标和社会需要，以能反应实际价值的影子价格、影子工资、影子汇率等参数，计算工程项目的费用和效益，考察项目对社会经济的净贡献，然后进行项目经济可行性和合理性分析的工作，因此是项目技术经济评价的关键之一。

影子价格又称为最优计划价格，是指当社会经济处于良好状态下，能如实反映资源稀缺程度、社会劳动消耗及市场供求状况的货物价格，是一种能够确切反映社会效益和费用的合理价格。影子价格不用于商品交换，仅用于预测、计划和项目国民经济效益分析等目的。

影子工资是指经济项目使用劳动力，社会为此付出的真实代价，包括劳动力的机会成本和劳动力转移而引起的新增资源消耗两部分。劳动力机会成本是指劳动力不从事该项目而从事其他工程项目所创造的最大效益；新增资源消耗是指工程项目使用的劳动力由于就业或迁移而增加的城市交通和管理等基础设施投资费用。影子工资一般是通过影子工资换算系数计算的。

影子汇率能如实反映货币间社会价值的货币兑换比率，即外汇的影子价格。影子汇率应由国家统一测定发布，并定期调整，一般通过影子汇率换算系数计算。影子汇率换算系数是影子汇率与国家外汇牌价的比值，目前我国的影子汇率换算系数为1.08。

项目工程国民经济评价是从整个国民经济的角度考察项目的效益和费用。准确识别项目的费用和效益，是正确评价项目对国民经济的净贡献，保证项目科学决策的前提。效益指项目对国民经济的贡献，包括直接效益和间接效益；费用指国民经济为项目所付出的代价，包括直接费用和间接费用。直接效益又称内部效益，在财务评价中，是项目的实际收入；国民经济评价中，是项目的产出物（物质产品或服务）用影子价格计算的经济价值，不增加产出的项目，其效益表现为投入的节约，即释放到社会上的资源的经济价值。间接效益又称外部效益，是指除项目直接效益外，对社会产生的其他效益。直接费用是指直接用于产品生产而发生的各项费用，包括产品生产的材料、生产工人的工资和福利费、其他费用等，它直接计入产品的生产成本。间接费用是指不能直接计入产品生产成本的费用，指制造企业各生产单位（分厂、车间）为组织和管理生产所发生的各种费用，包括生产单位管理人员的工资和福利费、办公费、水电费、机物料消耗、机器设备的折旧费、修理费等。

为了正确估算工程项目对整个国民经济的真实效果，在进行国民经济评价时，对于国内价格明显不合理的投入品和产出品，其价格应予适当调整。

目前，我国国民经济评价的方法有“影响法”、“有无法”、“前后法”和费用效益分析法四种。影响法是以项目对国民经济的影响来评价项目的经济合理性。主要通过分析项目的投入产出，对国民经济的初次影响和二次影响，计算出项目引起的国内增加产值。“有无法”是指根据“有项目”和“无项目”的费用、效益差异，分析项目的经济合理性。“前后法”是指根据“建成项目前”和“建成项目后”的费用、效益差异，分析项目的经济合理性。费用效益分析法是指从国家宏观利益出发，通过识别项目的经济效益和经济费用，求得项目的经济净收益，判断项目经济可行性的过程。

国民经济评价以盈利能力为主，常用指标包括国民经济盈利能力指标和外汇效果指标两类。前者包括经济内部收益率和经济净现值；后者有经济外汇净现值、经济换汇成本和经济节汇成本。

（1）经济内部收益率是指项目计算期内各年经济净效益流量的现值累计等于零时的折现率，记作 $EIRR$，是反映项目对国民经济贡献的相对指标。其表达式为

$$\sum_{t=0}^{n}[(CI-CO)_t(1+EIRR)^{-t}]=0 \tag{7-1}$$

式中　CI——现金流入量；

CO——现金流出量；

$(CI-CO)_t$——第 t 年的现金流量；

n——计算期。

当经济内部收益率等于或大于社会折现率时，说明项目占用投资对国民经济的净贡献达到或超过了要求的水平，这时项目可以接受；反之，则项目在经济上不合理。

（2）经济净现值是指用社会折现率将项目寿命期内各年的净效益流量折算到建设期初的现值之和，记作 $ENPV$，是反映项目对国民经济净贡献的绝对指标。其表达式为

$$ENPV=\sum_{t=0}^{n}[(CI-CO)_t(1+i_s)^{-t}] \tag{7-2}$$

式中　$ENPV$——经济净现值；

$(CI-CO)_t$——第 t 年的净效益流量；

n——项目寿命期；

i_s——社会折现率。

当经济净现值大于等于零时，项目可行；当经济净现值小于零时，则表明项目占用投资对国民经济所作的净贡献未达到社会折现率的要求，项目不可行。

（3）经济外汇净现值是用以衡量投资项目实施后对国家外汇收支直接或间接影响的重要指标。它是用社会折现率将项目计算期内各年的净外汇流量折算到建设期初现值之和。其表达式为

$$ENPV_F=\sum_{t=0}^{n}(FI-FO)_t(1+i_s)^{-t} \tag{7-3}$$

式中　FI——外汇流入量；

FO——外汇流出量；

$(FI-FO)_t$——第 t 年的净外汇流量；

n——项目寿命期。

经济外汇净现值大于0，项目国家外汇收支有净贡献；等于0，项目对于国家

外汇收支没有损耗；项目均可以接受。

（4）经济换汇成本的经济意义是换取1美元外汇所需要的人民币金额。它是用影子价格、影子工资和社会折现率计算出生产出口产品而投入的国内资源现值，与生产出口产品的经济外汇净现值比值。国内资源现值通常用人民币表示，而经济外汇净现值通常用美元表示。

（5）经济节汇成本的经济意义是替代1美元进口产品而所需投入人民币金额。它是指有产品替代进口时，用影子价格、影子工资和社会折现率计算的为生产而投入的国内资源现值（以人民币表示）与产出品的经济外汇净现值（通常以美元表示）的比值。

经济换汇成本或经济节汇成本小于或等于影子汇率时，表明项目生产出口品或替代进口品的经济效益好，项目产品出口或替代进口才是有利的。

7.2 技术经济评价原理与指标体系

技术经济评价是指对生产中为达到某种目标和实现某种效用所采取的方法和手段，从技术和经济两个方面进行综合分析和论证，揭示有用效果与劳动消耗之间的内在联系，并比较其优劣，选择具有最佳经济效果的措施和方案。

为了从经济角度对技术项目进行评价，必须确定进行经济评价的依据，这些依据称为经济评价指标。对各种技术项目方案进行评价时，都离不开采用各种各样的技术经济指标，它们从不同角度反映了技术项目方案的经济性。技术经济指标有很多种类和层次，形成了不同的技术经济指标体系。工程经济分析的基本原理就是对技术方案的经济效益进行分析、计算和评价，从中选出最优方案。这就需要通过一套完整的指标体系。在两个以上技术方案经济效益比较时，必须使它们“可比”，因此评价者要根据获得资料的多少、不同的评价要求以及项目本身的性质，遵循原始数据资料可比、产量可比、质量可比、消耗费用可比、价格可比和时间可比6个可比原则，选择合适的经济评价指标和方法。

1. 原始数据资料可比

技术经济评价面临的首要问题是确定评价项目方案的基础资料和数据，如投资金额、经营成本、利润、税金等，各技术项目比选方案在原始基础数据方面应该具有可比性。要求原始数据资料必须真实、完整、全面；各方案加工整理方法统一；指标、定额水平一致；效益和耗费的计量标准统一。

2. 产量可比

产量可比是指各技术方案实际满足社会需要的产品产量相等。当方案的产量接近或差异不大时，一般可以折算成单位产品的耗费指标进行经济效益计算比较；当方案的产量有明显差异或呈整数倍关系时，必须进行产量修正计算，将产量较低方案的总投资额及年生产成本指标，折算成产量较高方案的相应数值，再进行对比计算。

3. 质量可比

质量可比是指各方案的产品质量要达到国家规定的质量标准，达到同一质量级别。如果各比选方案的产品质量不同，必须作出相应的质量可比修正计算，将产品质量上的差异换算为产量或投资额和年生产成本指标，然后再进行方案的比较、评价和选优。

4. 消耗费用可比

消耗费用可比原则，是指在计算和比较费用指标时，不仅要计算比较方案本身的各种费用，还应考虑相关费用，并且应采用统一的计算原则和方法来计算各种费用。

5. 价格可比

进行项目方案经济评价时，应该重视价格因素，使价格可比。如果各比选方案的价格不可比，可采用理论价格代替市场价格使其具有可比性；或者以一个方案的费用、效益、计算范围和方法为基准，修正其他方案使其具有可比性。

6. 时间可比

对于生产经营期不同的技术项目方案进行评价时，必须采用相同的计算期，使其具有时间上的可比性。一般有最小公倍数法和研究期法。计算期最小公倍数法是选取各备选方案的计算期的最小公倍数作为共同的计算期，备选方案按原方案重复实施若干次至最小公倍数年数。研究期法又称最短计算期法，是选择最短的计算期作为方案的共同计算期。

为了系统且全面的评价一个项目，往往需要采用多个评价指标，从多方面对项目的经济性进行分析考察。这些既相对独立又相互联系的评价指标，就构成了项目经济评价的指标体系。为了确保投资的正确性和科学性，建立合理的经济评价指标体系并正确运用评价方法是十分重要的。因此，评价人员必须了解各种经济评价指标的含义、特点、计算公式及相互之间的联系，以便恰当的选择经济评价指标体系，建立合理的经济评价指标体系。

据项目评价是否考虑资金时间价值，可将指标分为静态指标和动态指标。为了更方便讨论，将指标分为三类，即时间性指标、价值性指标、比率性指标。时间性指标包括投资回收期、借款偿还期；价值性指标包括净现值、净年值等；比率性指标包括内部收益率、净现值率、费用收益率、投资利润率等。

在进行项目经济评价时，一定要遵循定性分析与定量分析相结合，微观效果和宏观效果统一，经济效果和社会效果统一，价值与使用价值统一，数量与质量统一的原则。

7.3 水工程技术经济指标组成内容

指标是一个数量概念，它是综合反映社会现象中某一特定方面状况的数值，可以是绝对数、相对数、平均数。

水工程技术经济评价指标就是度量水工程技术方案、建设措施和技术政策实施后的综合效益大小的一种尺度，它既是综合效益内在含义的表述，又是综合效益外在数量上的反映。

水工程技术经济指标体系由全面评价水工程技术经济综合效果的一系列指标所构成。有助于对水工程技术的各项效果进行系统的、全面的评价，有助于认识各个指标在指标体系中的位置，了解各指标相互间的关系，便于针对不同的评价对象选用适当的指标。

项目技术经济评价指标按是否考虑资金时间价值可以分为静态指标和动态指标。同时按评价指标所反映的经济性质，可以分为时间性指标、价值性指标和比率性指标，见表7-1。

表7-1 项目评价常用指标

	时间性指标	价值性指标	比率性指标
静态指标	静态投资回收期 静态投资收益率 固定资产投资借款偿还期	累计净现金流量	投资收益率 投资利润率 投资利税率
动态指标	动态投资回收期 内部收益率	净现值 将来值 年度等值	内部收益率 净现值率 效益费用比

7.3.1 投资回收期

投资回收期也称返本期，是反映投资方案清偿能力的重要指标，分为静态投资回收期和动态投资回收期。

1. 静态投资回收期

静态投资回收期是指在不考虑资金时间价值的条件下，以项目的净收益抵偿其全部投资所需要的时间。通常以年为单位，可以自项目建设开始年算起，也可以自项目投产年开始算起，但应予注明。

静态投资回收期可根据累计净现金流量求得，其计算公式为

$$P_t = \text{累计净现金流量开始出现正值的年份数} - 1 + \text{上一年累计净现金流量的绝对值/当年净现金流量} \tag{7-4}$$

将计算出的静态投资回收期（P_t）与行业基准投资回收期（P_c）进行比较，

若 $P_t \leqslant P_c$，表明方案可以考虑接受；若 $P_t > P_c$，则方案是不可行的。

2. 动态投资回收期

若考虑资金时间价值，计算出的以项目净收益抵偿全部投资所需要的时间，则被称为动态投资回收期。动态投资回收期就是净现金流量累计现值等于零时的年份，一般从投资开始年算起。在实际应用中根据项目的现金流量表，用下列近似公式计算

P'_t = 累计净现金流量现值出现正值的年数 −1 +

上一年累计净现金流量现值的绝对值/当年净现金流量的现值 (7-5)

同样，$P'_t \leqslant P_c$ 时，方案能在要求的时间内收回投资，是可行的；$P'_t > P_c$ 时，方案不可行，应予拒绝。

目前我国行业基准投资回收期 P_c 见表 7-2。

表 7-2 我国行业基准投资回收期 P_c (单位：年)

大型钢铁	14.3	自动化仪表	8.0	日用化工	8.7
中型钢铁	13.3	工业锅炉	7.0	制盐	10.5
特殊钢铁	12.0	汽车	9.0	食品	8.3
矿井开采	8.0	农药	9.0	塑料制品	7.8
邮政业	19.0	原料加工	10.0	家用电器	6.8
市内电话	13.0	烟草	9.7	水泥	13.0
合成纤维	10.6	棉毛纺织	10.1	大型拖拉机	13.0
日用机械	7.1	平板玻璃	11.0	小型拖拉机	10.0

【例 7-1】 某建设项目估计总投资 5400 万元，项目建成后各年净收益为 720 万元，求该项目的静态投资回收期。

【解】 静态投资回收期 $P_t = 5400/720 = 7.5$（年）

投资回收期指标的最大优点是经济意义明确、直观，计算简便，便于投资者衡量项目承担风险的能力，同时在一定程度上反映投资效果的优劣，因此得到广泛应用。但该指标只考虑投资回收之前的效果，不能反映回收投资之后的情况，无法反映项目整体盈利水平，且由于技术进步的影响，动态投资回收期难以确定。

7.3.2 净现值

净现值是指在项目整个计算期内，按行业基准折现率或其他某个给定的折现率，将各年净现金流量折算到同一时点（通常指期初）的现值的代数和，用以反映项目在满足按设定折现率要求的盈利之外，获得的超额盈利的现值，用 NPV 表示。其表达式为

$$NPV(i_c) = \sum_{t=0}^{n} (CI - CO)_t (1 + i_c)^{-t} \tag{7-6}$$

式中　$NPV(i_c)$——财务净现值；

CI——第 t 年的现金流入量；

CO——第 t 年的现金流出量；

$(CI-CO)_t$——第 t 年的净现金流量；

n——计算期，包括建设期与生产期；

i_c——行业基准收益率（折现率）。

基准折现率是衡量资金时间经济价值的重要参数，代表资金占有的机会成本，用来作为不同年份之间资金价值转换的折现率。基准折现率应根据投资效益、经济发展及国家宏观调控目标取向等因素由国家进行综合分析测定并发布。

同一净现金流量的净现值随折现率的增大而减小，折现率 i_c 越高，可以被接受的项目越少。因此可以采用提高折现率的方法减少被选取的项目数。

净现值指标考虑了资金的时间价值，并全面考虑了项目在整个计算期内的全部净现金流量，能够直接以货币额表示项目的盈利水平，判断直观。但采用净现值法无法直接反映投资项目的实际收益率水平，必须事先确定一个较符合经济现实的基准收益率 i_c，而 i_c 的确定比较复杂困难。若 i_c 定得太高，会失掉一些经济效益好的项目；若 i_c 定得太低，则可能会接受过多的项目，造成投资风险增大。当 $NPV(i_c) > 0$ 时，方案在满足基准收益率要求的盈利之外，还能得到超额收益，可行；当 $NPV(i_c) = 0$ 时，方案勉强可行或有待改进；当 $NPV(i_c) < 0$ 时，该方案不可行。

7.3.3　将来值

将来值又称净年金、等额年金，是按设定的基准收益率将项目计算期内净现金流量等值折算成各年年末的等额净现金流量值，记作 NAV。其计算公式为

$$NAV = \sum_{t=0}^{n} (CI - CO)_t (1 + i_c)^{-t} (A/P, i_c, n) \tag{7-7}$$

NAV 与 NPV 只相差一个系数，故评价标准相同，净现值法与将来值法在同一个方案评价中结论一样。$NAV \geq 0$，则方案经济上可行；$NAV < 0$，方案不可行。NAV 在比较计算期不等的互斥方案时比 NPV 指标更方便。

7.3.4　内部收益率

内部收益率，记作 IRR。简单来说，内部收益率就是项目计算期内各年净现值累计等于零时的折现率。其计算公式为

$$\sum_{t=0}^{n} (CI - CO)_t (1 + IRR)^{-t} = 0 \tag{7-8}$$

式中　IRR——内部收益率；

其他符号同前。

内部收益率与基准收益率进行比较，若 $IRR \geqslant i_c$，则方案在经济上可以接受；若 $IRR < i_c$，则方案在经济上不可行。

内部收益率适用于独立方案的经济评价，对方案进行了动态分析，考察了项目在整个计算期内的经济状况；但不适于只有现金流入或现金流出的项目。同时只适用于独立方案的经济评价和可行性判断，一般不能直接用于互斥方案的比较和选优，也不能对独立项目进行优劣排序。内部收益率法只能告诉投资者被评估企业值不值得投资，却并不能告知值得投资多少钱。内部收益率用于财务评价时，其计算结果称为财务内部收益率，记为 $FIRR$；当内部收益率用于国民经济评价时，其计算结果成为经济内部收益率，记为 $EIRR$。

7.3.5　投资收益率

投资收益率是衡量投资方案获利水平的评价指标，是投资方案达到设计生产能力后一个正常生产年份的年净收益总额与项目总投资的比率。对生产期内各年的净收益额变化幅度较大的方案，可计算生产期年平均净收益额与总投资额的比率。其表达式为

$$R = \frac{A}{I} \times 100\% \tag{7-9}$$

式中　R——投资收益率；

A——年净收益额或年平均净收益额；

I——项目总投资。

投资收益率是衡量项目投资盈利能力的静态指标之一，适用于简单且生产能力变化不大的初步经济评价和选优。将计算出的投资收益率（R）与所确定的基准投资收益率（R_0）进行比较。若 $R \geqslant R_0$，则方案经济上可行；若 $R < R_0$，则方案不可行。

7.3.6　效益费用比

效益费用比是项目在计算期内效益流量的现值与费用流量的现值的比率，记作 RBC。计算公式为：

常规计算公式
$$RBC = \frac{B}{C + M} \tag{7-10}$$

修正计算公式
$$RBC = \frac{B - M}{C} \tag{7-11}$$

式中　B——年效益；

M——年投资；

C——年运营费。

这种方法一般用于评价非盈利性的公用事业的项目的经济效果。这里的效益不一定是直接的超额收益，而是社会公益效益。若 $RBC \geq 1$，说明从国民经济角度分析，社会的所得大于所失，项目可以接受；反之，不能接受。

7.4 项目可行性研究阶段经济评价

可行性研究是建设项目投资决策的基础，是对项目建议书进行技术经济深入论证的一个重要阶段。可行性研究的基本任务，是在投资决策前对新建或改建项目的主要问题，从技术经济角度进行全面的分析研究，并对其投产后的经济效益进行科学地预测和评价，在既定的范围内进行方案论证的选择，以便最合理地利用资源，达到预定的社会效益和经济效益。

一般工业项目可行性研究要解决的问题主要有：为什么要进行这个项目？项目的市场需求怎样？资源条件如何？建设地点如何确定？生产规模多大？生产工艺是否先进？项目投资估算如何？生产盈利水平怎样？风险多大？

7.4.1 项目可行性研究内容

项目可行性研究是在对建设项目进行深入细致的技术经济评价的基础上以经济效益为核心，进行多方案的比较和优选，为项目的决策提供科学依据。可行性研究的内容很广泛，一般包括市场研究、工程建设条件研究、采用工艺技术研究、管理和施工研究、资金和成本研究、经济效益研究等内容。

1. 项目建设基本条件的研究

（1）项目背景，主要是对项目基本情况作一般性概述，如项目的提出、建设条件、生产能力、销售情况以及经济政策等基本条件。

（2）项目优势分析，综合分析自然资源、人力、物力、技术等方面，扬长避短，合理利用项目资源。

（3）环境背景，主要是指项目所在地的自然条件和经济条件。

（4）项目的独特与创新分析。

2. 项目的技术分析

进行项目技术分析是项目可行性研究的重要内容，技术分析将对拟建项目可能涉及的各种技术进行评价与选择。在技术分析中主要进行技术先进性、适用性以及经济性分析。技术分析的指标主要有学术水平指标、技术性能指标、经济效益指标和社会效果指标。

3. 项目的市场研究

项目的市场研究主要包括市场调查、市场预测和项目规模的合理确定三个方面。市场研究要从市场需求预测出发，研究项目产品的销路，探讨市场需求规律和商品价格，从而全面了解项目产品的现实市场和潜在市场情况，并对项目产品未来的市场需求和发展趋势作出预测和判断，根据项目产品各种影响因素，采取合理的生产规模，使资源达到有效配置。

4. 项目的组织管理

应根据项目的性质、规模、资金渠道，从项目地区的实际出发，提出组建开发项目管理机构的合理方案。管理机构要为项目的科学管理、工作效率、项目的完成、优化资源配置、避免资源浪费及项目内外关系协调等方面提供服务和可靠的组织保证。

5. 项目的财务分析

项目的财务分析是从企业自身角度对投资项目的经济效益进行分析评价。要想知道项目的经济效益如何，能否赢利，需对项目进行财务分析。财务分析是以会计核算和报表资料及其他相关资料为依据，采用一系列专门的分析技术和方法，对企业等经济组织过去和现在有关筹资活动、投资活动、经营活动、分配活动的盈利能力和清偿能力状况等进行分析与评价的经济管理活动。它是项目经济评价的重要方面，通过对项目进行财务分析考察项目经济上是否可行。

6. 项目的国民经济与社会效益分析

项目的国民经济与社会效益分析是从整个社会或整个国民经济的角度对投资项目的经济效益进行分析评价。主要考察项目的环境效果、生态效果、政治效果及对国家所作贡献大小等。

总之，市场研究、技术研究和效益研究是项目可行性研究的三大内容。建设项目只有在技术上可靠、市场上有保障、经济方面有利、国民社会方面有益，项目才是可行的。

7.4.2 项目可行性研究的基本方法和步骤

1. 项目可行性研究的基本方法

项目可行性研究的基本方法包括投资估算法、增量净效益法。投资估算法又包括指数估算法、因子估算法、单位能力投资估算法。增量净效益法又称为有无比较法，将有项目时的成本（效益）与无项目时的成本（效益）比较，求得两者差额。

（1）投资估算。投资估算是项目可行性研究中的一项重要工作，不同阶段的可行性研究有不同的投资估算。投资估算的准确程度将直接影响项目的经济效果。包括固定资产投资估算和流动资金估算。

投资估算可以为投资决策提供依据，供银行和政府贷款参考，为招标投资和签订合同提供依据。投资估算的方法主要有以下几种：

1）指数估算法，即“0.6 次方法则”，0.6 是公认的平均数，其公式为

$$X = Y(C_2/C_1)^{0.6}CF \tag{7-12}$$

式中 X——投资估算数；

Y——同类老项目的实际投资数；

C_2——新项目的生产能力；

C_1——老项目的生产能力；

CF——价格调整系数。

2）因子估算法。因子是主要设备的价值与其附属设备和土建安装费用的比值，又称换算系数。因子估算法是将该项目所有的因子相加后乘以主要设备的价格，最后求出整个项目的价格。不同的项目有不同的因子体系。

3）单位能力投资估算法。单位能力投资估算是根据历史资料得到单位生产能力投资，然后与新建项目生产能力相乘，进行项目投资估算，其公式为

$$K = \alpha Q \tag{7-13}$$

式中 K——被估算项目投资额；

α——单位生产能力投资额；

Q——被估算项目的生产能力。

（2）增量净效益法。将有项目时的成本（效益）与无项目时的成本（效益）进行比较，求得两者差额，即为增量成本（效益），这种方法称之为有无比较法。增量净效益法先对不上项目时企业的变动趋势作预测，将上项目以后的成本（效益）与其逐年作动态比较，因此得出的结论更科学、更合理。

2. 可行性研究的工作步骤

项目的可行性研究的步骤可分为委托与签订合同，组织人员制订计划，调查研究与收集资料，方案设计与评优，经济分析和评价，编写详细可行性研究报告 6 个步骤。

（1）委托与签订合同。可行性研究报告编制单位与委托单位，就项目可行性研究报告编制工作的范围、重点、深度要求、完成时间、费用预算和质量要求交换意见，并签订合同。

（2）组织人员制订计划。组织人员就工作的范围、重点、进度安排、人员配置、费用预算及《可行性研究报告》制订计划、编制大纲，并与委托单位交换意见。

（3）调查研究与收集资料。编制可行性研究报告应有大量的、准确的、可用的信息资料作为支持。一般工业项目在可行性研究工作中，应逐步收集整理分析市场资料、自然资源资料、原材料燃料供应资料、工艺技术资料、厂址资料、环境资料、财政税收资料等方面的信息，并进行整理加工。信息资料收集与应用一般应达到充足性、可靠性、时效性的要求。

（4）方案设计与评优。在充分调查研究的基础上制定出技术方案和建设方案，

经过分析比较，选出最佳方案。包括产品方案、生产经济规模、工艺流程、设备选型、车间组成、组织机构和人员配备等方案，都要与建设单位进行讨论。

（5）经济分析和评价。对推荐方案进行财务评价、国民经济评价、环境评价、社会评价及风险分析，以判别项目的经济可行性、环境可行性、社会可行性和抗风险能力。

（6）编写详细可行性研究报告。经过技术经济论证和优化之后，由各专业组分工编写。经项目负责人衔接综合汇总，提出《可行性研究报告》初稿。与委托单位交换意见，修改完善，形成正式《可行性研究报告》。

7.4.3 项目可行性研究阶段的经济评价

通过对方案的选择和优化分析，确定项目的最佳方案，在估算项目投资、成本、价格、收入等基础上，对方案进行详细财务分析和国民经济评价。研究论证项目在经济上的合理性和盈利能力。进一步提出资金筹措建议和项目实施总进度计划。

项目经济评价的内容一般包括以下几方面：

（1）项目总投资估算，包括开发建设投资和经营资金两部分。

（2）项目投资来源、筹措方式的确定。

（3）销售成本、经营成本估算。

（4）销售收入、经营收入和其他收入估算。

（5）财务评估。运用静态和动态分析方案分析计算项目投资回收期、净现值、内部收益率和投资利润率、借款偿还期等技术经济指标，对项目进行财务评估。

（6）国民经济和社会效益分析。

（7）风险分析。一方面采用盈亏平衡分析、敏感性分析、概率分析等定量分析方法进行风险分析；另一方面结合政治形势、国家方针政策、经济发展趋势、市场周期、自然等方面因素的可能变化进行定性风险分析。

（8）综合评价。

（9）结论及建议。① 运用各种数据从技术、经济、财务等方面论述开发项目的可行性，并推荐最佳方案。② 指出存在的问题，并提出相应的建议。

思考与练习题

1. 简述国民经济评价与财务评价的联系与区别。
2. 什么是直接效益和直接费用？
3. 什么是影子价格？
4. 何种建设项目必须进行国民经济评价？
5. 简述国民经济评价指标。

6. 简述技术经济评价可比原则。

7. 试比较静态和动态投资的特点和应用条件。

8. 简述净现值和净年值的概念。

9. 简述内部收益率和投资收益率的概念。

10. 简述项目可行性研究内容。

11. 简述项目可行性研究基本步骤。

12. 为开发某河流的水资源，同时减少水灾，政府考虑修建一个水力发电站。如果折现率为4.2%，试根据表7-3的基础数据，对方案作出评价。项目按无限寿命考虑。

表7-3　水坝系统基础数据表　（单位：万元）

年效益 B		年投资 C	年运营费 M
防洪年增加收益	47	项目初始投资　6420	项目建成后的年运营费 25
娱乐年增加收益	20		
提供用电年增加收益	105		
提供灌溉用水年增加收益	8.5		
造成渔业和野生生物损失	−8.0		

第8章 水工程项目投资

8.1 投资与资产

8.1.1 投资的概念

在西方发达资本主义国家，投资通常是指为获取利润而投放资本于企业的行为，主要是通过购买国内外企业发行的股票和公司债券来实现。而在我国，投资概念既包括股票、债券投资，也指购置和建造固定资产、购买和储备流动资产的经济活动。因此，投资一词具有双重含义，既用来指特定的经济活动，又用来指特种资金。

简而言之，可以把投资定义为：经济主体为获得将来所得经济效益而事先向一定对象垫付资金用于某项事业的经济行为和过程。

从上述定义可看出，投资活动是诸多要素的统一。一项投资活动最基本包括投资主体、投资环境、资金投入、投资产出以及投资目的等方面。其中，投资主体是具有独立投资决策权并对投资负有责任的经济法人或自然人；投资目的是获取预期的财务、经济、社会效益；投资载体则指资金、有形资产（土地使用权、设备和厂房等）和无形资产（商标、专利、技术秘密等）。

8.1.2 投资的分类

对投资进行适当的分类，是确定投资会计核算方法的前提，有以下几种分类方式：

（1）按投资的方式，可以将投资分为直接投资和间接投资。直接投资直接用于生产，货币资金转化为实物资产；间接投资用于信用投资和证券投资，货币资金转化为金融资产。

（2）按投资领域，可以将投资分为生产性投资和非生产性投资。生产性投资也称生产资料投资，最终成果为各种生产性资产；非生产性投资不能形成生产能力，但能形成社会消费或服务能力，最终成果为各种非生产性资产。

（3）按投资目的，可以将投资分为短期投资和长期投资。

（4）按投资内容，可以将投资分为固定资产投资、无形资产投资、流动资金投资、房地产投资、期货与期权投资、信托投资、保险投资等多种形式。

8.1.3 投资的特点

投资的特点主要表现在以下四个方面：

（1）投资是以让渡其他资产而换取的另一项资产。

（2）投资具有时间性，即投入的价值和牺牲的消费是现在的，而获得的价值和消费是将来的。一般情况下投资的周期有投资决策期、投资建设期、投资回收期三个阶段。

（3）投资实施具有连续性和波动性。投资领域无论在微观和宏观上都具有广阔性和复杂性，这就决定了整个投资过程的周期性波动，以及投资实施过程中资金和资源的不断投入。

（4）投资具有风险性。每一个投资项目都存在着使收益落空甚至丧失本金的政治、经济、自然、社会等诸多风险。

8.1.4 资产的概念

项目总投资指投资项目从前期准备工作开始到项目全部建成投产为止所发生的全部支出和费用，反映项目建设期末的投资总额。项目建成后，投资最终转化为相应的固定资产、无形资产、递延资产（其他资产）及流动资产，如图 8-1 所示。

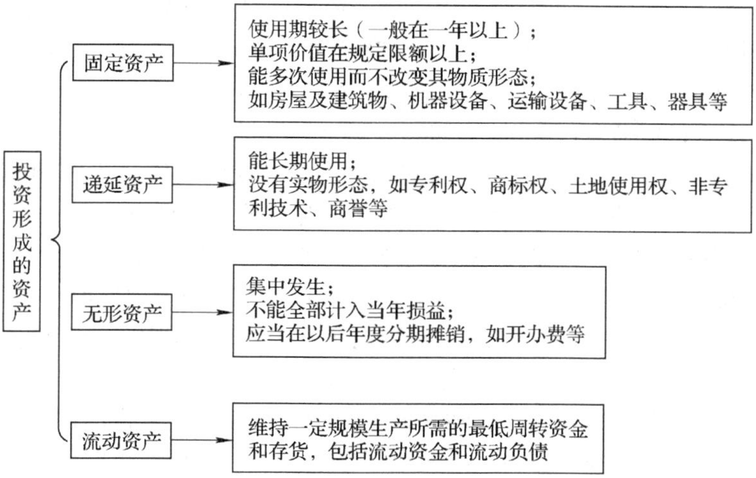

图 8-1 投资形成的资产

1. 固定资产

固定资产是固定资金的实物形态，指使用期限超过一年的房屋、建筑物、机器、机械、运输工具以及其他与生产、经营有关的设备、器具、工具等价值较高的生产资料。不属于生产、经营主要设备的物品，单位价值在2000元以上，并且使用期限超过两年的，也应当作为固定资产。固定资产在生产过程中能够多次使用而始终保持原有的物质形态，其价值按其使用过程中磨损或折旧的程度逐渐转移到产品中去。随着产品的出售，转移的价值又以货币的形式回到投资者手中。构成固定资产的劳动手段必须同时具备使用年限在一年以上和单位价值在规定价值标准以上两个条件。固定资产按其经济性质和使用情况又可分为生产经营性固定资产、非生产经营性固定资产、未使用固定资产、不需用固定资产四类。

固定资产使用过程中，其价值将逐渐转移到产品成本中去，然后从销售收入中按一定比例计提相当于转移的那部分价值，使之因使用磨损所损耗的价值及时得以补偿（维修、更新、改造），此过程称为折旧。折旧的计算方法主要有平均年限法、工作量法及加速折旧法等。无论哪一种方法折旧，折旧期内的折旧额总是相同的。

（1）平均年限法。平均年限法是最常用的固定资产折旧方法，又称直线折旧法，是将固定资产的应计折旧额均摊到固定资产预计使用寿命内。采用这种方法计算的每期折旧额均相等。计算公式如下

$$\text{年折旧额}=\text{固定资产原值}\times\text{年折旧率}=(\text{固定资产原值}-\text{预计净残值})/\text{折旧年限} \tag{8-1}$$

$$\text{年折旧率}=(1-\text{预计净残值率})\div\text{预计使用寿命(年)}\times 100\% \tag{8-2}$$

其中预计净残值率通常取3%～5%。

$$\text{月折旧率}=\text{年折旧率}\div 12 \tag{8-3}$$

$$\text{月折旧额}=\text{固定资产原值}\times\text{月折旧率} \tag{8-4}$$

【例8-1】 某台设备原始价值为200000元，预计使用年限为20年，寿命终了时净残值为9000元，使用平均年限法计算设备年折旧额。

【解】 年折旧额 $=(200000-9000)/20=9550$ 元

（2）工作量法。工作量法是指按实际工作量计提固定资产折旧额的一种方法，属直线折旧法。一般是按固定资产所能工作的时数平均计算折旧额。在各期使用固定资产的时间或产量不均衡时，采用此方法更加符合配比原则。

$$\text{每单位工作量折旧额}=\text{固定资产原值}\times(1-\text{预计净残值率})/\text{使用年限内预计工作量}=(\text{固定资产原值}-\text{预计净残值})/\text{使用年限内预计工作量} \tag{8-5}$$

$$\text{月折旧额}=\text{当月实际完成工作量}\times\text{单位工作量折旧额} \tag{8-6}$$

$$\text{年折旧额}=\text{当年实际完成工作量}\times\text{单位工作量折旧额} \tag{8-7}$$

【例8-2】 某台设备原始价值为200000元，寿命终了时残余价值为10000元，

预计可以使用25000h，第一年使用时间为1200h，请计算第一年折旧额。

【解】 每单位工作量折旧额 = （固定资产原值 - 预计净残值）/使用年限内预计工作量

= （200000 - 10000）/25000 = 7.6元

第一年折旧额 = 7.6 × 1200 = 9120元

（3）加速折旧法。加速折旧的目的是使固定资产在使用年限内加快得到补偿。为使折旧的提取与固定资产的运营规律一致，按照配比原则的要求，应在固定资产使用初期提取较多折旧，在使用后期提取较少折旧，折旧费用呈递减趋势，有利于固定资产价值尽快得到补偿。加速折旧法是在固定资产的使用寿命内以递减状态分配其成本的方法，包括年数总和法和双倍余额递减法两种。

年数总和法的特点是固定资产的折旧率是逐年递减的；双倍余额递减法计算各年折旧额是在不考虑固定资产净残值的情况下，用年初固定资产净值乘以直线折旧率的两倍计算年折旧额。折旧年限到期前的最后两年，采用直线折旧法计算年折旧额。

按照《企业会计制度》规定，企业应当根据固定资产的性质和消耗方式，合理确定固定资产的预计使用年限和预计净残值，并根据科技发展、环境及其他因素选择合理的折旧方法，经经理会议、董事会或股东大会批准，同时按程序报送有关方面备案。

对国有企业，一般用直线法。企业客、货运汽车，大型设备可以采用工作量法。在国民经济中地位重要，技术进步快的行业企业，如电子、船舶、航空、汽车以及生产主机的机械企业，其设备可采用快速折旧法。

固定资产的折旧方法一经确定，不得随意变更。

2. 无形资产

无形资产是指企业拥有或者控制的没有实物形态的非货币性长期资产。无形资产虽然没有物质实体，但可使拥有者长期受益的资产，包括专利权、非专利技术、商标权、著作权、土地使用权、特许权、商誉等。无形资产在使用和形成过程中，具有不同于有形资产的非实体性、垄断性、不确定性、共享性以及高效性特征。企业取得无形资产一般有三种途径，即从外部购入、接受联营单位投资转入和企业内部自行开发。无形资产入账后，一般采用直线法，在规定期限内平均摊销。当没有规定期限时，按照不少于10年的期限平均摊销。

3. 递延资产

递延资产是指不能全部计入当年损益，应在以后年度内较长时期摊销的除固定资产和无形资产以外的其他各项费用支出，包括开办费、经营租赁租入固定资产改良支出、固定资产大修理支出，建设部门转来在建设期内发生的不计入交付使用财产价值的生产职工培训费、摊销期在一年以上的长期待摊费用等。开办费从项目开始运行月份的次月起，按不短于五年期限分期摊销；租入固定资产改良支出在租赁有效期内分期摊销。递延资产实质是已经付的费用，花了费用当然应该取得资产，递延资产就是这个意义上的资产，它没有实体。

4. 流动资产

流动资产是指可以在一年内或者超过一年的一个营业周期内变现或者耗用的资产，包括现金、各种银行存款、短期投资、应收预付款项、存货等，是企业资产中必不可少的组成部分。这里所讲的“营业周期”，是指企业在正常的生产经营过程中从取得存货、购买劳务一直到销售商品和劳务，最后收取货款和劳务款的时间跨度。通常商业企业的经营周期较短，制造业的经营周期较长，有的超过一年。

$$流动资金=流动资产-流动负债$$

总之，资产是公司、企业拥有或者控制的，由于过去事项所形成的现实结果，能给公司、企业带来未来经济利益的资源。企业过去的事项包括购买、生产、建设或其他事项。

8.2 成本、销售收入与税金

8.2.1 成本

1. 成本的概念

成本是指为达到某一目标和完成某一任务所必须付出和已付出的代价。成本在不同的场合有着不同的含义，依据分析领域、角度的不同而变化。成本是商品经济的价值范畴，是商品价值的组成部分，具有补偿的性质，本质上是一种价值牺牲。人们要进行生产经营活动或达到一定的目的，就必须耗费一定的资源（人力、物力和财力），其所耗费资源的货币表现及其对象化称之为成本，主要指企业为生产商品或提供劳务所发生的各项费用。随着商品经济的不断发展，成本概念的内涵和外延都处于不断地变化发展之中。在计划和管理中，对成本构成内容有两种划分法：按费用的经济内容，分为原材料、辅助材料、燃料和动力、工资及工资附加费、固定资产折旧费、其他费用等；按费用的经济用途，分为原材料、燃料和动力、工资及工资附加费、废品损失费、车间经费、企业管理费等。

2. 工程经济分析中的几种成本

（1）总成本。总成本是指项目在一定时期内为生产、运行以及销售产品和提供服务所花费的全部成本和费用，等于经营成本与折旧费、财务费及摊销费之和。通过总成本的计算和分析，可以了解掌握运营期的总支出，将总成本与收入、利润、净利润等比较，能获得有意义的分析指标。

（2）经营成本。经营成本是指工程项目在运行初期和正常运行期间，为维护正常生产，每年需要支出的各项经常性的费用，但不考虑折旧费、维检费、无形资产及递延资产摊销费和利息支出。

（3）固定成本与可变成本。根据产品成本与产量关系，总成本分为固定成本、可变成本和半可变成本。固定成本相对于变动成本，是指成本总额在一定时期和一定业务量范围内，不受产品产量增减变动影响而能保持不变的成本，如厂房、机器等。那些随产品产量而发生变动的成本则称为可变成本，如产出所需要的原材料、为生产线配置的生产工人、燃料费、运输费等。产品产量为零时，可变成本为零。可变成本等于总成本减固定成本。

（4）沉没成本。在经济学和商业决策制定过程中经常会用到沉没成本的概念，代指已经付出且不可收回的成本。沉没成本是指由于过去的决策已经发生了的，而不能由现在或将来的任何决策改变的成本。这些决策和费用均与当前决策方案无关，不予考虑。举例来说你买了台式计算机，玩了一年又想要笔记本计算机，就在二手市场低价卖掉。此时原价和卖价之间的差价就是沉没成本。

（5）机会成本。机会成本又称为择一成本、替代性成本，是指作出一个选择后所丧失的不作出该选择而可能获得的最大利益。任何决策，必须作出一定的选择，被舍弃掉的选项中的最高价值者即是这次决策的机会成本。工程经济学中，机会成本是由于资源的稀缺性，考虑了某种用途，就失去了其他被使用而创造价值的机会，在所有这些其他可能被利用的机会中，把能获取的最大价值作为项目方案使用这种资源的成本，称为机会成本。

在生活中，有些机会成本是可以用货币来进行衡量的，但有些机会成本往往无法用货币衡量。实际上机会成本只是相对的，没有绝对的机会成本。当一个人作出选择后，相对于所能作出的更好的选择来说，就产生了机会成本。

8.2.2 销售收入与税金

1. 销售收入

销售收入也叫营业收入或者经营收入，是指企业销售产品或提供劳务等取得的收入，包括产品销售收入和其他销售收入。销售收入的发生以商品产品所有权的转移和已提供的劳务为依据，其主要标志是收到货款或取得收取款项的权利。营业收入按比重和业务的主次及经常性情况，一般可分为主营业务收入和其他业务收入。前者包括成品、半成品和工业性劳务销售收入等。后者则指除商品产品销售收入以外的其他销售和其他业务收入，如材料销售收入、包装物出租收入以及运输等非工业性劳务收入。

$$销售收入=产品销售数量\times产品单价$$

2. 税金

税金是国家为实现其职能，按照法律规定，通过税收工具强制地对有纳税义务的单位和个人征收的财政资金，具有强制性、无偿性和固定性的特点。税金不仅是国家取得财政收入的主要渠道，也是国家对各项经济活动进行宏观调控的重要杠杆。政府通过实现税收，可以调节社会经济总量，保持经济稳定；监督管理社会经济活动，促进平等竞争；体现产业政策，促进结构调整；合理调节分配，促进共同富裕。

目前，我国的税收制度共设有28个税种，按课税对象的不同性质，税收可简化分为流转税、所得税、财产税、资源税、行为税五大类型。

(1) 流转税。流转税是以商品生产、商品流通和劳务服务的流转额和非生产流转额为课税对象征收的一类税，是我国税制结构中的主体税类，目前包括增值税、消费税、营业税和关税等。

(2) 所得税。所得税亦称收益税，是指以各种纯所得额为征收对象的一类税，也是我国税制结构中的主体税类，目前包括企业所得税、外商投资企业和外国企业所得税以及个人所得税三种。目前我国企业所得税率统一为25%。另外，国家给予了两档优惠税率：一是符合条件的小型微利企业，减按20%的税率征收；二是国家需要重点扶持的高新技术企业，减按15%的税率征收。

(3) 财产税。财产税是指以纳税人所拥有或支配的财产为课税对象的一类税，包括遗产税、房产税、契税、车辆购置税和车船税等八个税种。

(4) 行为税。行为税是指以纳税人的某些特定行为为课税对象的一类税。我国现行税制中的城市维护建设税、固定资产投资方向调节税、印花税、屠宰税、土地增值税、筵席税、证券交易税（未开征）、燃油税都属于行为税。

(5) 资源税。资源税是指对在我国境内从事资源开发的单位和个人征收的一类税。如在我国境内开采原油、煤炭、天然气、非金属矿、金属矿及生产盐的单位和个人都要征收资源税。我国现行税制中资源税、土地使用税、耕地占用税和城镇土地使用税都属于资源税。应纳税额 = 课税数量 × 单位税额。对于矿产品，征收资源税后不再征收增值税；对于盐，除征收资源税外还要征收增值税。

8.3 现金流量与现金流量图表

8.3.1 现金流量

现金流量是以项目作为一个独立系统，反映项目在整个寿命周期内实际收入（收益）和实际支出（费用）的现金活动，即现金流入（CI）和流出（CO）的数量，并把现金流入与现金流出的差额称为净现金流量（NCF），即 $NCF = CI - CO$。现金流入、现金流出和净现金流量统称为现金流量。如企业销售商品、提供劳务、资产回收、向银行借款等取得现金，形成企业的现金流入；购买原材料、接受劳务、购建固定资产、贷款本息偿还等而支付现金等，形成企业的现金流出。

在现金流量表中，将现金流量分为三大类，即经营活动产生的现金流量、投资活动产生的现金流量、筹资活动产生的现金流量。

经营活动是指企业进行产品生产、商品销售、提供劳务、广告宣传、推销产品、交纳税款等的活动，包括了企业投资活动和筹资活动以外的所有交易和事项。它们是企业取得收益的主要交易和事项。投资活动是指固定资产的购建和不包括现金等价物范围内的投资及其处置活动。

筹资活动是指导致企业资本及债务规模和构成发生变化的活动。与资本有关的现金流入和流出项目，包括吸收投资、发行股票、分配利润等。“债务”则指企业对外举债所借入的款项，如发行债券、向金融企业借入款项以及偿还债务等。

8.3.2　现金流量图表

现金流量图是一种反映经济系统资金运动状态的图式，即把经济系统的现金流量绘入一时间坐标图中，如图8-2所示，表示出各现金流入、流出与相应时间的对应关系。要正确绘制现金流量图，必须把握好现金流量的三个要素，即现金流量的大小（资金数额）、方向（现金流入或流出）和作用点（资金的发生时间点）。现金流量图与立脚点（着眼点）有关，如贷款人的立脚点，或者借款人的立脚点。

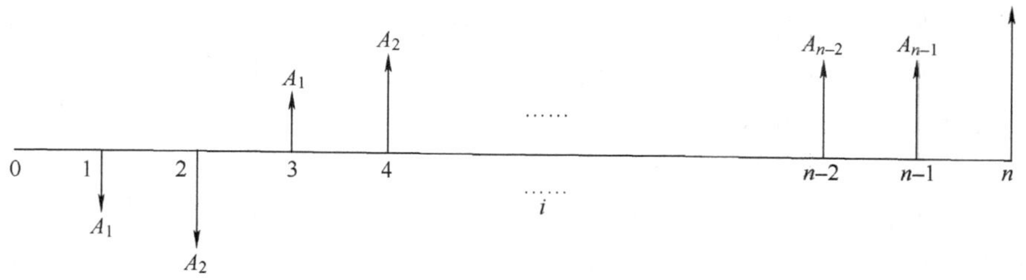

图8-2　现金流量图

现金流量图绘制时一般假设投资在年初发生，其他经营费用或收益均在年末发生。横轴为时间轴，将横轴分为n等份，注意第$n-1$期终点和第n期的始点是重合的。每一等分代表一个时间单位，可以是年、半年、季、月或天；横轴上方箭线表示现金流入，即收益，下方箭线表示现金流出，即费用，箭线的长短与金额的大小成比例；交点为现金流量发生的时间。

现金流量表是反映企业在一定的会计期间由经营活动、投资活动和筹资活动产生的现金流入与流出情况的报表，见表8-1。它以收付实现制为基础，真实地反映企业当期实际收入的现金、实际支出的现金、现金流入和流出相抵后的净额，从而分析利润表中本期净利润与现金流量之间的差异，正确地评价企业的经营成果。

表 8-1 现金流量表的种类（按评价角度）

名 称	计 算 基 础	作 用	得到的评价指标
项目财务现金流量表	总投资	反映整个计算期的现金流入流出，考察项目盈利能力	财务内部收益率、财务净现值、投资回收期
资本金财务现金流量表	项目资本金	反映投资者权益投资的获利能力	资本金内部收益率
投资各方财务现金流量表	投资者的出资额	投资各方获利能力	各方收益率
项目增量财务现金流量表	有项目和无项目的增量	增量的获利能力	财务内部收益率、财务净现值、投资回收期
资本金增量财务现金流量表	资本金增量	资本金增量的获利能力	资本金增量内部收益率

8.4 资金时间价值与投资方案评价

8.4.1 资金时间价值

在经济生活中存在这样一种现象：现在的 1 元钱和一年后的 1 元钱的经济价值不相等，即使不存在通货膨胀，现在的 1 元钱比一年后的 1 元钱经济价值要大些。因为一笔钱存入银行可获得利息，用于投资可获得利润。如果货币作为资金进入生产或流通领域，就会带来利润，得到增值。这个增值采取了随时间推移而增值的外在形式，故称之为资金的时间价值。

资金时间价值是工程经济学的基础概念之一。一定量的资金经过一定时间的投资和再投资所增加的价值，就是资金时间价值。通常情况下，资金时间价值被认为是没有风险和没有通货膨胀条件下的社会平均资金利润率，即只要投资就可以获取这种回报，投资才值得。

影响资金时间价值大小的因素是多方面的，从投资角度分析主要有投资盈利率或收益率、通货膨胀、货币贬值、承担风险等。

由于资金存在时间价值，所以不同时点发生的资金流量不能直接进行比较。资金必须与时间结合，才能表现出其真正的价值。资金时间价值在商品货币经济中有利息和利润两种表现形式。对于储蓄投资来说，表现形式为利息，即放弃使用资金所获得的报酬；对项目投资来说，表现形式为利润。利息和利润是衡量资金时间价值的绝对尺度，其多少和投资额有关，所以在项目技术经济分析中往往用利率作为衡量资金时间价值的相对尺度。

1. 利息与利率

利息是占用资金所付出的代价或重新使用资金所获得的报酬，是资金时间价值的表现形式之一。是资金在某一时间间隔后（一般为一年）所得到的增值。在借贷过程中，债务人支付给债权人超过本金的部分就是利息。

$$I = F - P \tag{8-8}$$

式中 I——利息；

F——本利和；

P——本金。

利率指单位时间（通常为年）内产生的利息与原来的本金的比率，也称资金报酬率，通常以百分数表示（也可定义为单位时间内投入单位资金所获得的增值），即

$$i = (I/P) \times 100\% \tag{8-9}$$

利率通常以一年为期，也有短于一年的。用来计算利息的时间单位称为利息周期。利息周期通常有年、半年、季、月、周等。按利息周期的长短，利率可以相应的有年利率、半年利率、季利率、月利率和周利率等。用以表示利率的时间单位称为计息周期（计息期），即不考虑利息的时间价值。工程经济中使用最多的计息周期是以年为时间单位。

2. 单利与复利

单利是指在计算利息时，仅在原有本金上计算利息，对本金所产生的利息不再计算利息。我国目前国库券的利息多是以单利计算利息的。其公式为

$$I = Pni \tag{8-10}$$

$$F = P + I = P(1 + ni) \tag{8-11}$$

式中 I——利息；

P——本金；

n——计息次数；

i——利率。

复利是指第一期产生利息后，第二次的本金包括本金和第一次产生的利息，以此为本金计算利息，又叫利滚利。复利的计算是对本金及其产生的利息一并计算，也就是利上有利。复利计算的特点是把上期末的本利和作为下一期的本金，在计算时每一期本金的数额是不同的。我国目前银行贷款的利息多是以复利计算利息的。复利的计算公式是

$$F = P(1 + i)^n \tag{8-12}$$

3. 名义利率与实际利率

在工程经济中由于采取复利的计算方式，当利率周期与计息周期不同时，利息是不同的，因此就出现了名义利率与实际利率。在工程经济分析中，通常以年为计息周期，即一年计算一次利息；但在实际经济生活中，计息周期有年、季、月、周、日等多种约定。如年利率 $i = 12\%$，每月计息一次，这时年利率 $i = 12\%$ 就称为

"名义利率"；这时月利率为 12%/12 = 1%。若按单利法计算一年的利息，用年利率或月利率其本利和是相同的；但若按复利法计算，则一年后的本利和，用年利率和月利率计算的结果就不一样了。

（1）名义利率。名义利率是指计息周期利率 i 与利率周期内的计息周期数 m 的乘积。名义利率为年利率，用 r 表示。

$$r = im \tag{8-13}$$

计算名义利率时忽略了前面各期利息再生的因素，这与单利的计算相同。

（2）实际利率。实际利率是将利率时间单位内的利息再生因素考虑在内计算出的利率，即利率单位时间内产生的总体利息与本金之比，也称有效利率，用 i 表示。根据利率概念可推导出名义利率与实际利率的关系。若一年内计息 m 次，年名义利率为 r，计息周期利率 $i = r/m$。设年初本金为 P，根据复利计算公式，一年后本利和为 F。

$$F = P\left(1 + \frac{r}{m}\right)^m \tag{8-14}$$

根据利息定义，一年内的利息为 I。

$$I = F - P = P[(1 + r/m)^m - 1] \tag{8-15}$$

再根据实际利率的定义可得实际利率 i。

$$i = I/P = (1 + r/m)^m - 1 \tag{8-16}$$

由此可见，名义利率 r 与实际利率 i 是不相等的。除了年计息一次的名义利率与实际利率相等外，实际利率一般大于名义利率。

4. 资金等值

资金时间价值的客观存在表明不同时点上的绝对数值不等的若干资金有可能具有相等的价值。我们把特定利率下不同时点上绝对数额不等而经济价值相同的若干资金称为等值资金。资金的等值是考虑了资金时间价值的等值。这样在统一系统中不同时刻发生的相关资金，即使数额不等其价值也可能相等。例如，现在的 100 元与一年后的 103 元，数量上并不相等，但如果将这笔资金存入银行，年利率为 3%，则两者是等值的。因为现在存入的 100 元，一年后的本金和利息之和为 100 ×（1 + 3%）= 103 元。决定资金等值的因素有以下三个：资金数额，计息期数，利率。其中利率是关键因素，资金的等值计算是以同一利率为依据的。

（1）现值。现值记为 P，指的是资金在现在时点上的价值，也是计算周期开始时的资金价值。它属于一次性支付（或收入）的资金，一般代表着本金。在现金流量图中一般代表位于 0 点的投资。

（2）终值。终值记为 F，指的是一笔资金在利率 i 的条件下经过若干计息周期终了时的价值，也叫本利和。在一个经济分析和方案比较中一般指相对于现值以后某一时间的价值；在投资运行系统中，F 值应恒大于 P 值。

（3）等额年金。等额年金记为 A，指的是发生在某一特定时间序列各计算末期的等额资金序列的价值。

（4）计息期数。计息期数记为 n，可以取年、半年、季或月等。工程项目经济评价中一般计息期数为年。

（5）折现率。折现率记为 i，是指用于等值计算的资金收益率。

5. 资金等值计算公式

分析一项投资活动是否值得进行时，就要看该活动流入的价值和流出的价值之间的大小，由于一般情况下投资在先，收益在后，所以就要找出它们的资金等值，所利用的公式就是资金等值计算公式。按支付（或收入）的方式不同，共有6类等值计算公式。

（1）现值到终值的等值变换——一次支付终值公式。已知现值 P、利率 i，求等值到 n 年后终值 F 是多少。计算公式为

$$F=P(1+i)^n \tag{8-17}$$

式中，$(1+i)^n$ 称为一次支付终值系数，或终值系数，用符号（F/P，i，n）表示。

【例8-3】 某企业向银行借款500万元，年利率10%，借期5年，问5年后一次归还银行的本利和是多少？

【解】 $F=P(1+i)^n=500\times(1+0.1)^5=500\times1.611=805.5$ 万元

也可查附录2复利系数表，当 i 为10%，$n=5$ 时，一支次支付终值系数 $(F/P, i, n)$ 为1.611。

所以 $(F/P,i,n)=500(F/P,10\%,5)=500\times1.611=805.5$ 万元

（2）终值到现值的等值变换——一次支付现值公式。已知终值 F，利率 i，求等值到 n 年前的现值 P 是多少。计算公式为

$$P=F(1+i)^{-n} \tag{8-18}$$

式中，$(1+i)^{-n}$ 称作一次支付现值系数，用符号（P/F，i，n）表示。

【例8-4】 如果银行利率为10%，假定复利计息，为在10年后获得100万元，现应存入银行多少？

【解】 $P=F(1+i)^{-n}=100\times(1+10\%)^{-10}=100\times0.386=38.6$ 万元

（3）等额年金向终值的等值变换——等额分付终值公式。已知若干时期的期末支付等额资金 A、利率 i，求等值到 n 年后终值 F 是多少。计算公式为

$$F=A\frac{(1+i)^n-1}{i} \tag{8-19}$$

式中，$\dfrac{(1+i)^n-1}{i}$ 称为等额支付终值系数，用符号（F/A，i，n）表示。

【例8-5】 若某公司每年年末存入银行20万元作为职工养老保险基金，年利

率6%，按复利计算，连续存5年，第5年末基金总额多少？

【解】 $F = A\dfrac{(1+i)^n - 1}{i} = 20 \times [(1+6\%)^5 - 1]/6\% = 112.74$ 万元

（4）终值向等额年金的等值变化——等额支付积累基金公式。已知 n 年后终值 F，利率 i，求等值到 n 年每年年末支付等额年金 A 是多少。计算公式为

$$A = F\frac{i}{(1+i)^n - 1} \tag{8-20}$$

式中，$\dfrac{i}{(1+i)^n - 1}$ 称为等额支付积累基金系数，用符号（A/F，i，n）表示。

【例8-6】 某设备准备在6年后大修，需要大修费60万元，$i = 10\%$，问从现在起每年应存入银行多少钱以备将来大修所用？

【解】 $A = F\dfrac{i}{(1+i)^n - 1} = 60 \times 10\%/[(1+10\%)^6 - 1] = 7.78$ 万元

（5）等额年金向现值的等值变换——等额支付现值公式。已知 n 期期末支付等额资金 A、利率 i，求等值到 n 年后终值 F 是多少。计算公式为

$$P = A\frac{(1+i)^n - 1}{i(1+i)^n} \tag{8-21}$$

式中，$\dfrac{(1+i)^n - 1}{i(1+i)^n}$ 称为等额支付现值系数，可用符号（P/A，i，n）表示。

（6）现值向等额年金的等值变换——等额资本回收公式。已知现值 P、利率 i，求其等值到 n 年年金 A 为多少。计算公式为

$$A = P\frac{i(1+i)^n}{(1+i)^n - 1} \tag{8-22}$$

式中，$\dfrac{i(1+i)^n}{(1+i)^n - 1}$ 称为资本回收系数，可用符号（A/P，i，n）表示。当 n 足够大时，资金回收系数等于 i。

【例8-7】 某公司现向银行借款1000万元，年复利率7.8%，偿还期10年，每年年末等额偿还一笔资金，问每年年末偿还资金为多少？

【解】 $A = P\dfrac{i(1+i)^n}{(1+i)^n - 1} = 1000\left[\dfrac{7.8\%(1+7.8\%)^{10}}{(1+7.8\%)^{10} - 1}\right] = 147.69$ 万元

应用资金等值变换公式进行资金时间价值计算时，需要经常使用各种复利系数，为了计算方便，可以利用附录2复利系数表查出对应的复利系数。

8.4.2 投资方案的比较和选择

项目方案的经济比选是项目评价的重要内容，在可行性研究和投资决策过程中，必须对所选方案从技术和经济上进行分析和论证。通常在进行项目方案经济比

选时，一般要首先确定各个方案之间的相互关系，选择正确的评价指标，然后根据指标对方案进行比选。投资方案根据项目之间存在多种关系划分，最常见的是互斥、独立和相关三种关系。

1. 互斥方案

互斥方案之间的特点是各个方案之间存在着互不相容、相互排斥的关系。在若干个方案中，选择其中任何一个方案，其他方案就必然是被排斥的方案。

（1）计算期相同的互斥方案比选。计算期相同的互斥方案可采用净现值法、费用现值法、差额投资内部收益率法进行比选。

1）净现值法。该方法利用净现金效益量的总现值与净现金投资量算出净现值，然后根据净现值的大小直接比较评价投资方案。净现值大于或等于零，方案可以接受；净现值小于零，方案就不可接受。净现值越大，投资方案越好。净现值法应用的主要问题是如何确定贴现率，一种办法是根据资金成本来确定，另一种办法是根据企业要求的最低资金利润来确定。净现值法是一种比较科学也比较简便的投资方案评价方法，具有广泛的适用性。但其亦有一定的缺点，如确定贴现率比较困难，不能用于独立方案之间的比较，只适用于年限相等的互斥方案的评价。

2）费用现值法。费用现值比较法也称为现值比较法，是以社会折现率、基准收益率分别计算各方案的费用现值，并进行比较，以费用现值最小者为最优方案。该方法一般应用于收入相同、计算期相同但成本不同的互斥方案之间的比较。

3）差额投资内部收益率法。差额投资内部收益率又称追加投资内部收益率，它是指相比较的两个项目方案各年的净现金流量差额的现值之和等于零时的折现率。其表达式为

$$\sum_{t=1}^{n}[(CI-CO)_2-(CI-CO)_1](1+\Delta FIRR)^{-t}=0 \qquad (8\text{-}23)$$

式中　$(CI-CO)_2$——投资大的方案的财务净现金流量；

$(CI-CO)_1$——投资小的方案的财务净现金流量；

$\Delta FIRR$——差额投资财务内部收益率。

计算得出的差额投资财务内部收益率（$\Delta FIRR$）与设定的基准收益率进行对比，当差额投资财务内部收益率大于或等于设定的基准收益率时，以投资大的方案为优；反之，投资小的方案为优。在进行多方案比较时，应先按投资大小，由小到大排序，再依次就相邻方案两两比较，从中选出最优方案。

（2）计算期不同的互斥方案比选。在对计算期不等的互斥方案进行比选时，必须把计算期由不等变为相等，在此基础上对方案进行比选。根据方案的技术经济特征，通常选择计算期最小公倍数法、研究期法和净年值法进行比较。

计算期最小公倍数法又称方案重复法，是选取各备选方案的计算期的最小公倍数作为共同的计算期，并假设备选方案按原方案重复实施若干次至最小公倍数年

数；研究期法又称最短计算期法，是选择最短的计算期作为方案的共同计算期，对研究期内的现金流量计算净现值，取最大；净年值法是比较备选方案的净年值，以净年值大的方案为优，比较净年值时应采用相同的折现率。

（3）方案比选时应注意下列问题：

1）备选方案提供的信息资料应可靠、均衡。

2）备选方案的经济指标差异不大时，不能依此判定方案的优劣，只有经济指标存在足够的差异，且估算和测算的误差不足以使评价结论出现逆转时，才能据此判定方案的优劣。

3）备选方案的评价期不同时，宜采用净年值法和费用年值法。

2. 独立方案

独立方案之间的特点是各个方案的现金流量是独立的，不具有相关性，互不干扰，一个方案的执行只与自身的可行性有关，不影响另一些方案的执行，方案可以共存。投资、经营成本和收益具有可加性，在选择方案时可以任意组合，直到资源得到充分运用为止。独立方案的选择有很多种，但在项目实际投资中最有效的方法是将独立方案转化为互斥方案，按互斥方案比选的方法进行分析。

3. 相关方案

相关关系是指在各个方案之间，一个方案的执行会对其他方案的现金流量带来一定的影响，进而影响其他方案的执行。相关关系有正相关和负相关。当项目之间具有正相关关系时，可采用独立方案比选方法；反之，具有负相关关系则选用互斥方案比选方法。

另外，根据各个比选方案的比选范围、比选目的、比选内容，项目方案比选还可分为局部比选与整体比选、综合比选与专项必选以及定性比选与定量比选。

并不是任何方案之间都是可以绝对比较的。不同方案产出的质量和数量、产出的时间和费用大小以及方案的寿命期限都不尽相同，对于这些因素的综合评价就需要有一定的前提条件和判别标准。

如果方案的可行性取决于方案本身的经济效果是否达到预定的评价标准，只需通过计算方案的经济效果指标，并按照指标的判别准则加以检验就可认定方案是否在经济上可行，是否值得投资。这就是所谓的单方案评价。单方案评价的静态评价指标主要有投资收益率、静态投资回收期等，动态评价指标主要有净现值、内部收益率、动态投资回收期等。费用现值、费用年值不能作为单方案的评价指标。

思考与练习题

1. 简述投资与资产的概念。
2. 简述资产的基本构成。
3. 简述固定资产的折旧的意义，我国应用的基本方法是什么？

4. 什么是经营成本、沉没成本、机会成本？它们在费用效益分析中有何意义？

5. 试述现金流量的概念。

6. 简述资金时间价值及其存在的本质原因，以及项目评价考虑资金时间价值的意义。

7. 什么是单利、复利、名义利率，实际利率？它们的意义、区别及关系如何？

8. 什么是现值 P，终值 F，年值 A？考虑它们有何意义？

9. 什么是等值与等值换算，项目经济评价为什么要进行等值换算？

10. 如何进行互斥方案的比较和选择？

11. 某企业为开发新产品，向银行借款180万元，年利率为10.5%，借期为7年，问7年后一次归还银行的本利和是多少？解答并绘制现金流量图。

12. 某项目建设期为2年，建设期内每年年初分别贷款800万元和1000万元，年利率10.2%。若在运营前6年内每年年末等额偿还贷款本利，则每年应偿还多少万元？

13. 某企业向银行贷款，贷款年利率为7.8%，第一年初借款80万元，第二年末借款150万，两笔借款均每半年计息一次，且第3年末连本付息，求付本利和多少万元？

14. 某项目初期投资2000万元，从第一年年末开始每年净收益为480万元，若基准收益率为10%，并已知（P/A，10%，6）=4.3553，求该项目的静态投资回收期和动态投资回收期。

15. 某企业租用设备10年内支付租赁费4次，第一年初支付1000元，第四年初支付1500元，第六年初支付2000元，第八年末支付3000元，年利率7.83%。试求此系列支付折合现值是多少？折合为10年内的等额年金是多少？

16. 某项目有4种方案，各方案的投资、现金流量及有关评价指标见表8-2。若已知基准收益率为18%，试比较得出最优方案。

表8-2 各方案相关数据

方案	投资额/万元	IRR（%）	ΔIRR（%）
A	250	20	—
B	350	24	ΔIRR(B-A)=20.0
C	400	18	ΔIRR(C-B)=5.3
D	500	26	ΔIRR(D-B)=31.0

第 9 章 水工程项目财务分析与评价

财务评价是站在项目经营者的立场上，对项目进行的财务利润评价，是根据国家现行财税制度和现行价格，分析、测算项目直接发生的财务效益和费用，考察项目的获利能力、偿还能力及外汇平衡等财务状况，以判别项目的财务可行性。财务评价的作用表现为衡量项目的财务盈利能力，为企业制订资金规划，为协调企业和国家利益提供依据。财务评价是从微观方面分析投资的财务效益。

给水排水经济评价是工程项目可行性研究和规划深化的重要内容，更是方案技术经济比较的重要依据。经济评价的目的是根据有关规划要求，在做好需求预测及厂址选择、工艺技术选择、管网布置等工程技术研究的基础上，计算项目的投入费用和产出效益，并通过多方案比较，对工程项目的经济可行性和合理性进行论证分析，作出全面的经济评价，经比较后推出最佳方案。

9.1 财务预测

财务预测是建设项目经济评价的一项基础性工作，主要是收集和预算投资、成本等基础财务数据，并将其排列成表。

财务预算中需要收集的数据有：

（1）建设期间各年的投资来源和投资支出。

（2）项目的经济寿命和新增固定资产投产后各年的折旧。

（3）项目投产后各年的产品销售量和销售收入。

（4）项目投产后的产品成本。

（5）项目投产后的利润实现和分配情况。

（6）项目投资贷款的还本付息情况。

（7）项目建设期及投产后各年的资金流量（流入和流出）总情况。

9.1.1 投资估算

1. 估算的原则和依据

投资估算是项目财务评价的一项重要工作，直接影响到项目财务评价的结果和可行性研究，应遵循以下原则：

1）深入调查研究，取得第一手材料。

2）实事求是，不弄虚作假。

3）采取正确的投资估算方法。

主要依据有：

1）项目建议书。

2）工程项目一览表。

3）建设规模和产品方案。

4）设计方案及材料一览表。

5）设备运输费用及当地材料预算价格。

6）同类型的投资材料及当地的预算指标和定额。

7）相关规定。

2. 投资估算方法

在可行性研究或项目经济评价阶段，方案的设计比较粗略，只能在总结经验和统计资料的基础上，兼顾本项目的特点进行估算。常用方法有编制概算法和费用模型法。

（1）编制概算法。是一广泛的方法，一般在深度上比概算浅显，方法上比概算简单，方法如下：

1）对土建工程，根据项目结构特征一览表，套用概算指标或平方米建筑面积造价指标进行计算。

2）标准设备按各级部门规定的现行产品出厂价格计算；非标准设备按非标准指标估算；国外设备按货价加各类手续费来计算，设备费按设备原价加设备运杂费计算，运杂费按所规定的运杂费率计算，设备安装费按安装概算指标或安装费率计算。

3）其他费用按各级主管部门规定的取费标准或采用系数法计算。

（2）费用模型法，见表9-1。

表9-1 几种简单的费用模型

类 型	模型形式	符号说明	资料来源
常规净水厂	$Y=0.51X^{0.71}$	Y——建造费用（10^6美元） X——设计水量（10^6加仑/d）	［美］Robert L. Sanks《水处理厂设计》
城市污水处理厂	$C=334Q^{0.727}$	C——建造费用（10^6日元） Q——设计水量（$10^3 m^3/d$）	［日］龟田大武，明石哲《污水处理厂概算费用的调查》

（续）

类　型	模型形式	符号说明	资料来源
给水铸铁管	$C=30+0.047D^{1.41}$	C——管线造价（元/m） D——管径（mm）	建设部 1984 年《市政工程设计经济指标》
印染废水处理厂	$Y=0.1892Q^{0.7860}$	Y——建造费用（10^6万元） Q——设计水量（$10^3m^3/d$）	王富康等《工业废水和城市污水处理技术经济手册》
含酚废水处理厂	$Y=1.9570Q^{0.6132}$	Y——建造费用（10^6万元） Q——设计水量（$10^3m^3/d$）	王富康等《工业废水和城市污水处理技术经济手册》
含油废水处理厂	$Y=0.2887Q^{0.8292}$	Y——建造费用（10^6万元） Q——设计水量（$10^3m^3/d$）	王富康等《工业废水和城市污水处理技术经济手册》

应用费用模型估算工程投资，具有简单、快捷的优点，应注意模型的应用条件，如工程相似、工料价格相同，如价格不同，需进行修正模型后再使用。

9.1.2　成本估算

成本估算有两种方法，即按生产费用计算和按成本项目计算。给水排水项目的成本通常按生产费用计算。此方法以年为计算单位，分别计算出每一年的产生费用总和，用此方法计算成本可减少工作量。

根据第 4 章的构成项目总成本的费用组成即可进行成本估算。给水排水项目总成本的费用估算的方法后面介绍，具体内容见第 11 章第 2 节。

9.2　资金规划

资金规划是对可能的资金来源、去向与数量进行调查和估算。包括可能获得的国家或地方政府财政拨款，可能筹集到的银行或其他金融机构贷款，可能发行的企业股票、债券，可能用于本项目的企业自有资金。

9.2.1　资金规划的分类

按资金的使用年限，可将其分为中长期资金和短期资金，前者使用的期限在一年以上，供企业较长期的使用，后者使用年限在一年或一年以下，是为满足资金的周转需要的临时服务。其主要来源有财政预算资金、自有资金、国内银行贷款、社会筹集资金、金融租赁、利用外资等。

1. 财政预算资金

财政预算资金是国家财政预算安排的列入年度基本建设投资计划的资金，包括中央财政和地方财政所安排的投资，有 3 种形式。

（1）财政税收。税收是国家凭借政治权利参与国民收入分配以取得财政收入的手段。具有强制性、无偿性、固定性。

（2）财政信用。以财政为主体的投资信用，是以财政出面采取信用方式或半信用发生筹集资金的一种制度，具体融资根据是各类政府债券。它与税收不同，在于税收由财政采取无偿的形式取得，而财政信用同银行信用一样，既要还本还要付息。

（3）国家外债。是国家信用的一种形式，由政府出面，代表国家从国外借入款项，用于国内的投资建设。

2. 企业自有资金

企业自有资金是指企业有权支配使用、不需偿还的资金，包括两种类型。

（1）资本金。即新建项目设立时，在工商部门登记注册资金。

（2）自我积累。企业积累的税后利润、生产发展资金、折旧资金、公积金等资金。

3. 国内银行贷款

银行是经营存款、借款、汇兑、储蓄等金融业务，承担信用中介的机构，分为三类。

（1）中央银行。以发行货币、代理国库、监管金融机构为主要功能，以稳定币值为主要目标，制订一个国家的货币政策和金融政策，支持国民经济的健康发展的金融机构，不对工商企业发放贷款。

（2）商业银行。以经营存款、放款为主要业务，并以赢利性、安全性、流动性为经营原则的金融机构。通过向经济效益良好的企业和建设项目提供贷款而获得赢利。

（3）其他银行。以建立长期稳定的资金来源、引导社会资金结构、确保重点建设需要为经营目标的金融机构，它不以赢利为目的，实行保本经营，其业务范围有严格规定，不经营一般商业性信贷业务，而向重点建设项目和特定领域提供贷款。

4. 社会筹集资金

社会筹集资金有两种方式：

（1）发行债券。债券是债务人开给债权人的证书，持有人凭此证书，在债券期满后向发行人收回本金和利息。

（2）发行股票。股票是股份公司发给股东作为投资入股的证书，股东据此享有股息收入并取得其他相应的权利。股票可以转让但不能抽回股本。

5. 利用外资

利用外资有三种类型：

（1）境外贷款。主要渠道有：政府间贷款、国际金融组织贷款、外国金融组织贷款、买卖信贷。

（2）补偿贸易。它是技术引进和资金借贷相结合的一种国际经济合作方式。

（3）在境外证券市场筹资。在境外证券市场发行外币债券货物股票，从而直接融资。

9.2.2 投资使用计划

在确定投资使用计划前，必须要考虑到资金的时间价值，根据项目建设的特点合理安排资金，保证资金按时到位及工程质量。

在制定投资的使用计划前，必须明确项目的执行时间，即从决定投资到开始生产的时期。它包括谈判、签订合同、设计、施工及试运行等阶段。根据每一阶段的性质、任务，计算出每一阶段所需的资金量，使其合理地使用。

投资使用计划制定后，根据总的借贷规模和自有资金的数量来确定每笔借款的大小和时间。

9.3 财务报表编制

9.3.1 财务报表的组成与作用

当投资、成本等基础财务数据测算和资金规划工作完成以后，通常应将其成果表示在一系列财务数据报表上。这些基础财务报表又是进一步编制基本财务报表的依据。

1. 基础财务报表

（1）建设投资估算表，见表9-2。此表反映建设项目的工程费用、工程建设其他费用、工程预备费、建设贷款利息以及建设投资总额，是编制基本财务报表的基础。

表9-2 建设投资估算表 （单位：万元）

序号	工程或费用名称	估算价值						占总估算价值的百分数（%）
		建筑工程	设备购置	安装工程	其他费用	合计	其中：外币	
A	固定资产投资							
Ⅰ	工程费用							
1	×××							
2	×××							
	……							
Ⅱ	工程其他费用							

（续）

序　号	工程或费用名称	估算价值						占总估算价值的百分数（%）
		建筑工程	设备购置	安装工程	其他费用	合计	其中：外币	
1	工程勘察费							
2	工程设计费							
3	建设单位管理费							
	……							
Ⅲ	预备费							
1	基本预备费							
2	价差预备费							
B	建设期借款利息							
C	建设投资（A+B）							

（2）投资计划与资金筹措表，见表9-3。此表反映在项目建设期内各年的投资量以及资金的来源情况，是编制现金流量表和财务平衡表等基本报表的基础。

表9-3　投资计划与资金筹措表　　（人民币单位：万元）

序　号	年份 项目	1				2			
		外币	折人民币	人民币	小计	外币	折人民币	人民币	小计
1	总投资								
1.1	固定资产投资								
1.2	建设期利息								
1.3	流动资金								
2	资金筹措								
2.1	自有资金								
2.1.1	自有流动资金								
2.1.2	资本金								
2.1.3	资本溢价								
2.2	借款								
2.2.1	长期借款								
2.2.2	流动资金借款								
2.2.3	短期借款								

(3) 固定资产折旧、无形递延资产摊销额，见表9-4。此表反映每年固定资产折旧额、无形及递延资产摊销额，是编制成本估算表和借款偿还平衡表等财务报表的基础。

表9-4 固定资产折旧、无形递延资产摊销额 （单位：万元）

项目	折旧或摊销费	生产期									
		1	2	3	4	5	6	7	8	9	10
1	固定资产										
1.1	原值										
1.2	折旧										
1.3	净值										
2	无形资产										
2.1	摊销										
2.2	净值										
3	递延资产										
3.1	摊销										
3.2	净值										
4	无形及递延资产合计										
4.1	摊销										
4.2	净值										
合计											

(4) 总成本费用估算表，见表9-5。此表反映项目在生产期各年的总成本、经营成本、不变成本、可变成本、折旧、摊销费以及其他开支情况，是编制利润估算表、现金流量表等基本财务报表的基础。

表9-5 总成本费用估算表 （单位：万元）

序号	年份 / 项目	合计	生产期									
			1	2	3	4	5	6	7	8	9	10
	生产负荷											
1	污水厂电费											
2	药剂费											
3	工资福利费											
4	基本折旧费											
5	摊销费											
6	修理费											
7	检修维护费											

（续）

序号	年份 项目	合计	生产期									
			1	2	3	4	5	6	7	8	9	10
8	利息支出											
9	其他费用											
10	总成本费用											
11	其中：固定成本 可变成本 经营成本											
12	单位生产成本											
13	单位经营成本											

（5）借款偿还平衡表，见表9-6。此表反映在项目有长期借款的情况下各年借款本息与偿还数量，以及偿还借款本金的资金来源，是编制财务平衡表的基础。应用该表数据，可直接计算出反映项目清偿能力的重要指标—借款偿还期。

表9-6　借款偿还平衡表/万元

序号	年份 项目	利率（%）	生产期									
			1	2	3	4	5	6	7	8	9	10
1	银行借款及还本付息											
1.1	年初借款利息累计											
1.1.1	本金											
1.1.2	建设期利息											
1.2	本年借款											
1.3	本年应计利息											
1.4	本年偿还本金											
1.5	本年支付利息											
2	偿还借款本 金的资金来源											
2.1	利润											
2.2	折旧费											
2.3	摊销费											
2.4	合计											
2.4.1	偿还借款本金											
2.4.2	偿还本金后余额											

在财务评价中，除了编制上述基础财务报表外，根据需要，有时还编制流动资金估算、销售收入与税金表等表格。

2. 基本财务报表

（1）利润估算表，见表9-7。此表反映项目在整个生产期内每年的利润额、净利润额等数据，同时从该表可知道项目投资后每年的销售（营业）收入、上交税金等情况。应用该表数据，还可直接计算投资利润率与投资利税率。

表9-7 利润估算表 （单位：万元）

序号	年份 / 项目	合计	生产期									
			1	2	3	4	5	6	7	8	9	10
	生产负荷（%）											
1	销售收入											
2	销售税金及附加											
3	总成本费用											
4	利润总额											
5	所得税											
6	可供分配的利润											
6.1	盈余公积金公益金											
6.2	应付利润											
6.3	未分配利润											
	累计未分配利润											

注：计算指标为投资利润率 $=\frac{\text{年平均利润总额}}{\text{项目总投资}}$；投资利税率 $=\frac{\text{年平均利税总额}}{\text{项目总投资}}$；资本金利润率 $=\frac{\text{年平均利润总额}}{\text{资本金}}$。

（2）现金流量表（全部投资），见表9-8。此表反映假定项目全部投资均为自有资金时的盈利状况。该表反映项目计算期内各年的现金收支，用以计算各项动态和静态评价指标。该表不分投资资金来源，以全部资金作为计算基础，用以计算全部投资所得税前和税后财务内部收益率、财务净现值及投资回收期等评价指标，考察项目全部投资的赢利能力，为各个方案进行比较建立基础。

表9-8 现金流量表（全部资金） （单位：万元）

序号	年份 / 项目	利率（%）	建设生产期									
			1	2	3	4	5	6	7	8	9	10
	生产负荷（%）											
1	现金流入											

（续）

序　　号	年份 项目	利率（%）	建设生产期									
			1	2	3	4	5	6	7	8	9	10
1.1	销售收入											
1.2	回收固定资产余值											
1.3	回收流动资金											
2	现金流出											
2.1	固定资产投资											
2.2	流动资金											
2.3	经营成本											
2.4	销售税金及附加											
2.5	所得税											
3	净现金流量											
4	累计净现金流量											
5	所得税前净现金流量											
6	所得税前累计净现金流量											

注：计算指标为财务内部收益率（*FIRR*）；$i=4\%$ 的财务净现值（*FNPV*）；静态投资回收期（从建设期算起）。

（3）现金流量表（自有资金），见表9-9。从投资者角度出发，以投资者付出的出资额为计算基础，把借贷本金偿还和利息支付周围现金流出，用以计算自有资金财务内部收益率、财务净现值等评价指标。考察项目自有资金的赢利能力。应用该表数据，可方便地算出几个重要财务指标：自有资金财务内部收益率、财务净现值和投资回收期。

表9-9　现金流量表（自有资金）　　（单位：万元）

序　　号	年份 项目	利率（%）	建设生产期									
			1	2	3	4	5	6	7	8	9	10
	生产负荷（%）											
1	现金流入											
1.1	销售收入											
1.2	回收固定资产余值											
1.3	回收流动资金											
2	现金流出											
2.1	自有资产											
2.2	借款本金偿还											

（续）

序　号	年份 项目	利率（%）	建设生产期									
			1	2	3	4	5	6	7	8	9	10
2.3	借款利息支付											
2.4	经营成本											
2.5	销售税金及附加											
2.6	所得税											
3	净现金流量											

注：计算指标为财务内部收益率（*FIRR*）；财务净现值（*FNPV*）；静态投资回收期（从建设期算起）。

（4）财务平衡表，见表9-10。此表综合反映项目建设资金筹集使用、销售收入、税金缴纳、利润分配及资金余缺等情况，分析获利能力和财务可行性，并为选择资金筹措方案和编制资产负债表提供数据。

表9-10　财务平衡表　　（单位：万元）

序　号	年份 项目	合　计	建设生产期									
			1	2	3	4	5	6	7	8	9	10
	生产负荷（%）											
1	资金来源											
1.1	利润总额											
1.2	折旧费											
1.3	摊销费											
1.4	长期借款											
1.5	流动资金借款											
1.6	其他短期借款											
1.7	自有资金											
1.8	其他											
1.9	回收固定资产余值											
1.10	回收流动资金											
2	资金运用											
2.1	固定资产投资											
2.2	建设期利息											
2.3	流动资金											
2.4	所得税											
2.5	应付利润											

（续）

序号	年份/项目	合计	建设生产期									
			1	2	3	4	5	6	7	8	9	10
2.6	长期借款本金偿还											
2.7	流动资金借款本金偿还											
2.8	短期借款本金偿还											
3	盈余资金											
4	累计盈余资金											

（5）资产负债表，此表综合反映项目各年末的资产、负债和基本的增减变化情况及相互间的对应关系，以检查企业资产负债、资本结构是否合理，是否有较强的还债能力，据此计算负债与基本比率、流动比率及速动比率。

基础财务报表与基本财务报表的组成及其相互关系见如图9-1所示。

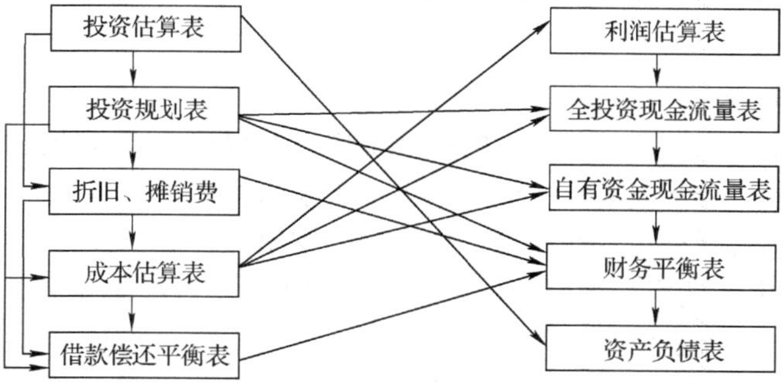

图9-1 基础财务报表与基本财务报表的组成及其相互关系

9.3.2 主要财务报表的编制

1. 投资计划与资金筹措表

编制此表时，根据项目投资估算表和时间表以估算出每年需要的固定资产投资额，并根据每年可以投入的自有资金数量决定每年的借贷规模、借贷时间，在此基础上估算出建设期内每年利息，生产期内所需的流动资金也应进行计算，可由相应的表中直接转入。如缺乏资料时，可根据年生产成本的20%～30%估算。该表反映项目各年的资金使用情况，用于资金筹措方案的优化，制定适宜的借款偿还计划。将上述数值填入表格，见表9-11。

表 9-11　投资计划与资金筹措表的编制

序　号	项目名称	项目代号	编制方法
1	总投资	A_1	$A_2+A_3+A_4$
1.1	固定资产投资	A_2	根据投资估算表与项目执行时间表估算
1.2	建设期利息	A_3	由借款偿还平衡表相应栏转入
1.3	流动资金	A_4	由流动资金估算表相应栏转入
2	资金筹措	A_5	$A_6+A_9+A_{13}$
2.1	自有资金	A_6	A_7+A_8
2.1.1	资本金	A_7	根据资金筹措情况逐年计入
2.1.2	资本溢价	A_8	按实际发生量计入
2.2	借款	A_9	$A_{10}+A_{11}+A_{12}$
2.2.1	长期借款	A_{10}	根据每年固定资产投资额与自有资金数量确定
2.2.2	流动资金借款	A_{11}	根据流动资金需要量与自有资金数量确定
2.2.3	短期借款	A_{12}	按实际发生量计入
2.3	其他	A_{13}	按实际发生量计入

2. 成本估算表

应分年计算出构成项目总成本的各项费用，并根据总成本的概念分别计算出总成本、可变成本、经营成本及不变成本，记入表格栏中。

利息支出包括所有在生产期内发生的利息支出，计算公式为

$$生产期内长期借款的利息=年初借款累计额\times年利率 \tag{9-1}$$

$$流动资金借款利息=流动资金借款额\times年利率 \tag{9-2}$$

编制方法见表9-12。根据该表计算出的可变成本与不变成本等数据求出项目的盈亏平衡点。

表 9-12　成本估算表的编制

序　号	项目名称	项目代号	计算方法
	生产负荷		达到设计生产能力的幅度
1	水资源费	A_1	按实际发生计入
2	药剂费	A_2	见11章1.2
3	动力费	A_3	见11章1.2
4	工资福利费	A_4	见11章1.2
5	基本折旧费	A_5	见11章1.2
6	摊销费	A_6	见11章1.2

（续）

序 号	项目名称	项目代号	计算方法
7	大修理费	A_7	见 11 章 1.2
8	检修维护费	A_8	见 11 章 1.2
9	利息支出	A_9	见本节说明
10	其他费用	A_{10}	见 11 章 1.2
11	总成本	A_{11}	$A_1+A_2+A_3+A_4+A_5+A_6+A_7+A_8+A_9+A_{10}$
	其中：固定成本	A_{12}	$A_4+A_5+A_6+A_7+A_8+A_9+A_{10}$
	可变成本	A_{13}	$A_1+A_2+A_3$
12	经营成本	A_{14}	$A_{11}-A_5-A_6-A_9$

3. 利润估算表

由销售量及产品的销售价格进行每年的销售收入计算，公式为

给水项目销售收入 = 年生产水量 ×（1 − 管网漏失量）× 自来水价格 （9-3）

排水项目销售价格 = 年处理污水费 × 排污收费价格 （9-4）

由此按税率计算每年销售税金及附加，从成本估算中转入每年总成本数据，每年的利润总额为

年利润总额 = 销售收入 − 销售税金及附加 − 总成本 （9-5）

从中扣除所得税后，即为税后利润可供分配。包括提取公积金、公益金等，见表 9-13。

表 9-13 利润估算表的编制

序 号	项目名称	项目代号	计算方法
	生产负荷（%）		占设计生产能力的百分数
1	销售收入	A_1	见本节说明
2	销售税金及附加	A_2	A_1 × 销售税率
3	总成本	A_3	由成本估算表逐年转入
4	利润总额	A_4	$A_1-A_2-A_3$
5	所得税	A_5	A_4 × 所得税率
6	可供分配利润	A_6	A_4-A_5
6.1	盈余公积金公益金	A_7	按政策提取
6.2	未分配利润	A_8	A_6-A_7

4. 现金流量表

该表反映项目计算期内各年的现金收支，用以计算各项动态和静态评价指标，进行项目财务盈利能力分析。按投资计算的基础不同，分别编制全部投资现金流量

表及自有资金现金流量表。

两种表的大部分现金流入与现金流出相同，区别在于对借贷资金的处理上。对企业而言，得到的贷款是现金流入，当其用于项目建设时则变为现金流出，而且所借款的本利也是现金流出，应记入自有资金现金流量表的流出项中。而从项目本身考虑，因为不考虑借贷与偿还的问题，在全部投资现金流量表中，不存在偿还贷款本金和利息的现金流出项。

两种表中的各项数据均由投资计划与资金筹措表、成本估算表、利润估算表和财务平衡表转入，见表9-14、表9-15。

表9-14 全部投资现金流量表的编制

序 号	项目名称	项目代号	计算方法
	生产负荷（%）		由利润估算表相应栏转入
1	现金流入	A_1	$A_2+A_3+A_4$
1.1	销售收入	A_2	由利润估算表相应栏转入
1.2	回收固定资产原值	A_3	在计算期末发生，固定资产余值=净残值
1.3	回收流动资金	A_4	在计算期末发生，等于投产年投入的流动资金
2	现金流出	A_5	$A_5+A_6+A_7+A_8+A_9+A_{10}$
2.1	固定资产投资	A_6	由投资计划与资金筹措表相应栏转入
2.2	流动资金	A_7	由投资计划与资金筹措表相应栏转入
2.3	经营成本	A_8	由成本估算表相应栏逐年转入
2.4	销售税金及附加	A_9	由利润估算表相应栏转入
2.5	所得税	A_{10}	由利润估算表相应栏转入
3	净现金流量	A_{11}	A_1-A_5

表9-15 自有资金现金流量表的编制

序 号	项目名称	项目代号	计算方法
	生产负荷（%）		由利润估算表相应栏转入
1	现金流入	A_1	$A_2+A_3+A_4$
1.1	销售收入	A_2	由利润估算表相应栏转入
1.2	回收固定资产原值	A_3	在计算期末发生，固定资产余值=净残值
1.3	回收流动资金	A_4	在计算期末发生，等于投产投入的流动资金
2	现金流出	A_5	$A_6+A_7+A_8+A_9+A_{10}+A_{11}$
2.1	自有资产	A_6	由投资计划与资金筹措表相应栏转入
2.2	借款本金偿还	A_7	根据可用于偿还借款资金量和银行要求确定
2.3	借款利息支出	A_8	由成本估算表相应栏逐年转入

（续）

序号	项目名称	项目代号	计算方法
2.4	经营成本	A_9	由成本估算表相应栏逐年转入
2.5	销售税金及附加	A_{10}	由利润估算表相应栏转入
2.6	所得税	A_{11}	由利润估算表相应栏转入
3	净现金流量	A_{12}	$A_1 - A_5$

全部投资现金流量表和自有资金现金流量表从项目的角度和企业财务的角度划分项目的现金流入和流出及净现金流量，并算出重要指标：财务内部净收益、财务净现值、投资回收期。

5. 借款偿还平衡表

由每年的固定资产贷款金额估算出年贷款利息，一般简化为

$$建设期年利息额 = (年初借款累计 + 本年借款额/2) \times 年利率 \tag{9-6}$$

$$还款期年利息额 = 年初借款累计 \times 年利率 \tag{9-7}$$

流动资金借款在生产期间并不偿还，而是有偿占用，仅支付利息，也可计算期末将回收的流动资金还给银行，因此，流动资金借款与偿还在借款偿还平衡表中没有体现，其中的应记利息不包括流动资金贷款利息。

偿还借款本金的资金来源有每年代折旧费、摊销费和未分配的利润，从成本估算表、利润估算表中获得，见表9-16。

表9-16 借款偿还平衡表的编制

序号	项目名称	项目代号	计算方法	
			建设期	还款期
1	借款及本金付息			
1.1	年初借款本金累计	A_1	前一年的年末借款累计	
1.1.1	本金	A_2	由投资计划与资金筹措表转入	
1.1.2	建设期利息	A_3	$(A_1 + A_2/2) \times$ 年利率	
1.2	本年借款	A_4	$A_2 + A_3$	
1.3	本年应计利息	A_5	A_3	$A_1 \times$ 年利率
1.4	本年偿还本金	A_6		A_{12}
1.5	本年支付利息	A_7		$A_1 \times$ 年利率
2	偿还借款本金的资金来源			
2.1	未分配利润	A_8		由利润估算表转入
2.2	折旧费	A_9		由成本估算表转入

（续）

序　　号	项 目 名 称	项 目 代 号	计 算 方 法	
			建　设　期	还　款　期
2.3	摊销费	A_{10}		由成本估算表转入
2.4	合计	A_{11}		$A_8+A_9+A_{10}$
2.4.1	偿还借款本金	A_{12}		见本节说明
2.4.2	偿还本金后余额	A_{13}		$A_{11}-A_{12}$

6. 财务平衡表

利用投资计划与资金筹措表、成本估算表、利润估算表、借款偿还平衡表中的有关数据进行编制，见表9-17。

表9-17　财务平衡表的编制

序　　号	项 目 名 称	项 目 代 号	计 算 方 法
	生产负荷（%）		由利润估算表相应栏逐年转入
1	资金来源	A_1	$A_2+A_3+A_4+A_5+A_6+A_7+A_8+A_9+A_{10}+A_{11}$
1.1	利润总额	A_2	由利润估算表相应栏转入
1.2	折旧费	A_3	由成本估算表相应栏逐年转入
1.3	摊销费	A_4	由成本估算表相应栏逐年转入
1.4	长期借款	A_5	由投资计划与资金筹措表相应栏逐年转入
1.5	流动资金借款	A_6	由投资计划与资金筹措表相应栏逐年转入
1.6	其他短期借款	A_7	由投资计划与资金筹措表相应栏逐年转入
1.7	自有资金	A_8	由投资计划与资金筹措表相应栏逐年转入
1.8	回收固定资产原值	A_9	在计算期末发生，固定资产余值＝净残值
1.9	回收流动资金	A_{10}	在计算期末发生，等于投产年投入的流动资金
1.10	其他	A_{11}	按实际发生计入
2	资金运用	A_{12}	$A_{13}+A_{14}+A_{15}+A_{16}+A_{17}+A_{18}$
2.1	固定资产投资	A_{13}	由投资计划与资金筹措表相应栏逐年转入
2.2	建设期利息	A_{14}	由投资计划与资金筹措表相应栏逐年转入
2.3	流动资金	A_{15}	由投资计划与资金筹措表相应栏逐年转入
2.4	所得税	A_{16}	由利润估算表相应栏转入
2.5	应付利润	A_{17}	由借款偿还平衡表转入
2.6	长期借款本金偿还	A_{18}	由借款偿还平衡表转入
2.7	流动资金借款本金偿还	A_{19}	由利润估算表相应栏转入
3	盈余资金	A_{20}	A_1-A_{12}

9.4　财务评价指标与不确定性分析

经济分析对项目所作的评价是建立在分析人员对项目未来的经济状况所作的预测和判断的基础上的，大多处于可行性研究阶段，经济数据如投资、收入、经营费用等都是预测出来的，由于经济系统的复杂性，实际值与预测值会存在偏差，其大小又具有不确定性。财务评价的目标是项目的盈利能力，指投产后产生的利润和税金。清偿能力主要是项目偿还建设投资贷款和清偿债务的能力。

为了减少不确定因素对项目决策的影响程度，采取一定的技术方法以估计项目可能承担的风险，确定项目在经济上的可靠性和合理性，就是不确定性分析。不确定性分析包括敏感性分析、盈亏平衡分析和概率分析。盈亏平衡分析只用于财务评价，敏感性分析和概率分析可同时用于财务评价和国民经济评价。财务评价指标体系如图9-2所示。

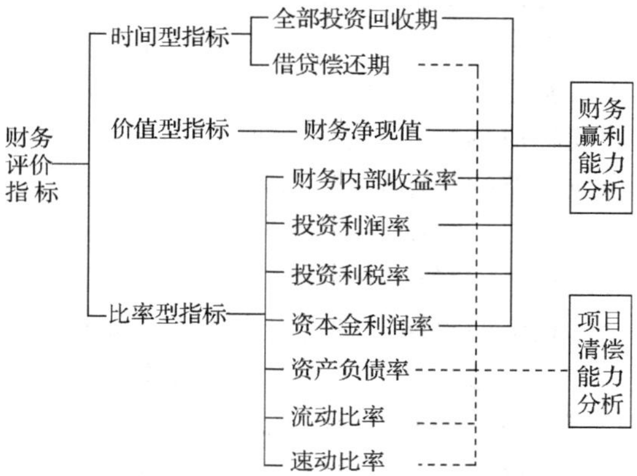

图9-2　财务评价指标体系

9.4.1　财务盈利性指标

1. 投资回收期

（1）投资回收期 P_t。假如有一个供水工程项目，估算该项目需要投资800万元人民币，作为投资人来说，最关心的问题除了项目的技术上的可行性之外，就是该项目何时能回收成本，“何时回收成本”实际上就是用回收期来评价投资方案。所谓投资回收期是指投资方案所产生的净现金收入补偿全部投资需要的时间长度（通常以“年”为单位表示），是反映项目投资回收能力的重要指标。投资回收期的计算开始时间有两种，一种是从出现正现金流量的那年算起，另一种是从投资开始时（0年）算起，本书如未特别说明，均指按后一种方法计算。

如用 P 代表投资方案的原始投资，CF_t 代表在时间 t 时发生的净现金流量，则投资回收期就是满足下列公式的 P_t 的值。

$$\sum_{t=0}^{P_t}(CI-CO)_t=0 \text{ 或 } \sum_{t=0}^{P_t}CF_t=0 \tag{9-8}$$

式中　P_t——投资回收期；

CI——现金流入量；

CO——现金流出量；

$(CI-CO)_t$——第 t 年的净现金流出量，$(CI-CO)_t=CF_t$。

按式（9-8）计算所得的项目投资回收期 P_t，还要与行业的基准投资回收期 P_c 比较，判别准则为：若 $P_t \leqslant P_c$，表明项目投资能在规定的时间内收回，故项目可以考虑接受；若 $P_t > P_c$，则表示项目未满足行业项目投资盈利性和风险性要求，不应该接受。

采用投资回收期指标的主要优点：一是概念清晰，简单易用；二是该指标不仅在一定程度上反映项目的经济性，而且反映项目的风险大小。项目决策面临着未来的不确定性因素的挑战，这种不确定性所带来的风险随着时间的延长而增加，因为离现实越远，人们所能确知的东西就越少。为了减少这种风险，就必然希望投资回收期越短越好。采用投资回收期指标的不足之处是：第一，它不能提供返本期以后企业收益的变化情况，对于寿命较长的工程项目来说，这是一个不完整的评价结论；第二，它反映了项目的偿还能力，但反映不出投资的可盈利性；第三，它没有考虑投资方案在整个计算期内现金流量发生的时间。

投资回收期被广泛用作项目评价的辅助性指标。

（2）投资收益率（也称投资效果系数）E。与投资回收期等效的另一种判据是投资收益率，其定义为项目在正常生产年份的净收益与投资总额的比值，用 E 表示。它反映了项目投资支出所能取得的盈利水平，是一个评价投资项目经济效益的综合性指标。其计算式为

$$E=\frac{A}{P} \tag{9-9}$$

由 $P_t=\frac{P}{A}$

显然有 $E=\frac{1}{P_t}$

采用投资收益率进行投资方案评价时，也应将计息所得的结果与本项目所在部门或行业的基准投资收益率 E_c 进行比较。当 $E \geqslant E_c$ 时，方案经济性较好，则方案可取；反之，方案不可取。

【例 9-1】 今拟投资 800 万元建一个供水工程项目，估计每年可获得 60 万元的净收入，假定方案的基准回收期为 15 年，问该投资方案收益率是多少？投资回收期为多少？投资是否可取？

【解】 由 $E=\frac{A}{P}$，有 $E=\frac{60}{800}=7.5\%$

又由 $P_t=\frac{P}{A}=\frac{1}{E}$，得 $P_t=\frac{P}{A}=\frac{1}{7.5\%}=13.3$ 年 $<P_c=15$ 年

由于本投资方案的投资回收期为 13.3 年，小于同行业规定的基准投资回收期

15 年，说明该项目经济性较好，该方案可取。

【例 9-2】　求如图 9-3 所示的三种投资方案的投资回收期。

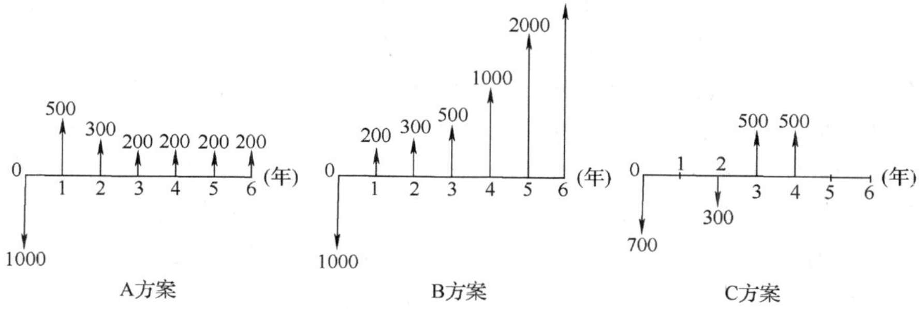

图 9-3　A、B、C 三种方案现金流量图

【解】　由定义：A 方案 $\sum_{t=0}^{3} CF_t = -1000 + 500 + 300 + 200 = 0$　所以 $P_t = 3$ 年

B 方案 $\sum_{t=0}^{3} CF_t = -1000 + 200 + 300 + 500 = 0$　所以 $P_t = 3$ 年

C 方案 $\sum_{t=0}^{3} CF_t = -700 - 300 + 500 + 500 = 0$　所以 $P_t = 3$ 年

说明：本例中三个方案的投资回收期均为 3 年，但从现金流量图中不难看出，尽管它们的投资回收期相同，但经济效果却差别较大，究竟哪一个方案更好呢？这个问题属于多个方案优选的问题，将在后面加以介绍。

2. 财务净现值

是指按行业的基准收益率或设定的折现率，将项目计算期内各年净现金流量折现到建设期初的现值之和。它是考察项目在计算期内盈利能力的动态评价指标，其表达式为

$$NPV(i_c) = \sum_{t=0}^{n} (CI - CO)_t (1 + i_c)^{-t} \tag{9-10}$$

式中　$NPV(i_c)$——财务净现值；

CI——第 t 年的现金流入量；

CO——第 t 年的现金流出量；

$(CI - CO)_t$——第 t 年的净现金流量；

n——计算期，包括建设期与生产期；

i_c——行业基准收益率（贴现率）。

财务净现值 $NPV(i_c)$ 可通过财务现金流量表计算得到。

应用财务净现值指标进行财务评价的判据为：

当 $NPV(i_c) \geq 0$ 时，说明项目可行。这种情况说明投资项目实施后的投资收

益水平不仅能够达到标准折现率的水平，而且还会有盈余，其盈利能力超过投资收益期望水平。

NPV（i_c）<0 时，项目不可行。这种情况说明投资项目实施后的投资收益水平达不到标准折现率，其盈利水平较低，甚至可能出现亏损。

在 NPV（i_c）的表达式中，有一重要概念，即 i_c，它代表了项目投资应获得的最低盈利水平，是衡量项目可行性的标准，是重要的经济参数，其数值的确定是否合理，对投资项目的评价结果有直接的影响。选择的折现率过高，可行的项目可能被否定。选择的折现率过低，不可行的项目可能被选中，所以，要选择比较客观的折现率，否则评价的结果可能失真，造成决策失误。该值的确定一般以行业的平均收益率为基础，同时考虑资金成本、投资风险及资金限制等因素。

【例 9-3】 有一个投资方案，其现金流量见表 9-18，用净现值法对该方案进行经济评价。

表 9-18 净现值法评价方案 （单位：元 $i_c=10\%$）

年末（t）	收 入	支 出	净现金流量（F_t）= 收入 CI − 支出 CO
0	0	−5000	−5000
1	4000	−2000	2000
2	5000	−1000	4000
3	0	−1000	−1000
4	7000	0	7000

【解】 依照题意，作出相应的净现金流量图，如图 9-4 所示。

由净现值判据公式（9-10）

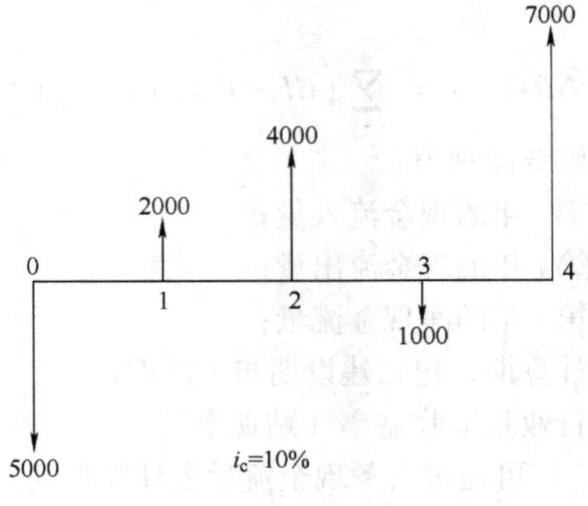

图 9-4 净现金流量图

$$NPV(10\%) = \sum_{t=0}^{n}(CI - CO)_t(1 + i_c)^{-t}$$

可得 $NPV(10\%) = -5000 + 2000 \times (1+10\%)^{-1} + 4000 \times (1+10\%)^{-2} - 1000 \times (1+10\%)^{-3} + 7000 \times (1+10\%)^{-4} = 4154$ 元 >0

因为 $NPV(10\%)>0$，说明该投资方案在10%的利率条件下经济性较好，故方案可以接受。

3. 财务内部收益率（*IRR*）

内部收益率（*IRR*）是指项目在整个计算期内各年净现金流量的现值累计等于零时的折现率。所以可简单地说，内部收益率就是使项目在计算期内净现值等于零时的折现率。它反映项目所占用资金的盈利率。其表达式为

$$\sum_{t=0}^{n}(CI - CO)_t(1 + IRR)^{-t} = 0 \tag{9-11}$$

式中 *IRR*——内部收益率；

其他符号同前。

用内部收益率指标评价项目方案时的判别准则为：设基准收益率为 i_c，若 $IRR \geqslant i_c$，则项目在经济效果上可以考虑接受；若 $IRR < i_c$，则项目在经济上不可行。

由于内部收益率的表达式是一个一元高次方程，不容易直接求解，通常采用线性插值试算法来求 *IRR* 的近似解。具体步骤为：

（1）根据经验，选定一个适当的折现率 i_0。

（2）根据投资方案的现金流量情况，运用选定的折现率 i_0，求出方案的净现值 *NPV*。

（3）若 $NPV>0$，则适当使 i_0 继续增大；若 $NPV<0$，则适当使 i_0 减小。

（4）重复上述步骤（3），直到找到这样两个折现率 i_1 和 i_2，使其所对应的净现值 $NPV_1>0$，$NPV_2<0$，其中（i_2-i_1）一般不超过2%～5%；

（5）采用线性插值公式求出内部收益率的近似解，所用公式为

$$IRR = i_1 + \frac{NPV_1 \cdot (i_2 - i_1)}{NPV_1 + |NPV_2|}$$

内部收益率的经济含义可以这样理解：把资金投入项目以后，将不断通过项目的净收益加以回收，其中尚未回收的资金将以 *IRR* 为利率增值，到项目计算期结束时正好回收了全部投资。因此，内部收益率是未回收投资的增值率。

内部收益率指标的优点是：

（1）*IRR* 的概念明确，反映项目所占用资金的盈利能力，因此在实际工作中被广泛使用。

（2）*IRR* 的计算不需要事先确定基准收益率，而计算净现值或净年值都需要事先确定基准折现率。*IRR* 的特性表现为考虑了资金的时间价值及项目的整个寿命期

的经济情况，并且能够直接衡量项目真正的投资收益率，不需要确定标准收益率，是一比较可靠的评价指标。但在求解过程中，可能会出现几种情况，内部收益率唯一；有多个解；无解。多根与无解是内部收益率的重要特性。如出现多解或无根的情况，则运用该指标将使投资决策误入歧途，应运用其他指标。

【例 9-4】 投资400万元建设一条饮用水生产线，预计在未来8年中每年可获得现金流量90万元，求该项目最高收益率？

【解】 由于内部收益率是使投资项目净现值等于零时的折现率，所以

$$NPV = 90(P/A, i, 8) - 400 = 0$$

$$(P/A, i, 8) = \frac{400}{90} = 4.4444$$

查附录2中附表2-6等额支付系列现值系数表，确定4.4444介于4.4873（对应的折现率 $i = 15\%$）和4.3436（对应的折现率 $i = 16\%$）之间，可见内部收益率介于15%和16%之间。

此时利用插入法即可计算内部收益率等于15.3%

4. 动态投资回收期（P_t'）

前面介绍的投资回收期，因未考虑资金的时间价值，因而是指的静态投资回收期 P。动态投资回收期是指在某一设定的基准收益率 i_c 的前提条件下，从投资活动起点算起，项目（或方案）各年净现金流量的累计净现值补偿全部投资所需的时间，用 P_t' 表示，其值由式（9-12）决定。

$$\sum_{t=0}^{P_t'} CF(1 - i_c)^{-t} = 0 \tag{9-12}$$

动态投资回收期 P_t' 也是目前比较流行的一种动态评价判据。在实际问题中，动态投资回收期 P_t' 常用式9-13进行计算。

$$动态投资回收期(P_t') = [累计净现值开始出现正值的年份数(m')] - 1 + \frac{上年(m'-1)累计净现值的绝对值}{当年(m')净现值} \tag{9-13}$$

式中的计算结果若有小数部分，该部分也可化成月数，以年和月表示。

特别的情况：若投资方案只有零年有一个投资为 P，以后各年的净现金流量均为 A，则此种情况下的动态投资回收期 P_t' 也可由式9-14进行计算。

$$P_t' = \frac{-\lg(1 - \frac{P_i}{A})}{\lg(1+i)} \tag{9-14}$$

在项目方案评价中，动态投资回收期 P_t' 与基准投资回收期 P_c 相比较，若 $P_t' \leq P_c$，则说明项目的经济性较好，在财务上可以考虑接受。

【例 9-5】 某项目的现金流量见表9-19，如果基准收益率为10%，试计算其动态投资回收期。

表9-19　某现金流量　（单位：万元）

年　　份	1	2	3	4	5~10
现金流入		800	800	800	800
现金流出	-1000	400	400	400	400

【解法一】　累计现金流量值见表9-20。

表9-20　计算表　（单位：万元）

年　　份	净现金流量	现值系数	净现金流量现值	累计净现金流量现值
0	-1000	1.0000	-1000	-1000
1	400	0.9091	363.64	-636.36
2	400	0.8264	330.56	-305.80
3	400	0.7513	300.52	-5.28
4	400	0.6830	273.20	367.92

根据式（9-13），动态投资回收期

$$P_t' = 4 - 1 + \frac{5.28}{273.20} = 3.02\text{ 年}$$

【解法二】　该项目的现金流量属于只有零年投资，以后各年的净现金流量均相等，由式（9-14），动态投资回收期

$$P_t' = \frac{-\lg\left(1 - \frac{P_i}{A}\right)}{\lg(1+i)} = \frac{-\lg\left(1 - \frac{1000 \times 0.1}{400}\right)}{\lg(1+0.1)} = 3.02$$

5. 投资利润率

可根据损益表中的有关数据计算求得。在财务评价中，将投资利润率与行业平均投资利润率对比，以判别项目单位投资盈利能力是否达到本行业的平均水平。其计算公式为

$$\text{投资利润率} = \frac{\text{年利润总额或年平均利润总额}}{\text{总投资}} \times 100\% \qquad (9\text{-}15)$$

式中，年利润总额=年销售收入-年总成本-年销售税金及附加；

年销售税金及附加=年营业税+年城市维护建设税+年教育附加费；

总投资=固定资产投资-建设期利息+流动资金。

6. 投资利税率

投资利税率是指项目达到设计生产能力后的一个正常生产年份的年利税总额或项目生产期内的年平均利税总额与项目总投资的比率。可根据损益表中的有关数据计算求得。在财务评价中，将投资利税率与行业平均投资利税率对比，以判别单位投资对国家积累的贡献水平是否达到本行业的平均水平。

$$投资利税率=\frac{年利税总额或年平均利税总额}{总投资}\times 100\% \tag{9-16}$$

式中，年利税总额=年销售收入－年总成本－其他支出。

投资利润率和投资利税率统称为简单投资收益率，都是反映项目获利能力的静态指标，只是以不同的角度考察项目的获利能力。这两个指标可以就不同项目（方案）进行横向对比，也可就不同时期的项目进行纵向的历史对比。其优点是计算简便、直观、非经济专业人员容易理解。其缺点是选择正常生产年份比较困难，没有考虑现金流入和流出的时间因素。

9.4.2 项目清偿能力指标

主要是考察计算期内各年的财务状况及偿还能力。

1. 借款偿还期

借款偿还期主要是固定资产投资借款偿还期 P_d，是指在国家财政规定及项目具体财务条件下，项目投产后用于还款的利润、折旧及其他收益额偿还固定资产投资本金和利息所需要的时间。其计算公式为

$$I_d=\sum_{t=1}^{P_d}(R_P+D'+R_0-R_r)_t \tag{9-17}$$

式中 I_d——固定资产借款本利和；

P_d——借款偿还期（从建设开始年计算，当从投产年算起时，应指明）；

R_P——年利润总额；

R_0——可用于还款的其他年收益；

D'——可用做还款的年折旧费与摊销费；

R_r——还款期内的企业留利；

$(R_P+D'+R_0-R_r)$——第 t 年可用于还款的收益额。

当企业留利为零时，则按式 9-18 计算。

$$借款偿还期(P_d)=(借款偿还后开始出现盈余年份数-开始借款年份)+\frac{当年应偿还借款数}{当年可用于还款的收益额} \tag{9-18}$$

如借款偿还期小于银行所规定的期限，说明项目有足够的偿还能力，借款偿还期越小说明项目还款能力越强。否则偿还能力不足，此时应分析原因，在财务、技术及投资方案上采取措施，使偿还期与银行所规定的一致。

【例 9-6】 某项目采用全部税后利润、折旧费和摊消费（表 9-21）来偿还贷款本金。生产经营期（第 3 年）初固定投资欠款为 4000 万元（未含建设期借款利息并已计入固定投资），借款利率为 10%。试计算该项目的借款偿还期。

表 9-21　还款资金来源表　（单位：万元）

项目＼年份	生产经营期													备注
	3	4	5	6	7	8	9	10	11	12	13	14	15	
全部税后利润	100	200	300	300	300	300	300	300	300	300	300	300	300	
折旧费	160	160	160	160	160	160	160	160	160	160	160	160	160	
摊销费	40	40	40	40	40	40	40	40	40	40	40	40	40	
还款资金合计	300	400	500	500	500	500	500	500	500	500	500	500	500	

【解】　首先，该项目生产经营期发生的借款利息偿还已在总成本中支付，而建设期发生的利息已计入项目总投资，其次，借款偿还后开始出现盈余的年份为第 11 年。

所以，借款偿还期 = 11 − 1 + 300/500 = 10.6 年。

2. 资产负债率

资产负债率是反映项目各年所面临的财务风险程度及偿债能力的指标。

$$资产负债率 = 资产负债总额/资产总额 \times 100\% \tag{9-19}$$

它反映总资产中有多大比例是通过借债来筹集的，也反映企业各个时期所面临的财务风险程度及偿债能力，可以用于衡量企业在清算时对债权人利益的保护程度。资产负债率一般认为 50% ~80% 为合适。通常，对水工程来讲，资产负债率大于 100%，说明项目资不抵债，视为达到破产的临界值。

3. 流动比率

流动比率是反映项目各年偿付流动负债能力的指标，其表达式为

$$流动比率 = 流动资产总额/流动负债总额 \times 100\% \tag{9-20}$$

项目生产经营期内各年的流动比率可通过资产负债表逐年求得。流动比率可以衡量项目流动资产在短期债务到期时可以变现用于偿还流动负债的能力，也就是说是反映企业流动资产中有多少可在近期转变为现金的能力（即变现力）。对债权人来说，比率越高，债权越有保障。一般要求流动比率在200% 以上，也有的认为可以是 120% ~200%。这些数值都不是绝对的，对不同行业定一个统一评价标准是不现实的。

一般认为，生产企业合理的最低流动比率是 200%。这是因为流动资产中变现力最差的存货金额，约占流动资产总额的一半，其余流动性较大的流动资产至少要与流动负债相等，才能保证企业的短期偿债能力。但这一比率并非绝对的标准。不同的行业，由于经营的性质不同，营业周期不同，对资产的流动性要求也不同，应该有不同的衡量标准。流动比率，只有与同行业平均流动比率和本企业历史的流动比率进行比较，才能确定其高低。影响流动比率的主要因素有营业周期、流动资产中的应收幅度款数额和存货的周转速度。因为有不易立即变现的存货在，所以该指

标不能确切反映瞬时的偿债能力。

4. 速动比率

速动比率是反映项目快速偿付流动负债能力的指标，其表达式为

$$速动比率=\frac{流动资产总额-存货}{流动资产负债}\times 100\% \tag{9-21}$$

项目生产经营期内各年的速动比率可通过资产负债表逐年计算而得，速动比率是对流动比率的补充。流动比率不能反映瞬时的偿债能力，而速动比率可以反映企业各个时刻用可以立即变现的货币资金偿付流动负债的能力。一般要求速动比率在100%以上，也有的认为可以是100%～120%，低于100%反映短期偿债能力较低，这些数值同样也不是绝对的。例如，商店多以现金进行销售，几乎没有应收账款，其速动比率远小于100%；相反，一些应收账款较多的企业，速动比率可能要大于100%。

9.4.3 不确定性分析

1. 产生不确定性的原因

(1) 数据及其处理方法有误。在对项目未来状态进行预测时，需要采集大量的基础数据，并经过一定的技术处理，可能发生以下问题。

1) 基础数据有误差。在原始统计时就有缺陷，导致对客观事实描述失真。

2) 基础数据不充分。取得的样本数量不够，不足以反映客观事物的变动趋势或数据之间的相关关系。

3) 处理方法的局限性，如模型简单，不能预测未来的需要。

(2) 对项目自身估计不当。根据项目的设想和规划设计，描述项目的未来状态，可能发生以下问题。

1) 建设周期长。

2) 投资估算不准。

3) 技术和工艺的革新。

(3) 对外界因素估计不当。项目的成功在很大程度上还受到外界因素的制约和影响，在此环节可能发生问题如下。

1) 市场和价格的波动。

2) 社会经济形势和国家政策法规的重大变化。

3) 新产品和代用品的出现，会使项目产出物的需求受到严重干扰，甚至完全退出市场。

(4) 其他因素的影响，如存在着不能量化和计算的因素。

2. 盈亏平衡分析

盈亏平衡分析也称量本利分析，将成本划分为固定成本和变动成本并假定产销量

一致，根据产量、成本、售价和利润四者的函数关系，确定盈亏平衡点，进而评价方案的一种不确定性分析方法。产品的销售量、总成本费用和利润之间存在着相互依存的关系，产品销售量若低于一定的界限，企业就无利可得，甚至要亏损。通过盈亏平衡分析，可以找到这个界限，从而预知产品销售量达到多少时才有利润。在盈亏分析中，通常将问题简化，即只将一个量看成变量，而其他的量视为其函数。

给水排水项目中用以下公式表示。

$$盈亏平衡点的产量(BEPQ)=\frac{年固定成本}{年产品销售收入-年可变总成本-年销售税金} \tag{9-22}$$

$$盈亏平衡点的销售收入(BEPS)=产品单价\times 盈亏平衡点产量$$

$$盈亏平衡点的生产能力利用率(BEPI)=\frac{年固定成本}{年产品销售收入-年可变总成本-年销售税金}\times\frac{1}{设计生产能力}\times 100\%$$

此值越小，表明项目的适应能力较大，抗风险能力越强。

盈亏平衡分析的局限性：盈亏分析只讨论价格、产量、可变成本、固定成本等因素对项目盈亏的影响，其他相关因素考虑很少，对项目的盈利能力分析也比较粗浅；盈亏分析是静态分析，没有考虑资金的时间价值；盈亏分析的各条假设与现实情况不尽一致，计算结果也不够精确。盈亏分析只适用于财务分析。

【例9-7】 某建设项目年生产设计能力10000台，产品单台销售价格800元，年固定成本132万元，单台产品可变成本为360元，单台产品销售税金40元，试求盈亏平衡点的产量、销售收入和生产能力利用率。

【解】 盈亏平衡点的产量（BEPQ）

$$=\frac{年固定成本}{年产品销售收入-年可变总成本-年销售税金}=\frac{1320000}{800-360-40}=3300\text{ 台}$$

盈亏平衡点的销售收入（BEPS）

$$=产品单价\times 盈亏平衡点产量=800\times\frac{1320000}{800-360-40}=264\text{ 万元}$$

盈亏平衡点的生产能力利用率（BEPI）

$$=\frac{年固定成本}{年产品销售收入-年可变总成本-年销售税金}\times\frac{1}{设计生产能力}\times 100\%$$

$$=\frac{1320000}{(800-360-40)\times 10000}\times 100\%=33\%$$

【例9-8】 某建设项目年设计生产能力12万吨，已知每吨产品的销售价格675元，每吨产品交付的税金165元，单位产品可变成本250元，年总固定成本

1500 万元，试求盈亏平衡点和允许降低（增加）率。

【解】 盈亏平衡点的产量（*BEPQ*）

$$=\frac{\text{年固定成本}}{\text{年产品销售收入}-\text{年可变总成本}-\text{年销售税金}}$$

$$=\frac{1500}{675-250-165}\text{万吨}=5.77\text{ 万吨}$$

盈亏平衡点的生产能力利用率（*BEPI*）

$$=\frac{\text{年固定成本}}{\text{年产品销售收入}-\text{年可变总成本}-\text{年销售税金}}\times\frac{1}{\text{设计生产能力}}\times100\%$$

$$=\frac{1500}{(675-250-165)\times12}\times100\%=48.08\%$$

盈亏平衡点的单位产品售价 = 1500/12 + 250 + 165 = 540 元/吨

盈亏平衡点的单位产品可变成本 = 675 − 165 − 1500/12 = 385 元/吨

盈亏平衡点的总固定成本 =（675 − 250 − 165）×12 = 3120 万元

计算所得的允许降低或增加率列于表 9-22 中。

表 9-22 各种形式的盈亏平衡点及允许降低（增加）率

项目	产量	售价	单位可变费用	年固定费用
BEP（以绝对量表示）	5.77 万吨	540 元/吨	385 元/吨	3120 万元
BEP（以相对量表示）	盈亏平衡点的产量÷设计生产能力 = 0.48	盈亏平衡点的单位产品售价÷产品销售单价 = 0.8	盈亏平衡点的单位产品可变成本÷产品可变成本 = 1.54	盈亏平衡点的总固定成本÷年总固定成本 = 2.08
允许降低（升高）率	降低 0.52	降低 0.2	升高 0.54	升高 1.08

由表 9-22 可见，当其他条件保持不变时，产量可允许降低到 57692.3 吨，若低于这个产量，项目就会发生亏损，即产量可减少 52%。同样在销售价格上也可降低 20% 而不致亏损。单位产品的可变成本允许上升到 385 元，即可比原来的每吨 250 元上升 54%，年固定费用最高运行达到 3120 万元，可上升 108%。

以年产量为横坐标，生产总成本或销售收入为纵坐标，把成本函数与销售收入函数作图，即成为盈亏平衡图，如图 9-5 所示。

3. 敏感性分析

敏感性分析是通过分析预测项目主要因素发生变化时对项目经济指标的影响，从中找出敏感因素，并确定影响程度的一种方法。所谓敏感性分析就是分析并测定各个因素的单独变化或多重变化对项目经济效果的影响，对内外部条件发生不利变化时项目的承受能力作出判断。它分为单因素敏感性分析和多因素敏感性分析。在

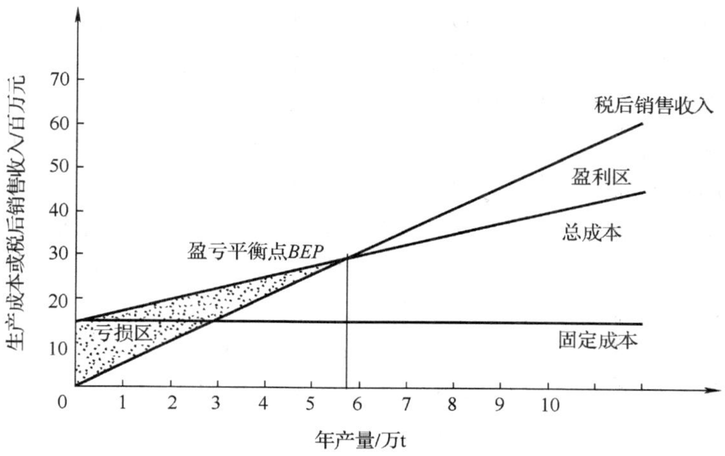

图9-5 盈亏平衡图

单因素敏感性分析中，设定每次只有一个因素变化，而其他因素保持不变，每次分析该因素的变化对指标的影响大小。如一个因素在较大范围内变化时，引起指标的变化幅度并不大，则称其为非敏感性因素，否则为敏感性因素。通过敏感性分析决策者可以掌握各个因素对指标的影响的重要程度，在对因素变化进行预测、判断的基础上，对项目的经济效果作进一步的判断，或在实际执行中对敏感性因素加以控制，减少项目的风险。

多因素敏感性分析是考察多个因素同时变化对项目的影响程度，通过分析可以判断项目对不确定性因素变化的承受能力，从而对项目风险的大小进行估计，为决策者提供依据。

敏感性分析的基本步骤：

（1）确定分析指标。与涉及的项目有关，根据经济评价的深度和具体情况来选择敏感性分析指标。一般而言，敏感性分析的指标应与经济评价指标一致，不应超出所选用的经济评价指标的范围而另立分析指标。

（2）选择需要分析的不确定因素。只需选择预计对指标影响较大的因素和引用的数据的准确性把握不大的因素。在选定不确定因素后，还应根据实际情况设定因素可能的变化幅度。

（3）不确定因素变动对指标的影响程度。单因素敏感性分析时，在固定其他因素的条件下，变动其中某一个不确定因素，计算分析指标相应的变动结果，这样逐一得到每个因素对指标的影响程度。在多因素敏感性分析时，要计算多个因素同时变化对分析指标的影响程度。

（4）确定敏感性因素，对方案的风险情况作出判断。

1）单因素敏感性分析。分析的对象是单个不确定因素发生变化的情况，在分析方法上类似于数学中的多元函数的偏微分，即计算某个因素变动对经济效果的影响时，其他因素均不变。进行单因素敏感性分析时，应求出导致项目有可行变为不可行的不确定因素变化的临界值，该临界值可通过敏感性分析图求得。做法如下：以不确定因素变化率为横坐标，以评价指标为纵坐标，从每个不确定因素的变化中得到评价指标随之变化的曲线；每条曲线与评价指标的基准评判线的交点，即为不确定因素变化的临界点，该点对应的横坐标即为不确定因素变化的临界值。

给水排水中常用单因素分析法。不确定因素常选择投资、水价、处理水量、制水成本、折现率、建设与生产期限、外币汇率。

【例 9-9】 某新建水泥厂年产强度等级为 42.5MPa 的普通硅酸盐水泥 130 万吨，基准收益率为 10%，根据项目基本数据计算的内部收益率为 11.62%，售价、投资、经营费用等因素分别按 ±10% 和 ±20 变化，计算结果列于表 9-23、表 9-24 和表 9-25。

表 9-23　售价因素敏感性分析

售价变化幅度	−20%	−10%	0	+10%	+20%
内部收益率	6.74%	9.30%	11.62%	13.75%	15.67%

表 9-24　投资因素敏感性分析

投资变化幅度	−20%	−10%	0	+10%	+20%
内部收益率	14.52%	12.94%	11.62%	10.47%	9.46%

表 9-25　经营费用因素敏感性分析

经营费用变化幅度	−20%	−10%	0	+10%	+20%
内部收益率	13.43%	12.52%	11.62%	10.68%	9.69%

【解】 根据敏感性分析表所列数据，绘制敏感性分析图，如图 9-6 所示。

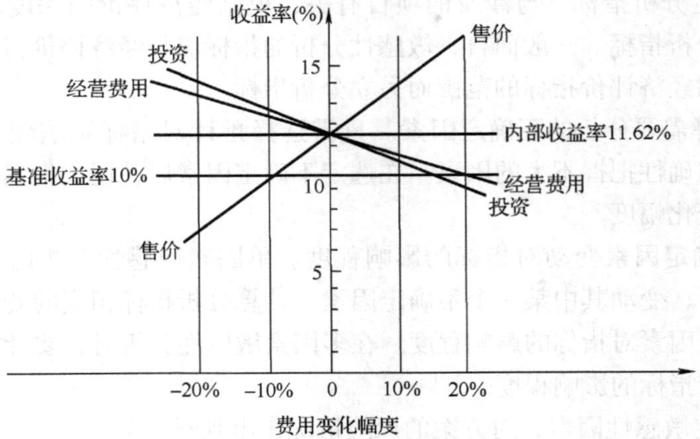

图 9-6　单参数敏感性分析图

从以上分析结果可以看出，投资与经营费用的变动对内部收益率影响相对较小，售价变动因素影响相对较大。

2）多因素敏感性分析。分析对象是若干个不确定因素同时发生变动的情况。由于单因素敏感性分析的前提是当某个不确定因素变动时，其他因素不变，而在实际中该假定并不成立，而且各个因素间存在着相关性。涉及各变动因素不同变动幅度的多种组合，计算量十分繁琐。一般采取简化的方法，首先进行单因素敏感性分析，找出敏感因素；然后对2～3个敏感性因素或较为敏感的不确定因素进行多因素敏感性分析。

在单因素敏感性分析时，要确定敏感性因素。在计算中，可以规定每个因素变化同一个百分点，并观察因素变化导致分析指标的变化，使指标变化最多的就称为最敏感性因素，次之的称为次敏感性因素，变化最小的称为不敏感性因素。多因素敏感性分析要确定多因素在何范围变化时指标可行或不可行，即确定指标可行与不可行的临界线或面。根据上面的分析以及预测的各种因素的实际变化范围，对项目的风险作出判断，以便对项目进行控制。

如果把同时发生变化的因素扩大到三个，则需要列出三维的敏感性分析数学表达式。

【例9-10】 设某项目的固定资产投资为17万元，年销售收入为35万元，年经营费用为0.3万元，项目建设期1年，生产期10年，固定资产残值为2万元，基准收益率 $i_c=13\%$。试就最关键的两个因素——初始投资和年销售收入，对该项目的净现值进行双因素敏感性分析。

【解】 设 x 表示投资变化的百分数，y 表示同时改变的年销售收入百分数，则

$NPV(i_c) = -17(1+x)(P/F,0.13,1) + 3.5(1+y)(P/A,0.13,10)(P/F,0.13,1) - 0.3(P/A,0.13,10)(P/F,0.13,1) + 2(P/F,0.13,11)$

当 $NPV(i_c) \geqslant 0$ 时，该项目可行，即

$$0.8434 - 15.045x + 16.807y \geqslant 0$$

化简得

$$y \geqslant 0.8952x - 0.0502$$

把该不等式绘于年销售收入变化百分数 y 和投资变化百分数 x 平面图上，可以得到图9-7所示的两个区域。斜线以上的区域 $NPV>0$；斜线以下的区域 $NPV<0$。斜线显示两因素允许同时变化的幅度。在最坏的情况下，即当投资增加，同时年销售收入减少时，项目 $NPV \geqslant 0$ 的区域即阴影区域，是很狭窄的。从斜线的斜率分析，两因素中，初始投资对项目的影响更为敏感。

4. 概率分析

概率分析是使用概率研究预测各种不确定因素和风险因素的发生对项目的经济评价指标影响的一种方法。由于敏感性分析只能指出不确定因素变化的可能性大小

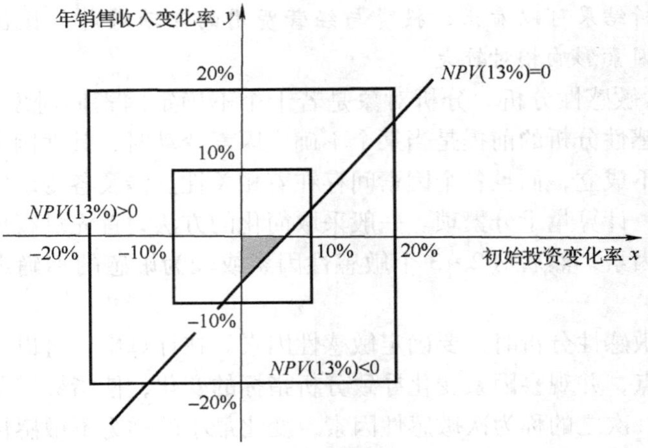

图 9-7 双因素敏感性分析图

以及在这种可能性下对评价指标的影响程度，即敏感性分析的前提是各不确定因素发生变化的概率是相同的。但实际上假定不可靠，各不确定因素发生变化的概率往往不相同。敏感性大而发生概率很低的不确定因素，对项目的影响可能还不如一个敏感性小但发生概率很高的因素，必须进行概率分析。

（1）概率分析的相关概念。严格讲，决定方案经济效果的绝大多数因素都是随机变量，只能预测其取值的范围而不能知道其具体数值。要想完整描述一个随机变量，需要先确定其概率类型和参数。在经济评价与决策中使用最普遍的是均匀分布与正态分布。至于随机变量的分布属于何种分布类型，可根据对过去发生的类似情况的概率描述和现在的情况确定，有时也可根据各种典型分布的条件，通过理论分析确定某随机变量的概率分布类型。描述的主要参数是期望值、方差、标准差。

1）期望值是在大量的重复事件中随机变量取值的平均值，是随机变量所有可能取值的加权平均值，权重为可能出现的概率。计算公式为

$$E_{(x)} = \sum_{i=1}^{n} X_i P_i \tag{9-23}$$

式中 $E_{(x)}$——变量的期望值；

i——随机变量的次数，等于 1，2，3，…，n；

X_i——随机变量值；

P_i——随机变量发生的概率。

由于净现金流是随机变量，其值的累加得到的净现值也是一随机变量，随机净现值的计算公式为

$$NPV^{(j)} = \sum_{t=1}^{n} y^{(j)} (1 + i_c)^{-t}$$

相应的期望值
$$E(NPV) = \sum_{j}^{k} NPV^{(j)} P_j \tag{9-24}$$

2）方差是反映随机变量取值的离散程度的参数，计算公式为

$$D(NPV) = \sum_{j=1}^{k} [NPV^{(j)} - E(NPV)]^2 P_j \tag{9-25}$$

式中　$D(NPV)$——净现值的方差。

3）标准差也是反映随机变量取值的离散程度的参数，即方差的开二次方。计算公式为

$$\sigma(NPV) = \sqrt{D(NPV)}$$

净现值大于0或等于0的概率为 $P(NPV \geqslant 0) = 1 - F(0) = 1 - \sum_{NPV^{(j)} \leqslant x} P_j$　(9-26)

从概率论的理论知道，对净现值等指标的概率分析，项目方案可接受的条件是（以净现值为例）$E(NPV) > 0$，其净现值的期望值大于零；若 $P(NPV \geqslant 0)$ 较大，其净现值为非负的概率较大，如 $P(NPV \geqslant 0) \geqslant 0.6$ 等；净现值的方差 $D(NPV)$ 较小，这表示在各种状态下，净现值落在其期望值附近的概率较大。因此，项目的净现值就可以由期望值来较好地反映。

【例9-11】　某水工程项目的现金流量见表9-26，根据预测和经验判断，开发成本、销售收入（两者相互独立）可能发生的变化及其概率见表9-27。试对使项目进行概率分析并求净现值大于或等于期望值的概率，取基准折现率为12%。

表9-26　项目的现金流量表　（单位：万元）

年　份	1	2	3	4	5～15	5年以后的折算到第5年
销售收入	—	3000	6000	9000	15000	99752
开发成本	15000	15500	15000	12600	1000	6650
其他支出	—	500	1000	1400	2000	13300
净现金流量	-15000	-13000	-10000	-5000	12000	79802

【解】　参照以下步骤进行分析和计算。

① 分析的不确定因素为开发成本和销售收入。

② 分析两个不确定因素可能发生的变化及其概率，见表9-27。

表9-27　开发成本和销售收入变化的概率表

因素＼变幅	-10%	0	10%
销售收入	0.3	0.6	0.1
开发成本	0.1	0.4	0.5

③ 利用概率作图列出本项目净现金流量序列的全部可能状态，共9种状态，如图9-8所示。

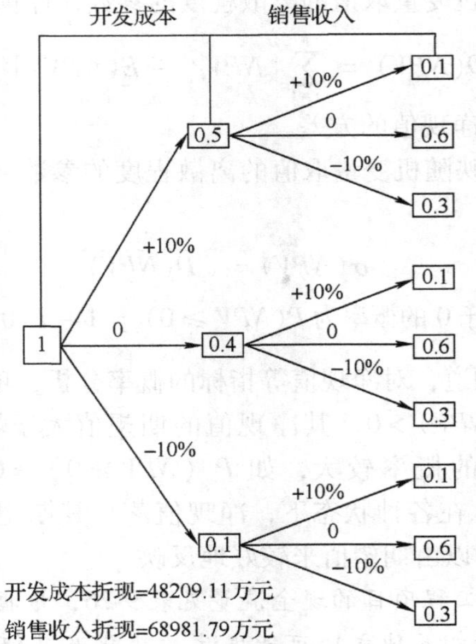

图9-8 概率状态图

④ 分别计算项目净现金流量序列各状态的概率 P_j（$j=1, 2, \cdots, 9$）。

$$P_1 = 0.5 \times 0.1 = 0.05$$

$$P_2 = 0.5 \times 0.6 = 0.30$$

其余类推，结果见表9-28。

表9-28 项目净现金流量序列各状态的概率 P_j 与 $NPV^{(j)}$

j	P_j	$NPV^{(j)}$/万元	$NPV^{(j)}P_j$/万元
1	0.05	13304.53	665.227
2	0.30	6405.15	1921.545
3	0.15	−493.54	−74.031
4	0.04	18125.35	725.014
5	0.24	11226.06	2694.254
6	0.12	4327.37	519.284
7	0.01	22945.43	229.454
8	0.06	16046.98	926.819
9	0.03	9148.28	274.448
合计	1.00		7918

⑤ 分别计算各状态下的项目净现值 $NPV^{(j)}$ ($j=1, 2, \cdots, 9$)。

$$NPV^{(1)} = \sum_{t=1}^{5} (CI-CO)_t^{(1)} (1+12\%)^{-t} = 13304.53 \text{ 万元}$$

$$NPV^{(2)} = \sum_{t=1}^{5} (CI-CO)_t^{(2)} (1+12\%)^{-t} = 6404.15 \text{ 万元}$$

其余类似可得，结果列于表9-28中。

⑥ 计算加权净现值 $NPV^{(j)}P_j$ ($j=1, 2, \cdots, 9$)，结果见表9-28。然后依式(9-24)求得项目净现值的期望值 $E(NPV)=7918$ 万元，按照式(9-25)求得项目净现值的方差 $D(NPV)=27360245.346$，以及标准差 $\sigma(NPV)=5230.7$。

⑦ 由式(9-26)算得项目净现值为非负的概率是

$$P(NPV \geqslant 0) = 1-F(0) = 1-0.15 = 0.85$$

同理，可得项目净现值大于或等于期望值的概率为

$$P(NPV) \geqslant E(NPV) = P_1+P_2+P_3+P_4+P_5+P_7+P_8+P_9 = 0.43$$

⑧ 结论：因为 $E(NPV)=7918>0$，故本项目是可行的；又因为 $P(NPV \geqslant 0)=0.85$ 以及 $P(NPV) \geqslant E(NPV)=0.43$，说明项目具有较高的可靠性，且获得可观经济效果的可能性是不小的。但由于标准差 $\sigma(NPV)=5230.7$ 较大，所以期望值不一定能反映项目实施后的净现值。

【例9-12】 某公用事业公司拟建一个自来水厂，投资规模视筹资情况而定，若金融市场有大量闲置资金，可能筹集资金300万元，概率为0.5；若资金市场供需均衡，能筹资200万元，概率为0.4；若资金供应紧张，能筹资100万元，概率为0.1。项目建成后的年收入与供水规模有直接的关系，同时还受用水市场供求状况的影响，在市场状况良好时，年收入为投资规模的40%，概率为0.3；市场状况一般时，年收入为投资规模的30%，概率为0.5；市场萧条时，年收入为投资规模的20%，概率为0.2；该自来水厂的年运行费用受电力供求关系影响，电力供应充足时，年运行费为投资规模的5%，概率为0.2；电力供应平衡时，年运行费为投资规模的10%，概率为0.5；电力供应紧张时，年运行费为投资规模的15%，概率为0.3；该项目的基准贴现率为10%，项目计算期为10年，期末无残值，试计算该项目的期望净现值及净现值非负的累计概率。

【解】 ① 首先确定不确定因素及其概率分布（表9-29）。

表9-29 不确定因素及其概率分布

不确定因素	事件机会	概率分布
投资 I	300万元 200万元 100万元	0.5 0.4 0.1

（续）

不确定因素	事件机会	概率分布
年收入 B	$40\% \times I$ $30\% \times I$ $20\% \times I$	0.3 0.5 0.2
年运行费 C	$15\% \times I$ $10\% \times I$ $5\% \times I$	0.3 0.5 0.2

② 应用决策树技术确定每一状态的概率及净现值，如图 9-9 所示。在图 9-9 中，各状态的概率等于各阶段概率之积，如投资为 300 万元，收入为 120 万元，费用为 45 万元的概率为

$$P_1 = P(I=300) \times P(B=120) \times P(C=45)$$
$$=0.5 \times 0.3 \times 0.3 = 4.5\%$$

其他状态的概率计算也如图 9-9 所示。

各状态净现值的计算如下

$$NPV_i = (B-C)(P/A,10\%,10) - I$$
$$= (120-45) \times 6.145 - 300 = 160.875 \text{ 万元}$$

③ 计算净现值非负的累计概率。

$$P(NPV \geqslant 0) = \sum_{i=1}^{27} P_i \geqslant 0 = 65\%$$

或
$$P(NPV \geqslant 0) \geqslant 0 = 1 - NPV < 0 = 65\%$$

项目可行的概率为 65%，说明该项目的风险较大。

（2）概率分析的方法。为了了解项目投资的风险，对项目的经济效果进行概率分析，常用方法有解析法（已知期望值和均方差求解）和图示法（已知现金流量对应的经济内指标及其概率，绘出累计概率而估计风险性）。

按以下步骤进行：

1）选定需分析的不确定因素及可能变化的范围。

2）预测各不确定因素变化发生的概率。

3）确定分析评判的经济效果指标。

4）分析计算，得出结论。

5）给水排水需要发现的不确定因素主要有供水量（污水处理量）、水价（排污费）、投资、建设工期、经营成本等，分析指标主要用财务内部收益率，辅以财务净现值、静态投资回收期或借款偿还期等。财务评价内容与评价指标、基本报表见表 9-30。

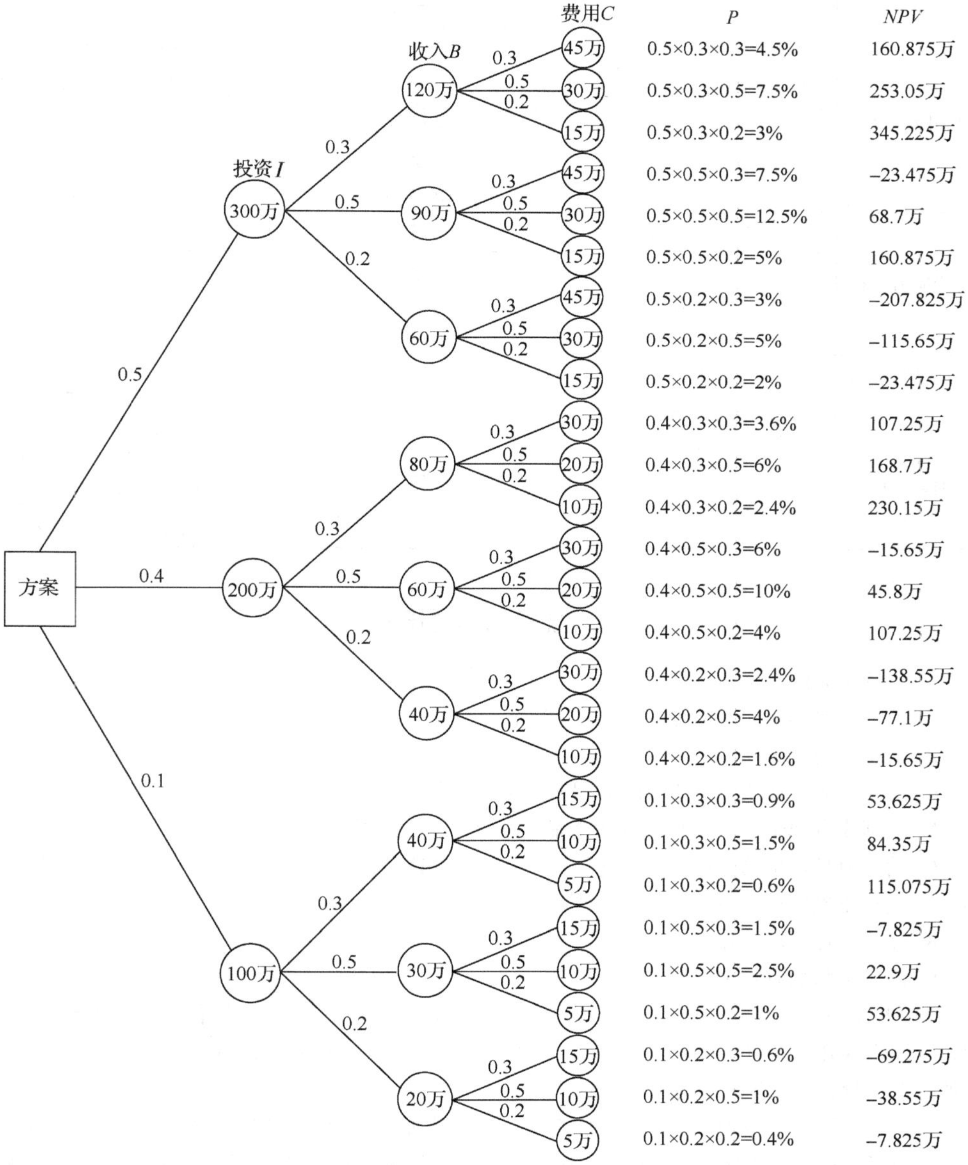

图 9-9　概率及净现值的决策树

表 9-30 财务评价内容与评价指标、基本报表

评价内容	基本报表	财务评价指标	
		静态指标	动态指标
盈利能力分析	全部投资先进流量表	全部投资回收期	财务内部收益率财务净现值
	自有资金现金流量表		财务内部收益率、财务净现值
	损益表	投资利润率 投资利税率 资本金利润率	
清偿能力分析	资金来源与运用表	借款偿还期	
	资产负债表	资产负债率 流动比率 速动比率	
外汇平衡计算	财务外汇平衡表		
不确定性因素分析	盈亏平衡分析	平衡点生产能力利用率、平衡点产值	
	敏感性分析		财务内部收益率、财务净现值
	概率分析		净现值期望值净现值大于等于零的累计概率

思考与练习题

1. 投资估算的方法是什么?
2. 简述给水排水成本估算的方法。
3. 资金规划分为几类?
4. 财务报表的作用及主要报表的编制内容是什么?
5. 全部投资现金流量表和自有资金流量表的特点与作用是什么?
6. 简述财务评价的分析指标及各指标的含义、判断依据。
7. 简述不确定性分析的原因及方法。
8. 怎样计算内部收益率?
9. 净现值指标有哪些优缺点?

10. 某企业生产某种产品，设计每年产量为6000件，每件产品的出厂价格估算为50元，企业每年固定性开支为66000元，每件产品成本为28元。求企业的最大可能盈利，企业不盈不亏时的最低产量，企业年利润为5万元时的产量。

11. 某厂生产一种配件，有两种加工方法可供选择，一为手工安装，每件成本为1.20元，还需分摊年设备费用300元，一种为机械生产，需要投资4500元购置机械，寿命为5年，预计残值为150元，每个配件需人工费0.5元，维护设备年成本为180元，假如其他费用相同，年利率为10%，试进行加工方法决策。

12. 某投资项目的主要经济参数估计值为：初始投资15000元，寿命为10年，残值为0，年收入为3500元，年支出为1000元，基准收益率为15%。当年收入变化时，试对内部收益率的影响进行敏感性分析；试进行初始投资、年收入与寿命三个参数同时变化时净现值的敏感性分析。

13. 某项投资活动，其主要经济参数见表9-31，其中年收入与贴现率为不确定因素，试进行净现值敏感性分析。

表9-31 投资的主要经济参数

参　数	最不利 P	最可能 M	最有利 N
初始投资/万	-10000	-10000	-10000
年收入/万	2500	3000	4000
贴现率	20%	15%	12%
寿命/年	6	6	6

14. 某方案需投资25000元，预期寿命为5年，残值为0，每年净现金流量为随机变量，其变动如下：5000元（概率 $P=0.3$），10000元（$P=0.5$），12000元（$P=0.2$）。若利率为12%，试计算净现值的期望值与标准差。

15. 某项目投资方案，其净现值的期望值为 $E(NPV)=1200$ 元，净现值的方差 $D(NPV)=3.24\times10^6$，试计算：净现值大于零的概率，净现值小于1500元的概率。

第10章 国民经济评价

10

国民经济评价，形式上与财务评价类似，都是对项目的盈利性评价。国民经济评价是站在国家或全社会的立场上，按照资源合理配置的原则，考察项目对整个国民经济的净贡献，对项目要进行社会利润评价，用货物影子价格、影子工资、影子汇率和社会折现率等经济参数分析、计算项目对国民经济的净贡献，评价项目的经济合理性。

10.1 概述

世界各国都面临着资源稀缺与社会需求增长的经济矛盾，解决这个矛盾的有效方法之一，就是把有限资源（包括人力、物力和财力）合理分配到各种不同的用途，使其发挥最充分的效率，实现资源的优化配置。资源的配置最终是通过把资源分配给一个个具体投资项目来实现的。因此，资源分配效果的优劣只有通过对一个个项目进行国民经济评价才能判别。

我国是一个有 13 亿人口的大国，但又是一个资源相对贫乏的国家。在经济建设和发展中存在着资源（特别是资金和能源等）稀缺和有限的问题。为了使有限的资源发挥最大的经济效益，保持国民经济持续稳定的增长，对建设项目进行国民经济评价十分必要。只有财务评价与国民经济评价均可行的项目，才是可行的。

社会利润是项目对国家基本经济目标所产生效果大小的一种衡量。只考虑项目本身利益的财务评价，是不能确保资源的优化配置和有效利用的。其主要原因是不同的项目财务评价包含了不完全相同的税收、补贴和贷款条件，使不同项目的财务评价效果失去了公正的对比基础；项目的财务盈利是项目内部的直接经济效果，不包括项目的外部经济效果；财务评价所采用的价格是项目与外界交易的实际价格，这种价格往往严重背离资源的真实价值，从而使财务评价的结果有可能背离社会资源的优化配置要求。

国民经济评价应根据国家社会经济发展长远规划的要求，结合产品需求预测、工程技术研究以及项目的具体情况，计算项目投入、产品的费用和效益，并通过多方案比较，对建设项目在经济上的可行性进行科学计算、分析和论证，作出全面的经济评价。为此，在国民经济评价时，应按照国家的目标和价值尺度，为项目选择提供合理的基础，以反映国家的宗旨、社会的目标，正确评价项目对国民经济的实际影响，并据此审定项目的投资计划（包括新建、改建、扩建和正在实施的建设项目）。

国民经济评价的目的是对项目的经济价值进行分析，以确定项目消耗社会资源的真实价值。如果不进行国民经济评价，而只根据企业财务评价对项目投资作出抉择，很有可能出现将某些在财务上没有吸引力，而对国民经济作用大的项目排除在外的情况；或将在财务上吸引力大（利润高），而不能合理有效地利用资源，甚至影响国民经济综合平衡或需国家付出相当大代价的项目纳入建设计划，给国家和社会带来损失。因此，对国家领导决策部门和经济计划部门来说，项目国民经济评价是至关重要的决策手段。采用这种科学方法与手段能够比较全面地衡量、考察建设项目对整个国民经济和社会的真实效果，并促使国家资源的合理分配和利用。

1. 国民经济评价与项目财务评价的相同点

（1）两者评价的总目标都是使项目以最小的费用取得最大的效益，即使项目净效益最大。

（2）两者评价的基本分析方法都是采用现金流量分析方法求出内部收益率、净现值等评价指标，以考察项目可行性。

（3）两者评价依据的基础经济数据有许多是相同的（如产品销售收入、固定资产投资、流动资金、经营成本等）。

2. 国民经济评价与财务评价的区别

（1）评价的目的和角度不同。国民经济评价是从国家、全社会的整体角度考虑项目对国家的净贡献，以提高全社会的投资经济效果，从而确定投资行为的宏观可行性。财务评价是从经营项目的企业角度和国家财政角度考察货币的收支和盈利状况以及借款的偿还能力，以评价最优方案的财务生存能力，确定投资行为的财务可行性。

（2）收益与费用的划分范围不同。国民经济评价是根据项目所耗费的有用资源及向社会提供的有用产品和服务来考察项目的费用和收益，一般不考虑通货膨胀、利税和折旧等转移支付。财务评价是根据企业的实际收支情况确定项目的财务收益和费用，一般要考虑通货膨胀、税金、利息等。财务评价只计算项目内部直接发生的费用和收益，国民经济评价对项目引起的外部经济效果也要进行计算和分析。

（3）评价采用的价格和主要参数不同。项目的财务评价对投入物和产出物采用市场现行价格，国民经济评价则采用根据机会成本和供求关系确定的影子价格；

财务评价采用的是官方汇率或调剂外汇汇率，并以因行业而异的基准收益率或银行的贷款利率作为折现率；国民经济评价则采用国家统一测定的社会折现率和影子汇率。

（4）评价指标的内涵不同。国民经济评价的指标是经济净现值或经济内部收益率；财务评价的主要指标是根据项目现金流量计算的财务净现值或财务内部收益率。

（5）评价的内容和方法不同。国民经济评价的内容和方法较复杂，涉及的范围较广，需采用费用效益分析、成本效用分析和多目标综合分析等多种方法；企业财务评价的内容和方法较简单，涉及面较窄。

项目国民经济评价综合评价，是站在更广泛、更全面的立场上，从国家的总体利益出发，考虑政治目标、经济目标、社会目标、环境保护、生态平衡、合理利用和保护自然资源以及国防需要等各种目标，使宏观效果与微观效果相结合，并用系统的、整体的、综合的观点，从经济、技术、社会、政治各方面，全面分析和综合评价建设项目。

10.2 费用与效益分析

10.2.1 国民经济评价中费用与效益的识别

项目的费用与效益的识别是进行国民经济评价工作的重要前提，其划分随项目评价目标而不同，国民经济评价中经济费用与效益的识别原则，应从整个国民经济的发展目标出发，考虑项目国民经济的影响。识别的原则有：

1. 目标决定原则

项目的经济性评价在两个层次上进行：企业层次和国家层次。企业追求的利润最大化，国家追求的基本目标是在资源最优配置的基础上对国民经济的净贡献。因此，凡是增加项目货币收入的则是财务效益；凡是减少全社会国民收入的都是国民经济目标意义上的经济费用，而增加全社会国民收入的则是经济效益。

2. 系统边界原则

财务评价是从项目本身的利益出发，其系统分析的边界就是项目本身。凡是流入项目的资金就是财务效益，凡是流出项目的资金就是财务费用。而国民经济评价是从国家的利益出发，其系统分析的边界是整个国家，因此，经济效益和经济费用不仅要包括项目自身的直接效果，也要包括项目对国家其他部门和实体产生的间接效果。

3. 资源变动原则

在财务评价中，追踪的是货币的流向，而国民经济评价是以资源最优配置为目标，由于经济资源的稀缺性，资源在本项目的投入会减少在其他项目的投入，从而减少其他项目的国民收入。从这个意义上说，本项目对资源的使用产生了经济费用。同理，本项目的产出增加了社会可用资源，产生了经济效益。需要指出的是，这里的经济资源是指稀缺资源，不包括那些闲置不用或不付出代价就可用自由使用的资源。

4. 考察外部效果原则

越是重大投资项目，牵涉越广，联系越多，要识别也越艰难。因此，在实际工作中，可根据以下几条基本方法进行处理：主相关性效果原则、范围一致性原则、外部效果内部化原则、技术外溢效果两重性原则、价格连锁效果和乘数效果不计原则。

10.2.2　影子价格

费用和效益的测算是利用国家参数——影子价格、影子工资、影子汇率等把财务价值调整为经济价值的。

影子价格是投入生产的资源在最优配置和有效利用时所应得到的价格，即商品或生产要素可用量的任一边际变化对国家基本目标——国民收入增长的贡献值。一般而言，影子价格并非现行价格，因为现实生活中供求不平衡的存在，使现行价格总是偏离均衡价格。当现行价格严重背离均衡价格时，必然导致某些生产资源过度需求，出现严重不足，而另一些生产资源可能出现过剩。因此，影子价格是企业盈亏的临界点，是衡量企业经济活动的一个标志。

对拟建项目进行国民经济评价，主要目的是要考察它对国民经济作出多大贡献（效益）和使国民经济付出多少代价（费用）。这里的贡献和代价只能用价格来计量。如果价格是合理的，或者说对效益和费用的衡量是真实的，那么项目经济评价就能够正确指导投资决策，指导有限资源的合理配置，从而使国民经济达到高效率、高速度的增长。反之，如果价格被扭曲，对效益和费用的衡量失真，就必然导致错误的投资决策，浪费国家有限的资源，延误国民经济的发展。所以，价格是否失真，决定了国民经济评价的可信度，决定了资源配置是否能趋向优化。

一般来说，发展中国家的价格体系往往存在着扭曲现象，价格既不反映价值，也不反映供求状况。造成这种状态的原因是通货膨胀，外汇短缺，劳动力过剩，过度保护本国工业，产业结构不合理，价格、工资和进出口管制等。我国也有类似情况。因此，依靠现有价格体系，不可能正确衡量项目的费用和效益。

例如，劳动力被某个项目占用，就不能在原有的工作岗位上继续为社会作贡献。所减少的这部分贡献，就是项目因使用劳动力而给国民经济带来的损失。但实际上农村有大量的剩余劳动力，城市也存在着待业问题，如果项目占用的非熟练工人来自这两部分人，是不会使社会的产出有任何减少的。所以，在国民经济的角度来看，用现行工资衡量非熟练工人的劳务费用，是过高地估计了这些劳动力的边际贡献。

再如，经济的发展增加了对进口生产资料的需求，部分消费者或消费集团的欲望也增加了对进口生活资料的需求，但是要通过扩大出口来抵消增加进口的压力却比较困难。于是，必须采取外汇控制、提高关税、限制或禁止某些货物进口、提供出口补贴等手段来平衡国际收支。在这种情况下，项目使用的进口货物如果按现行汇率作价，就往往高于进口货物的实际价值。

生产资料的价格扭曲就更加明显。由于种种历史原因，许多初级工业品的价格严重偏低，而加工工业则价高利大。依据这样一种比价关系来计量项目的费用和效益，必然偏爱加工行业的建设项目，导致国民经济中长线更长、短线更短，进一步加剧供求不平衡。为了把扭曲的价格校正过来，使项目评价能够真正反映项目对国民经济造成的得失，就必须测算和应用影子价格。

10.2.3 国民经济评价的具体步骤

1. 在财务评价基础上进行国民经济评价的步骤

（1）效益和费用范围的调整。

1）剔除已计入财务效益和费用中的转移支付。

2）增加在财务评价中未反映的项目间接效益和间接费用，能定量的应进行定量计算，不能定量的应作定性描述。

（2）用影子价格重新估算项目的效益和费用。

1）固定资产投资的调整。剔除属于国民经济内部转移支付的引进设备、材料的关税和增值税，并用影子汇率、运输费和贸易费用对引进设备价值进行调整，对于国内设备价值则用其影子价格、运输费和贸易费用进行调整；用土地的影子费用代替占用土地的实际费用；剔除涨价预备费；调整其他费用等。

2）流动资金的调整。调整由于流动资金计算基础的变动而引起的流动资金占用量的变动。

3）经营成本的调整。可以利用货物的影子价格、影子工资等参数调整费用要素，然后再加和，求得经营成本。

4）销售收入的调整。先确定项目产出物的影子价格，再重新计算销售收入。

5）在涉及外汇借款时，用影子汇率计算外汇借款与利息的偿付额。

（3）编制项目的国民经济效益费用流量表（全部投资），并据此计算全部投资经济内部收益率和经济净现值指标。对使用国外贷款的项目，还应编制国民经济效益费用流量表（国内投资），并据此计算国内投资的经济内部收益率和经济净现值指标。

2. 直接作国民经济评价的步骤

（1）识别和计算项目的直接效益。按照项目的产出物种类、数量及其逐年的增减情况和产出物的影子价格计算项目的直接效益。对那些为国民经济提供服务的项目，应根据提供服务的数量和用户的受益计算项目的直接效益。

（2）用货物的影子价格、土地的影子费用、影子工资、影子汇率、社会折现率等参数直接进行项目的固定资产投资估算和流动资金估算。

（3）根据生产经营的实物消耗，用货物的影子价格、影子工资、影子汇率等参数计算。

（4）技术扩散的效果。建设技术先进的项目，由于技术培训、人才流动、技术推广和扩散整个社会都将受益，这种效果通常都没有在影子价格中得到反映，不过由于计量上的困难，一般只作定性说明。

（5）工业项目造成的环境污染和对生态的破坏是一种间接费用，可参照现有同类企业所造成的损失来计算，至少也应作定性的描述。

（6）计算外部效果时还应区别是否已经在项目投入物和产出物的影子价格中得到充分反映。由于项目使用投入物和提供产出物所引起上游、下游工业效益或费用的变化，一般都在投入物、产出物的影子价格中得到反映，不必再计算间接效益或费用。

（7）项目的外部效果一般只计算一次相关效果，不应连续扩展。

转移交付是指系统内部所发生的费用和效益的相互转移，它并不发生实际的资源消耗（或增加）。在项目国民经济评价中，国家作为一个大系统，其内部发生的某些费用和效益仅仅是相互转移，而并没有发生实际的资源增加和耗用，这部分费用和效益称为国民经济内部的“转移支付”。

国民经济评价中应重点调整在项目、效益中占有较大比重的和市场价格明显扭曲的投入品及产出品的价格。一般情况下，调整分为四步：调整项目的直接转移支付；调整外贸品价格；调整非外贸品价格；调整几种特殊投入品价格。

10.2.4 直接转移支付的调整

建设项目财务评价中的某些费用和效益并不真正反映资源投入与产出的变化，因而不影响社会最终产品的增减，只表现为资源使用权从项目转移给社会或由社会转移给项目，不随资源增减的纯货币性质的转移项目的直接转移支付。

识别某项费用或效益是否是转移支付需要注意两点：首先，要看这一费用或效益是不是仅限在系统内部发生，如果同系统外部有联系就肯定不是“转移支付”，如国外借款的还本付息与系统外部有联系，不应看作转移支付；第二，判断是否发生实际的资源变化（耗用或增加），没有发生资源变化的不属于转移支付。

转移支付在国民经济评价中既不作为费用也不作为效益。在以财务评价为基础进行调整来进行国民经济评价时，要特别注意从现金流出中剔除这部分费用。例如，直接与项目有关的国内各种税金、补贴、国内贷款利息、折旧和职工工资等在财务评价中属于现金支付列入项目费用；而在国民经济评价中就属于国民经济内部的转移支付，不作为项目的费用。因为，上述情况都未造成国内资源的实际增加和耗费，应从项目的费用和效益中剔除。但是国外贷款利息的支出不属于国内资源的转移，而必须计入项目的经济费用。只有国民经济为项目所付出的代价（如投资、经营费用、自然资源、外汇等）才列为项目费用。

10.2.5 外贸品价格的调整

外贸品指生产或使用会直接或间接影响国家出口或进口的货物。

1. 调整基础——影子汇率与社会折现率

影子汇率是指外汇的影子价格，是项目国民经济评价的重要通用参数。它体现从国家角度对外汇价值的估量，用于项目国民经济评价中外汇与人民币之间的换算，同时也是经济换汇成本或经济节汇成本的判断依据。

影子汇率作为项目国民经济评价的重要参数，影响项目投资决策。特别是对涉及大量进出口货物的项目，影子汇率的高低直接影响项目的方案选取。如影子汇率较高时，不利于引进方案，而有利于使用国产设备和技术的方案；不利于那些主要投入物为外贸货物的项目，而有利于那些主要产出物为外贸货物的项目。

由于一般发展中国家都存在着外汇短缺和贸易逆差，政府会不同程度的对外汇实行管制，低估外汇的价值。因此，国家外汇牌价往往低于外汇的真实价值。在进行项目经济分析时，一般需要采用影子汇率。影子汇率和国家外汇牌价在数值上的关系可以用影子汇率换算系数来表示。影子汇率换算系数等于影子汇率除以国家外汇牌价。

影子汇率是在国民经济分析中应用的区别于官方汇率的外汇汇率。官方汇率是由本国政府规定的单位外币（如1美元）的国内价格（折合本国货币单位数）。影子汇率则是外币与本国货币的真实比价。

影子汇率是单位外币用国内货币表示的影子价格，反映外币的真实价值。在项目的国民经济分析中，为了进行收益和费用的比较，需把外币全部折算为本国货币，这种折算不能使用官方汇率而只能使用影子汇率。外币与人民币之间的换算采用影子汇率。影子汇率可通过国家外汇牌价乘以影子汇率换算系数求得。其计算公式为

$$SER = OER(1 + r) \tag{10-1}$$

式中 SER——影子汇率；

OER——官方汇率；

r——影子汇率换算系数。

影子汇率是国家的统一指标，由国家适时公布。但是目前实行的汇率制度仍然不是完全意义上的市场汇率制度。目前的浮动汇率是在国家外汇管理部门的管理

下，有授权外汇业务的专业银行之间进行外汇买卖时的人民币与外币的比值，而不是外币在市场上自由买卖的价格。企业、公司使用外汇仍需提供有关的用汇证明向银行购买。所以目前的浮动汇率仍然是一种有管理的“受控浮动汇率”。此外，从外汇的供求趋势来看，外汇的需求量大于供给的局面依然存在。因此，现行的挂牌汇率是一种有保留的“受控浮动汇率”，还不能真实反映外汇的影子价格。

社会折现率是社会对资金的时间价值估值。对以优化配置资源为目的的国民经济评价来说，社会折现率是从整个国民经济角度对资金的边际投资内部收益率的估值（即拟建项目使用资金的机会成本），是国民经济评价与判断项目投资经济性的重要国家参数。资金的机会成本，又称资金的影子价格，单位资金的影子价格称影子利率。因此，国民经济分析中所用的社会折现率就是资金的影子利率。

宏观上，社会折现率是国家调节控制投资活动的主要手段之一，是投资项目应达到的最低投资收益率标准。在一定的社会折现率下，满足经济性要求的项目是有限的。社会折现率低，能够满足经济性要求的项目多，投资规模就大；社会折现率高，能够满足经济性要求的项目少，投资规模就小。因此，制定适当的社会折现率有利于正确引导投资，控制建设规模，调节资金的供求平衡；微观上，社会折现率作为项目现金流量换算成现值的贴现率直接影响着项目的收益大小，是评价项目优劣的重要指标。一般来说，社会折现率高对经济寿命较短的项目有利，社会折现率低对经济寿命长的项目有利。因此，适当的社会折现率有利于合理分配建设资金，促进资金在短期和长期项目之间的合理分配。

2. 外贸品价格调整方法

调整的原则是，如忽略国内运费及贸易费用，在外贸政策之内，凡是进口品都以到岸价格计算；凡是出口品都以离岸价格计算，外贸品的价格即为口岸价格。

如考虑国内运费和贸易费用，具体方法如下：

（1）项目投入品中的外贸品影子价格（进厂价格）。

1）直接进口货物的影子价格——到岸价格（CIF）加国内运费加贸易费用。

2）出口占用品影子价格——离岸价格（FOB）加国内供应地到项目所在地的运费及贸易费用，减去国内供应地到口岸的运费及贸易费用。

3）间接进口品的影子价格——到岸价格（CIF）加口岸到原来使用此产品的厂家的运费及贸易费用，加国内供应地到项目所在地的运费及贸易费用，减去国内供应地到原用户的运费及贸易费用。

（2）项目产出物的外贸品影子价格（出厂价格）。

1）直接出口货物的影子价格——离岸价格（FOB）减国内运费减贸易费用。

2）间接出口品的影子价格——离岸价格（FOB）减原来使用此产品的厂家到口岸的运费及贸易费用，减项目所在地到用户运费及贸易费用，加原生产厂家到用户的运费及贸易费用。

3）进口替代品的影子价格——到岸价格（CIF）加口岸到用户的运费及贸易费用，减去项目所在地到用户的运费及贸易费用。

10.2.6 非外贸品价格的调整

非外贸品分为不可外贸品（国内总成本大于离岸价格的物品和到岸价格大于国内总成本的物品）和没有外贸的物品（国家贸易政策限制的物品）。

1. 非外贸品影子价格的处理方法

（1）项目投入来源于扩大再生产，可采用国内边际生产成本定价。

1）生产成本要素中基本不包含外贸品或外贸品增值量在总成本中份额很小，可以取投入品市场价格作为边际生产成本的测算标准。

2）生产成本要素中包含不能忽视的外贸品，则采用分解成本法，划分外贸品和非外贸品，分别以口岸价格和国内市场价格计算，然后汇总得到边际产生成本。

3）投入物来源于国内剩余生产能力，边际成本中不包含固定生产成本要素，仅包含变动成本，用分解成本法。

（2）项目投入来自国内其他用户对这种投入物使用量的减少，其影子价格就是其他用户的边际产出价值，用市场价格来近似估计。

2. 项目产出物中非外贸品的影子价格

（1）增加国内消费的产出品，影子价格分两种情况确定。

1）产品在国内供需均衡，用国家计划和市场价格较低者。

2）产品供不应求，用市场价格和分解成本价格较高者。

（2）如项目产出数量较大，致使市场价格下降时，影子价格 P 近似为

$$P=\frac{P_0+P_1}{2} \tag{10-2}$$

式中 P——产出品影子价格；

P_0——无项目产出时的市场价格；

P_1——有项目产出时的市场价格。

项目产出的效益 = 产品价格 × 销售量

产出量很大时，可能导致市场价格下降，应该用产出量的影子价格而不是市场价格。

（3）项目产出致使其他厂家减少或停产，其影子价格就是其他厂家不生产或少生产所节省的资源价值，常按变动成本分解法定价。

（4）对非外贸品采用分解成本法时计算的注意事项。

1）工资一般不调整。

2）折旧费应以原固定资产投资的资金回收费用加上流动资金占用费。单位产品的资金回收费用计算公式近似为

$$D_S = \frac{n}{a}(A/P,i,n)d + I_i i \tag{10-3}$$

式中 D_S——单位产品的资金回收费用；

n——项目资产折旧年限；

a——固定资产形成率；

i——资金的影子利率；

d——单位产品中包含的年折旧费；

I_i——单位产品占用年流动资金数。

（5）换算系数。换算系数是某种商品的经济价格与财务价格的比值，外贸品若不考虑运费与贸易费用，换算系数是口岸价格除以财务价格；非外贸品就是影子价格除以财务价格。

10.2.7 特殊投入品价格的调整

1. 劳动力的影子工资

这也是项目财务的转移支出，是录用劳动力所支付的实际工资使国民经济其他部门付出的代价。如忽略职工对增加社会资源消耗的影响，影子工资就是职工不在本项目而在国民经济其他部门供职所能作出的贡献。影子工资就是被放弃的效益的计量，是一机会成本。

对于给水排水项目，影子工资总量与职工实际工资的差别不大，对项目的经济评价影响不大，以实际工资作为影子工资的估计值。

2. 土地的影子价格

被占用土地的机会成本，即该土地不能再用于其他用途所放弃掉的净效益。

（1）占用荒地或不具有开发能力的土地时，影子价格为零。

（2）占用农业用地，影子价格一次性费用 C_0 为

$$C_0 = \sum_{t=1}^{n} C_t(1 + i) - t \tag{10-4}$$

式中 C_0——土地费用现值总和；

C_t——土地第 t 年费用，可将该土地每年农业收入作为项目使用土地的年金；

n——项目寿命；

i——影子利率。

（3）占用城市土地时，经济价值应取各项目愿意支付的财务价格和土地原来的价值中最高者。

3. 资金的影子价格

由于资金的使用而不能用于国民经济其他方面，失去该笔资金用于其他方面可

能获得的利润，这些盈利就是项目的机会成本，是资金的影子价格。单位资金的影子价格称为影子利率。

影子利率主要用于计算经济净现值或内部收益率，用于换算土地费用、调整非外贸品价格。我们确定其值为10%，是国民经济评价的统一标准。

例如，某工业项目建设期2年，生产期10年，占用小麦田2000亩。项目占用以前该土地三年内平均亩产量为0.3吨。预计该土地小麦单产可以2%的比例逐年递增。每吨小麦生产成本为200元（已调整）。小麦作为外贸货物，按替代进口处理，其进口到岸价62.5美元/t，该地区小麦主要在当地消费。由口岸至该地区的实际铁路运输费为20元/t。

（1）每吨小麦的产地影子价格为

每吨小麦的产地影子价格 = 换算为人民币的口岸价格 62.5×8 + 贸易费用 500×0.06 + 运输费用 20×2.41 = 578.2 元

（2）该地区生产每吨小麦的净效益为：578.2 − 200 = 378.2 元

（3）项目计算期内没有土地的净效益现值为

$$P = \sum_{t=1}^{12} 378.2 \times 0.3 \times \left(\frac{1+0.02}{1+0.1}\right)^t = 862.2 \text{ 元}$$

（4）项目占用土地的净效益现值为：862.2×2000 = 172.4 万元

国民经济评价中，取172.4万元为项目占用土地的机会成本，作为一次性土地费用，计入项目投资额中，或者计算净效益现值 P 的年等值 A

$$A = P(A/P, 10\%, 12) = 172.4 \times 0.1468 = 25.3 \text{ 万元}$$

于是，国民经济评价时，取25.3万元项目占用期间逐年土地费用，计入项目经常性投入。

10.3 国民经济评价主要指标

10.3.1 国民经济评价的指标体系

国民经济评价的应用指标中，由于不计清偿能力，故无时间型指标，其价值型指标、比率型与财务评价类似，并增加了一些外汇效果的指标，如图10-1所示。

基本评价指标是经济内部收益率和经济净现值。在进行项目初选时，也可采用投资净收益率等静态指标，当多方案比较时，也可采用差额投资内部收益率进行排序。

1. 经济内部收益率（*FIRR*）

反映国民经济贡献的相对指标，表达式为

$$\sum_{t=0}^{n} (CI - CO)_t (1 + FIRR)^t \qquad (10\text{-}5)$$

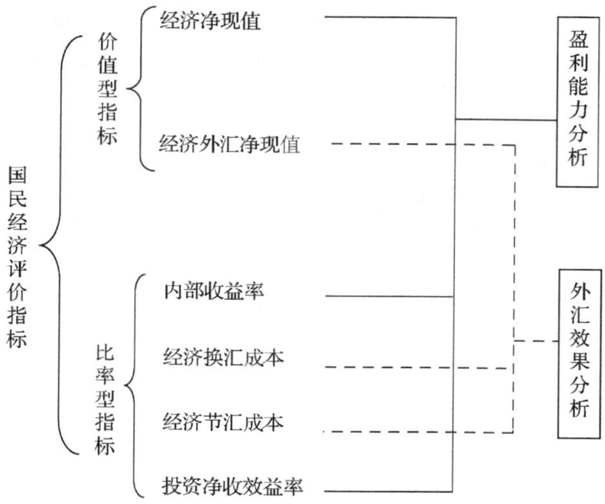

图 10-1　国民经济评价指标体系

式中　CI——第 t 年的现金流入额；

CO——第 t 年的现金流出额；

$(CI-CO)_t$——第 t 年的净现金流量；

n——计算期，包括建设期与生产期。

经济内部收益率大于或等于社会折现率的项目是可以考虑接受的。

2. 经济净现值（*ENPV*）和经济净现值率（*ENPVR*）

经济净现值是反映项目国民经济净贡献的绝对指标。它是指社会折现率将项目计算期内各年的效益流量折算到建设期初的现值之和。表达式为

$$ENPV=\sum_{t=0}^{n}(CI-CO)_t(1+i_0)^{-t} \tag{10-6}$$

式中　i_0——社会折现率。

一般情况下，经济净现值大于或等于零的项目是可以考虑接受的，首选经济净现值大的方案；方案的投资额不同时，需用经济净现值率来衡量。

经济净现值率是反映项目建设单位投资为国民经济所作贡献的相对指标。它是经济净现值与投资现值之比，其表达式为

$$ENPVR=\frac{ENPV}{I_p} \tag{10-7}$$

式中　I_p——投资（包括固定资产投资和流动资金）的现值。

经济净现值率的判别标准与经济净现值相同，项目可以接受的标准是经济净现值率大于或等于零。

3. 投资收益率

指项目在达到设计生产能力后的一个正常生产年份内，其年净收益与项目全部

投资的比率，是反映单位投资对国民经济所作的年净贡献的静态指标，当生产期内各年的净收益变化幅度较大时，应计算生产期年平均净收益与全部投资的比率。表达式为

$$投资收益率 = \frac{年净收益或年平均净收益}{全部投资} \times 100\% \tag{10-8}$$

式中，

$$年净收益 = 年产品销售收入 + 年外部收益 - 年经营成本 - 年折旧费 - 年外部费用 \tag{10-9}$$

一般情况下，投资收益率大于社会折现率的项目，认为在经济上是可以考虑接受的。

10.3.2 国民经济评价的基本报表

1. 国民经济效益费用流量表

类似于财务评价中的现金流量表，只不过其实质是资源变动而非现金流动，但在形式上则基本无异。按投资计算基础的不同，效益费用流量表又分为两种。

（1）效益费用流量表（全部投资）。该表以全部投资作为对象，用以计算全部投资经济内部收益率、经济净现值等评价指标。净效益流量的计算公式为

$$全部投资净效益流量 = 销售收入 + 期末固定资产余值 + 期末流动资产回收 + 外部效益 - 固定资产投资 - 流动资金 - 经营成本 - 外部费用 \tag{10-10}$$

（2）效益费用流量表（国内投资）。该表以国内投资作为对象将国内借款利息和本金的偿付作为费用流出，用以计算国内投资经济内部收益率、经济净现值等评价指标，作为利用外资项目经济评价和方案比较的依据。净效益流量的计算公式为

国内投资净效益流量 = 销售成本 + 期末固定资产余值 + 期末流动资产回收 + 外部效益 - 固定资产投资中的国内资金 - 流动资金中的国内资金 - 经营成本 - 国外借款本金偿还利息支付 - 外部费用

2. 经济外汇流量表

该表涉及产品出口创汇或替代进口节汇的项目，以外汇的流入和流出为计算基础，通过计算经济外汇净现值换汇成本或经济节汇成本等评价指标，反映项目的外汇效果。

10.3.3 辅助报表

（1）投资调整计算表。依据国民经济的效益和费用划分原则，对财务评价的固定资产投资和流动资金进行调整。

（2）经营费用调整计算。该表是依照国民经济的效益与费用划分原则，对财务评价的经营成本进行分解，分别调整其可变成本与固定成本。

（3）销售收入调整计算表。该表是先确定项目产出物的影子价格，再重新计

算销售收入。

（4）出口产品国内资源流量表。该表反映了项目产出物全部或部分用于出口时，其产品中包含的国内资源的流出量。

思考与练习题

1. 为什么要进行项目国民经济评价？如何进行项目的国民经济评价？
2. 在国民经济评价中，如何区分效益和费用？
3. 什么是影子价格、影子汇率？
4. 国民经济评价的指标体系是什么？
5. 什么是国民经济效益费用流量表（全部投资）？其作用是什么？
6. 什么是国民经济效益费用流量表（国内投资）？其作用是什么？

第 11 章

水工程项目运营费用分析

运营费用是指项目工程建设完成后，系统正常运营过程中发生的费用，主要包括产品生产、制造期间耗费的工（资）、料（原材料、水、电等）、费（折旧费、修理费、管理费等）的价值。运营费用是衡量项目系统工程经营效果的一项重要指标，对新建项目的决策有重大影响。

11.1 运营费用组成

11.1.1 总成本费用

总成本费用是指项目在一定时期内为生产、运营以及销售产品和提供服务所花费的全部成本和费用，包括生产成本、管理费用、财务费用、销售费用、产品销售税金及附加费、所得税。即

$$总成本费用 = 生产成本 + 管理费用 + 财务费用 + 销售费用 \qquad (11\text{-}1)$$

生产成本是生产单位为生产产品或提供劳务而发生的各项生产费用，包括各项直接工资、直接材料费、其他直接支出以及固定资产折旧费、修理费等制造费用。直接工资是指直接从事工程运行的管理人员和生产人员的工资、奖金、津贴、补贴，以及社会保障支出。直接材料是指直接用于生产的原材料、辅助材料、备品备件、燃料、动力、其他直接材料等。其他直接支出是指除直接工资、直接材料以外的，与生产有直接关系的支出。制造费用是指生产过程中发生的间接费用，包括固定资产折旧费、固定资产修理费和其他间接费用等。

管理费用是指企业行政管理部门为组织和管理生产经营活动而发生的各项费用。包括管理部门的人员工资、福利、固定资产折旧费及修理费，办公、差旅、物料消耗等机构经费，业务招待费，工会、职工教育、劳保、待业保险、咨询、审计、诉讼、财产损失等费用。

财务费用指企业在生产经营过程中为筹集资金而发生的各项费用。包括企业生

产经营期间发生的利息支出（减利息收入）、汇兑净损失、金融机构手续费以及相关手续费。

销售费用是指企业在销售产品、自制半成品和工业性劳务等过程中发生的各项费用以及销售本企业产品而专设销售机构的各项费用。具体包括应由企业负担的运输费、装卸费、包装费、广告费、保险费、展览费、销售佣金、委托代销手续费、租赁费和销售服务费用，销售部门人员工资、福利费、办公费等。

11.1.2 经营成本

经营成本是指在经营期内应该负担的全部成本，包括销售成本、销售税金及期间费用等，但不考虑折旧费、摊销费和利息支出，即

$$经营成本 = 总成本 - 折旧费 - 摊销费 - 利息支出 \tag{11-2}$$

11.1.3 固定成本与可变成本

成本分为固定成本和可变成本两类，固定成本是指在一定时期不受产量增减变动影响而能保持不变的成本，如厂房、机器设备、固定资产折旧费、行政管理费等。可变成本是随产量变化的成本，如原料、劳动、燃料成本等。固定成本与可变成本在项目评价中的主要用途是在现金流量表中计算投产期各年的经营成本和用于不确定性分析。

11.1.4 运行费用

运行费用是指建设项目竣工投产后，在正常运行期（生产期）间需要支出的各种经常性费用，包括工资及福利费、材料费、燃料动力费、维修养护费、大修理费、行政管理费及其他费用。

11.2 运营费用计算

11.2.1 水工程成本计算参数

1. 固定资产折旧费

根据2006年国家发展改革委办公厅关于征求对《城市供水定价成本监审办法》规定，固定资产折旧按各类固定资产原值、折旧年限分类核算，一般采用平均年限法（或工作量法），原则上按照监审核定的固定资产原值和财务制度规定的分类折旧年限中的值核算，残值率统一按5%计算。表11-1及表11-2为给水排水工程固定资产折旧年限及基本折旧率。年折旧额计提越多，现行水价越高，但可计提折旧的年限越少，净资产也越少，未来水价难以提高。折旧的计提要与水价、收

入相匹配，不宜虚提折旧。在进行水工程经济评价，确定水工程成本时，应严格按照国家规定的固定资产分类折旧年限和基本综合折旧率计算，并以此为依据，制定合理的水价。

表 11-1 给水排水工程固定资产折旧年限

项目名称	折旧年限/a	基本折旧率（%）	项目名称	折旧年限/a	基本折旧率（%）
机械设备	18	5.33	输电设备	29	3.43
电气设备	18	5.33	管道	30	3.2
空气压缩设备	19	5.05	水塔、蓄水池	30	3.2
自动化控制设备	10	9.6	污水池	20	4.8
半自动化控制设备	12	8.0	生产用房（钢、钢筋混凝土结构）	50	1.92
计算机	8	12.0	生产用房（砖混结构）	40	2.4
成套及一般工具	18	5.33	受腐蚀性生产用房	30	3.2
真空吸滤机	20	4.8	其他建筑物	30	3.2
通用测试仪器及设备	10	9.6	其他非生产用设备	22	4.36

表 11-2 给水排水工程固定资产基本折旧率

工程类别	给水工程		排水工程	
设备情况	基本国产	适量进口	基本国产	适量进口
综合基本折旧率（%）	4.4	5.0	4.6	5.2

2. 摊销费

（1）按《中华人民共和国企业所得税法实施条例》第六十七条规定：“无形资产按照直线法计算的摊销费用，准予扣除。无形资产的摊销年限不得低于10年。作为投资或者受让的无形资产，有关法律规定或者合同约定了使用年限的，可以按照规定或者约定的使用年限分期摊销。”

（2）企业的递延资产，应当从开始生产、经营月份的次月起，在不短于5年的期限内分期扣除。

（3）一般情况下，在实际工作中无形资产和递延资产的摊销费期限简化为12.5年，每年折旧率为8%。

3. 修理费

修理费指为维持城市供水正常生产运行需要发生的大修理费和日常维护费用。为了保证项目生产系统正常工作，必须对项目工程进行日常修理和维护。固定资产大修理基金是按照固定资产原值和规定比例提取的一项基金。提取率因行业、地区、项目、专业、项目大修年限、设备种类等因素而不同。固定资产大修理费原则上按照审核后固定资产价值的1.4%核算，也可根据水利工程状况按审核后固定资产价值的1%～1.6%确定，且实际大修理支出不再重复计入有关的成本、费用；大修理费用采用待摊方式的，摊销年限不得低于正常的大修理周期。

日常维护费用据实核算，计入当期供水生产成本、费用。

大修理费用和日常修理费用合计一般不得超过核定的固定资产原值（扣除与当期供水无关的过度超前投资形成的固定资产价值）的2%。

11.2.2 水工程项目成本计算

1. 给水工程成本计算

制水成本是指城市供水企业通过一定的工程设施，将地表水、地下水进行必要的汲取、净化、消毒处理，使水质符合国家规定标准的生产过程中所发生的合理费用，包括原水费或水资源费、原材料费、动力费、制水部门生产人员工资及福利、外购成品水费（馈水费）和制造费用。构成给水工程制水成本的费用如下：

（1）水资源费或原水费 E_1。水资源费是指向水行政主管部门所支付的水资源有偿使用费。按企业实际取水量与当地水资源有偿使用费用标准计算据实计入定价成本。水资源费按各地有关部门的规定计算，计算公式如下

$$E_1 = 365Qk_1e/k_2 \tag{11-3}$$

式中 Q——最高日用水量（m^3/d）；

k_1——考虑自来水的数量增加系数，可取1.05；

e——水资源单价（元/m^3）；

k_2——供水量日变化系数。

（2）动力费 E_2。动力费指直接用于原水输送、水厂生产及成品水输配所需动力的费用，包括基本电费和电度电费及其他动力费。

以各级水泵电机的用电量为计算基础，其他用电设备按增加5%考虑，电费计算公式为

$$E_2 = 1.05QHd/\eta k_2 \tag{11-4}$$

式中 H——给水系统工作扬程，包括一级泵房、二级泵房及其他加压泵房扬程（m）；

d——电价［元/(kW·h)］；

η——水泵电机效率，一般为70%～80%。

按供电部门规定，受电变压器容量小于350kV·A时，采用电度电价，即电费等于电价乘以用电量；受电变压器容量大于或等于350kV·A时，则采用二部电价，即基本电价加电度电价。

（3）原材料费 E_3。原材料费指直接用于制水过程中的各种药剂费用，包括消

毒药剂和混凝药剂费用，按城市供水企业的实际发生数据实核定，按下式计算

$$E_3 = \frac{365Qk_1}{k_2 \times 10^6}\sum_{i=1}^{n} a_i b_i \qquad (11\text{-}5)$$

式中　a_i——各种药剂的平均投加量（mg/L）；

b_i——各种药剂的价格（元/t）。

（4）工资福利费 E_4。工资福利费是指企业按定员标准和规定向职工发放的工资、资金、津贴、补贴、加班工资等各种货币报酬。供水经营者的人员数量应符合国家规定的定员标准，实际人员数量超过定员标准上限的，按定员标准上限核算；实际人员数量小于定员标准下限的，按定员标准的下限核算。人均工资（含奖金、津贴和补贴）原则上据实核算，但最高不得超过当年统计部门公布的独立核算工业企业（国有经济）平均工资水平的 1.2 倍；实际工资低于劳动工资管理部门批准的工资标准的，按照批准的工资标准核算。工资福利费按下式计算

$$E_4 = \text{职工年平均工资及福利} \times \text{职工人数} \qquad (11\text{-}6)$$

（5）固定资产折旧费 E_5 及修理维护费用 E_6 按下式计算

$$E_5 = \text{固定资产原值} \times \text{综合基本折旧率} \qquad (11\text{-}7)$$

$$E_6 = \text{固定资产原值} \times \text{修理维护费率} \qquad (11\text{-}8)$$

固定资产原值可按第一部分工程费用、预备费用和建设期借款利息三项费用之和估算。

（6）摊销费 E_7 按下式计算

$$E_7 = \text{无形、递延资产原值} \times \text{年摊销率} \qquad (11\text{-}9)$$

无形资产和递延资产原值可按第二部分工程建设其他费用与固定资产投资方向调节税之和估算。

（7）管理费、销售费等其他费用 E_8。管理费、销售费、办公费、差旅费等其他费用按以上各费用之和（$E_1+E_2+E_3+E_4+E_5+E_6+E_7$）的一定比例进行计算。原则上管理费和销售费不得超过审核后给水成本的 30%。一般根据水工程项目实际情况，按 15% 计算。

（8）利息 E_9。贷款利息总额原则上根据实际贷款额及中国人民银行公布的同期贷款利率核定，并按照还贷期计算年平均贷款利息。贷款总额超过投资总额 70% 的，按投资额的 70% 核定贷款利息。

（9）年总成本 YC。给水工程项目的总成本费用等于以上各费用之和，即

$$YC = E_1+E_2+E_3+E_4+E_5+E_6+E_7+E_8+E_9 \qquad (11\text{-}10)$$

（10）单位成本 AC 按下式计算

$$AC = \frac{YC}{365Q}k_2 \qquad (11\text{-}11)$$

2. 排水工程成本计算

城市排水工程一般情况下认为是污水厂污水、污泥处理工程。成本计算费用由

以下几项组成:

(1) 能源费 E_1。工业企业能源费包括企业生产过程中作为燃料、动力、原料、辅助材料使用的能源,如电费、水费等。能源费按下式计算

$$E_1 = \frac{8760Nd}{k_2} \tag{11-12}$$

式中 N——污水处理厂运行所需机电设备(水泵、电动机、鼓风机等)功率总和(kW);

d——电价[元/(kW·h)];

k_2——污水总量变化系数。

(2) 污水排放费 E_2 按下式计算

$$E_2 = 365Qe \tag{11-13}$$

式中 Q——污水日平均排放量(m^3/d);

e——污水排放费标准(元/m^3)。

(3) 其他费用。污水处理工程所用原材料费、工资福利费、折旧费、修理维护费用、管理费、销售费等其他费用以及利息的计算方法与给水工程成本计算方法一致。对于一般生活污水维护检修费按固定资产原值的1%计算,而腐蚀性较强的工业废水,应根据实际情况按废水性质和维修标准分别计算。

随着社会的日趋发展,处理后的污水和污泥不再是简单的排放,而是进行综合利用后作为产品销售,在计算污水处理成本的时候应该扣除相应的盈利收入。

【例11-1】 某城市废水处理厂,平均日处理量50000m^3,总功率为1100kW,电费单价0.58元,混凝剂平均投加量为0.45mg/L,单价为5000元/t,消毒剂平均投加量3mg/L,单价1500元/t,职工定员46人,人均年工资福利20000元,基建投资7500万元,固定资产投资形成率92%,建设期贷款利息750万元,综合基本折旧率4.6%,大修基金提取率2.5%,检修维护费率1%投资收益率4%,投资回收年限20年,计算单位处理成本。

【解】 电费 $E_1 = (365 \times 24 \times 1100 \times 0.8) \times 0.58 = 447.11$ 万元(污水总量变化系数取1.25)

药剂费 $E_2 = 365 \times 50000 \times 10^{-6} \times (0.45 \times 15000 + 3 \times 1500) = 20.53$ 万元

工资福利费 $E_3 = 46 \times 20000 = 92.00$ 万元

基本折旧费 $E_4 = (7500 \times 0.92 + 750) \times 0.046 = 351.9$ 万元

大修基金 $E_5 = (7500 \times 0.92 + 750) \times 0.025 = 191.25$ 万元

检修维护费 $E_6 = (7500 \times 0.92 + 750) \times 0.01 = 76.5$ 万元

行政管理费及其他费用

$$E_7 = (E_1 + E_2 + E_3 + E_4 + E_5 + E_6) \times 0.1$$
$$= (447.11 + 20.53 + 92.00 + 351.9 + 191.25 + 76.5) \times 0.1 = 117.93 \text{ 万元}$$

静态年成本费用 $YC_1 = E_1 + E_2 + E_3 + E_4 + E_5 + E_6 + E_7 = 1297.22$ 万元

动态年成本费用 $YC_2 =$ 静态年成本费用 $- E_4 +$（基建投资 + 贷款利息）×

$[0.04 \times (1 + 0.04) \times 20] / [(1 + 0.04) \times 20 - 1]$

$= 1291.99$ 万元

单位水量处理成本（AC）

静态　　$AC_1 = 12972200/(365 \times 50000) = 0.71$ 元/m^3

动态　　$AC_2 = 12919900/(365 \times 50000) = 0.71$ 元/m^3

11.3 水工程收费预测

水利工程供水价格是指供水经营者通过拦、蓄、引、提等水利工程设施销售给用户的天然水价格。污水处理费计入城市供水价格。水费标准根据水利工程维持简单再生产的需要与“自给自足，适当积累”的原则，以水利工程供水成本为基础加以制定。水工程供水价格由供水生产成本、费用、利润和税金构成。

11.3.1 水价构成

自来水水价主要由以下几个部分组成，其一是水厂进水时的费用，该部分包括水资源费；其二是自来水公司成本（含税金）和利润等；其三是污水处理费。构成自来水水价的基本公式为：水价 = 水资源费 +（成本 + 正常利润）+ 污水处理费。污水处理费是污水处理企业的收费，是一种企业行为，现在有关法规规定是在成本的基础上加上适当的微利。

总的说来水工程水价由资源水价、工程水价、环境水价、供水利润、供水税收等构成。具体如图 11-1 所示。

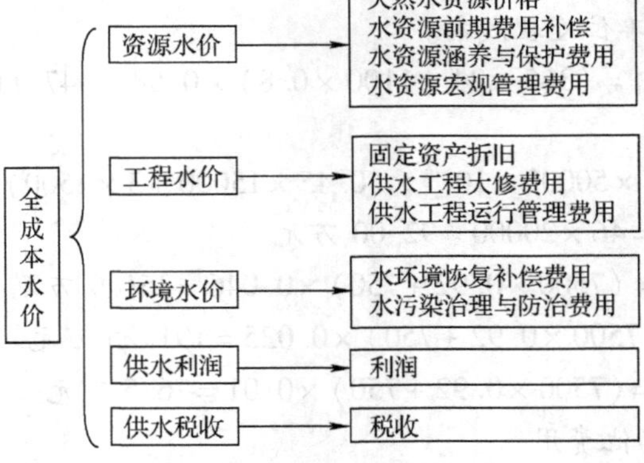

图 11-1　水价的构成

资源水价是水价的基本组成之一，是最活跃的因子，是水价需求弹性系数的集中反映。资源水价的内涵主要体现在产权、有用性和稀缺性三个方面，故资源水价应该遵循“同质同价”的原则确定，即不论水资源的存在形式如何，只要质量相同，资源水价则应相同，这部分由国家以水资源费（税）形式收取。

工程水价就是通过具体的或抽象的物化劳动把资源水变成产品水，使之进入市场成为商品水所花费的代价，包括水处理成本和产权效益，需要满足补偿成本、合理利润的要求。具体体现为供水价格。

环境水价是环境容量或环境代价，是使用的水体排出用户范围后污染了他人或公共的水环境，为污染治理和水环境保护所需要付出的代价，在跨地区调水时必须认真考虑。

供水利润是指供水经营者从事正常供水生产经营获得的合理收益，按净资产利润率核定，即供水利润 = 供水净资产 × 净资产利润率。净资产利润率按国内商业银行长期贷款年利率加2 ~ 3个百分点核算。国内商业银行长期贷款利率一般按五年贷款期的利率确定。

供水税收是指供水经营者按国家税法规定应该缴纳，并可计入水价的税金。

11.3.2　水价体系的形成

目前各地的水价种类繁多，每个城市都有一种（或以上）自定的与众不同的水价细目单，主要包括五种主要水价细目：定额水价、单部制水价、两部制水价、三部制水价、阶梯计量水价，其中各类水费均包含下水道费和污水处理费。

1. 定额水价

定额水价是指用户只需定时支付固定的水价金额即可以无限制地享受水服务。在考虑了水服务成本和预期消费的前提下，各城市确定了各自的定额水价，且同一城市内的不同用户阶层的水价也有差别。

定额水价结构单一，收取方便；但由于超过额定用水量的水价为零而导致用户耗用更多的水，甚至形成了浪费，如大雨天给草坪浇水、水龙头或闸阀坏了也不更换、洗东西时龙头开得大等。

2. 单部制水价

单部制水价指单一按用水量大小计算水价（即“按量收费”），每单位用水量的价格相同，以固定水价按用水量收费，多用多付，少用少付。单部制水价收取方便，易于管理，在过去相当长一段时间里，我国水价一直是单部制水价。该方法的特点是水价偏低时节水作用不大，而水价偏高时虽然能起到节水作用，但加大了低收入者和用水大户的经济负担。

3. 两部制水价

“两部制水价”是指水利工程供水中的基本水价和计量水价。基本水价由供水直接工资、管理费用和50%的折旧费、修理费构成，用来维持水利工程单位最基本的正常运转。计量水价由补偿基本水价以外的水资源费、材料费等其他成本费用，以及税金、利润构成。计量水费按实际供水量乘以计量水价而得到。两部制水价计算公式如下

$$两部制水价=容量水价+计量水价 \tag{11-14}$$

$$容量水价=容量基价\times每户容量基数 \tag{11-15}$$

$$容量基价=(固定资产折旧额+年固定资产投资利息)\div年制水能力 \tag{11-16}$$

$$居民生活用水容量水价基数=每户平均人口\times每人每月计划平均消费量 \tag{11-17}$$

非居民生活用水容量水价基数为前一年或前三年的平均用水量，新用水单位按审定后的用水量计算。

$$计量水价=计量基价\times实际用水量 \tag{11-18}$$

$$计量基价=[成本+费用+税金+利润-(年固定资产折旧额+年固定资产投资利息)]\div年实际售水量 \tag{11-19}$$

4. 三部制水价

三部制水价是指按基本水费、水量水费和收益水费三部分计算水费标准。

5. 阶梯式水价

阶梯式水价就是将水价分为不同的阶梯，在不同的定额范围内执行不同的价格。使用水量在基本定额之内，采用基准水价，如果使用的水超过基本定额，则超出的部分采取另一阶梯的水价标准收费。阶梯式水价可以分为递增水价和递减水价两种。"阶梯水价"充分发挥市场、价格因素在水资源配置、水需求调节等方面的作用，拓展了水价上调的空间，增强了企业和居民的节水意识，避免了水资源的浪费。城市居民生活用水根据条件按要求逐步实行阶梯式计量水价。

(1) 递增水价。递增水价指随着用水量的增多，水价增高。把用水总量分成连续的用水量阶梯，阶梯间单价随用水量的增加而增加，阶梯内单价固定。递增水价鼓励节水，可有效地降低水量需求和供水成本。它既能最大程度地保证水公司的经济效益，又能较有效地遏制浪费水的现象，应用比较广泛，发达国家及越来越多的发展中国家都在应用此种水价。在我国现阶段，这种水价制度对缓解各地水资源短缺问题具有重要作用。这也标志着我国水价改革已取得一定进展，为我国供水企业的市场化运作和促进节约用水创造了条件。

(2) 递减水价。递减水价与递增水价相反，把用水总量分成连续的用水量阶梯，阶梯间单价随用水量的增加而降低，阶梯内单价固定。使用水量越大，水价越低。在开始的一段或两段中一般包括居民和一般商业用水，后继段则包括商业大户用水和工业用水，后继段越多则水价越低。递减水价鼓励更多地使用水资源，以便

能及时回收供水的固定投资成本，但未体现对节水的鼓励，故应用较少，主要在水资源丰富地区使用。

（3）阶梯式计量水价计算。在我国，通常所说的阶梯式水价是指增阶梯式水价，以减少水资源使用量。阶梯水价可以设置多个阶梯，但一般分为三级，级差为1∶1.5∶2。阶梯式计量水价计算公式如下

$$\text{阶梯式计量水价}=\text{第一级水价}\times\text{第一级水量基数}+\text{第二级水价}\times\text{第二级水量基数}+\text{第三级水价}\times\text{第三级水量基数} \tag{11-20}$$

$$\text{居民生活用水计量水价第一级水量基数}=\text{每户平均人口}\times\text{每人每月计划平均消费量} \tag{11-21}$$

各级水价之间水量基数的具体比价关系也可由所在城市人民政府价格主管部门会同同级城市供水建设行政主管部门结合本地实际情况确定。

11.3.3　水价制定

水利工程供水属于准公共物品范畴，因此水利工程供水要建立科学合理的水价体系，明确政府和供水单位之间的职责分离、有效范围、透明度等多种要素。在确定水商品的价格和收费体系时一般遵循以下几条原则：可持续发展原则、提高资源配置效率原则、成本回收和合理利润原则、用水户承受能力原则、区域定价等原则。影响水价确定的因素很多，包括自然因素、社会经济因素以及工程因素，这些因素从不同侧面不同程度地影响水价的确定，直接或间接影响水资源的供求关系，决定水价的高低。

对水价的调整，各国通常要考虑通货膨胀水平和社会承受能力，从而进行宏观指导性干预，在保证一定时期（一般为1~2年，最长不超过5年）水价基本稳定的条件下，由政府机构或供用双方委托机构或供水单位及时调整水价。

要进一步完善供水价格的定价方法，传统的成本加费用的定价方法容易使供水单位只是简单地将自己的成本和投入要素费用转嫁出去，导致供水企业过度资本化和激励机制被削弱等问题。因此，在定价时必须考虑供水单位成本约束、合理利润与供求关系的变化等问题。

思考与练习题

1. 简述运行费用组成。
2. 简述水工程成本计算。
3. 简述水价的分类与构成。
4. 简述水价制定原则。

第 12 章 水工程项目经济评价实例

12

12.1 尾矿坝节水工程项目经济评价

1. 尾矿坝节水工程项目概况

本项目隶属河北省涿鹿县吉庆堡铁矿工业节水工程项目。该矿位于东经115°15′19″，北纬40°11′35″，距北京约120km，距官厅水库30km，属于国有企业。该矿年产10万t铁矿石，年生产铁精矿4万t，年不变价工业总产值500万元，年实现利税100万元，现有固定资产1154万元，净值680万元，占用土地约86580m²，现有人员500人。

铁矿所在地区属暖温与寒温过渡带的东亚半干旱大陆性季风气候，特点为气温低、温差大，夏季凉爽短促，雨量少而集中；冬季寒冷干燥，封冻时间长。年平均气温8.8℃，最冷的1月份平均气温-8.3℃，最热的7月份平均气温23.7℃。最高气温35.5℃，最低气温-17.7℃。雨量多集中在第三季度，多年平均降雨量为381.8mm，降雨最高期为6~8月；最大结雪厚度为21cm；无霜期约为158天，结冰期为10月到次年4月初。最大冻土厚度101cm，日照率65%，常年主导风向冬季为西北风，夏季为东南风，最大风速20m/s。本工程地震烈度执行8度设防。坝址是花岗岩质层，地下水位在100m以下。铁矿生产水池绝对标高1222.93m；坝绝对标高1169.43m。坝上游汇水面积161500m²。

高效率回水尾矿坝拟建于选矿车间附近约500m的东沟山谷，东沟为一狭长的独立封闭的基沟，三面环山，上游及两侧流域面积很小，洪水不会对拟建尾矿坝造成威胁。坝基为花岗岩石层，且地下水位在100m以下，两侧山谷岩坡没有疏松的塌积、陷穴和泉眼隐患，建坝条件较好。根据尾矿产生量及山谷狭长地形条件，在山谷中间修建尾矿坝一座。

铁矿位于某公路和某铁路中段，距109国道3.5km，距110国道57km，距某铁路35km，距某火车站30km，公路、铁路交通非常便利。

2. 项目编写依据

（1）某铁矿提供的地质、水文、气象、生产工艺及规模等资料。

（2）国务院关于21世纪初期（2001～2005年）首都水资源可持续利用规划的批复。

（3）某铁矿节水项目建议书及批复文件。

（4）某铁矿节水工程项目可行性研究委托书。

（5）《城市与工业节约用水手册》。

（6）GB 3838—2002《地表水环境质量标准》。

3. 项目建设的意义

根据国家六部委《关于加强工业节水工作的意见》通知要求，以及首都21世纪初期水资源可持续利用规划的精神，依据《河北省实施恢复官厅水库饮用水源功能规划》，官厅水库将恢复成为北京市重要的地表水源。近年来北方地区持续干旱，年降水量明显降低，官厅水库入库水量日趋减少。与此同时随着官厅水库上游汇水区域国民经济的发展和人民生活水平的提高，用水量急剧增加，大量未经处理的污废水通过河道排入官厅水库，造成库区水质恶化。水资源的短缺和水质污染严重威胁着首都的供水安全，甚至影响到首都经济发展和人民群众的日常生活。因此解决首都供水问题，保证21世纪初期首都周边水资源可持续开发利用，具有重大的现实意义和政治意义。

涿鹿县吉庆堡铁矿距官厅水库仅30km，污废水经岔道河直接流入官厅水库上游主要支流。因此实施涿鹿县吉庆堡铁矿工业节水工程项目，不仅是解决铁矿本身供水不足矛盾和降低用水成本的需要，也是关系到合理利用官厅水库上游水资源、保护官厅水库水质，保证实现21世纪初期首都水资源可持续利用的重要措施之一。

该矿虽已建造了尾矿坝，但基本到了使用年限，生产用水循环利用率仅为36%，大部分珍贵水资源渗漏，且污染地下水资源，因此节水治污潜力很大。

根据项目建议书，吉庆堡铁矿拟利用矿区附近东沟为坝址，新建高效率回水尾矿坝以及配套循环水系统。工程实施后，年总用水量70万m^3，其中补充新水仅为21万m^3，重复利用率可达到70%。同时，可减少污废水排放，极大地减轻对下游河道以及周围环境的污染。

4. 节水工程设计方案

（1）设计范围。该节水工程项目为某铁矿选矿厂选矿废水循环再利用改造项目。

（2）设计原则。

1）贯彻环境保护及水资源管理方针，尽量少用新水，少排或不排废水，排水应符合工业“三废”排放标准。

2）做好综合利用，以减少给水和废水处理费用，降低经营成本。

3）尽量采用循环水、复用水和尾矿库回水，以减少新水用量和废水排放量。

（3）企业用水现状。

1）用水现状。铁矿选矿车间位于较偏远的山地，海拔约1200m。目前供企业生产、生活使用的机井三眼，位于矿区西侧外的109国道旁边的河床处。由于近几年气候干旱，地下水补给严重不足。井群海拔较低，由三级扬水到矿区生产、生活用水水池。提升扬程约300m，因此新水成本很高。另有尾矿坝一座，由一级扬水到生产水池。

用水指标：年处理10万t原矿，需要水量70万m^3/年。其中新水45万m^3；循环水25万m^3；重复利用率仅达36%；万元产值取水量（新水）900m^3；每吨铁精矿取水量（新水）11.25m^3。

从指标可以看出，新水占总用水量的64%，而尾矿循环水仅占总用水量的36%。这说明尾矿水重复利用率低，其主要原因是地表渗透严重，导致尾矿库水少，甚至冬季干枯。如何提高尾矿水重复利用率，节约宝贵的水资源，已提到议事日程上来。

用水情况见表12-1。

表12-1 铁矿用水情况

生产用水总量/（万m^3/年）	70
生产排水总量/（万m^3/年）	66.5
吨产品取水量/（m^3/t）	11.25
万元产值取水量/（m^3/万元）	900

2）节水潜力分析。铁矿选矿厂外排废水66.5万m^3/年，重复利用率仅36%，随着国家水利部门在水资源管理上的力度逐渐加大，为了在21世纪初期更好地实现水资源的可持续利用，涵养首都上游的地下水资源，节水减污势在必行。

根据铁矿用水现状，对选矿厂废水进行回收重复利用，节水潜力较大，是一项既能充分保护利用水资源，又能增加企业经济效益的可行性项目。

3）存在的问题。企业粗放型用水方式不但浪费宝贵的水资源，而且给周边水环境造成了很大的污染负荷，污染了官厅水库的上游水环境，不但经济上受到损失而且不利于本地区的可持续发展。

（4）节水工程设计内容。铁矿选矿厂节水项目新建尾矿库一座，回水泵站一座及其配套尾矿坝、溢流塔、回水管道、配电设施等。尾矿库开始回水时，应最大限度地利用尾矿回水，减少新水水源给水量，节约耗电量。

1）方案设计。如图12-1所示。

2）管道布置原则。

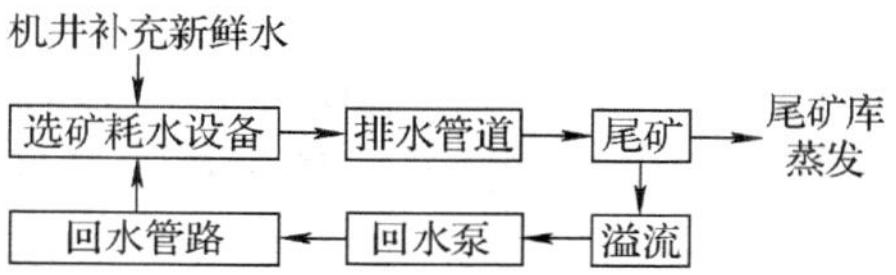

图 12-1　选矿厂节水方案设计

① 尾矿浆排放采用重力排放。设计为一条明渠，采用浆砌石水泥砂浆抹面。

② 在地形起伏较大地区敷设管路时，尽可能避免敷设在高处，以免增加水泵的额外扬程。

③ 尽量避开矿山开采界限和废石场堆界限。

④ 躲开易产生电化学腐蚀区域，或采取有效的防护措施。

3）改造后的优点。

① 在满足工艺用水水质的前提下，可以大幅度地降低新鲜水的用水量，节约水资源，提高水的重复利用率，而且还可以减少对下游水环境的污染。

② 废水的回收利用可以减小新鲜水的开采量，降低产品的生产成本，给企业创造可观的经济效益。

③ 技术方案成熟，运行可靠，操作方便，同时也便于管理。

4）工艺改造后的用水指标（表 12-2）。

表 12-2　工艺改造后用水指标

项　目	年用水指标	项　目	年用水指标
工业取水总量/（万 m^3/年）	21	万元产值取水量/（m^3/万元）	420
尾矿库渗漏蒸发量/（万 m^3/年）	17.5	单位产品取水量/（m^3/t）	5.25
水重复利用率（%）	70		

对铁矿的用水工艺进行节水改造，采用废水循环系统，实现水的重复利用，大幅度降低新鲜水的开采量，符合首都 21 世纪初期水资源可持续规划利用的精神，无论从技术上，还是从经济上都是可行的。实行改造工艺后，年节水量约为 49 万 t，水重复利用率可达 70%。可取得明显的社会效益、环境效益和经济效益。而且该工程的实施涵养了官厅水库上游补给区域的水资源，保护了首都人民的饮用水源，有助于实现水资源的可持续利用。

5. 分部分项工程设计计算

（1）土建工程。气象及抗震设计参数：基本风压 $0.35kN/m^2$，基本雪压 $0.45kN/m^2$，夏季室外通风计算温度 27℃，冬季室外采暖计算温度 −16℃，抗震设防烈度 8 度。

（2）主要建筑物、构筑物结构设计。

1）尾矿坝。

① 尾矿体积及库容计算。年加工原矿 10 万 t（11.4t/h），排尾废水 66.5 万 m^3/年（76m^3/h）。每加工 2.7t 原矿可生产 1t 精矿粉，最低品位 22% ~23%，最高品位 31%。

每小时产生尾矿 $11.4\times(2.7-1)/2.7t/h=7.18t/h$。

尾矿砂密度 1.6t/m^3，则每小时产生尾矿体积为 $(7.18/1.6)m^3/h=4.5m^3/h$。

尾矿浆液体积为 $(76+4.5)m^3/h=80.5m^3/h$。

服务期废水回收率取 70%。初期尾矿坝服务期 5 年，后期堆积坝形成库容服务期 5 年。

初期尾矿坝采用均质土坝堆筑而成。为了解决尾矿库渗透问题，坝体、坝底及坝区两侧岩壁采取防渗措施。

5 年尾矿体积 $(4.5\times24\times365\times5)m^3=197100m^3$。

根据尾矿体积及现场情况，库区长为 350m，坝高取 11m，坝顶宽取 3m。上游坡取 1：2.5，下游坡取 1：2。

初期尾矿坝截面面积为 $[3+3+(2.5+2)\times11]\times11m^2/2=305.25m^2$。

库容计算如下：采用 0.5m 超高，则尾矿坝有效高度为 10.5m，由现场勘测资料，尾矿库长为 350m，新建坝体顶部长为 69m，新建坝体底部长为 50m，则新建坝体体积为

$$\frac{69\times3+50\times[3+(2.5+2)\times11]+\sqrt{69\times3\times50\times[3+(2.5+2)\times11]}}{3}\times11m^3=13087m^3$$

初期尾矿坝坝体尺寸如图 12-2、图 12-3 所示。

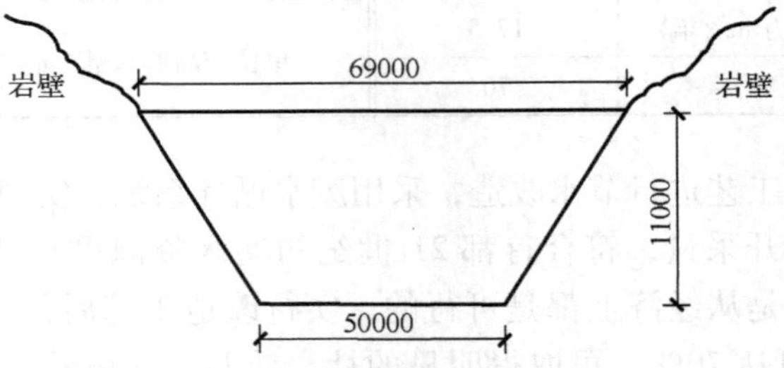

图 12-2 尾矿坝纵截面尺寸

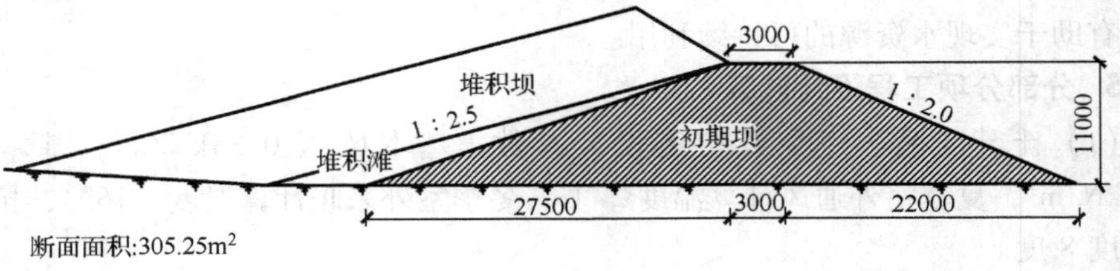

图 12-3 尾矿坝横截面尺寸

防水层设计：坝体、坝底防水层采用抗压层（基层）为毛石混凝土灌浆层；防水层（表层）为新型防水材料层，如图12-4所示。

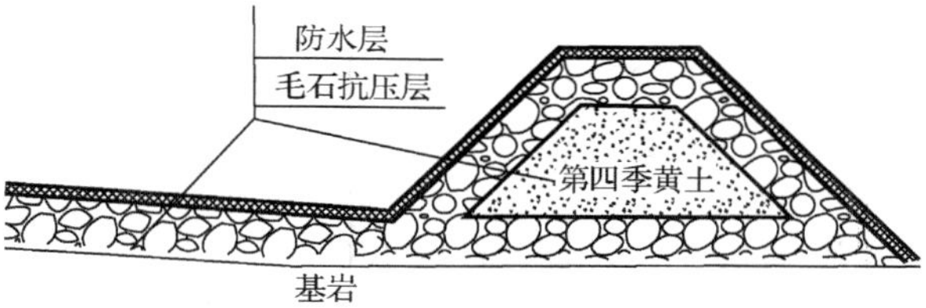

图12-4　尾矿坝横截面构造

防水层面积：坝底16500m^2；坝体4729.9m^2。

② 排洪设计。根据尾矿坝库容、坝高、材质及重要性，尾矿坝等级为五级。由于坝体及坝底均设防水层，且坝址地下水位在100m以下，故可不考虑坝体排水。

由于尾矿坝布置在山谷中，虽然坝上游汇水面积仅为161500m^2，为确保坝体安全，在坝体一侧岩壁开凿溢洪道。参照GB 50201—1994《防洪标准》及SL 204—1998《开发建设项目水土保持方案技术规范》，尾矿坝防洪标准按照20年一遇洪水设计，50年一遇校核。

2）回水泵站为单层砖混结构，平面尺寸4.5m×9.0m，檐高4.5m，墙体内墙为24砖墙，外墙为37砖墙，屋面为现浇钢筋混凝土屋面，SBS卷材防水，加气混凝土块保温。地面为细石混凝土地面，内门窗为木制，外门墙为钢制。外墙为清水墙，内墙为扫平缝喷大白。

（3）主要建筑物、构筑物，见表12-3。

表12-3　主要建筑物、构筑物

名　称	平面尺寸	数　量	建筑面积/m^3	结构形式	备　注
尾矿坝	50m×350m	1	17500	均质土结构	设防水层
回水泵房	5m×7m×4m	1	35	砖混结构	半地下式
溢流井	$D_{内径}=1.2m$　$H=2.5m$	2		砖结构	圆形
吸水井	$D_{内径}=1.2m$　$H=2.5m$	1		砖结构	圆形
溢洪道		1			

（4）给水排水工程。

1）排水系统。

尾矿浆液量80.5m^3/h。

采用浆砌石水泥砂浆抹面明渠，排水渠长500m。

高差=生产水池绝对标高－坝址绝对标高=1222.93m－1169.43m=52.5m。采用重力流。

渠底平均坡度为 52.5/500 = 10.5%，满足重力流条件，且不发生淤积。

明渠截面为矩形：渠宽 400mm；渠深 500mm。

2）回水管路系统。

回水量为 $70\times10000/(24\times365)\times70\%\text{m}^3/\text{h}=55.94\text{m}^3/\text{h}$。

回水管路 500m，采用铸铁管。

预选管径为 DN150mm。

管道损失采用海曾-威廉公式计算。C 取 100。

$$h=\frac{10.67q^{1.852}\times l}{C^{1.852}\times D^{4.87}}=\frac{10.67\times(55.94\div3600)^{1.852}\times500}{100^{1.852}\times0.150^{4.87}}\text{m}=4.85\text{m}$$

$$v=\frac{q}{\pi d^2\div4}=\frac{55.94\div3600}{3.14\times0.15^2\div4}=0.88\text{m/s}$$

该流速为经济流速，故选 DN150mm 管径是合理的。

加压泵扬程为 $H=(4.85+52.5)\text{m}=57.35\text{m}$。

水泵流量为 $Q=55.94\text{m}^3/\text{h}$。

（5）其他工程。

1）供电工程。根据工艺要求，本改造项目电气部分设计范围为回水泵站的供配电、电气传动和照明通信等内容。主要电气材料表见表 12-4。

表 12-4 主要电气材料表

设备名称	设备型号	单 位	数 量	备 注
低压配电柜	GGD2	个	1	
变压器	S9-500/10 150kVA	台	1	
输电线路		m	500	

2）采暖通风工程。按北方采暖要求设置采暖系统，采暖面积合计 70m²，室内采暖计算温度 10℃，采暖系统拟采用上供下回双管同程式系统，散热器采用铸铁四柱 760 型散热器，落地安装，热媒为 95℃/70℃热水，来自厂区原有采暖锅炉房。采暖系统管道拟采用水煤气管，DN32mm 及 DN32mm 以下的管道采用螺纹联接，其余焊接。采暖外网拟采用氢聚塑直埋保温管，管道热膨胀以自然补偿为主，无法采用自然补偿的管段采用波纹管补偿器。各回水泵站通风方式采用自然通风。采暖材料表见表 12-5。

表 12-5 采暖材料表

设备名称	设备型号	单 位	数 量	备 注
暖气片	四柱 760 型	片	30	铸铁
供热管路				

3）消防工程。各类建筑物都严格按照GB 50016—2006，《建筑设计防火规范》进行设计，各建筑物内疏散走道、安全出口及楼梯间形式、宽度等均符合有关要求。消防供水拟建项目室内消防用水约15L/s，室外消防用水量为20L/s，由厂区生产消防管网供水，室外消防供水管网布置成环状，消火栓设置在道路两边，间距小于120m，管径为*DN*150mm。

6. 财务分析与评价

（1）投资估算与资金筹措。

1）投资估算。本项目为某铁矿选矿厂节水工程，其投资估算包括：初期尾矿坝、回水泵房、回水管路及配套的其他费用等。

① 编制依据；河北省建筑安装工程概算定额（1993年）；河北省建筑工程材料预算价格（1992年）；全国统一安装工程预算定额河北省单位估价表（1998年）；河北省建设工程材料预算价格（1997年）；国家计委关于核定大中型基本建设项目总投资的通知（计投资：［1992］382号）；国家、部门、地方的其他有关规定。

② 投资估算见表12-6。

2）资金筹措。本改造工程资金来源全部为21世纪初期首都水资源可持续利用专项拨款。

表12-6　项目投资估算表

序　号	工程费用名称	规格说明	单　位	数　量	单价/元	合价/元
（一）	第一部分费用					
1	建筑工程费用					
1.1	尾矿库		座	1	1664890	1664890
1.2	回水泵房		座	1	35000	35000
1.3	溢流塔		座	3	2672	8016
1.4	吸水井		座	1	1879	1879
1.5	回水水池		座	1	3000	3000
1.6	排水明渠		10m	50	2600	130000
2	设备材料购置费					
2.1	管材（铸铁）	*DN*150mm	t	4.58	4472	20482
2.2	潜水泵		台	3	2000	6000
2.3	回水泵机组	4″离心泵	组	3	4000	12000
2.4	变压器及其附件	150kV·A	台	1	15000	15000
2.5	线路及其配套设备		km	0.5	28000	14000
3	安装工程					
3.1	铸铁管安装	石棉水泥接口	10m	50	36.6	1830
3.2	潜水泵		台	3	100	300
3.3	回水泵机组		组	3	418.95	1257
3.4	变压器及其附件		组	1	181	181
3.5	线路及其配套设备		km	0.5	1200	600
（二）	第二部分费用					
1	建设单位管理费					10000

（续）

序号	工程费用名称	规格说明	单位	数量	单价/元	合价/元
	土地征用费					210000
2	青苗补偿费					60000
3	勘察设计费					90000
4	咨询费					25000
5	监理费					30000
（三）	工程预备费					190000
（四）	选矿厂尾矿坝总投资					2529435

（2）财务分析与评价。

1）财务说明。该工业节水工程项目静态投资253万元，计算期12年（包括建设期和投产期）项目实施进度定为建设期一年，投产期一年。投产当年生产负荷70%，投产第二年生产负荷100%，以后各年生产负荷均为100%。尾矿坝总服务期为10年，初期坝为5年。该项目对初期坝投资和效益进行综合评价，堆积坝的投资和建设由初期坝所产生的节水利润积累解决，不进行评价。

2）财务评价基本数据及依据。

① 固定资产及固定资产形成率。按规定，新建工程摊入固定资产的费用，除第一部分费用外还包括建设单位管理费、土地征用费、青苗补偿费、勘察设计费和工程预备费等，项目形成固定资产230万元，固定资产形成率为91%。

② 资金来源和使用计划。企业资金来源全部为国务院21世纪初期首都水资源可持续利用专项拨款，共计投资253万元。流动资金23万元。资金分年使用计划表，见表12-7。

表12-7　投资计划表　（单位：万元）

项目	建设期	投产期	合计
	1	2	
	人民币		
一、固定资产投资			
1. 自有资金			
2. 人民币借款			
① 拨改贷			
② 银行借款			
③ 地方自筹			
3. 政府拨款			230.00
4. 外汇借款			
① 国内外汇	230.00		
② 国外商贷			
③ 出口信贷			
④ 政府贷款			
固定资产投资小计			230.00

（续）

项　　目	建　设　期	投　产　期	合　　计
	1	2	
	人　民　币		
二、流动资金			
1. 自有流动资金	230.00		
2. 流动资金拨款		23.00	23.00
流动资金小计		23.00	23.00

③ 节水成本估算。采用“要素成本估算法”，并参考国内给水排水行业的生产费用要素和单位产品成本进行估算。

a. 折旧提成率取9.6%，尾矿坝折旧年限10年，净残值为可提折旧固定资产的4%。

b. 大修基金按可提折旧的固定资产的2.4%提取。

c. 电费按0.55元/(kW·h）计算，新水成本2.20元/m^3，水资源费0.30元/m^3。

d. 工资及福利费标准48000元/(人·年)，选矿厂尾矿坝新增定员8人，共3.84万元/年。

e. 检修维护费取可提折旧的固定资产的1%。

f. 管理费及其他的综合费率取生产要素成本的10%。

g. 成本估算见表12-8。

表12-8　总成本表　（单位：万元）

项目＼金额	负荷（%）						备　　注
	70	100	100	100	100	100	
	年　　份						
	2	3	4~6	7	8~11	12	
1. 年折旧额 E_1							
固定资产折旧	20.16	20.16	20.16	20.16	20.16	0	按9.6%折旧
2. 大修理基金 E_2	5.04	5.04	5.04	5.04	5.04	5.04	
3. 电费 E_3	8.48	10.60	10.60	10.60	10.60	10.60	
4. 工资福利费 E_4	3.84	3.84	3.84	3.84	3.84	3.84	
5. 维护费 E_5	2.10	2.10	2.10	2.10	2.10	2.10	
6. 管理费及其他 E_6	3.962	4.147	4.147	4.147	4.147	2.158	
7. 流动资金利息	—	—	—	—	—	—	
8. 总成本 E_7	43.582	45.914	45.914	45.914	45.914	23.738	E_1 ~ E_7之和
其中：固定成本	31.14	31.14	31.14	31.14	31.14	10.98	
可变成本	12.442	14.774	14.774	14.774	14.774	12.758	
9. 经营成本 E_8	23.422	25.754	25.754	25.754	25.754	23.738	
10. 运行成本 E_9	4.48	10.6	10.6	10.6	10.6	10.6	

3）财务评价。

① 利润预测。

a. 节水收入。建新尾矿坝后，年节水量约为 49 万 t，年节水总收入为 120.27 万元/年。

b. 平均年利润总额 76.59 万元，见表 12-9。

表 12-9　总利润表　（单位：万元）

项目＼年份	建设期	投产期	达到设计能力生产期					合　计
	1	2	3	4~6	7	8~11	12	
生产负荷（%）		70	100	100	100	100	100	—
1. 节水运行收入		98	122.5	367.5	122.5	490	122.5	1323
2. 节水水资源费		—	—	—	—	—	—	—
3. 节水总收入		98	122.5	367.5	122.5	490	122.5	1323
4. 总成本		43.582	45.914	137.742	45.914	183.656	23.738	480.546
5. 销售税金		—	—	—	—	—	—	—
6. 技术转让费		—	—	—	—	—	—	—
7. 销售利润		54.418	76.586	229.758	76.586	306.344	98.762	842.454
8. 资源费		—	—	—	—	—	—	—
9. 营业外净支出		—	—	—	—	—	—	—
10. 利润总额		54.418	76.586	229.758	76.586	306.344	98.762	842.454

② 平均投资利润率 30.58%。

③ 投资利税率 30.58%。

④ 财务内部收益率通过现金流量表计算得 35.50%。

⑤ 静态投资回收期。通过现金流量表计算的静态投资回收期 3.84 年（包括建设期），优于节水项目投资回收期基准参数 5~10 年，所以该项目是可行的。现金流量表见表 12-10。

⑥ 财务平衡分析。通过财务平衡分析表可以看出项目在整个计算期内，留用折旧 171.36 万元，上缴能源交通基金 30.24 万元，盈利资金 850.854 万元。

财务平衡分析表见表 12-11。

（3）不确定分析。

1）盈亏平衡分析。该项目以生产能力利用率表示盈亏平衡点，即 *BEP*。现项目整个计算期累计总固定成本为 480.546 万元，总节水收入 1323 万元，总可变成本为 158.166 万元，总销售税金 0 万元。则

$$BEP = 480.546/(1323 - 158.166) \times 100\% = 41.25\%$$

该项目盈亏平衡点 41.25%，表明本项目达到生产能力的 41.25% 就可保本。盈亏幅度如图 12-5 所示。

表 12-10 财务现金流量表

序号	项目 \ 年份	建设期	投产期	达到设计能力生产期										合计
		1	2	3	4	5	6	7	8	9	10	11	12	
	生产负荷(%)		70	100	100	100	100	100	100	100	100	100	100	
1	现金流入													
1.1	节水收入		98	122.5	122.5	122.5	122.5	122.5	122.5	122.5	122.5	122.5	122.5	1323
1.2	回收固定资产余值			0	0	0	0	0	0	0	0	0	8.4	8.4
	流入小计		98	122.5	122.5	122.5	122.5	122.5	122.5	122.5	122.5	122.5	130.9	1331.4
2	现金流出													0
2.1	固定资产投资	230	0	0	0	0	0	0	0	0	0	0	0	230
2.2	流动资金		23											23
2.3	经营成本		23.422	25.754	25.754	25.754	25.754	25.754	25.754	25.754	25.754	25.754	23.738	278.946
2.4	销售税金及附加		0	0	0	0	0	0	0	0	0	0	0	0
	流出小计	230	46.422	25.754	25.754	25.754	25.754	25.754	25.754	25.754	25.754	25.754	23.738	531.946
3	净现金流量	−230	51.578	96.746	96.746	96.746	96.746	96.746	96.746	96.746	96.746	96.746	107.162	799.454
4	累计增量净现金流量	−230	−178.4	−81.68	15.07	15.07	208.562	305.308	402.054	498.8	595.55	692.292	799.454	3138.8
5	指标计算													
5.1	折现系数 $i=10\%$	0.7407	0.5487	0.4064	0.30107	0.223	0.165195	0.12237	0.09064	0.06714	0.0497	0.03684	0.02729	2.7790
	净现值	−170.3704	28.301	39.322	29.1271	21.576	15.98197	11.8385	8.7693	6.4958	4.8117	3.5642	2.9244	2.3416
	累计净现值	−170.3704	−142.1	−102.7	−73.621	−52.05	−36.0633	−24.2248	−15.455	−8.9597	−4.148	−0.5839	2.3405	−627.94
5.2	折现系数 $i=11\%$	0.7353	0.5407	0.3975	0.29231	0.2149	0.15804	0.1162	0.08545	0.06283	0.0462	0.03397	0.02498	2.7084
	净现值	−169.1176	27.886	38.461	28.2799	20.794	15.2897	11.2424	8.2665	6.07831	4.4693	3.2863	2.6765	−2.388
	累计净现值	−169.1176	−141.2	−102.8	−74.491	−53.7	−38.4074	−27.1649	−18.898	−12.82	−8.351	−5.0645	−2.388	−654.4
6	投资回收期:3.84 年 财务内部收益率:$FIRR=35\%+(36\%-35\%)\times\frac{2.3416}{2.3416+2.388}=35.50\%$													

表 12-11　财务平衡分析表

序号	年份 / 项目	建设期	投产期	达到设计能力生产期										合计
		1	2	3	4	5	6	7	8	9	10	11	12	
	生产负荷		70	100	100	100	100	100	100	100	100	100	100	100
1	资金来源													
1.1	利润总额		54.418	76.586	76.586	76.586	76.586	76.586	76.586	76.586	76.586	76.586	98.762	842.454
1.2	折旧费		20.16	20.16	20.16	20.16	20.16	20.16	20.16	20.16	20.16	20.16	0	201.6
	其中可作为还款的折旧													
1.3	固定资产投资拨款	230												230
1.4	流动资金拨款		23											23
1.5	企业自有资金													
	用于投资													
	用于流动资金													
1.6	回收固定资产余值	0	0	0	0	0	0	0	0	0	0	0	0	8.4
1.7	回收自有流动资金													
	来源小计	230	97.578	96.746	96.746	96.746	96.746	96.746	96.746	96.746	96.746	96.746	107.162	1305.45
2	资金运用													0
2.1	固定资产投资	230	0	0	0	0	0	0	0	0	0	0	0	230
2.2	流动资金运用	0	23	0	0	0	0	0	0	0	0	0	0	23
2.3	还款期间企业留利													
2.4	企业留用的折旧		17.136	17.136	17.136	17.136	17.136	17.136	17.136	17.136	17.136	17.136	0	171.36
2.5	自折旧中提取的能源交通基金		3.024	3.024	3.024	3.024	3.024	3.024	3.024	3.024	3.024	3.024	0	30.24
2.6	固定资产投资借款利息偿还													
2.7	固定资产投资借款本金偿还													
2.8	所得税													
2.9	盈利资金		54.418	76.586	76.586	76.586	76.586	76.586	76.586	76.586	76.586	76.586	107.162	850.854
	运用小计	230	97.578	96.746	96.746	96.746	96.746	96.746	96.746	96.746	96.746	96.746	107.162	1305.45

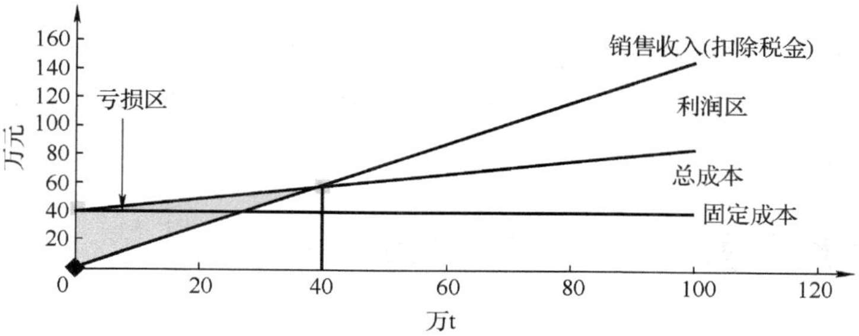

图 12-5 盈亏平衡分析图

2）敏感分析。敏感分析的目的是要找出项目的敏感因素，并确定其敏感程度，以预测项目承担的风险。项目敏感分析见表 12-12。

表 12-12 项目敏感分析

项 目	基建投资			电 价	
	0	-10	+10	-10	+10
财务内部收益率（%）	35.50	39.01	31.88	31.43	39.39
投资回收期/年	3.84	3.64	4.11	4.13	3.60
投资利润率（%）	30.58	33.20	27.72	26.68	34.38
投资利税率（%）	30.58	33.20	27.72	26.68	34.38

通过分析发现基建投资和电价的增减是项目的主要敏感因素，对基建投资和水价变化作单因素分析，分析结果得到变化后的各项评价指标，见表 12-12。

（4）评价结论。财务评价指标静态回收期 3.84 年，财务内部收益率 35.50%，投资利润率 30.58%，投资利税率 30.58%。几项指标都高于国内工业节水项目平均水平，并且该项目达到设计能力的 35.50% 时能保持盈亏平衡，从而该项目是可行的。

7. 结论

（1）铁矿用水日益紧张，一方面用水得不到保证、水量不足；另一方面仅受到轻度污染的排尾废水白白地排放掉，造成了水资源的巨大浪费，同时也造成一定程度的环境污染。改造企业现有的用水工艺，对排尾废水进行回收再利用，建设新型、合理、节水、高效的企业用水工艺已经成为当务之急。

（2）铁矿地处贫困地区，企业建设资金有限，水资源长期处于粗放型开发利用阶段，管理水平落后，节水水平较低。加强节水设施建设，争取尽早过渡到水资源的可持续利用模式，创建节水型企业。

（3）对铁矿现有用水工艺进行节水型改造，建立科学合理的用水闭路循环系统，方案优化合理，运行安全可靠，结合企业远期发展规划，合理可行。

（4）该节水工程符合企业需水量增长趋势和尽快解决企业生产缺水的要求。

建设期一年，投产期一年，总投资为 253 万元。

综上所述，该项目符合社会可持续发展的趋势和北京 21 世纪初期水资源可持续利用规划要求，不但对于企业具有明显的经济效益，而且具有显著的社会效益和环境效益，工程设计方案合理可行。

12.2 污水回用系统工程项目经济评价

1. 工程概况

(1) 城市概况。某市位于中西部，历史悠久，矿产资源丰富，市区用地 $27691km^2$，全市人口 204.31 万人。目前正处在大开发、大建设、大发展时期，经济发展也步入了“快车道”。城市的发展对城市的基础设施也提出了更高的要求。

(2) 城市供水、排水现状。

1) 城市供水现状。某市可开发利用的水源有地下水、水库水和黄河水三大水源，目前均已开发利用。城市供水系统由三部分组成，即城市自来水供水系统、分散自备水源和专用供水系统。

城市自来水供水系统有地下水、水库水和黄河水三部分水源，综合生产能力 51 万 m^3/d，供应社区居民生活和厂矿企业的生产用水。

专用供水系统建于 20 世纪 50 年代后期，主要以黄河水为水源，设计取水能力 $10.72m^3/s$，主要供厂区生产用水。

分散自备水源包括市区及近郊地区的部分工厂企业和事业单位自建的供水系统，水源均为地下水，分别供应其本单位的全部或部分用水。由于地下水近年来持续下降，现有自备水井产水能力已逐年减少，有些地区地下水受到较严重污染。随着城市保护地下水资源，限制地下水开采政策的出台，许多单位将逐步转向由自来水供水系统供水。

2) 城市排水现状。某市排水工程是由相对独立建设的排水体系组成的。排水体系为污水、雨水分流制。其中污水处理厂处理能力 7 万 m^3/d。

(3) 工程建设的必要性。该市是我国严重缺水城市之一，近几年，由于水资源缺乏，制约了城市建设和工业生产的发展，影响了居民的生活，因此，研究和建设某水质净化厂污水资源化利用工程是十分必要的。

2. 工程方案论证

(1) 工程规模。污水处理厂设计处理规模 7 万 m^3/d，根据 CECS 61—1994《城市污水回用设计规范》规定，回用水设计处理规模不宜超过二级污水处理规模的 80%，也就是回用水最大规模为 5.6 万 m^3/d，同时在考虑回用水规模时必须确定用户，以避免供水设施闲置。可用污水回用水的工厂主要有：二电厂、一机厂、二机厂以及该市热力总公司某热源厂等，已确定的用水户有热力总公司某热源厂用水 8000m^3/d，该市第二热电厂 20000m^3/d，该市园林管理处 15000m^3/d，一机厂 3000m^3/d，二机厂 3000m^3/d，高科技开发区 5000m^3/d。考虑供热公司用水与园林处绿化用水不在同一季节，因此，确定污水回用规模为 4.5 万 m^3/d。

（2）设计水质的确定。1989 年建设部颁布的 CJ 25.1—1989《生活杂用水水质标准》是我国城市杂用水水质的第一部标准。该标准规定了冲洗、城市绿化、洗车、扫除等水质要求，2002 年修订为 GB/T 18920—2002《城市污水再生利用　城市杂用水水质》，在此采用 GB/T 18920—2002《城市污水再生利用　城市杂用水水质》，详见表 12-13、表 12-14、表 12-15。

表 12-13　城市杂用水水质标准（GB/T 18920—2002）

序　号	项　　目	冲　　厕	道路清扫、消防	城市绿化	车辆冲洗	建筑施工
1	pH	6.0～9.0				
2	色/度≤	30				
3	嗅	无不快感				
4	浊度 NTU≤	5	10	10	15	20
5	溶解性总固体/(mg/L)≤	1500	1500	1000	1000	—
6	五日生化需氧量 BOD_5/(mg/L)≤	10	15	20	10	15
7	氨氮/(mg/L)　≤	10	10	20	10	20
8	阴离子表面活性剂/(mg/L)≤	1.0	1.0	1.0	0.5	1.0
9	铁/(mg/L)≤	0.3	—	—	0.3	—
10	锰/(mg/L)≤	0.1	—	—	0.1	—
11	溶解氧/(mg/L)≥	1.0				
12	总余氯/(mg/L)	接触 30min 后≥1.0，管网末端≥0.2				
13	总大肠菌群/(个/L)≤	3				

表 12-14　再生水用作冷却用水的建议水质标准

项　　目	直流冷却水	循环冷却补充水
pH 值	6.0～9.0	6.5～9.0
SS/(mg/L)	30	
浊度/度		5
BOD_5/(mg/L)		10
COD_{cr}/(mg/L)	30	75
铁/(mg/L)		0.3
锰/(mg/L)		0.2

（续）

项　目	直流冷却水	循环冷却补充水
氯化物/(mg/L)	300	300
总硬度（以 $CaCO_3$ 计）/(mg/L)	850	450
总碱度（以 $CaCO_3$ 计）/(mg/L)	500	350
总固体/(mg/L)	1000	1000
游离余氯/(mg/L)		0.1～0.2
异养菌总数/(个/mL)		5×10^5

根据回用水用户的用途、污水厂二级出水水质详见表12-15。

表12-15　回用水出水水质表

项　目	水质标准	项　目	水质标准
pH值	6.5～9.0	COD_{cr}/(mg/L)	50
浊度/度	5	氨氮（以N计）/(mg/L)	10
悬浮性固体/(mg/L)	5	游离余氯（mg/L）	0.1～0.2
嗅	无不快感觉	粪大肠菌群/(个/L)	3
BOD_5/(mg/L)	10		

（3）工艺方案的比较。污水处理厂污水处理工艺——传统活性污泥工艺，二级处理出水水质达到GB 8978—1996《污水综合排放标准》中二级标准，个别指标优于该标准。考虑本工程回用水的水质要求，回用水处理的流程主要有：二级处理出水直接回用；二级处理出水直接过滤后回用；二级出水混凝沉淀、过滤后回用。

对于本工程，过滤是污水回用保证再生水水质的关键，故二级处理出水直接回用的流程不予考虑。过滤的过程是使二级生物处理后的废水通过颗粒滤料，污染物质截留在滤料上，水得到净化，而滤料逐渐堵塞，然后使用反冲洗方法冲掉污染物质，过滤恢复正常运行。

对于特定滤池而言，进水的水质将影响滤池的过滤效果。为了保证滤后水达到一定指标，也为了保证滤池能安全稳定运行，不至于周期过短或滤料内泥球堵塞，因而对滤池进水水质，如悬浮固体含量、絮体或悬浮颗粒的大小与分布、絮体强度、絮体或颗粒电荷等有一定要求。对于活性污泥法来说，污泥膨胀时二沉池跑泥将对滤池产生严重影响。生物处理一般不能总保持稳定，在生物处理和滤池之间通常需增设混凝沉淀（澄清或气浮）等预处理设施，以保证滤池安全运行。当二级出水能保证长年良好水质时，可以不经沉淀而直接过滤，此时滤池的进水浊度宜小于10度，或采用将混凝剂直接加到滤池前的微絮凝过滤。

通过对某市污水处理厂二级出水作直接过滤、微絮凝过滤和絮凝沉淀过滤三种情况的对照试验，结论是：直接过滤工艺操作最简单，但COD和T_P去除率低，适合于夏季，而冬季无法满足水质要求；微絮凝过滤去除率高，但过滤周期短，特别是冬季缩短到2～4h；而沉淀过滤工艺能保证全年水质合格，过滤周期在17h以上，故过滤前增加絮凝沉淀是必要的。

结合某市冬季长的特点，并保证回用水处理常年稳定运行和回用水水质要求，因此，采用二级出水混凝沉淀、过滤消毒后回用的工艺流程。

1）混合。混凝过程中的水力条件对絮凝体的形成十分重要，有时甚至起决定性作用。混合和反应属于混凝过程的两个阶段。混合的作用在于使药剂迅速均匀地扩散于水中以创造良好的水解和聚合条件。目前采用的混合设备主要有水泵混合、隔板混合池、机械混合、静态混合器等。本厂拟选用管式静态混合器，该种混合形式简便、节能、安全可靠，且混合效果好，是目前工程中普遍采用的一种混合形式。本厂拟选用两台*DN*500mm的管式静态混合器。

2）反应。反应作用在于使凝聚微粒通过絮凝以形成具有良好沉淀性能的大的絮凝体。为适应水质、水量、水温等反应条件的变化，拟选用机械搅拌絮凝器，其最大优点是对冲击负荷适应性强，运行管理灵活。

本厂选用一种具有竖直轴的搅拌叶轮，此设备轻巧、节能、便于维修，维修时不必停池。反应时间20min，分为三个阶段，每个阶段的G值分别为$G_1=70\sim100s^{-1}$，$G_2=40\sim60s^{-1}$，$G_3=10\sim20s^{-1}$。

反应池分为两组，每组六格，单格尺寸为4.20m×4.20m，有效水深4.20m，每格内设搅拌器一台，搅拌器设无级变速装置，在负荷变化时，调整搅拌器的转速，以达到最佳絮凝效果。

3）沉淀池。结合某市的气候特点，并考虑沉淀在流程中的作用，选用斜板沉淀池。其沉淀效率高、池体小、占地少，适合建于室内。

本厂设两座斜板沉淀池，表面负荷$10m^3/(m^2\cdot h)$，单池尺寸为13.1m×10m，为配水均匀，进水区布置在13.1m长的一侧。池体总高4.37m。

4）滤池。如前所述，对于本工程，滤池是污水回用保证再生水水质的关键构筑物，也是污水回用工程中投资最大的构筑物。根据工程经验，提出均质滤料的V形滤池和连续运行的活性砂过滤罐两个方案作技术经济比较。

①V形滤池。V形滤池是一种新型滤池，源于法国。其特点是采用均质滤料，滤层深，滤料深层截污，滤层利用率高，冲洗周期长，出水水质好，采用气水反冲洗并辅以扫洗，节水节能冲洗效果好。

本厂滤池分为六格，滤速7.5m/h，单格过滤面积$56m^2$，气冲洗强度$55m^3/(m^2\cdot h)$，水冲洗强度$15m^3/(m^2\cdot h)$，表面冲洗强度$7m^3/(m^2\cdot h)$；滤料采用单层均质硅砂滤料，滤料有效粒径1.35mm，滤料均匀系数$K_{60}<1.6$，滤料厚度1.5m，配水系统采用滤板加长柄滤头。在滤池一端设有反冲洗水泵和反冲洗鼓

风机等设备，占地面积18.0m×32m。

② 活性砂过滤罐。活性砂过滤罐基于逆流原理。它的处理流程：需处理的水通过进水管进入活性砂过滤罐底部的入流分配器，水从砂滤罐的底部向上流经砂过滤床，清洁水经出流口排出过滤罐。含有杂质的砂从过滤罐圆锥形底部通过空气提升泵而被运送到顶部的砂清洗器。对污染砂的清洗在空气提升泵中就已开始，在泵中，湍流混合作用将脏颗粒从砂粒中分离出来，受污染的砂从泵的出流口倒入清洗器中，在清洗器中砂被中等流速的清洁水冲洗，杂质通过清洗水出口排出，而清洗干净的砂粒因比污染物重向下返回砂床。

在活性砂过滤罐中，水的过滤和砂的清洗互不干扰，无论水的过滤还是砂的清洗都是连续运行的。其特点是反冲洗时不需停机，提高了过滤器的使用效率，运行中都是连续的，因此，没有水泵和阀门，活动部件少，操作简单可靠。

本厂将过滤系统分成六组，每组由8个DS6000AE—B型砂滤罐组成，单罐直径2.5m，过滤器总高7.11m，滤床厚度1.5m，滤速8~10m/h，压缩空气消耗量（标准状态下）5.2m^3/min，工作压力5bar（1bar=0.1MPa）。占地面积为18m×36m。

从技术上两种滤池均可行，能够保证回用水水质，V形滤池采用均质滤料，深层截污，进水V形槽布水均匀，反冲洗采用空气和滤后水冲洗加上原水表面水平扫洗的独特气水反冲洗形式，反冲洗强度小，节省冲洗水量和电耗，反冲洗效果好。过滤周期长，出水水质稳定，国内已建多座V形滤池，运行经验丰富，占面积小；活性砂过滤罐，过滤与反冲洗同时进行，过滤器使用效率高，操作简单，由于鼓风机连续运行，设备能力小，设备起动对电网影响小，但设备数量大，占地面积大，运行调试繁杂，相对于V形滤池，国内还没有成功运行实例。

经济方面的比较结果见表12-16。

表12-16 滤池经济比较表

滤池种类	V形滤池	活性砂过滤罐
土建投资/万元	250	220
设备投资/万元	540	1079
合计/万元	790	1299

由以上比较可以看出，V形滤池工程投资小，运行经验丰富，运行费用相对小，因此，本工程推荐V形滤池。

5）本工程设一座清水池，池容积为5000m^3，有效水深4.0m。

6）送水泵站。本工程回用水主要用于附近工厂的冷却水、城市绿化用水，为调节供需平衡，选用四台泵，三用一备，其中一台变频调速，单台流量956m^3/h，扬程55m。

7）加药间。依据给水厂经验，选择碱式氯化铝为絮凝剂，最大投加量为30mg/L，根据污水处理厂今后污水回用的运行经验可进行调整。

8）加氯间。与污水消毒合用一座加氯间，以便于管理和节省占地，加氯点设在清水池进水管上，设计投氯量为2.0～5.0mg/L，设两台全真空加氯机，一用一备，单台能力15kg/h，控制方式为流量、余氯复合环控制。

以上论述，某市污水处理厂污水资源化利用工程工艺流程为：混凝—沉淀—过滤。

3. 推荐工艺方案设计

回用水的处理工艺取决于进出水水质的条件和对水质的要求，根据方案论证结果，进行工艺方案设计。

（1）水量。设计规模4.5万m^3/d，自用水系数10%，日变化系数1.3，设计流量$45000 \times 1.3 \div 24m^3/h = 2437.5m^3/h$

（2）回用水处理进、出水水质。根据污水厂二级处理出水水质和用户对水质的要求，确定设计进、出水水质，详见表12-17。

表12-17　二级处理进、出水水质表

项目名称	进水水质	出水水质	备注
pH值	6.5～9.0	6.5～9.0	
浊度/度	/	5	
嗅	/	无不快感觉	
SS/(mg/L)	30	5	
BOD_5/(mg/L)	30	10	
COD_{cr}/(mg/L)	120	50	
氨氮（以N计）/(mg/L)	10	10	
游离余氯/(mg/L)	/	0.1～0.2	
粪大肠菌群/(个/L)	/	3	

（3）回用水处理构筑物设计。

1）中水提升泵站。由于污水处理段二沉池出水至絮凝池水位较低，必须经过水泵提升才能进入中水处理段，中水提升泵站可利用污水处理厂原出水泵房，选用潜水离心泵作为中水提升泵，两用一备。

水泵主要参数：流量$Q = 1031m^3/h$，扬程$H = 18m$，功率$N = 90kW$。

2）静态混合器井。静态混合器井为可跨越的构筑物，一般情况下待处理的水经提升后经混合、反应、沉淀进入滤池，在水质好的条件下，可直接过滤，以便降低运行费用。静态混合器井一座，内设两台管式静态混合器，*DN*500mm，前后设超越的蝶阀。

3）机械絮凝池。机械絮凝池分为两组，每组六格，单格尺寸4.20m×4.20m，有效水深4.20m，每格内设搅拌器一台，搅拌器设无级变速装置。

主要设计参数：反应时间20min；流速梯度 $G_1=70\sim100s^{-1}$，$G_2=40\sim60s^{-1}$，$G_3=10\sim20s^{-1}$。

4）斜管沉淀池。设两座斜管沉淀池，表面负荷 $10m^3/(m^2\cdot h)$，单池尺寸为13.1m×10m，为配水均匀，进水区布置在13.1m长的一侧；排泥采用穿孔管排泥，设开启式排泥阀，集水采用穿孔管集水，池体总高4.37m，反应池与沉淀池之间设配水区，采用花墙配水。

为提高处理效率、节约用地，采用异向流斜管沉淀池。上升流速2.5m/s，停留时间2h。斜管沉淀池和网格絮凝池合建在沉淀间。

为便于运行管理，节省占地，降低土建投资，将机械絮凝池、斜管沉淀池、滤池设于同一室内，称为净水间。

5）滤池。滤池分为六格，单格尺寸为8.5m×(2×3.3m)，采用气水反冲洗并辅以水平扫洗。滤速7.5m/h，气冲洗强度 $55m^3/(m^2\cdot h)$，水冲洗强度 $15m^3/(m^2\cdot h)$，表面扫洗强度 $7m^3/(m^2\cdot h)$，滤料采用单层均质硅砂滤料，滤料有效粒径1.35mm，滤料均匀系数 $K_{60}<1.6$，滤料厚度1.5m，配水系统采用滤板加长柄滤头。

在滤池一端设有反冲洗水泵和反冲洗鼓风机。反冲洗水泵三台，两用一备，单台流量 $Q=400m^3/h$，扬程 $H=12.5m$；鼓风机两台，一用一备，单台流量 $Q=1540m^3/h$，风压 $\Delta p=300bar$。

在滤池的进水管、反冲洗进水管和滤池排水管上均设有气动蝶阀，滤池出水管上设有气动调节阀，在滤池内设有液位计和差压变送器。滤池运行由PLC控制，在过滤过程中根据滤池内的水位变化情况，自动调节滤池出水管上的电模拟气动调节阀的开启度。当滤池过滤时间或水头损失达到设定值时，滤池自动进行反冲洗。滤池反冲洗排水排入厂区污水管。

6）清水池。清水池总容积按设计规模的11%设置，总容积为 $5000m^3$，清水池平面尺寸为25m×50m，有效水深4.0m。

7）送水泵站。中水设计规模4.5万t/d，时变化系数取 $K_h=1.30$，厂区地面标高为1053.28m。中水主要用于附近工厂的冷却水和城市绿化用水。最远用水户电厂，自然地面标高为1070.0～1072.0m（黄海高程），距离污水厂约6.0km，管网水头损失约12.0m，自由水头需20m，则水泵扬程拟定为55m，送水泵站的最大送水能力为 $3438m^3/h$。为调节供需平衡，选用四台水泵，三用一备，其中一台变频调速，单台流量 $956m^3/h$。

送水泵房为半地下式，水泵起动方式为半自灌起动。当清水池水位为高水位时，水泵采用自灌式起动；当清水池水位为低水位时，水泵采用抽真空起动。

8）加药间。中水处理的絮凝剂主要为碱式氯化铝，设计投加量为30mg/L，设有溶药池、溶液池和投加计量设备。药剂投加采用隔膜式计量泵，三台，两用一备，单台计量泵性能为 $Q=200\sim400\text{L/h}$，扬程 $H=20\text{m}$。

（4）用电负荷计算。某市污水处理厂的用电负荷为Ⅱ级，为双电源供电，能够在电力变压器或电力线路出现常见故障时不至于中断供电，或能迅速恢复供电。由于所选用的回用水处理工艺为混凝沉淀—过滤消毒，厂中只有低压380V用电设备，对污水厂配电设备进行改造后，采用电缆直埋地的敷设方式引至回用水处理设施工作区，本工程的总用电负荷为712kV·A。

（5）自动控制系统设计。本工程在自动化技术方面，采用国内外较为先进和成熟的由中央管理计算机和现场控制计算机PLC组成的两个层次的集散型控制系统。该系统集计算机技术、CRT显示技术、通信技术和自控技术于一体，分散控制，集中监视管理，对整个回用水厂合理、科学地运行、节能降耗和安全生产发挥重要作用，为达到合格的出厂水质提供可靠保证。

自控系统的组成：

1）中央管理计算机。在厂内中央控制室设置两套中央监控管理计算机，两套计算机可分担不同功能，故障时互为备用。每套各配有彩色显示器、标准功能键盘、打印机等，它主要完成对污水厂各工段的集中操作、监视、管理功能。通过简单的操作，可进行系统功能组合，控制参数在线修改和设置，对工艺设备进行遥控、监视、报警以及记录打印等。彩色CRT可直观地显示全厂各工艺流程段的实时工况、各工艺参数的趋势，使操作人员及时掌握全厂运行情况。

2）现场控制计算机。根据工艺流量，在下列地方设置现场控制计算机终端。

① 加氯间控制室PLC1：负责加氯间设备的自控和数据采集。

② 送水泵房控制室PLC2：负责送水泵房设备的自控和数据采集。

③ 净水间控制室PLC3：负责净水间设备的自控和数据采集。

④ 加药间控制室PLC4：负责加药系统的自控和数据采集。

各现场控制计算机选用抗干扰能力较强的可编程序控制器PLC。各PLC与中央控制室计算机通过总线网络进行数据通信。

3）模拟显示屏。在中央控制室设置大型马赛克嵌式模拟屏，由专用PLC驱动，用以直观显示全厂工艺流程工况及主要参数值。

4）仪表系统。配合计算机自控系统，在全厂各工艺段设置与工艺相适应的检测仪表，如流量、液位、压力、pH、温度、空气流量、悬浮物含量、电导率等的检测仪表。仪表选用带现场显示变送器的智能仪表，输出4～20mA信号远传到计算机系统。

仪表的优劣直接影响到计算机控制系统的可靠性，所以本工程中的仪表均应选用国内外先进的、成熟的产品，以使自控系统有良好的保证。

（6）主要设备清单。推荐方案回用水处理厂的主要设备见表12-18。

表 12-18 主要设备一览表

1)	加氯间					
①	全真空自动加氯机	能力：15kg/h		套	2	
②	全真空手动加氯机	能力：20kg/h		套	2	
③	漏氯吸收装置	1.0t/h		套	1	包括安全设施
④	电动单梁悬挂式起重机	$T=2t$，$L_k=6.0m$		套	1	
2)	加药间					
①	静态混合器	$DN500mm$	成品	套	2	
②	隔膜计量泵	$Q=200\sim400L/h$，$H=20m$		套	3	包括管路系统，两用一备
③	药液制备罐			套	2	带不锈钢搅拌器
④	药剂储仓	$V=1.0m^3$		套	1	
⑤	螺旋输送机	$1m^3/h$，$L=4.5m$	不锈钢	套	1	
3)	净水间（包括机械反应池、斜管沉淀池、V 形滤池）					
①	絮凝搅拌器	4.20m×4.20m×4.00m，共12 格		套	12	包括电动机
②	斜管沉淀池	13.1m×10.0m×4.37m		座	2	包括斜管、排泥管、集水槽等
③	空气压缩机	$Q=8.41L/s$，$P=7bar$		套	2	一用一备
④	管路系统			套	1	
⑤	反冲洗泵	$Q=420m^3$，$H=8m$	成品	台	3	两用一备
⑥	鼓风机	$Q=1540m^3/h$，$P=300mbar$	成品	台	3	一用一备
⑦	滤池	6 格，单池面积 $=56.1m^2$		座	1	包括滤头、滤板、滤料等
⑧	电动单梁悬挂式起重机	$T=3T$ $L_k=6m$	成品	套	1	
⑨	电动单梁悬挂式起重机	$T=2T$ $L_k=6m$	成品	套	1	
⑩	电动单梁悬挂式起重机	$T=2T$ $L_k=11m$	成品	套	1	
4)	送水泵站、进水提升泵					
①	电动单梁悬挂式起重机	$L_k=6.0m$ $T=2t$		台	1	
②	提升泵	$Q=1031m^3/h$，$H=18.0m$				
③	送水泵	$Q=860m^3/h$，$H=50.0m$		套	5	三用一备，其中一台变频调速，包括管路系统

（续）

5）	电气部分					
①	高压开关柜	中置式手车柜		台	14	
②	低压开关柜	抽屉柜（含变频器，软起动器）		台	37	
③	干式变压器	SCB9—1600kV·A—10/0.4kV		台	2	
④	干式变压器	SCB9—800kV·A—10/0.4kV		台	2	
⑤	就地按钮箱			台	70	
⑥	电站监控系统			套	1	
⑦	直流屏	智能型免维护电池60Ah		套	1	
⑧	高压电缆	YJV22—10—3×50		m	1200	
⑨	电缆	VV22—1kV—3×50+2×25		m	8500	
⑩	电缆	VV22—1kV—3×90+2×50		m	3200	
⑪	电缆	VV22—1kV—5×16		m	3600	
⑫	屏蔽电缆			m	3000	
⑬	控制电缆	KVV—450/750—14×1.5		m	9000	
⑭	路灯	高压钠灯		盏	60	
6）	仪表自控部分					
①	单色打印机	激光式		台	2	
②	彩色打印机	激光式		台	2	
③	计算机	PENTIMI11400 工控机 20inCRT		台	4	
④	UPS	2kV·A		台	7	
⑤	可编程序控制器			套	7	
⑥	模拟屏	5.6m×1.4m（含PLC）		套	1	
⑦	液位差计	0～10m，超声波		台	6	
⑧	液位计	超声波		台	25	
⑨	PH计			台	2	
⑩	压力变送器	电容式		台	4	
⑪	电导率仪			台	2	
⑫	电磁流量计	*DN*25～*DN*1000mm		台	14	
⑬	空气流量计			台	4	
⑭	总线电缆			m	1400	
⑮	程控交换机			台	1	

（7）厂区设计及其他。污水处理厂现状地面标高为1053.28m，附属建筑与污

水厂共同使用；由于本厂的自动控制程度较高，因此工作人员相应较少，但技术要求则较高。全厂人员编制见表12-19。

表12-19 回用水处理厂人员编制表

生产班次/(班/日)	每班人数/人	岗位定员/人
3	4	13

4. 输配水管网工程

(1) 管材的选择。回用水管道常用的管材有UPVC管、球墨铸铁管、玻璃钢管、钢筋混凝土管等。本厂较适用的管材为UPVC管和球墨铸铁管。

UPVC管管道内壁光滑，水流阻力小，节能；耐腐蚀，不易堵塞，不易结垢，不影响水质，使用寿命长，综合造价低；密封安全可靠；安装维护方便，施工简便、施工周期短。其缺点是管道抗冲击破坏性能差，一般适用于工作压力在1MPa以下的管网。

球墨铸铁管机械强度高，使用寿命也长，但价格较高。

本工程主要采用UPVC管材，直管连接方式为RR柔性接口。*DN*500mm或以上的管道采用球墨铸铁管，柔性橡胶圈接口。

(2) 管径的确定。回用水管道投资在工程中占很大比例，且对日常运行的动力费也有较大的影响，合理设计管道管径十分重要。因此，管径计算遵循以下原则：一是合理考虑供水制度和用水特点，尽量减小管径，降低投资费用，二是合理进行管道阻力损失计算，控制回用水系统供水压力。计算结果见表12-20。

表12-20 管网明细表

序号	管道名称	管径	单位	长度
1	厂区~建设路	*DN*600mm	m	500
2	建设路西线	*DN*500mm	m	2300
3	厂区~二电厂（北线）	*DN*600mm	m	5900
4	建设路东线	*DN*400mm	m	2000
5	建设路东线	*DN*300mm	m	3000
6	转盘~高科技开发区	*DN*400mm	m	5000
7	转盘~生态园	*DN*400mm	m	6300
8	合计		m	25000

5. 投资估算及经济评价

(1) 投资估算。

某市污水处理厂污水资源化利用工程投资估算，其内容包括45000m^3/d污水回用工程污水处理厂一座和相应的回用水管网工程。经过经济技术方案比较确定混凝一沉淀—过滤工艺方案为推荐设计方案。工程投资包括建筑安装工程费用、设备购置费、工器具及生产家具购置费、工程建设其他费用、预备费和铺底流动资金等项。

本工程投资估算依据建设部1996年颁发的《全国市政工程投资估算指标》中册（HGZ47—102—96）和国家城市给水排水工程技术研究中心一九九三年编制的《给水排水工程概预算与经济评价手册》，同时参考其他同类设计的工程经济指标编制。并根据某省建设厅2000年《全国统一市政工程预算定额某省通用单位估价表》（GYD15—306—2000）和某市2001年建筑材料市场价格信息等相关定额标准调整计算。

按照建设部建标［1996］628号文件颁发的《市政工程可行性研究投资估算编制办法》（试行）及某市有关规定，编制以下工程建设其他费用。

1）设备备品备件费。国内设备按第一部分费用中国内设备价值的1%计算；进口设备按第一部分费用中进口设备价值的2%计算。

2）工器具及生产家具购置费。按第一部分费用设备价值的1%计算。

3）进口设备国内从属费。包括外贸手续费、银行财务费和国内运杂费。其中外贸手续费按设备货价的1.5%计算，国内运杂费按设备价值的3%计算。

根据《市政工程可行性研究投资估算编制办法》的规定，以上三项费用计入第一部分工程费用。

4）建设单位管理费。按第一部分工程费用之和的1%计算。

5）工程建设监理费。按第一部分工程费用之和的1.2%计算。

6）生产准备费。按设计定员的60%计，培训6个月，每人每年工资及福利费按13000元计算。

7）办公及生活家具购置费。按设计定员，每人1000元计算。

8）勘察费。按第一部分工程费用建安工程费之和的2%估算。

9）设计费。按国家计委、建设部计价格［2002］10号文件有关规定计算。

10）工程保险费。按第一部分工程费用之和的5‰计算。

11）竣工图编制费。按设计费的8%计算。

12）联合试运转费。按第一部分工程费用设备价值的1%计算。

13）厂区三通一平费。按第一部分工程费用中建安工程费用之和的1%计算。

14）基本预备费。按第一、第二部分费用之和的8%计算。

15）铺底流动资金。本工程流动资金是按流动资金总额的30%作为铺底流动资金列入工程投资中。

16）静态投资。静态投资是由第一部分工程费用、第二部分其他费用、基本预备费组成。

（2）投资估算书。

1）污水回用工程综合估算书见表12-21。

2）投资使用计划与资金筹措。

a. 投资使用计划。根据投资估算制定本工程的资金使用计划，其工程建设总资金4080万元，其中固定资产投资4039万元，流动资金41万元，详见表12-22。

表12-21 建设投资估算表

序号	工程项目	估算价值/万元					技术经济指标			备注
		建筑工程	设备购置	安装工程	其他费用	合计	单位	数量	指标/元	
1	回用水处理设施									
(1)	加药间	35	58	5		98	m^2	270	1300	
(2)	净水间	413	290	190		893	m^2	1980	2091	
(3)	清水池	230		5		235	m^3	11000	270	
(4)	送水泵房	126	133	20		279	m^2	2430	550	
(5)	提升泵房改造		31	2		33				
(6)	化验设备		35			35				
(7)	电气设备		120	15		135				
(8)	仪表及自控设备		96	12		108				
(9)	给水排水系统	32	5	2		39				
	回用水处理设施小计	836	768	251		1855				
2	输配水干管									
(1)	Ⅰ区厂～建设路	40				40	km	0.5	800	
(2)	建设路西线	173				173	km	2.3	750	
(3)	Ⅰ区厂～二电厂（北线）	472				472	km	5.9	800	
(4)	建设路东线	124				124	km	2	620	
(5)	建设路东线	129				129	km	3	430	
(6)	转盘～高科技开发区	310				310	km	5	620	
(7)	转盘～生态园	391				391	km	6.3	620	
	输配水干管小计	1639				1639	km	25		
(1)	备品备件购置费				8	8				
(2)	工器具及生产家具购置费				8	8				
(3)	设备运杂费				61	61				
	第一部分费用合计					3571				
3	其他费用									
(1)	建设单位管理费					36				

（续）

序号	估算价值/万元						技术经济指标			备注
	工 程 项 目	建筑工程	设备购置	安装工程	其他费用	合计	单位	数量	指标/元	
(2)	工程建设监理费					43				
(3)	生产准备费					5				
(4)	办公及生活家具购置费					1				
(5)	勘查费					5				
(6)	设计费					50				
(7)	工程保险费					18				
(8)	竣工图编制费					3				
(9)	联合试运转费					8				
	第二部分其他费用合计					169				
(1)	基本预备费					299				
(2)	铺底流动资金					41				
	工程总投资					4080				

表 12-22　投资计划与资金筹措表

序　号	年份 项目名称	1	2	合　计
1	总投资/万元	2040	2040	4080
2	固定资产投资/万元	2039	2000	4039
3	铺底流动资金/万元	27	14	41

根据工程的进度安排，固定资产投资在两年建设期内投入使用，年度投资比例为 50%。第 3 年回用水处理厂工程及管网工程投产运行，生产负荷当年达到 100%。

b. 资金筹措。根据本工程资金落实情况，确定工程投资全部为国债资金，因此，在投资估算和评价分析中不考虑建设期贷款利息、工程动态投资。

（3）经济评价。该项目的经济评价是在投资估算的基础上进行的。依据国家计委建设部关于印发《建设项目经济评价方法与参数的通知》（发改投资［2006］1325 号）和《给排水建设项目经济评价细则》的规定，按照国家财税制度和有关行业标准，对该项目进行财务评价和国民经济评价，以确定项目实施的可行性和必要性。

1）财务评价。财务评价是通过分析计算项目直接发生的财务效益和费用，编制财务报表，计算出各项评价指标，以考察项目在计算期内的财务盈利能力和清偿能力。本项目是一套相对独立的系统，根据工程性质和管理运行情况，对推荐方案的污水回用处理厂工程进行评价。

基础数据如下：

① 动力费单价，其中电度电价 0.353 元/kW·h，基本电价 14 元/(kW·h·月)。

② 碱式氯化铝（固体）2000 元/吨。

③ 职工年平均工资及福利费 13000 元/(人·年)。

④ 综合折旧率 5.2%。

⑤ 大修理费率 2.2%。

⑥ 检修维护费率 1%。

⑦ 无形及递延资产摊销费率 8%。

⑧ 固定资产残值回收率 4%。

⑨ 项目计算期 22 年（包括两年建设期）。

⑩ 设计定员 13 人。

⑪ 污水回用厂年处理水量 1643 万 m^3/年。

⑫ 回用水量总变化系数 $K_{总}=1.3$。

2）成本费用计算。根据本工程特点和实际情况，回用水处理厂的成本费用计算分总成本费用计算和分项工程成本费用计算。

① 折旧费。固定资产原值为第一部分工程费用、预备费用之和，即 3865 万元。其折旧费按平均年限法综合折旧计算，折旧率按 4.1% 计算。

② 无形及递延资产摊销费。固定资产投资中第二部分其他费用中生产准备费作为无形及递延资产原值，按行业规定，在生产期的前 12 年摊销完。年摊销率为 8%。

③ 大修理费。按固定资产原值的 2.2% 计算。

④ 日常检修维护费。按固定资产原值的 1% 计算。

⑤ 管理及其他费用。按基础数据中 ①～⑦ 项之和的 15% 计算。

成本估算结果见表 12-23。

表 12-23 成本费用估算表 （单位：万元）

序号	年份 / 项目	生产期									合计
		3	4	5～13	14	15	16～19	20	21	22	
	生产负荷（%）	100	100	100	100	100	100	100	100	100	
1	动力费	220.2	220.2	220.2	220.2	220.2	220.2	220.2	220.2	220.2	4404
2	药剂费	88.7	88.7	88.7	88.7	88.7	88.7	88.7	88.7	88.7	1774
3	工资福利费	16.9	16.9	16.9	16.9	16.9	16.9	16.9	16.9	16.9	338
4	折旧费	158.5	158.5	158.5	158.5	158.5	158.5	158.5	158.5	158.5	3170

（续）

序号	项目 \ 年份	生产期									合计
		3	4	5～13	14	15	16～19	20	21	22	
5	摊销费	0.42	0.42	0.42	0.38						5
6	大修理费	85	85	85	85	85	85	85	85	85	1700
7	检修维护费	39	39	39	39	39	39	39	39	39	780
8	管理费	91.3	91.3	91.3	91.3	91.2	91.2	91.2	91.2	91.2	1825
9	总成本	700	700	700	700	699.6	699.6	699.6	699.6	699.6	13997
10	固定成本	391.1	391.1	391.1	391.1	390.1	390.1	390.1	390.1	390.1	7814
11	可变成本	308.9	308.9	308.9	308.9	308.9	308.9	308.9	308.9	308.9	6178
12	经营成本	541.1	541.1	541.1	541.1	541.1	541.1	541.1	541.1	541.1	10822
13	年供水量	1643	1643	1643	1643	1643	1643	1643	1643	1643	32860
14	单位成本	0.43	0.43	0.43	0.43	0.43	0.43	0.43	0.43	0.43	
15	单位经营成本	0.33	0.33	0.33	0.33	0.33	0.33	0.33	0.33	0.33	

3）利润预测。计费水量按供水量的90%计算，水价按1.0元/t计；营业税按6%计，城建税及教育附加费按营业税的10%计，所得税按33%计；盈余公积金和公益金按可供分配利润的15%计取。利润估算结果见表12-24。

表12-24 利润估算表 （单位：万元）

序号	项目 \ 年份	生产期						合计
		3	4	5～14	15	16～21	22	
	生产负荷（%）	100	100	100	100	100	100	
1	销售收入	1478	1478	1478	1478	1478	1478	29560
2	销售税金及附加	97.5	97.5	97.5	97.5	97.5	97.5	1950
3	总成本费用	700	700	700	699.6	699.6	699.6	13996.8
4	利润总额	681	681	681	680.9	680.9	680.9	13619.2
5	所得税	225	225	225	224.7	224.7	224.7	4497.6
6	可供分配利润	456	456	456	456	456	456	9120
6.1	盈余公积金公益金	68	68	68	68	68	68	1360
6.2	未分配利润	388	388	388	388	388	388	7760
	累计未分配利润	388	776		5432		7760	

注：1. 投资利润率＝年平均利润总额/项目总投资＝13619.2÷20÷4080＝16.7%。

2. 投资利税率＝年平均利税总额/项目总投资＝（1950＋4497.6）÷20÷4080＝7.9%。

4）盈亏平衡分析。设 x 为盈亏平衡点上的售水量，y 为生产成本，z 为销售收入，f 为固定成本，p 为水价，v 为单位可变成本，则有 $y=f+vx$，$z=px$。根据盈亏平衡点的定义，令 $y=z$，则 $x=f/(p-v)=391.1/(1.1-0.188)=435$ 万 m^3，如图 12-6 所示。

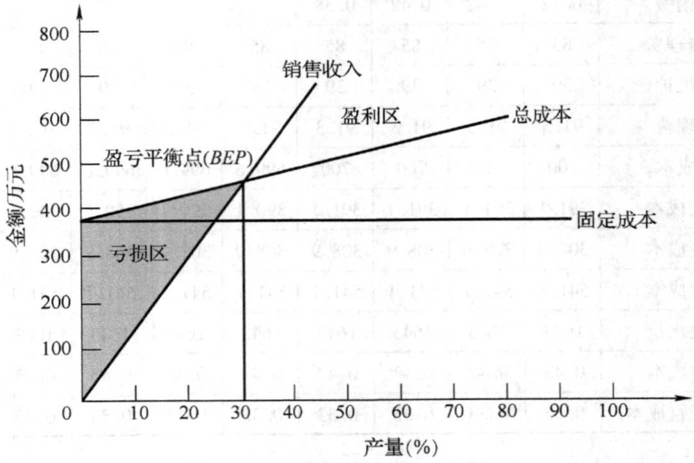

图 12-6 销售量盈亏平衡点图解

5）现金流量分析。现金流量分析见表 12-25。

表 12-25 现金流量表

序号	项目 \ 年份	建设期		生产期							合计
		1	2	3～5	6	7	8	9	10～21	22	
	生产负荷（%）			100	100	100	100	100	100	100	
1	现金流入			1478	1478	1478	1478	1478	1478	1680.6	
1.1	销售收入			1478	1478	1478	1478	1478	1478	1478	
1.2	回收固定资产余值									161.6	
1.3	回收流动资金									41	
2	现金流出	2066	2014	863.6	863.6	863.6	863.6	863.6	863.6	863.6	21352
2.1	固定资产投资	2039	2000								
2.2	流动资金	27	14								
2.3	经营成本			541.1	541.1	541.1	541.1	541.1	541.1	541.1	
2.4	销售税金及附加			97.5	97.5	97.5	97.5	97.5	97.5	97.5	1950
2.5	所得税			225	225	225	225	225	225	225	4500
3	净现金流量	-2066	-2014	614.4	614.4	614.4	614.4	614.4	614.4	817.4	8411
4	累计净现金流量	-2066	-4080		-1622	-1008	-395.6	220.8		8411	

（续）

序号	年份 项目	建设期		生产期							合计
		1	2	3～5	6	7	8	9	10～21	22	
5	所得税前净现金流量	-2066	-4080	978.9	978.9	978.9	978.9	978.9	978.9	1181.5	13634.6
6	所得税前累计净现金	-2066	-4080		-722.4	117	956.4	1795.8	1	12911	
计算指标		所得税后		所得税前							
财务内部收益率（*FIRR*）		8.96%		8.89%							
静态投资回收期		8.6 年		6.9 年							

① 静态投资回收期计算

$$T_p = \frac{K}{NCF} + T_0$$

式中 K——全部投资；

NCF——每年的净收入；

T_0——项目建设期。

所得税后 $T_p = 4080/614.4 + 2 = 8.6$ 年

所得税前 $T_p = 4080/839.4 + 2 = 6.9$ 年

② 财务内部收益率计算

$$FIRR = i_1 + (i_2 - i_1) \times |NPV_1| / (|NPV_1| + |NPV_2|)$$

式中 i_1——试算的低折现率；

i_2——试算的高折现率；

$|NPV_1|$——低折现率的现值（正值）的绝对值；

$|NPV_2|$——高折现率的现值（负值）的绝对值。

所得税后

$$FIRR = 8\% + (9\% - 8\%) \times |-3954 \times 0.540| / (|-3954 \times 0.540| + |218.7 \times 0.460|) = 8.96\%$$

所得税前

$$FIRR = 8\% + (9\% - 8\%) \times |-722.4 \times 0.630| / (|-722.4 \times 0.630| + |117 \times 0.547|) = 8.89\%$$

由上述计算可知，项目投产后年平均固定成本 391.1 万元，可变成本 308.9 万元，经计算该项目只要达到设计能力的 29%，年处理回用水量 435 万 m^3 时，项目即可保本运营。因此该项目具有一定的抗风险能力。

6）国民经济评价。建设污水处理厂污水资源化利用工程，是某市在水资源综合利用、节约用水方面的一项重要措施。该项目的实施，不仅仅是水资源的重复利用，对某市这样一个缺水城市更是具有重要意义。该项目实施后，解决了城市绿化用水，可进一步扩大绿化覆盖面，有利于改善生态环境、城市环境和投资环境，从而为吸引外资，带动其他产业的发展创造了条件。

处理后的回用水用于企业冷却水，可降低企业成本，增强企业的活力和产品的竞争力。该项目的实施，缓解了城市供水紧张状况，同时也减少了黄河取水量，有利于保护黄河流域的生态平衡。

6. 经济评价结论

（1）本项目财务评价得出结论是可行的，进而得出所得税前财务内部收益率（全部投资）为 8.89%，高于行业基准收益率 8% 的水平。其投资回收期分别为 8.6 年和 6.9 年（包括建设期），低于基准回收期 15 年的标准。净现值均大于零，其余各项指标也都满足行业最低要求。由此得出项目的盈利能力分析结果是好的，在财务上是可行的。

（2）通过财务盈亏分析，可以得出在运行过程中，处理量达到设计能力的 29% 即达到盈亏平衡点，进一步说明该项目的抗风险能力是很强的。建议要加快该项目的建设进度，并保证项目建成后的正常运行。

（3）国民经济分析进一步说明，实施该项目有利于改善某市地区的城市环境、生态环境和投资环境，可促进某市的经济发展。

综上所述，该项目的财务评价和国民经济评价结论是可行的。

第 13 章

13

工程量清单编制与招标投标报价

13.1 工程量清单编制

13.1.1 概述

工程量清单 BOQ（Bill Of Quantity）是在 19 世纪 30 年代产生的，西方国家把计算工程量、提供工程量清单作为业主估价师的职责，所有的投标都要以业主提供的工程量清单为基础，从而使得最后的投标结果具有可比性。工程量清单报价是建设工程招标投标工作中，由招标人按国家统一的工程量计算规则提供工程数量，由投标人自主报价，并按照经评审低价中标的工程造价计价模式。

“08 规范”自 2008 年 12 月 1 日起实施。“08 规范”规定工程量清单是拟建工程的分部分项工程项目、措施项目、其他项目、规费项目和税金项目的名称和相应数量的明细清单，它适用于建设工程工程量清单计价活动。工程量清单应作为编制招标控制价、投标报价、计算工程量、支付工程款、调整合同价款、办理竣工结算以及工程索赔的依据之一。它是我国工程造价计价方式适应社会主义市场经济发展的一次重大改革，也是我国工程造价计价工作向逐步实现“政府宏观调控，企业自主报价，市场形成价格”的目标迈进的坚实的一步。

推行工程量清单计价，有利于我国工程造价管理职能的转变，有利于规范市场计价行为，规范建设市场秩序，促进建设市场有序竞争。全部使用国家资金（含国家融资资金）投资或国有资金投资为主的工程建设项目，必须采用工程量清单计价，非国有资金投资的工程建设项目，可采用工程量清单计价。“08 规范”是统一工程量清单编制，规范工程量清单计价的国家标准，是调整建设工程工程量清单计价规范活动中发包人与承包人各种关系的规范文件。工程量清单计价是与“定额”计价方式共存于招标、投标活动中的另一种计价方式。凡是建设工程招标、投标实行工程量清单计价的，不论招标主体是政府机构、国有企事业单位、集体企业、私人企业和外商投资企业，还是资金来源是国有资金、外国政府贷款及援助资金、私人资金等都应遵循此规范。

1. 工程量清单的涵义

（1）工程量清单是把承包合同中规定的准备实施的全部工程项目和内容，按工程部位、性质以及它们的数量、单工程量清单价、合价等列表表示出来，用于投标报价和作为中标后计算工程价款的依据，工程量清单是承包合同的重要组成部分。

（2）工程量清单是按照招标要求和施工设计图样要求，将拟建招标工程的全部项目和内容依据统一的工程量计算规则和子目分项要求，计算分部分项工程实物量，列在清单上作为招标文件的组成部分，供投标单位逐项填写单价用于投标报价。

（3）工程量清单，严格地说不单是工程量，工程量清单已超出了施工设计图样量的范围，它是一个工程量清单的概念。

2. 工程量清单的作用

工程量清单是编制招标工程标底价，投标报价和工程结算时调整工程量的依据。

工程量清单必须依据行政主管部门颁发的工程量计算规则、分部分项工程项目划分及计算单位的规定，施工设计图样、施工现场情况和招标文件中的有关要求进行编制。

工程量清单应由具有相应资质的中介机构进行编制。

工程量清单应当符合有关规定要求。

13.1.2 工程量清单编制

“工程量清单编制”共十三条，规定了工程量清单编制人、工程量清单组成和分部分项工程量清单、措施项目清单、其他项目清单的编制等。

1. 一般规定

（1）工程量清单应由具有编制招标文件能力的招标人，或招标人的委托具有相应资质的中介机构编制。

（2）工程量清单应作为招标文件的组成部分。

（3）工程量清单应由分部分项工程量清单、措施项目清单、其他项目清单组成。

2. 工程量清单的编制思路

工程造价管理部门可采用国际惯例作为整体框架，对工程量计算规则加以研究完善，制定全国统一的工程量计算规则，在以下几个方面与国际通行办法相统一，即统一划分项目，统一计量单位，统一工程量计算，统一计价表的形式，同时编制出相应的工料消耗定额。

工程量清单应由具备招标文件的招标人或招标人委托的具有相应资质的造价咨询单位编制，这是招标人编制标底的依据，是投标方报价的依据，也是竣工结算调整的依据。它应包括编制说明和清单两部分。编制说明应包括编制依据、分部分项工程工作内容的补充要求、施工工艺等特殊要求，以及主要材料价格档次的设定。

工程量清单的编制应按有关图样、工程地质报告、施工规范、设计图集等要求和规定进行编制，要求表述清楚、用语规范。编制的内容中除实物消耗形态的项目之外，招标方还应列出非实物形态的竞争费用；同时，也要明确竞争与非竞争工程费用的分类。

对“08 规范”中的列项，根据拟建工程的实际情况可以增减。在三部分清单项目中，主要是分部分项工程量清单。

（1）分部分项工程量清单的编制。分部分项工程量清单的编制，应根据规定的项目编码、项目名称、项目特征、计量单位和工程量计算规则进行编制。招标人必须按照规定执行，不得因情况不同而变动。

分部分项工程量清单应包括项目编码、项目名称、计量单位和工程数量。清单编码以 12 位阿拉伯数字表示。其中 1、2 位是附录顺序码，3、4 位是专业工程顺序码，5、6 位是分部工程顺序码，7、8、9 位是分项工程顺序码，10、11、12 位是清单项目名称顺序码，应根据拟建工程的工程量清单项目名称设置，同一招标工程的项目编码不得重码。其中前 9 位是“08 规范”给定的全国统一编码，根据此规范附录 A、附录 B、附录 C、附录 D、附录 E、附录 F 的规定设置，后 3 位清单项目名称顺序码由编制人根据图样的设计要求设置。分部分项工程量清单编制程序如图 13-1 所示。

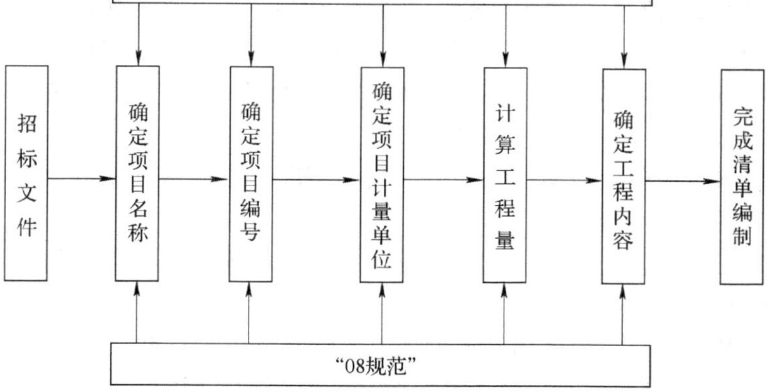

图 13-1　分部分项工程量清单编制程序

(2) 措施项目清单的编制。措施项目清单的编制应考虑多种因素，编制时力求全面。除工程本身因素外，还涉及水文、气象、环境、安全和施工企业的实际情况等。为此，"08 规范" 提供了"通用措施项目一览表" 和 "专业工程措施项目"，作为措施项目列项的参考。

"通用措施项目一览表" 所列内容是指各专业工程（建筑、装饰、管道、电气等）的"措施项目清单" 中均可列的措施项目。此规范附录中的"专业工程措施项目" 中所列的内容，是指相应专业的 "措施项目清单" 中均可列的措施项目，根据具体情况选择列项。

在通用项目中：一是将环境保护、文明施工、安全施工、临时设施合并定义为"安全文明施工"；二是增加了冬雨期施工等；三是将施工排水与施工降水分列；四是将模板、脚手架分列到专业工程中。

影响措施项目设置的因素太多，"通用措施项目一览表" 和 "专业工程措施项目" 中不能一一列出，因情况不同，出现表中未列的措施项目，清单编制人可补充。补充项目应列在清单项目最后，并在"序号" 栏中以"补" 字表示。

通用措施项目清单通常以"项" 为单位列项，相应数量为"1"。专业措施项目清单也可以按"项" 列项计算，能准确计算工程量的项目宜采用分部分项工程量清单的方式编制。

非实体项目，一般来说，其费用的发生和金额的大小与使用时间、施工方法或者两个以上工序相关，与实际完成的实体工程量的多少关系不大，如文明施工、临时设施等。但有的非实体项目，则可以精确计量，如模板工程、脚手架等用分部分项工程量清单的方式，采用综合单价，有利于措施费的确定和调整。

"08 规范" 还规定了凡能计算出工程量的措施项目，宜采用分部分项工程量清单的方式进行编制（项目编码、项目名称、项目特征、计量单位和工程数量），对不能计算出工程量的措施项目以"项" 为计量单位进行编制。

(3) 其他项目清单的编制。其他项目清单是指除分部分项清单项目和措施项目以外，该工程项目施工中可能发生的其他项目。"08 规范" 仅提供四项内容作为列项的参考，其余不足部分，编制人可根据工程的具体情况进行补充。其他项目清单由招标人部分、投标人部分两部分组成。

1) 其他项目清单应根据拟建工程的具体情况，参照暂列金额、计日工、暂估价、总承包服务费等内容列项。

2) 计日工应在施工过程中，完成发包人提出的施工图样以外的零星项目或工作，按合同中约定的综合单价计价。

3) 编制其他项目清单，出现未列项目，编制人可进行补充。

总之，工程建设标准的高低、工程的复杂程度、工程的工期长短、工程的组成内容等直接因素影响其他项目清单中的具体内容，"08 规范" 提供了两部分四项作为列项的参考。其不足部分，清单编制人可进行补充，补充项目的编码由“08 规范”附录的顺序码与 B 和三位阿拉伯数字组成，并应从 ×B001 起顺序编制，统一招标工程的项目不得重码。

为了准确计价，在工程量清单中应附补充项目的项目名称、项目特征、计量单位、工程量计算规则和工作内容，尤其是工程内容和工程量计算规范，以方便投标人报价和后期变更、结算。

13.1.3 工程量清单的使用

工程施工过程是工程量清单的主要使用阶段，这个过程是发包人控制造价与承包人追加工程款的关键时期，必须加大管理力度。使用工程量清单的合同，一般单价不再变化，工程量则随工程的实际情况有所增减。所以发包人在建设过程中严格控制工程进度款的拨付，避免超付工程进度款，占用发包人资金，降低投资效益，此外严格控制设计变更和现场签证，尽量减少设计变更与签证的数量。而承包人则需按照合同规定和业主要求，严格执行工程量清单报价中的原则与内容，同时要注意增减工程量的签证工作，及时与业主或工程师保持联系，以便合理追加工程款。

13.2 招标与投标报价

13.2.1 概念

招标投标是一种产品交易行为，它包括招标和投标两方面内容。目前，招标投标在国际国内广泛采用，不仅政府、企业、事业单位用它来采购原材料、器材和机械设备，而且各种工程项目也日益用这种形式进行物质采购和工程承包。

1. 招标

由发标单位提供拟建工程规模、使用要求和建设期限，由愿意承担项目的人（或单位）按照发标单位文件的条件和要求提出自己的价格，填好标书进行投标，这个过程就叫招标。招标人（或单位）通过招标手段，利用投标人之间的竞争达到货比三家，优中选优的目的。招标的实质就是选择资质、信誉和技术良好的施工企业。

2. 投标

由经营资格审查合格取得招标文件的承包商，按规定在招标文件中所提出文件和要求的前提下，对招标项目作出自己的报价，填写标书，将密封的标书在规定的期限内送达招标人（或单位），参加竞争及争取中标的过程叫投标。投标的实质是取得承包权。

3. 开标

招标人（或单位）在规定的地点和时间内，在由投标人出席的情况下，根据法律文件要求，当众公开拆开标书（及投标原件），宣布投标人（或单位）的名称、投标价格和投标的有效修改内容及主要技术手段等，这个过程称为开标。开标应当在公证员的监督下进行，开标一般有三种方式：

（1）在有投标人（或单位）自愿参加的情况下，公开开标，不当场宣布中标结果。

（2）在公证员的监督下，公开开标，当场宣布与确定预选中标人（或单位）。

（3）在有投标人（或单位）自愿参加的情况下，公开开标，当场确定中标人（或单位）。

4. 标底

标底是指招标人根据招标的具体情况，编制的完成招标项目所需的全部费用，是根据国家规定的计价依据和计价办法计算出来的工程造价，是招标人对建设工程的期望价格。标底由成本、利润和税金等组成，一般应控制在批准的总概算及投资包干的限额内。《中华人民共和国招标投标法》没有明确规定招标工程是否必须设置标底，招标人可根据工程实际情况自己决定是否需要编制标底价格。一般情况下，即使采用无标底招标方式进行工程招标，招标人在招标时还是需要对招标工程的建造费用作出估计，使心中有一基本价格底数，同时由此也可以对各个投标报价的合理性作出理性的判断。

标底价格必须以严肃认真的态度和科学的方法编制，应当实事求是，综合考虑和体现发包方和承包方的利益。没有合理的标底可能会导致工程招标的失误，达不到降低建设投资、缩短建设周期、保证工程质量、择优选用工程承包队伍的目的。编制切实可行的标底价格，真正发挥标底价格的作用，严格衡量和审定投标人的投标报价，是工程招标工作达到预期目标的关键。

5. 评标

评标又称议标，是指招标人（或单位）按照招标文件的要求，由招标单位聘请咨询人（一般由上级主管部门的代表、监督单位的代表和各方面专家组成）对投标人（或单位）所报送的投标资料进行全面审查，择优选定投标人（或单位）的过程。评标是一项比较复杂的工作，要求有生产、质量、检验、供应、财务、计划等各方面的专业人员参加，对各投标人员（或单位）的标书进行综合分析和评比。根据招标人（或单位）的要求，择优评出中标人（或单位），主要有三种形式：

（1）全面评比、综合分析，最优者为中标人（或单位）。

（2）按各项指标打分评标（一般从资格、信誉和施工技术手段），以得分最高者为中标人（或单位）。

（3）以能否是招标人（或单位）的侧重点为条件，如工期短、报价低等，选择中标人（或单位）。

13.2.2 工程项目招标

1. 招标的必备条件

根据建设部颁发的文件规定，招标的建设单位必须具备以下条件：

（1）必须是法人或依法成立的其他组织。

（2）有与招标工程相应的经济、技术管理人员。

（3）有组织编制招标文件的能力。

（4）有审查投标单位资质的能力。

（5）有组织开标、评标、定标的能力。

除上述必备条件外，招标项目还需符合以下要求：

（1）项目概算已经批准。

（2）项目正式列入国家部门或地方的年度投资计划。

（3）建设用地征地工作已经完成。

（4）有能够满足施工需要的施工图样及技术资料。

（5）建设资金的主要建筑材料、设备的来源已经落实。

（6）已经被建设项目所在地规划部门批准，施工现场“三通一平”已经完成或一并列入施工招标范围。

2. 招标方式

我国工程施工招标采用三种方式进行招标，即公开招标、邀请招标和议标。工程项目招标应做好招标前的准备工作。一般由工程发标单位组织人员进行，主要内容是编写招标文件。应当指出，整个招标工作的好与坏或质量高与低，关键取决于招标前的准备工作，在准备工作中，标底的确定至关重要。

（1）公开招标。也叫开放型招标，是一种无限竞争性招标，采用这种形式，由招标单位利用报刊、电台、电视等广播形式，公开发表招标信息，宣布招标项目的内容和要求。不受地区限制，凡符合要求的企业单位或个人对此感兴趣者，一律机会均等。通过资格审查后，都有权购买招标文件，都可以积极参加招标活动。招标单位可在众多的投标者中择优选择中标单位（或个人）。

公开招标按其开标和决标的方式分两种：公开招标和公开决标、公开招标和当众开标。所谓公开招标和公开决标是在规定的时间和地点进行开标，当众宣读承包商的标函和标书主要内容，公布中标条件和决定中标人；所谓公开招标和当众开标是不当场选定和公布中标人，而是招标单位和有关部门对标书进行评审、审查、鉴别和比较，从中优选3~5名投标人，作为预选中标单位，然后分别召集预选单位进行面对面的具体议论与磋商，然后作比较分析，以书面形式通知中标人和其他落榜者。

公开招标的特点是可以给一切有法人资格的承包商以平等的竞争机会参加投标。招标人可以从大量的投标书中，获取资质信誉好、技术条件优良、报价理想的承包人，完全有条件做到优中择优。相反，参加者越多竞争越激烈，少数承包人为了得标，故意采取压价手段，力图排挤那些严肃认真的单位。但是，只要招标过程科学合理，严格审查，这种形式仍是大多数招标单位采用的形式。

（2）邀请招标。邀请招标是一种有限竞争性招标，招标单位根据工程特点，有选择地邀请若干具有承包该项工程能力的承包人前来投标。如保密工程或有特殊要求的工程，依据见闻、经验和情报资料而获得承包商的能力信息，加以选择分析后，依法发出招标邀请书。

邀请招标同样具有资格预审等程序，邀请投标企业不少于3家，不超过7家。经过标书评审择优选定中标人和发出中标通知书。这种形式的特点是目标准确，施工经验、施工技术和信誉都比较可靠，基本上能保证工程质量和进度，整个组织管理工作较简单。最大的不足是报价可能高于公开招标形式。

招标单位发出招标邀请后，被邀请的企业可以不参加投标，但该招标工程开标后，被邀请的企业不得更改投标内容，同样施工企业收到招标邀请书后招标的单位也不得以任何借口拒绝被邀请单位投标。

（3）议标。对不宜公开招标或邀请的特殊工程，应通过建设主管部门同意，直接向指定承包人发出招标通知书，召开双方有关人员会议，直接洽谈招标条件和要求，这种形式为议标。这是一种非竞争性招标，一般参加议标的单位不得少于两家。

议标也必须经过报价、比较和评定过程。招标单位可采取货比三家的原则，择优录用。不过，目前在我国工程建设发包实践中，采取单向议标的方式还是比较多的。

3. 工程招标文件

招标文件是招标单位自行编制或委托编制的，作为进行招标、评标、定标和中标单位签订工程合同的法律、技术与财务的依据。在招标文件中，招标单位要完整地表明拟建招标工程的规模、内容、建设要求、条件、规定等，只能依照招标文件执行，不能擅自更改，投标单位对文件中有不理解的内容或发现问题，可用信函形式要求在开标之前答复。招标单位如发现其错误也应在开标前以书面形式予以修改，作为投标人编制文件的依据。

我国招标文件一般应包含招标书、工程设计资料及投标须知等内容，具体如下：

（1）工程综合说明，包括工程名称、批准文号、建设地点、占地范围、建设面积、结构类型、设计标准以及招标方式、现场条件、开工竣工时间和企业资质等级等。

（2）必需的设计图样、技术资料。

（3）工程范围。

（4）工程承包方式，包括总价承包、固定单价承包和成本加酬承包方式等。

（5）评标定标原则及投标、开标、评标、定标日程安排。

（6）材料供应方式及工程价款结算方式。

（7）工期、工程质量要求及奖惩办法。

（8）其他需要说明的内容。

4. 标底报价

编制标底应遵循以下原则：

（1）根据国家统一工程项目划分、计量单位、工程量计算规则以及设计图样、招标文件，并参照国家、行业或地方批准发布的定额和国家、行业、地方规定的技术标准规范以及要素市场价格确定工程量和编制标底。

（2）标底作为招标人的预期价格，应力求与市场的实际变化相吻合，要有利于竞争和保证工程质量。

（3）标底应由直接工程费、间接费、利润和税金等组成，一般应控制在批准的建设工程投资估算或总概算（修正概算）价格以内。

（4）标底应考虑人工、材料、设备、机械台班等价格变化因素，还应包括管理费、其他费用、利润、税金以及不可预见费、预算包干费、措施费、现场因素费用、保险等。采用固定价格的还应考虑工程的风险金等。

（5）一个工程只能编制一个标底。

（6）招标人不得以各种原因任意压低标底价格。

（7）工程标底价格完成后应及时封存，在开标前应严格保密，所有接触过工程标底价格的人员都负有保密责任，不得泄露。

5. 施工招标标底的编制程序

招标工程标底价格和工程量清单由具有编制招标文件能力的招标人自行编制，也可委托具有相应资质和能力的工程造价咨询机构、招标代理机构和监理单位编制。

招标工程标底价格的编制步骤如下：

（1）准备工作。首先，要熟悉施工图设计及说明书，如果发现图样中有问题或不明确之处，可要求设计单位交底、补充，做好记录，在招标文件中加以说明；其次，要勘查现场，实地了解现场情况及周围环境，以作为确定施工方案、包干系数和技术措施费等有关费用的依据；再次，要了解招标文件中规定的招标范围，材料、半成品和设备的加工订货情况，工程质量和工期要求，物资供应方式；还要进行市场调查，掌握材料、设备的市场价格。

（2）收集编制材料。编制标底需收集的资料和依据，包括招标文件相关条款、设计文件、工程定额、施工方案、现场环境和条件、市场价格信息等。总之，凡在工程建设实施过程中可能影响工程费用的各种因素，在编制标底价格前都必须予以考虑，收集所有必需的资料和依据，达到标底编制具备的条件。

（3）计算标底价格。标底价格应根据所必需的材料，依据招标文件、设计图样、施工组织设计、要素市场价格、相关定额以及计价办法等仔细、准确地进行计算。具体计价原则：

1）以工程量清单确定划分的计价项目及其工程量，按照采用的工程定额或招标文件的规定，计算整个工程的人工、材料、机械台班需用量。

2）确定人工、材料、设备、机械台班的市场价格，分别编制人工工日计价表、材料价格清单表、机械台班及单价表等标底价格表格。

3）确定工程施工中的措施费用和特殊费用，编制工程现场因素、施工技术措施、赶工措施费用表以及其他特殊费用表。

4）采用固定合同价格的，预算和测算工程施工周期内的人工、材料、设备、机械台班价格的风险系数。

5）根据招标文件的要求，通过综合计算完成分部分项工程和措施项目所发生的人工费、材料费、机械费、管理费、利润，形成综合单价再汇总其他各项规费和税金，按综合单价编制工程标底价格计算书和标底价格汇总表。

6. 施工标底的编制

（1）标底的计价方法。按照建设部的有关示范文本，标底的编制应以工程量清单为依据，具体方法如下。

1）工料单价法：工程量清单的价格，按照有关预算定额确定，再按有关文件计算其他各项费用、利润及税金。

2）综合单价法：完成一个规定计量单位的分部分项工程量清单项目或措施项目所需的人工费、材料费、施工机械使用费和企业管理费与利润，以及一定范围内的风险费用。该单价是根据具体项目情况实际估算的。综合单价确定后，填入工程量清单再与各分项工程量相乘得到合价，汇总之后即可得标底价格。

（2）标底文件的主要内容。

1）标底编制的综合说明。

2）标底价格，包括标底价格审定书、工程量清单、标底价格计算书、现场因素和施工措施费明细表、工程风险金预算明细表、主要材料用量表等。

3）主要人工、材料、机械设备用量表。

4）标底附件，包括各项交底纪要、各种材料及设备的价格来源、现场的地质、水文、地上情况的有关资料、编制标底价格所依据的施工方案和施工组织设计、特殊施工方法等。

5）标底价格编制的有关表格。

（3）标底表格。

1）标底编制说明。

2）标底价格汇总表。

3）主要材料清单价格表。

4）设备清单价格表。

5）工程量清单价格表。

6）措施项目价格表。

7）其他项目价格表。

8）零星工作项目计价表。

9）工程量清单项目计算表。

7. 编制标底应考虑的因素

标底价格的编制，除按设计图样进行费用设计外，还需考虑图样以外的费用，包括由合同条件、现场条件、主要施工方案、施工措施等所产生费用的确定。编制标底需考虑的有关因素主要有以下几方面：

（1）标底价格必须适应目标工期的要求，对提前工期因素有所反映。若招标工程的目标工程不属于正常工期，而需要缩短工期，承包方此时就要考虑施工措施，增加人员和施工机械设备的数量，加班加点，付出比正常工期更多的人力、物力、财力，这样就会提高工程成本。因此，编制招标工程的标底价格时，必须考虑这一因素，把目标工期对照正常工期，按提前天数给出必要的赶工费和奖励，并列入标底价格。

（2）标底价格必须适应招标人的质量要求，对于国家验收规范的质量因素有所反映。标底价格计算时对工程质量的要求，是遵照国家的施工验收规范，按国家规范来检查验收的。但有时招标人往往还会提出需达到高于国家验收规范的质量要求。为此，承包方要付出比达到工程合格水平更多的费用。因此，标底价格的计算应体现优质优价的客观实际。

（3）标底价格计算时，必须合理确定间接费、利润等费用的计取。

（4）标底价格应根据招标文件或合同条件的规定，按规定的工程发承包模式，确定相应的计价方式，考虑相应的风险费用。

（5）标底价格必须综合考虑招标工程所处的自然地理条件和招标工程的范围等因素。

总之，编制一个比较理想的工程标底，要把建设工程的施工组织和规划作得较深入、透彻，有一个比较先进、切合实际的施工规划方案，要认真分析拟采用的施工定额、行业总体的施工水平和可能前来投标企业的实际水平，实事求是的把握招标投标的形式。要正确处理招标人与投标人的利益关系，坚持公平、公正、公开、客观统一的基本原则。

8. 标底价格的审查

（1）审查标底的目的。目的是检查标底价格的编制是否真实、准确，标底价格如有漏洞，应予以调整和修正。如总价超过概算，应按有关规定处理，不得以压低标底价格作为压低投资的手段。

（2）标底价格审查内容。

1）标底价格的计价内容，包括承包范围、招标文件规定的计价方法及招标文件的其他有关条款。

2）标底价格组成内容，包括工程量清单、工程量清单的单价、直接工程费、间接费、利润、有关文件的取费、税金，以及主要材料、设备需用数量等的计算规定。

3）标底价格相关费用，包括人工、材料、机械台班的市场价格、措施费（赶工措施费、施工技术措施费）、现场因素费用、不可预见费、所测算的在施工周期内人工、材料、设备、机械台班价格的波动风险系数等。

（3）标底价格的审查方法。类似于施工图预算的审查方法，主要有全面审查法、重点审查法、分组计算审查法、标准预算审查法、筛选法、应用手册审查法等。

13.2.3 施工投标报价的编制

1. 编制投标文件应遵循的原则和要求

投标文件必须按照国家有关招标投标的法律、法规和部门规章的规定，遵循下列原则和要求：

（1）投标人应按招标文件的规定和要求编制投标文件。

（2）投标文件应对招标文件提出的实质性要求和条件作出响应。

（3）投标报价应根据招标文件中商务条款的规定、国家公布的统一工程项目划分、统一计量单位、统一计算规则以及设计图样、技术要求和技术规范编制。

（4）根据招标文件中要求的计价方法，并结合施工方案或施工组织设计、投标人自身的经营状况、技术水平和计价依据，以及招标时的建筑要素市场情况，确定企业利润、风险金、措施费等，作出报价。

（5）投标报价应由工程成本、利润、税金、保险、措施费以及采用固定价格的风险金构成。

（6）投标人不得以低于成本的报价竞标，也不得以他人名义投标或者以其他方式弄虚作假，骗取中标。

2. 投标文件的内容

投标文件应按招标文件的要求编制，应当包括下列内容：投标函、投标报价、施工组织设计或者施工方案、商务和技术偏差表、招标文件要求提供的其他材料。

投标文件的内容应包括派出的项目负责人与主要技术人员的简历、业绩和拟用于完成招标项目的机械设备等。招标文件允许投标人提供替代方案的，投标人可以按照招标文件的要求提供替代方案，并作出相应的报价，投标人根据文件载明的项目实际情况，拟在中标后将中标项目的部分非主体、非关键性工作进行分包的，应当在投标文件中载明。

招标人可以在招标文件中要求投标人提交投标担保。投标担保可以采用投标保函或者投标保证金的方式，投标保证金可以使用支票、银行汇票等，一般不得超过投标总价的 2%，最高不得超过 80 万元。投标人应当按照招标文件要求的方式和金额，将投标保函或者投标保证金随投标文件提交招标人。投标保证金有效期应当超出投标有效期 30 天。投标人不按招标文件要求提交投标保证金的，该投标文件将被拒绝。

3. 投标文件的送达与签收

投标人应当在招标文件要求的提交投标文件的截止日期前，按照招标文件规定的地点，将投标文件密封送达投标地点。在招标文件要求提交投标文件的截止时间后送达的投标文件，为无效的投标文件，招标人应当拒收。如果投标人因为递交投标文件的地点发生错误，延误投标时间的，也视为无效投标拒收；如果以邮寄方式送达的，投标人必须留出邮寄时间，保证投标文件能够在截止日期之前送达招标文件指定的地点，而不是以“邮戳为准”。在截止时间后送达的投标文件，招标人同样视其为无效投标文件而原封退回，不得进入开标阶段。

招标人收到标书以后应当签收，不得开启。为了保护投标人的合法权益，招标人必须履行完备的签收、登记手续。签收人要记录投标文件递交的日期和地点以及密封状况，签收人签名后应将所有递交的投标文件放置在保密安全的地方，任何人不得开启投标文件。

为了保证充分竞争，对于投标少于 3 个的，招标人应当依法重新招标。重新招标后投标人仍少于 3 个的，属于必须审批的工程的建设项目，报经原审批部门批准后可以不再进行招标；其他工程项目，招标人可自行决定不再进行招标。

4. 投标文件的补充、修改或撤回

投标人在招标文件要求提交投标文件的截止日期前，可以补充、修改或者撤回已提交的投标文件，并书面通知招标人。补充、修改的内容为投标文件的组成部分。

投标文件的补充是指对投标文件中遗漏和不足的部分进行增补，投标文件的修改指对投标文件中已有的内容进行修订。在招标投标过程中，由于投标人对招标文件的理解和认识水平不一，有些投标人对招标文件常常发生误解，或者投标文件对一些重要内容有遗漏，投标人需要补充或者修改的，可以在提交投标文件截止日前，进行补充或者修改。这些修改、补充的文件也应当以密封的方式在规定的截止时间以前送达，并作为投标文件的组成部分，招标人要严格履行签收、登记手续，并存放在安全保密的地方，在开标时一并拆封。在招标文件要求提交投标文件的截止时间后送达的补充或者修改的内容无效。

5. 联合体投标

两个以上法人或其他组织可以组成联合体，以一个投标人的身份共同投标。联合体各方签订共同投标协议后，不得再以单独一家的名义单独投标，也不得组成新的联合体或参加其他联合体在同一项目中投标。联合体协议应随同投标文件一并提交招标人。

联合体参加资格预审并通过的，其组成的任何变化都必须在提交投标文件截至之日前征得招标人的同意。如果变化后的联合体削弱了竞争，含有事先未经过资格预审或资格预审不合格的法人或者其他组织，或者是联合体的资质降到资格预审文件中规定的最低标准以下，招标人有权拒绝。

联合体各方必须指定牵头人，授权其代表所有联合体成员负责投标和合同实施阶段的主办、协调工作，并应当向招标人提交由所有联合体成员法定代表人签署的授权书。

以联合体形式投标的，应当以联合体各方或者联合体中牵头人的名义提交保证金，以联合体中牵头人名义提交的投标保证金，对联合体各成员具有约束力。

6. 开标、评标和定标

（1）开标。开标应当在招标文件确定的提交投标文件截止时间的同一时间公开进行，开标地点也应当为招标文件中预先确定的地点。开标应有招标主持人，邀请所有投标人参加，开启投标提交的投标文件，公开宣布投标人的名称、投标价格及投标文件的其他主要内容。

开标时，由投标人或者其推选的代表检查投标文件的密封情况，也可以由招标委托的公证机构检查并公证；经确认无误后，由工作人员当众拆封，宣读投标人的名称、价格和投标文件的其他主要内容。招标人在招标文件要求提交投标文件的截止时间前收到的所有投标文件，开标时都应当当众予以拆封、宣读。

开标过程应当记录，并存档备查。

在开标时，投标文件出现下列情形之一时，应当作为无效投标文件，不得进入评标：

1）逾期送达的或者未送达指定地点的。

2）投标文件未按照招标文件的要求予以密封的。

3）投标文件无投标人单位盖章并无法定代表人签字或盖章的，或者法定代表人委托代理人没有合法、有效的委托书（原件）和委托人签字或盖章的。

4）投标文件未按规定的格式填写，内容不全或关键内容字迹模糊、无法辨认的。

5）投标人未按照招标文件的要求提供担保或者提供的投标担保有瑕疵的。

6）组成联合体投标的，投标文件未附联合体各方共同投标协议的。

（2）评标。为了确保评标的公正性，评标不能由招标人或其代理机构独自承担，而应组成一个由有关专家和人员参加的评委委员会，负责依据招标文件规定的评标标准和方法，对所有投标文件进行评审，向招标人推荐中标候选人或者直接确定中标人。

招标人应当采取必要的措施，保证评标在严格保密的情况下进行。任何单位和个人不得非法干预、影响评标的过程和结果。评标委员会应当按照招标文件确定的评标标准和方法，对评标文件进行评审和比较。评标分为初步评审和详细评审两个阶段进行。初步评审中，评委会应当根据招标文件规定的评标标准和方法，对投标文件进行系统的评审和比较。招标文件中没有规定的标准和方法不得作为评标的依据。

投标文件有下列情形之一的，由评标委员会初审后按废标处理：

1）以他人的名义投标、串通投标、以行贿手段谋取招标或者以其他弄虚作假方式投标的。

2）以低于成本报价竞标的。

3）投标人递交两份或多份内容不同的投标文件，或在一份投标文件中对同一招标项目报有两个或多个报价，且未声明哪一个有效的。

4）投标人名称或组织结构与资格预审时不一致的。

5）投标文件有重大偏差的，为未在实质上响应招标文件的要求，即有下列情形之一的：

① 投标文件载明的招标项目完成期限超过招标文件规定期限的。

② 明显不符合技术规格、技术标准要求的。

③ 投标文件载明的货物包装方式、检验标准和方法等不符合招标文件要求的。

④ 投标文件附有招标人不能接受的条件。

⑤ 不符合招标文件中规定的其他实质性要求，如无担保、无授权等。

（3）定标。评标和定标应当在投标有效期结束日30个工作日前完成。不能在投标有效期结束日30个工作日前完成评标和定标的，招标人可以书面形式通知所有投标人延长投标有效期。

评标委员会提出书面评标报告后，招标人一般应当在15日内确定中标人，但最迟应当在投标有效期结束日30个工作日前确定。中标人应当符合下列条件之一：

1）能够最大限度满足招标文件中规定的各项综合评价标准。

2）能够满足招标文件的实质性要求，并且经评审的投标价格最低，但是投标价格低于成本的除外。招标人不得向中标人提出压低报价、增加工作量、缩短工期或其他违背中标人意愿的要求，以此作为发出中标通知书和签订合同的条件。招标人全部或者部分使用非中标单位投标文件中的技术成果或技术方案时，需征得其书面同意，并给予一定的经济补偿。

中标通知书由招标人发出，中标通知书对招标人和中标人具有法律效力，中标通知书发出后，招标人改变中标结果的，或者中标人放弃中标项目的，应当依法承担法律责任。

（4）签订合同。招标人和中标人应当在自中标通知书发出之日起30日内，按照招标文件和中标人的投标文件订立书面合同，招标人和中标人不得再订立背离合同实质性内容的其他协议。

签订合同协议应依据《中华人民共和国合同法》等有关法律法规和招标文件、中标人的投标文件以及中标通知书。招标人与中标人不得通过合同谈判改变原招标文件、投标文件的实质性内容，或含有与国家现行的法律法规相抵触的内容。

招标文件要求中标人提交履约保证金或者其他形式履约担保的，中标人应当提交，拒绝提交的，视为放弃中标项目。招标人要求中标人提供履约保证金或其他形式履约担保的，招标人应当同时向中标人提供工程款支付担保。招标人不得擅自提高履约担保金，不得强制要求中标人垫付中标项目建设资金。

13.3 工程项目风险管理

风险管理最早是从企业经营管理实践中总结出来的。随着项目管理技术的发展以及业主对项目管理越来越高的要求，风险管理就加入了项目管理的行列，形成了项目风险管理。

13.3.1 工程项目的风险因素及风险事件

1. 工程项目风险因素

工程项目的风险来自于与项目有关的各个方面。根据工程项目管理的实践，工程项目风险可按表13-1的方式进行分类。这种分类方法有利于区分各类风险的性质及其潜在影响，风险因素之间的关联性较小，有利于提高风险管理人员对风险的辨识程度，使风险管理策略的选择更具明确性。

表13-1 项目风险分类

项目风险	技术性风险	设计技术的风险
		施工技术的风险
		生产工艺及其他风险
	非技术性风险	自然及环境风险
		政治法律风险
		经济风险
		组织协调风险
		合同风险
		人员风险
		材料及设备风险
		其他风险

2. 工程项目风险事件及其后果

风险事件指的是任何影响项目目标实现的可能发生的事件，由一种或几种风险因素相互作用发生。如施工方案的失败可能是由于施工技术不当、施工人员素质差以及未曾预料的地基条件等因素导致的。

风险事件的发生是不确定的。由于项目外部环境的千变万化以及项目本身的复杂性和人们对未来变化的预测能力有限而导致的。如人们即使意识到施工期间恶劣的气候是一个需要重视的风险，但这并不一定意味着恶劣气候就一定会降临，或者就像人们所预料的那样来临而给工程施工带来预期的影响。

风险事件发生所造成的对项目目标实现的影响也是不确定的，只是一种潜在的损失或收益。一个工程项目从外汇汇率的变化中或许受到很大的损失，或许会获得不小的收益，除非人们能够确定汇率一定会上升或下降，而不是上下浮动。

需要指出的是，在大中型工程项目建设中，对业主而言，项目实施期间大部分的风险事件都是灾难性事件。因此，国内一些学者也将风险定义为影响项目目标实现的灾难性事件。

从以上论述中，可以得出：风险就是风险事件发生的可能性。由于其不确定性，从而对工程项目目标的实现产生有利或不利的影响。而且，几乎每一类风险都会在不同时期以不同的方式（风险事件）影响到项目目标的实现。

13.3.2 工程项目风险管理的目标与任务

1. 工程项目风险管理的目标

风险管理是对项目风险进行识别、分析和应对的过程，是实现活动主体总目标的科学管理。风险管理在掌握有关资料、数据的基础上，对风险进行分析，运用各种管理方法和技术手段对项目活动中的风险进行有效控制。也就是在主观上尽可能有备无患，在无法避免时寻求切实可行的补救措施，从而减少意外损失或进而使风险为我所用。项目风险管理的目标从属于项目的总目标，通过对项目风险的识别，将其定量化，进行分析和评价，选择风险管理措施，以避免项目风险的发生；或在风险发生后，使损失量降低到最低限度。

项目风险管理的目标：

1）使项目获得成功。

2）为项目实施创造安全的环境。

3）降低工程费用或使项目投资不突破限度。

4）减少环境或内部对项目的干扰，保证项目按计划有节奏地进行，使项目实施时始终处于良好的受控状态。

5）保证项目质量。

6）使竣工项目的效益稳定。

总而言之，项目风险管理是一种主动控制的手段，它的最重要的目标就是使项目的三大目标——投资（成本）、质量、工期能够得以实现。这种主动控制与传统的偏差—纠偏—再偏差—再纠偏的被动控制方式不同。风险管理的主动控制体现在通过主动辨识干扰因素（风险）并予以分析，事先采取风险防范措施，主动控制风险产生的条件，尽可能做到防患于未然，以避免和减少项目损失。

2. 工程项目风险管理的基本任务

鉴于风险长期存在并且牵扯面广，一般都由项目经理牵头组织风险管理小组，配备若干风险管理专职人员，建立风险管理体系，制定风险管理计划，不断监控风险产生的可能性。工程项目风险管理的基本任务：

1）识别项目风险来源和风险状况。

2）建立风险管理体系，明确风险管理制度和风险管理方法。

3）分析风险，评估风险影响或损失程度。

4）制定风险对策和风险应对计划，估算风险应对成本，确定风险等级和处理权限。

5）对风险进行监测和控制。

根据项目需要与机构设置情况，可将保险、劳动安全工作统一纳入风险管理范围。上述各项任务不仅彼此相互作用，而且还与项目管理其他方面的工作相互作用。每项任务往往需要一人、多人或几个团队一起工作，并在项目的一个或多个阶段中出现。

3. 建立项目风险管理体系

（1）建立风险管理体系的依据。

1）企业环境因素。企业环境因素是各种存在于项目周围并对项目成功有影响的企业的环境因素与制度。

2）上级组织的管理方法和历史经验教训。上级组织可能设有既定的风险管理方法，如风险分类、概念和术语的通用定义、标准样板、岗位职责、决策中的权利级别等。要认真吸取历史经验教训，运用成熟的管理经验。

3）项目合同和项目范围说明书。

4）项目管理计划。项目管理计划把所有的分项计划规定、协调和综合成为一个项目管理计划。项目管理计划的内容因项目的所在行业和复杂程度而异。项目管理计划确定了执行、监测、控制和结束项目的方式与方法。风险管理从属于项目管理计划，应与整体项目管理计划相协调。

（2）风险管理体系的主要内容。风险管理体系描述如何在项目上组织实施风险管理，主要内容包括：

1）方法。确定实施项目风险管理使用的各种方法、计算软件及风险评价基准。

2）岗位职责。确定风险管理过程中的具体领导者、支援者及行动小组成员，明确各自的岗位职责。

3）风险情况调查和风险分类。

4）风险概率和影响的定义。为了确保定性风险分析过程的质量和可信度，需要规定风险概率和影响的各种等级。在风险管理计划过程中，对风险概率级别和影响级别作的一般规定应依据个别项目的具体情况进行调整，以便在定性风险分析过程中使用。

5）利害关系人的承受度。

6）风险对策。包括回避风险，转移风险与措施，缓解风险与措施，自留风险与措施。

7）制定风险应对计划，并估算风险管理所需费用，将之纳入项目费用计划。

8）风险监控。

9）跟踪。说明如何记录风险活动的各个方面，以供当前项目使用，或满足未来需求或满足经验教训总结的需要。

10）报告格式。

4. 风险识别

（1）风险识别的重要性。风险管理首先必须识别和分析评价潜在的风险领域，分析风险事件发生的可能性和危害程度，这是项目风险管理中最重要的步骤。风险识别包括确定风险的来源、风险产生的条件，描述其风险特征和确定哪些风险会对项目产生影响。风险识别的参与者应尽可能包括项目团队、风险管理小组、来自公司其他部门的某一问题专家、客户、最终使用者等。

（2）风险识别的基本步骤。

1）在调查研究的基础上列出初步风险清单。初步风险清单一般根据企业对过去项目管理的历史资料整理，也包括收集同类项目、同地区项目档案资料或其他公开资料等。

2）对列入清单的风险进行分析评价。初步风险清单列出后，要对产生这些风险的源泉、促成风险产生的条件、风险发生概率、风险影响面和危害程度进行分析评价。

3）在风险分析评价的基础上，对各项风险进行分类排队。

5. 制定风险应对计划的方法

（1）消极风险或危害的应对策略。通常使用三种策略处理危害或一旦发生就可能对项目目标有消极影响的风险。这些策略是回避、转移与减轻。

1）回避。回避风险包括改变项目管理计划以消除由有害的风险造成的危害，使项目目标不受风险的影响、放宽有危险的目标。

2）转移。风险转移需要将威胁的消极影响连同应对的权利转给第三方，实际只是把风险管理的责任给了另一方，并没用将其消除。

3）减轻。指的是把不利风险事件的概率和影响单独或一起降低到可以接受的程度。

（2）积极风险或机会的应对策略。

1）利用。在组织希望确保某个机会得以实现的情况下，可以为那些有积极影响的风险选择这个策略。

2）分享。分享一个积极风险就是将风险的所有权分配给有能力抓住对项目有利机会的第三方。

3）增加。这个策略通过单独或一起增加概率和积极影响，并通过识别这些有积极影响的风险的关键促成因素和使它们最大化。

（3）制定风险应对计划的主要内容。

1）需要应对的风险清单。

2）形成一致意见的应对措施。

3）实施所选应对策略采取的具体行动。

4）明确风险管理人和分配给他们的责任。

5）风险发生的征兆和预警信号。

6）实施所选应对策略需要的预算和进度计划活动。

7）设计好要准备的符合有关当事人风险承受度的用在不可预见事件上的预留时间和费用。

8）应急方案和要求实施方案的引发因素。

9）要使用的退出计划。

10）对于特定风险。如果它们可能发生，为了规定各方的责任，可以准备用于保险、服务或其他相应事项的合同。

思考与练习题

1. 什么是综合单价？综合单价包括哪些内容？
2. 确定综合单价的方法有哪几种？
3. 简述标底的价格的编制原则和依据。
4. 简述标底价格的编制步骤。
5. 简述招标投标工作的主要内容。
6. 简述项目风险管理的重要性。
7. 简述项目风险管理的方法。

附　录

附录 1　水工程项目综合指标

附表 1-1　给水排水工程项目综合指标　[单位：$m^3/(d\cdot km)$]

指标编号			3A1－1－1	3A1－1－2	3A1－1－3	3A1－1－4	3A1－2－1	3A1－2－2	3A1－2－3	3A1－2－4
序号	项目名称	单位	输水管道　水量/(m^3/d)				配水管道　水量/(m^3/d)			
			2万以内	5万以内	10万以内	10万以上	2万以内	5万以内	10万以内	10万以上
1	人工	工日	0.59	0.42	0.28	0.20	0.67	0.50	0.32	0.24
2	人工费小计	元	8.59	6.11	4.07	2.91	9.75	7.28	4.66	3.49
3	钢材	kg	0.30	0.24	0.17	0.14	0.09	0.07	0.05	0.04
4	水泥	kg	1.40	1.00	0.70	0.60	0.70	0.50	0.35	0.30
5	金属管	kg	11.10	8.90	6.50	6.00	11.10	8.90	6.50	6.00
6	非金属管	kg	18.00	14.00	12.00	9.00	9.00	7.00	6.00	4.50
7	其他材料费	元	7.72	6.12	4.30	4.05	6.25	4.98	3.76	3.31
8	材料费小计	元	59.23	46.95	32.97	31.05	47.92	38.14	28.86	25.42
9	机械使用费	元	3.60	2.84	2.58	2.10	3.44	2.71	2.50	2.00
10	指标基价	元	71.42	55.90	39.62	36.06	61.11	48.13	36.02	30.91
11	其他工程费	元	5.71	4.47	3.17	2.88	4.89	3.85	2.88	2.47
12	综合费用	元	25.91	20.28	14.37	13.08	22.17	17.46	13.07	11.21
13	建筑安装工程费	元	103.04	80.65	57.16	52.02	88.17	69.44	51.97	44.59
14	工程建设其他费	元	8.49	6.64	5.71	4.28	7.26	5.72	4.28	3.67
15	基本预备费	元	11.15	8.73	6.28	5.63	9.54	7.51	5.62	4.82
16	指标总造价	元	122.68	96.02	69.15	61.93	104.97	82.67	61.87	53.08

注：给水管道工程内容包括开挖路面、挖土、支撑、排水、回填土、管道敷设、阀门安装、试压、消毒等。

附表 1-2　取水工程综合指标　　(单位：m^3/d)

指标编号			3B1－1－1	3B1－1－2	3B1－1－3	3B1－1－4	3B1－1－5
序号	项目名称	单位	地面水简单取水工程				
			水量 20 万 m^3/d 以上	水量 10～20 万 m^3/d	水量 5～10 万 m^3/d	水量 2～5 万 m^3/d	水量 1～2 万 m^3/d
1	人工	工日	0.55～0.60	0.6～0.75	0.75～0.90	0.90～1.05	1.05～1.20
2	人工费小计	元	8～9	9～11	11～13	13～16	16～18
3	钢材	kg	0.9～1.0	1.0～1.3	1.30～1.60	1.60～2.00	2.00～2.40
4	水泥	kg	5.0～6.0	6.0～7.5	7.50～9.00	9.00～11.00	11.00～13.00
5	锯材	m^3	0.001～0.002	0.001～0.002	0.002～0.003	0.002～0.003	0.003～0.004
6	砂	m^3	0.002～0.003	0.003～0.004	0.004～0.005	0.005～0.006	0.006～0.007
7	碎（砾）石	m^3	0.003～0.004	0.004～0.005	0.005～0.006	0.006～0.007	0.007～0.008
8	铸铁管及管件	kg	1.1～1.2	1.2～1.5	1.50～1.70	1.70～2.20	2.20～2.40
9	钢管及管件	kg	0.2～0.25	0.35～0.4	0.40～0.50	0.50～0.60	0.60～0.70
10	钢筋混凝土管件	kg					
11	手动闸门	kg	0.3～0.35	0.35～0.45	0.45～0.55	0.55～0.60	0.60～0.70
12	其他材料费	元	3	3	3～4	4	4～5
13	材料费小计	元	15～19	18～23	23～28	28～34	34～40
14	机械使用费	元	2	3	3	4	4～5
(一)	指标基价	元	25～30	20～37	37～45	45～53	53～62
(二)	其他工程费	元	2	2～3	3～4	4	4～5
(三)	综合费用	元	9～10	10～12	12～15	15～18	18～21
一	建筑安装工程费	元	36～42	42～52	52～64	64～75	75～88
二	设备购置费	元	12～13	13～16	16～18	18～20	20～23
三	工程建设其他费	元	7～8	8～10	10	10～14	14～16
四	预备费	元	5～6	6～8	8～9	9～11	11～13
五	总造价指标	元	60～70	70～85	85～100	100～120	120～140
用地及设备功率指标							
1	用地	m^2	0.03～0.05	0.03～0.06	0.04～0.07	0.05～0.08	0.06～0.09
2	设备	W	4～7	5～8	7～9	8～10	9～12

指标编号			3B1－1－6	3B1－1－7	3B1－1－8	3B1－1－9	3B1－1－10
序号	项目名称	单位	地面水复杂取水工程				
			水量 20 万 m^3/d 以上	水量 10～20 万 m^3/d	水量 5～10 万 m^3/d	水量 2～5 万 m^3/d	水量 1～2 万 m^3/d
1	人工	工日	0.70～0.80	0.8～0.85	0.85～1.00	1.00～1.25	1.25～1.40
2	人工费小计	元	10～12	12～13	13～15	15～19	19～21
3	钢材	kg	2.6～3.2	3.2～3.86	3.86～4.80	4.80～5.80	5.80～6.90

（续）

指标编号			3B1－1－6	3B1－1－7	3B1－1－8	3B1－1－9	3B1－1－10
序号	项目名称	单位	地面水复杂取水工程				
			水量20万 m^3/d以上	水量10～20万 m^3/d	水量5～10万 m^3/d	水量2～5万 m^3/d	水量1～2万 m^3/d
4	水泥	kg	16.00～18.00	18.00～22.00	22.00～26.00	26.00～30.00	30.00～36.00
5	锯材	m^3	0.002～0.003	0.003～0.004	0.004～0.005	0.005～0.006	0.006～0.008
6	砂	m^3	0.003～0.004	0.004～0.005	0.005～0.006	0.006～0.007	0.007～0.008
7	碎（砾）石	m^3	0.005～0.006	0.006～0.008	0.008	0.008～0.011	0.011～0.013
8	铸铁管及管件	kg	0.5～0.6	0.60～0.65	0.65～0.80	0.80～1.00	1.00～1.20
9	钢管及管件	kg	1.35～1.45	1.45～1.55	1.55～1.70	1.70～2.20	2.20～2.40
10	钢筋混凝土管件	kg					
11	手动闸门	kg	0.45～0.50	0.50～0.55	0.55～0.65	0.65～0.80	0.80～0.95
12	其他材料费	元	6～7	7～8	8～10	10～12	12～14
13	材料费小计	元	34～40	40～48	48～57	57～69	69～83
14	机械使用费	元	4～5	5～6	6～7	7～9	9～10
(一)	指标基价	元	48～57	57～66	66～79	79～97	97～114
(二)	其他工程费	元	4～5	5	5～6	6～8	8～9
(三)	综合费用	元	16～19	19～22	22～27	27～33	33～39
一	建筑安装工程费	元	68～81	81～94	94～112	112～137	137～162
二	设备购置费	元	19～23	23～26	26～32	32～39	39～46
三	工程建设其他费	元	12～14	14～16	16～20	20～24	24～29
四	预备费	元	10～12	12～14	14～16	16～20	20～24
五	总造价指标	元	110～130	130～150	150～180	180～220	220～260
用地及设备功率指标							
1	用地	m^2	0.04～0.07	0.04～0.07	0.05～0.08	0.06～0.09	0.07～0.10
2	设备	W	6～8	7～9	8～11	10～12	11～13

指标编号			3B1－1－11	3B1－1－12	3B1－1－13
序号	项目名称	单位	地下水深层取水工程		
			水量10万 m^3/d以上	水量2～10万 m^3/d	水量1～2万 m^3/d
1	人工	工日	0.90～1.10	1.10～1.40	1.40～1.70
2	人工费小计	元	13～16	16～21	21～25
3	钢材	kg	0.40～0.50	0.50～0.60	0.60～0.70
4	水泥	kg	9.00～11.00	11.00～14.00	14.00～17.00
5	锯材	m^3	0.004～0.005	0.005～0.006	0.006～0.007

（续）

指标编号			3B1－1－11	3B1－1－12	3B1－1－13
序号	项目名称	单位	地下水深层取水工程		
			水量10万 m^3/d 以上	水量2～10万 m^3/d	水量1～2万 m^3/d
6	砂	m^3	0.01～0.02	0.01～0.02	0.02～0.03
7	碎（砾）石	m^3	0.02～0.03	0.03～0.04	0.04～0.05
8	铸铁管及管件	kg	3～4	4～5	5～6.5
9	钢管及管件	kg	2～2.5	2.5～3.0	3.0～3.70
10	钢筋混凝土管件	kg			
11	手动闸门	kg	2.20～2.50	2.50～2.80	2.80～3.50
12	其他材料费	元	8～11	11～13	13～15
13	材料费小计	元	54～67	67～81	81～98
14	机械使用费	元	10～13	14～16	16～18
(一)	指标基价	元	77～97	97～118	118～142
(二)	其他工程费	元	6～8	8～9	9～11
(三)	综合费用	元	26～33	33～40	40～48
一	建筑安装工程费	元	109～138	138～167	167～201
二	设备购置费	元	43～54	54～65	65～79
三	工程建设其他费	元	21～26	26～32	32～38
四	预备费	元	17～22	22～26	26～32
五	总造价指标	元	190～240	240～290	290～350
用地及设备功率指标					
1	用地	m^2	0.10～0.12	0.11～0.14	0.13～0.15
2	设备	W	8～11	10～16	14～20

指标编号			3B1－1－14	3B1－1－15	3B1－1－16
序号	项目名称	单位	地下水深层取水工程		
			水量10万 m^3/d 以上	水量2～10万 m^3/d	水量1～2万 m^3/d
1	人工	工日	1.60～1.80	1.80～2.40	2.40～2.90
2	人工费小计	元	24～27	27～36	36～43
3	钢材	kg	1.80～2.00	2.00～2.50	2.50～3.60
4	水泥	kg	7.00～8.00	8.00～10.00	10.00～12.00
5	锯材	m^3	0.003～0.004	0.004～0.005	0.005～0.006
6	砂	m^3	0.01～0.02	0.01～0.02	0.02～0.03
7	碎（砾）石	m^3	0.04～0.05	0.05～0.06	0.06～0.07
8	铸铁管及管件	kg	1.5～2.5	2.5～3.0	3.0～3.5
9	钢管及管件	kg	2.4～2.9	2.9～3.6	3.6～4.40

（续）

指标编号			3B1-1-14	3B1-1-15	3B1-1-16
序号	项目名称	单位	地下水深层取水工程		
			水量10万 m^3/d 以上	水量2~10万 m^3/d	水量1~2万 m^3/d
10	钢筋混凝土管件	kg	14.00~17.00	17.00~21.00	21.00~22.00
11	手动闸门	kg	1.80~2.00	2.00~2.20	2.20~2.60
12	其他材料费	元	9~10	11~13	13~16
13	材料费小计	元	55~67	66~80	80~98
14	机械使用费	元	11~13	13~16	16~20
(一)	指标基价	元	89~106	106~132	132~162
(二)	其他工程费	元	7~9	9~11	11~13
(三)	综合费用	元	30~36	36~45	45~55
一	建筑安装工程费	元	127~151	151~187	187~229
二	设备购置费	元	42~50	50~62	62~76
三	工程建设其他费	元	22~27	27~33	33~40
四	预备费	元	19~22	22~27	27~34
五	总造价指标	元	210~250	250~310	310~380
用地及设备功率指标					
1	用地	m^2	0.30~0.40	0.30~0.40	0.40~0.70
2	设备	W	12~22	22~35	33~48

注：1. 地面水源（如江、河、湖、水库以及海水等）取水枢纽工程，根据取水结构类型和构筑物的复杂程度，分为复杂和简单两种。复杂取水工程指水位变化大、河床不稳定、结构复杂的取水构筑物，如深井式取水、江心取水、复杂岸边取水、桥墩式取水、斗槽取水等；简单取水工程指水位变化不大、河床稳定、结构简单的取水构筑物，如简易岸边取水、浮动式取水。

2. 地下水源取水枢纽工程，分为深层和浅层两种。取水构筑物深度（管井）超过地面以下70m为深层水源，深度小于70m（包括大口井、渗渠、泉水等）为浅层取水。

附表1-3　净水工程综合指标　（单位：m^3/d）

指标编号			3B1-2-1	3B1-2-2	3B1-2-3	3B1-2-4	3B1-2-5
序号	项目名称	单位	地面水沉淀净化工程				
			水量20万 m^3/d 以上	水量10~20万 m^3/d	水量5~10万 m^3/d	水量2~5万 m^3/d	水量1~2万 m^3/d
1	人工	工日	1.0~1.2	1.2~1.4	1.4~1.6	1.6~1.8	1.8~2.0
2	人工费小计	元	15~18	18~21	21~24	24~27	27~30
3	钢材	kg	7.8~8.8	8.8~9.5	9.5~11.0	11.0~13.0	13.0~15.0
4	水泥	kg	24.00~27.00	27.00~32.00	32.00~37.00	37.00~44.00	44.00~52.00

（续）

指标编号			3B1－2－1	3B1－2－2	3B1－2－3	3B1－2－4	3B1－2－5
序号	项目名称	单位	地面水沉淀净化工程				
			水量20万 m³/d以上	水量10～20万 m³/d	水量5～10万 m³/d	水量2～5万 m³/d	水量1～2万 m³/d
5	锯材	m^3	0.002～0.003	0.002～0.003	0.003～0.004	0.004～0.005	0.005～0.006
6	砂	m^3	0.05～0.06	0.06～0.07	0.07～0.08	0.08～0.10	0.10～0.11
7	碎（砾）石	m^3	0.10～0.11	0.11～0.13	0.13～0.15	0.15～0.18	0.18～0.21
8	铸铁管及管件	kg	2.5～2.9	2.9～3.5	3.5～3.8	3.8～4.0	4.0～4.5
9	钢管及管件	kg	2.0～2.5	2.5～3.0	3.0～3.5	3.5～4.0	4.0～4.5
10	钢筋混凝土管件	kg	2.0～2.3	2.3～2.7	2.7～3.2	3.2～3.5	3.5～3.8
11	手动闸门	kg	0.5～0.6	0.6～0.65	0.65～0.75	0.75～0.85	0.85～0.95
12	其他材料费	元	11～12	13～14	14～16	16～17	17～19
13	材料费小计	元	73～86	85～97	97～112	112～129	129～148
14	机械使用费	元	8～9	9～11	11～12	12～13	13～15
(一)	指标基价	元	96～112	112～128	128～148	148～168	168～193
(二)	其他工程费	元	8～9	9～10	10～12	12～13	13～15
(三)	综合费用	元	33～38	38～43	43～50	50～57	57～65
一	建筑安装工程费	元	136～160	159～182	182～211	211～239	239～273
二	设备购置费	元	55～64	64～73	73～84	84～96	96～109
三	工程建设其他费	元	27～31	31～36	36～41	41～47	47～54
四	预备费	元	33～26	26～30	30～34	34～39	39～44
五	总造价指标	元	240～280	280～320	320～370	370～420	420～480
用地及设备功率指标							
1	用地	m^2	0.2～0.3	0.3～0.45	0.45～0.60	0.40～0.80	0.50～1.00
2	设备	W	10～13	12～16	15～18	17～20	20～22

指标编号			3B1－2－6	3B1－2－7	3B1－2－8	3B1－2－9	3B1－2－10
序号	项目名称	单位	地面水过滤净化工程				
			水量20万 m³/d以上	水量10～20万 m³/d	水量5～10万 m³/d	水量2～5万 m³/d	水量1～2万 m³/d
1	人工	工日	1.2～1.4	1.4～1.6	1.6～1.80	1.80～2.0	2.0～2.2
2	人工费小计	元	18～21	21～24	24～27	27～30	30～33
3	钢材	kg	10.5～12.0	12.0～14.0	14.0～16.0	16.0～18.0	18.0～20.0
4	水泥	kg	42.00～48.00	48.00～55.00	55.00～62.00	62.00～70.00	70.00～78.00
5	锯材	m^3	0.008～0.009	0.009～0.010	0.010～0.012	0.012～0.014	0.014～0.016

（续）

指标编号			3B1－2－6	3B1－2－7	3B1－2－8	3B1－2－9	3B1－2－10
序号	项目名称	单位	地面水过滤净化工程				
			水量20万 m^3/d以上	水量10～20万 m^3/d	水量5～10万 m^3/d	水量2～5万 m^3/d	水量1～2万 m^3/d
6	砂	m^3	0.11～0.12	0.12～0.14	0.14～0.16	0.16～0.18	0.18～0.20
7	碎（砾）石	m^3	0.17～0.18	0.18～0.20	0.20～0.24	0.24～0.26	0.26～0.30
8	铸铁管及管件	kg	2.0～2.3	2.3～2.5	2.5～2.8	2.8～3.4	3.4～3.8
9	钢管及管件	kg	5.6～6.4	6.4～6.8	6.8～8.1	8.1～9.0	9.0～9.8
10	钢筋混凝土管件	kg	3.6～4.0	4.0～4.6	4.6～5.2	5.2～6.0	6.0～6.7
11	手动闸门	kg	1.0～1.2	1.2～1.3	1.3～1.4	1.4～1.6	1.6～1.9
12	其他材料费	元	21～24	24～27	27～28	28～31	31～39
13	材料费小计	元	131～149	149～167	167～190	190～215	215～245
14	机械使用费	元	16～18	18～20	20～21	21～23	23～29
(一)	指标基价	元	165～188	188～211	211～238	238～268	268～307
(二)	其他工程费	元	13～15	15～17	17～19	19～21	21～25
(三)	综合费用	元	56～64	64～71	71～80	80～91	91～104
一	建筑安装工程费	元	234～267	267～299	299～337	337～381	381～435
二	设备购置费	元	110～125	125～141	141～159	159～179	179～204
三	工程建设其他费	元	47～54	54～61	61～68	68～77	77～88
四	预备费	元	39～45	45～50	50～56	56～64	64～73
五	总造价指标	元	430～490	490～550	550～620	620～700	700～800
用地及设备功率指标							
1	用地	m^2	0.2～0.4	0.3～0.6	0.5～0.8	0.6～1.10	0.80～1.40
2	设备	W	13～16	15～20	18～22	20～24	22～30

指标编号			3B1－2－11	3B1－2－12	3B1－2－13
序号	项目名称	单位	地下水除铁净化工程		
			水量2～6万 m^3/d	水量1～2万 m^3/d	水量0.5～1万 m^3/d
1	人工	工日	0.80～0.90	0.90～1.10	1.10～1.30
2	人工费小计	元	12～13	13～16	16～19
3	钢材	kg	7.5～9.0	9.0～11.0	11.0～13.0
4	水泥	kg	23.00～29.00	29.00～34.00	34.00～41.00
5	锯材	m^3	0.004～0.005	0.005～0.006	0.006～0.007
6	砂	m^3	0.06～0.07	0.07～0.09	0.09～0.10

（续）

指标编号			3B1－2－11	3B1－2－12	3B1－2－13
序号	项目名称	单位	地下水除铁净化工程		
			水量2～6万m^3/d	水量1～2万m^3/d	水量0.5～1万m^3/d
7	碎（砾）石	m^3	0.10～0.12	0.12～0.14	0.14～0.17
8	铸铁管及管件	kg	0.25～0.30	0.30～0.40	0.40～0.50
9	钢管及管件	kg	3.5～4.60	4.60～5.40	5.40～6.40
10	钢筋混凝土管件	kg	1.0～1.2	1.2～1.5	1.5～1.8
11	手动闸门	kg	0.6～0.8	0.8～0.9	0.9～1.1
12	其他材料费	元	13～16	16～19	19～23
13	材料费小计	元	78～98	98～117	117～139
14	机械使用费	元	10～12	12～14	14～17
(一)	指标基价	元	100～124	124～148	148～176
(二)	其他工程费	元	8～10	10～12	12～14
(三)	综合费用	元	34～42	42～50	50～59
一	建筑安装工程费	元	142～175	175～210	210～249
二	设备购置费	元	59～73	73～87	87～104
三	工程建设其他费	元	27～33	33～40	40～48
四	预备费	元	22～28	28～33	33～39
五	总造价指标	元	250～310	310～370	370～440
用地及设备功率指标					
1	用地	m^2	0.30～0.40	0.30～0.40	0.40～0.70
2	设备	W	12～22	22～35	33～48

注：1. 沉淀净化是指原水经过一次或二次沉淀的生产过程。

2. 过滤净化是指原水经过沉淀后过滤或不经过沉淀直接进行过滤和消毒。

附表1-4　排水管道工程综合指标

指标编号			1－1	1－2	1－3	2－1	2－2	2－3	2－4
序号	项目	单位	雨水管道，泄水面积/ha			污水管道，平均日流量/(m^3/d)			
			50	100	200	10000	20000	50000	100000
			指标单位/(ha/km)			指标单位/［m^3/(d·km)］			
1	人工	工日	248.141	185.245	104.996	1.1698	0.8435	0.4668	0.3546
2	人工费小计	元	3610.47	2695.31	1527.69	17.02	12.27	6.79	5.16
3	水泥	t	2.324	2.156	1.47	0.0044	0.0033	0.0032	0.002
4	砂	m^3	9.392	12.362	6.088	0.066	0.0714	0.0438	0.0408

（续）

指标编号			1－1	1－2	1－3	2－1	2－2	2－3	2－4
序号	项目	单位	雨水管道，泄水面积/ha			污水管道，平均日流量/(m^3/d)			
			50	100	200	10000	20000	50000	100000
			指标单位/(ha/km)			指标单位/［m^3/(d·km)］			
5	碎石	m^3	7.82	7.418	5.694	0.0087	0.0074	0.0107	0.0052
6	道渣	m^3	0.246	0.16	0.106	0.0009	0.0006	0.0003	0.0002
7	砾石砂	m^3	2.182	1.472	1.019	0.0054	0.0038	0.0027	0.0015
8	机砖	k 块	1.278	0.801	0.443	0.0061	0.0037	0.0017	0.0013
9	钢筋	t	0.0083	0.0073	0.0044	0.00002	0.00001	0.00001	0.00002
10	钢材	t	0.1647	0.1704	0.0761	0.00147	0.00131	0.00068	0.00059
11	锯材	m^3	0.4699	0.2621	0.1604	0.00267	0.00145	0.00065	0.00033
12	*DN*300mm 混凝土管	m	4.333			0.0857	0.0156	0.0021	
13	*DN*400mm 混凝土管	m	2.829			0.0056	0.0033	0.0005	
14	*DN*500mm 钢筋混凝土管	m	2.454	0.306		0.0088	0.0163	0.0038	0.0013
15	*DN*600mm 钢筋混凝土管	m	0.955	0.298	0.165		0.01		0.0006
16	*DN*700mm 钢筋混凝土管	m	2.137				0.0047	0.0034	0.0021
17	*DN*800mm 钢筋混凝土管	m		1.675	0.375			0.0001	0.001
18	*DN*900mm 钢筋混凝土管	m	1.035		0.384				
19	*DN*1000mm 钢筋混凝土管	m	2.544	2.351	0.42				
20	*DN*1200mm 钢筋混凝土管	m	2.454	1.53	1.509			0.0101	0.0035
21	*DN*1350mm 钢筋混凝土管	m	0.589	1.438	0.759				0.0015
22	*DN*1650mm 钢筋混凝土管	m	0.669	1.514	0.542				
23	*DN*2000mm 钢筋混凝土管	m		0.535	0.439				
24	*DN*2200mm 钢筋混凝土管	m		0.352	0.363				
25	*DN*2400mm 钢筋混凝土管	m			0.042				

（续）

序号	项目	单位	1－1	1－2	1－3	2－1	2－2	2－3	2－4
			雨水管道，泄水面积/ha			污水管道，平均日流量/(m^3/d)			
			50	100	200	10000	20000	50000	100000
			指标单位/(ha/km)			指标单位/［m^3/(d·km)］			
26	铸铁井盖井座	套	0.55	0.2115	0.1375	0.00275	0.00137	0.00055	0.00028
27	其他材料费	元	1664.89	1609.22	1031.60	7.27	5.19	3.25	2.77
28	材料费小计	元	7073.79	6944.73	4590.02	24.94	19.06	13.33	9.89
29	机械使用费小计	元	3243.34	2737.29	1519.59	22.35	17.20	9.40	8.02
30	指标基价	元	13927.60	12377.33	7637.31	64.31	48.53	29.53	23.07
31	其他工程费	元	1392.76	1237.73	763.73	6.43	4.85	2.95	2.31
32	综合费用	元	6085.25	5407.90	3336.89	28.10	21.20	12.90	10.08
33	建筑安装工程费	元	21405.61	19022.96	11737.93	98.84	74.58	45.38	35.46
34	工程建设其他费	元	1877.27	1668.31	1029.42	8.67	6.54	3.98	3.11
35	基本预备费	元	2328.29	2069.13	1276.74	10.75	8.11	4.94	3.86
36	指标总造价	元	25611.17	22760.40	14044.09	118.26	89.23	54.30	42.43

注：1. 排水管道工程分污水管道工程和雨水管道工程，其内容包括土方工程、沟槽支撑及拆除、管道敷设、砖砌方沟、砌筑检查井、沟槽排水，指标中未考虑防冻、防淤、地基加固、穿越铁路等工程设施。

2. 雨水管道的设计径流系数为0.6，重现期为一年。

附表1-5　污水处理厂综合指标　（单位：m^3/d）

序号	项目名称	单位	4B1－1－1	4B1－1－2	4B1－1－3	4B1－1－4	4B1－1－5
			一级污水处理综合指标				
			水量20万m^3/d以上	水量10～20万m^3/d	水量5～10万m^3/d	水量2～5万m^3/d	水量1～2万m^3/d
1	人工	工日	2～2.4	2.4～2.8	2.8～3.4	3.4～4.0	4.0～4.5
2	人工费小计	元	29.1～34.9	34.9～40.7	40.7～49.5	49.5～58.2	58.2～65.5
3	水泥	kg	90～95	95～105	105～115	115～130	130～160
4	锯材	m^3	0.013～0.015	0.015～0.018	0.018～0.022	0.022～0.025	0.025～0.030
5	钢材	m^3	12～14	14～16	16～18	18～20	20～25
6	砂	m^3	0.25～0.28	0.28～0.30	0.30～0.35	0.35～0.42	0.42～0.52
7	碎石	m^3	0.4～0.45	0.45～0.50	0.50～0.60	0.60～0.72	0.72～0.85
8	铸铁管	kg	2.0～3.0	3.0～4.0	4.0～5.0	5.0～6.0	6.0～7.0
9	钢管及钢配件	kg	1～2	1～2	2～3	2～3	3～4
10	钢筋混凝土管	kg	5～7	6～8	7～10	9～11	10～12

（续）

序号	项目名称	单位	4B1－1－1	4B1－1－2	4B1－1－3	4B1－1－4	4B1－1－5
			一级污水处理综合指标				
			水量 20 万 m^3/d 以上	水量 10～20 万 m^3/d	水量 5～10 万 m^3/d	水量 2～5 万 m^3/d	水量 1～2 万 m^3/d
11	闸阀	kg	1～2	2～3	2～3	3～4	3～4
12	其他材料费	元	51～47	52～44	53～55	60	69～48
13	材料费小计	元	185～211	211～236	237～277	277～317	318～355
14	机械使用费	元	126～32	31～37	36～43	43～50	49～60
15	指标基价	元	240～277	277～314	314～370	370～425	425～481
16	其他工程费	元	19～22	22～25	25～30	30～34	34～39
17	综合费用	元	83～96	96～109	109～128	128～147	147～167
一	建筑安装工程费	元	343～396	396～448	448～528	528～607	607～686
二	设备购置费	元	177～204	204～231	231～272	272～313	313～352
三	工程建设其他费	元	71～82	82～93	93～110	110～126	126～143
四	预备费	元	59～68	68～77	77～91	91～105	105～118
五	总造价指标	元	650～750	750～850	850～1000	1000～1150	1150～1300
用地及设备功率指标							
1	用地	m^2	0.3～0.5	0.4～0.6	0.5～0.8	0.6～1.0	0.60～1.40
2	设备	W	4～6	5～8	8～10	10～15	15～20

序号	项目名称	单位	4B1－1－6	4B1－1－7	4B1－1－8	4B1－1－9	4B1－1－10
			二级污水处理综合指标（一）				
			水量 20 万 m^3/d 以上	水量 10～20 万 m^3/d	水量 5～10 万 m^3/d	水量 2～5 万 m^3/d	水量 1～2 万 m^3/d
1	人工	工日	2.5～3.0	3.5～4.0	4.0～4.5	4.5～5.0	5.0～6.0
2	人工费小计	元	36.4～43.7	50.9～58.2	58.2～65.5	65.5～72.8	72.8～87.3
3	水泥	kg	95～115	115～140	135～160	150～180	180～240
4	锯材	m^3	0.013～0.015	0.015～0.018	0.018～0.022	0.022～0.025	0.025～0.030
5	钢材	m^3	16～19	18～22	20～24	24～28	28～32
6	砂	m^3	0.22～0.25	0.25～0.29	0.29～0.33	0.33～0.38	0.38～0.48
7	碎石	m^3	0.35～0.40	0.40～0.48	0.48～0.54	0.54～0.62	0.62～0.80
8	铸铁管	kg	6.5～8	7～8.5	7.5～9	8～11	10～13
9	钢管及钢配件	kg	2～3	3～4	4～6	6～8	8～10
10	钢筋混凝土管	kg	10～14	13～15	14～18	16～20	20～25
11	闸阀	kg	2～3	2～3	3～4	3～4	4～5

（续）

指标编号			4B1－1－6	4B1－1－7	4B1－1－8	4B1－1－9	4B1－1－10
序号	项目名称	单位	二级污水处理综合指标（一）				
			水量20万 m^3/d以上	水量10～20万 m^3/d	水量5～10万 m^3/d	水量2～5万 m^3/d	水量1～2万 m^3/d
12	其他材料费	元	90～95	99	106～114	123～152	154～164
13	材料费小计	元	261～306	296～343	339～400	395～482	481～552
14	机械使用费	元	54～57	60～61	65～70	75～92	93～100
15	指标基价	元	351～407	407～462	462～536	536～647	481～552
16	其他工程费	元	28～33	33～37	37～43	43～52	52～60
17	综合费用	元	122～141	141～160	160～186	186～224	224～256
一	建筑安装工程费	元	501～580	580～659	659～765	765～923	923～1055
二	设备购置费	元	258～299	299～340	340～394	394～476	476～544
三	工程建设其他费	元	104～121	121～137	137～159	159～192	192～220
四	预备费	元	86～100	100～114	114～132	132～159	159～182
五	总造价指标	元	950～1100	1100～1250	1250～1450	1450～1750	1750～2000
用地及设备功率指标							
1	用地	m^2	0.5～0.8	0.6～0.9	0.8～1.2	1.0～1.5	1.0～2.0
2	设备	W	12～17	15～20	18～25	20～30	25～35

指标编号			4B1－1－11	4B1－1－12	4B1－1－13	4B1－1－14	4B1－1－15
序号	项目名称	单位	二级污水处理综合指标（二）				
			水量20万 m^3/d以上	水量10～20万 m^3/d	水量5～10万 m^3/d	水量2～5万 m^3/d	水量1～2万 m^3/d
1	人工	工日	3～4	4～5	5～6	6～7.5	7.5～9.0
2	人工费小计	元	43.7～58.2	58.2～72.8	72.8～87.3	87.3～109.1	109.1～131.0
3	水泥	kg	110～140	140～170	170～200	200～260	260～310
4	锯材	m^3	0.018～0.022	0.021～0.024	0.023～0.026	0.025～0.028	0.027～0.032
5	钢材	m^3	24～28	28～36	36～42	42～52	52～62
6	砂	m^3	0.24～0.29	0.29～0.35	0.35～0.42	0.42～0.52	0.52～0.62
7	碎石	m^3	0.35～0.47	0.47～0.58	0.58	0.68～0.86	0.86～1.0
8	铸铁管	kg	7.0～9.0	8.0～10	9～11	10～12	11～14
9	钢管及钢配件	kg	3～4	4～5	5～7	6～9	9～11
10	钢筋混凝土管	kg	9～10	10～11	11～12	12～13	13～14
11	闸阀	kg	3～4	4～5	5～6	6～7	7～8
12	其他材料费	元	133～136	139～121	124～133	139～157	160～181

（续）

指标编号			4B1－1－11	4B1－1－12	4B1－1－13	4B1－1－14	4B1－1－15
序号	项目名称	单位	二级污水处理综合指标（二）				
			水量20万 m^3/d 以上	水量10～20万 m^3/d	水量5～10万 m^3/d	水量2～5万 m^3/d	水量1～2万 m^3/d
13	材料费小计	元	358～415	413～461	460～531	528～641	640～752
14	机械使用费	元	79～82	83～76	77～84	87～100	101～115
15	指标基价	元	481～554	554～610	610～702	702～850	850～998
16	其他工程费	元	39～45	45～49	49～57	57～68	68～80
17	综合费用	元	167～192	192～211	211～243	243～295	295～346
一	建筑安装工程费	元	686～791	791～870	870～1002	1002～1213	1213～1424
二	设备购置费	元	353～408	408～448	448～516	516～625	625～734
三	工程建设其他费	元	143～165	165～181	181～209	209～253	253～297
四	预备费	元	118～136	136～150	150～173	173～209	209～245
五	总造价指标	元	1300～1500	1500～1650	1650～1900	1900～2300	2300～2700
用地及设备功率指标							
1	用地	m^2	0.6～1.0	0.8～1.2	1.0～2.5	2.5～4.0	4.0～6.0
2	设备	W	15～20	18～22	20～30	25～40	38～50

注：1. 一级处理工艺流程大体为提升（泵房）、沉砂、沉淀及污泥浓缩、干化处理或脱水处理等。

2. 二级处理（一）工艺流程大体为提升（泵房）、沉砂、初次沉淀、曝气、二次沉淀及污泥浓缩干化处理等。

3. 二级处理（二）工艺流程大体为提升（泵房）、沉砂、初次沉淀、曝气、二次沉淀、消毒及污泥提升、浓缩、消化、脱水及沼气利用等。

4. 污水处理厂综合指标也是用于采用氧化沟、AB法、AO法等处理工艺的污水厂；综合指标上限适用于处理比较困难，地质条件较差，工艺标准及结构标准较高，自控程度较高等情况。

附表1-6　雨、污水泵房综合指标　（单位：L/s）

指标编号			4B1－2－1	4B1－2－2	4B1－2－3	4B1－2－4
序号	项目名称	单位	雨水泵站综合指标			
			流量20000 L/s以上	流量10000～20000L/s	流量5000～10000L/s	流量1000～5000L/s
1	人工	工日	3～3.6	3.6～4.2	4.2～5.2	5.2～6.3
2	人工费小计	元	43.7～52.4	52.4～61.1	61.1～75.7	75.7～91.7
3	水泥	kg	130～160	160～190	190～240	240～280
4	锯材	m^3	0.04～0.06	0.06～0.07	0.07～0.08	0.08～0.10
5	钢材	m^3	32～40	40～48	48～58	58～70
6	砂	m^3	0.34～0.40	0.40～0.50	0.50～0.60	0.60～0.70

（续）

指标编号			4B1－2－1	4B1－2－2	4B1－2－3	4B1－2－4
序号	项目名称	单位	雨水泵站综合指标			
			流量20000 L/s以上	流量10000～20000L/s	流量5000～10000L/s	流量1000～5000L/s
7	碎石	m^3	0.58～0.68	0.68～0.82	0.82～1.00	1.00～1.20
8	铸铁管	kg	6～8	8～10	10～13	13～16
9	钢管及钢配件	kg	4～5	5～7	7～9	8～10
10	钢筋混凝土管	kg	10～14	12～16	16～20	20～24
11	闸阀	kg	4～5	5～7	7～8	9～11
12	其他材料费	元	98～120	120～166	166～218	221～282
13	材料费小计	元	415～531	531～669	669～831	829～1020
14	机械使用费	元	62～76	77～104	104～135	137～173
15	指标基价	元	521～660	660～833	833～1042	1042～1285
16	其他工程费	元	42～53	53～67	67～84	84～103
17	综合费用	元	181～229	229～289	289～361	361～445
一	建筑安装工程费	元	743～942	942～1189	1189～1487	1487～1834
二	设备购置费	元	456～577	577～729	729～911	911～1124
三	工程建设其他费	元	165～209	209～264	264～329	329～406
四	预备费	元	136～173	173～218	218～273	273～336
五	总造价指标	元	1500～1900	1900～2400	2400～3000	3000～3700
用地及设备功率指标						
1	用地	m^2	0.4～0.6	0.5～0.7	0.6～0.8	0.8～1.1
2	设备	W	70～90	80～100	90～110	110～140

指标编号			4B1－2－5	4B1－2－6	4B1－2－7	4B1－2－8	4B1－2－9
序号	项目名称	单位	污水泵站综合指标				
			流量2000L/s以上	流量1000～2000L/s	流量600～1000L/s	流量300～600L/s	流量100～300 L/s
1	人工	工日	7～9	9～11	11～14	14～17	17～20
2	人工费小计	元	101.9～131.0	131.0～160.1	160.1～203.7	203.7～247.4	247.4～291.0
3	水泥	kg	360～510	510～650	650～820	820～950	950～1200
4	锯材	m^3	0.09～0.13	0.13～0.17	0.17～0.22	0.22～0.27	0.27～0.35
5	钢材	m^3	90～115	115～150	150～200	200～260	260～330
6	砂	m^3	0.75～1.00	1.00～1.40	1.40～1.80	1.80～2.20	2.20～2.80
7	碎石	m^3	1.3～1.8	1.8～2.3	2.3～2.8	2.8～3.4	3.4～4.3

（续）

指标编号			4B1－2－5	4B1－2－6	4B1－2－7	4B1－2－8	4B1－2－9
序号	项目名称	单位	污水泵站综合指标				
			流量2000L/s以上	流量1000～2000L/s	流量600～1000L/s	流量300～600L/s	流量100～300 L/s
8	铸铁管	kg	20～25	25～32	32～38	38～46	46～55
9	钢管及钢配件	kg	12～15	15～20	20～26	26～33	33～40
10	钢筋混凝土管	kg	24～28	28～34	34～42	42～50	50～60
11	闸阀	kg	4～7	6～8	7～9	8～10	9～12
12	其他材料费	元	491～738	743～962	967～1169	1174～1759	1764～2248
13	材料费小计	元	1278～1802	1800～2339	2336～2936	2934～3952	3949～5018
14	机械使用费	元	287～428	430～557	559～679	682～1009	1012～1288
15	指标基价	元	1667～2361	2361～3056	3056～3819	3819～5208	5208～6597
16	其他工程费	元	134～190	190～246	246～307	307～419	419～531
17	综合费用	元	578～819	819～1059	1059～1324	1324～1806	1806～2287
一	建筑安装工程费	元	2379～3370	3370～4361	4361～5451	5451～7433	7433～9415
二	设备购置费	元	1458～2065	2065～2673	2673～3341	3341～4556	4556～5771
三	工程建设其他费	元	527～747	747～966	966～1208	1208～1647	1647～2087
四	预备费	元	436～618	618～800	800～1000	1000～1364	1364～1727
五	总造价指标	元	4800～6800	6800～8800	8800～11000	11000～15000	15000～19000
用地及设备功率指标							
1	用地	m^2	1.5～3.0	2.0～4.0	2.5～5.0	3.0～6.0	4.0～7.0
2	设备	W	150～250	200～300	250～400	350～500	500～650

注：1. 排水泵站综合指标包括泵房、进出水口、变配电间、管理建筑以及总图布置。

2. 简易临时性泵房指标应当适当降低；雨污水合流泵站可参考雨水泵站指标。

附录2 复利系数表

附表2-1 一次支付终值系数表 $(F/P, i, n) = (1+i)^n$

n \ i	0.75%	1%	1.50%	2%	2.50%	3%	4%	5%	6%
1	1.0075	1.0100	1.0150	1.0200	1.0250	1.0300	1.0400	1.0500	1.0600
2	1.0151	1.0201	1.0302	1.0404	1.0506	1.0609	1.0816	1.1025	1.1236
3	1.0227	1.0303	1.0457	1.0612	1.0769	1.0927	1.1249	1.1576	1.1910
4	1.0303	1.0406	1.0614	1.0824	1.1038	1.1522	1.1699	1.2155	1.2625
5	1.0381	1.0510	1.0773	1.1041	1.1314	1.1593	1.2167	1.2763	1.3382

（续）

n \ i	0.75%	1%	1.50%	2%	2.50%	3%	4%	5%	6%
6	1.0459	1.0615	1.0934	1.1262	1.1597	1.1941	1.2653	1.3401	1.4185
7	1.0537	1.0721	1.1098	1.1487	1.1887	1.2299	1.3159	1.4071	1.5036
8	1.0616	1.0829	1.1265	1.1717	1.2184	1.2668	1.3686	1.4775	1.5938
9	1.0696	1.0937	1.1434	1.1951	1.2489	1.3048	1.4233	1.5513	1.6895
10	1.0776	1.1046	1.1605	1.2190	1.2801	1.3439	1.4802	1.6289	1.7908
11	1.0857	1.1157	1.1779	1.2434	1.3121	1.3842	1.5395	1.7103	1.8983
12	1.0938	1.1268	1.1956	1.2682	1.3449	1.4258	1.6010	1.7959	2.0122
13	1.1020	1.1381	1.2136	1.2936	1.3785	1.4685	1.6651	1.8856	2.1329
14	1.1103	1.1495	1.2318	1.3195	1.4130	1.5126	1.7317	1.9799	2.2609
15	1.1186	1.1610	1.2502	1.3459	1.4483	1.5580	1.8009	2.0789	2.3966
16	1.1270	1.1726	1.2690	1.3728	1.4845	1.6047	1.8730	2.1829	2.5404
17	1.1354	1.1843	1.2880	1.4002	1.5216	1.6528	1.9479	2.2920	2.6928
18	1.1440	1.1961	1.3073	1.4282	1.5597	1.7024	2.0258	2.4066	2.8543
19	1.1525	1.2081	1.3270	1.4568	1.5987	1.7535	2.1068	2.5270	3.0256
20	1.1612	1.2202	1.3469	1.4859	1.6386	1.8061	2.1911	2.6533	3.2071
21	1.1699	1.2324	1.5671	1.5157	1.6796	1.8603	2.2788	2.7860	3.3996
22	1.1787	1.2447	1.3876	1.5460	1.7216	1.9161	2.3699	2.9253	3.6035
23	1.1875	1.2572	1.4084	1.5769	1.7646	1.9736	2.4647	3.0715	3.8197
24	1.1964	1.2697	1.4295	1.6084	1.8087	2.0328	2.5633	3.2251	4.0489
25	1.2054	1.2824	1.4509	1.6406	1.8539	2.0938	2.6658	3.3864	4.2919
26	1.2144	1.2953	1.4727	1.6734	1.9003	2.1566	2.7725	3.5557	4.5494
27	1.2235	1.3082	1.4948	1.7069	1.9478	2.2213	2.8834	3.7335	4.8223
28	1.2327	1.3213	1.5172	1.7410	1.9965	2.2879	2.9987	3.9201	5.1117
29	1.2420	1.3345	1.5400	1.7758	2.0464	2.3566	3.1187	4.1161	5.4184
30	1.2513	1.3478	1.5631	1.8114	2.0976	2.4273	3.2434	4.3219	5.7435
31	1.2607	1.3613	1.5865	1.8476	2.1500	2.5001	3.3731	4.5380	6.0881
32	1.2701	1.3749	1.6103	1.8845	2.2038	2.5751	3.5081	4.7649	6.4534
33	1.2796	1.3887	1.6345	1.9222	2.2589	3.6523	3.6484	5.0032	6.8406
34	1.2892	1.4026	1.6590	1.9607	2.3153	2.7319	3.7943	5.2533	7.2510
35	1.2989	1.4166	1.6839	1.9999	2.3732	2.8139	3.9461	5.5160	7.6861
40	1.3483	1.4889	1.8140	2.2080	2.6851	3.2620	4.8010	7.0400	10.2857
45	1.3997	1.5648	1.9542	2.4379	3.0379	3.7816	5.8412	8.9850	13.7646
50	1.4530	1.6446	2.1052	2.6916	3.4371	4.3839	7.1067	11.4674	18.4202
55	1.5083	1.7285	2.2679	2.9717	3.8888	5.0821	8.6464	14.6356	24.6503
60	1.5657	1.8167	2.4432	3.2810	4.3998	5.8916	10.5196	18.6792	32.9877
65	1.6253	1.9094	2.6320	3.6225	4.9780	6.8300	12.7987	23.8399	44.1450
70	1.6872	2.0068	2.8355	3.9996	5.6321	7.9178	15.5716	30.4264	59.0759
75	1.7514	2.1091	3.0546	4.4158	6.3722	9.1789	18.9453	38.8327	59.0569
80	1.8180	2.2167	3.2907	4.8754	7.2096	10.6409	23.0498	49.5614	105.7960
85	1.8873	2.3298	3.5450	5.3829	8.1570	12.3357	28.0436	63.2544	141.5789
90	1.9591	2.4486	3.8189	5.9431	9.2289	14.3005	34.1193	80.7304	189.4645
95	2.0337	2.5735	4.1141	6.5617	10.4416	16.5782	41.5114	103.0347	253.5463
100	2.1111	2.7048	4.4320	7.2446	11.8137	19.2186	50.5049	131.5013	339.3021

（续）

i / n	7%	8%	9%	10%	12%	15%	20%	25%	30%
1	1.0700	1.0800	1.0900	1.1000	1.1200	1.1500	1.2000	1.2500	1.3000
2	1.1449	1.1664	1.1881	1.2100	1.2544	1.3225	1.4400	1.5625	1.6900
3	1.2250	1.2597	1.2950	1.3310	1.4049	1.5209	1.7280	1.9531	2.1970
4	1.3108	1.3605	1.4116	1.4641	1.5735	1.7490	2.0736	2.4414	2.8561
5	1.4026	1.4693	1.5386	1.6105	1.7623	2.0114	2.4883	3.0518	3.7129
6	1.5007	1.5869	1.6771	1.7716	1.9738	2.3131	2.9860	3.8147	4.8268
7	1.6058	1.7138	1.8280	1.9487	2.2107	2.6600	3.5832	4.7684	6.2749
8	1.7182	1.8509	1.9926	2.1436	2.4760	3.0590	4.2998	5.9605	8.1573
9	1.8385	1.9990	2.1719	2.3579	2.7731	3.5179	5.1598	7.4506	10.6045
10	1.9672	2.1589	2.3674	2.5937	3.1058	4.0456	6.1917	9.3132	13.7858
11	2.1049	2.3316	2.5804	2.8531	3.4785	4.6524	7.4301	11.6415	17.9216
12	2.2522	2.5182	2.8127	3.1384	3.8960	5.3503	8.9161	14.5519	23.2981
13	2.4098	2.7196	3.0658	3.4523	4.3635	6.1528	10.6993	18.1899	30.2875
14	2.5785	2.9372	2.3417	3.7975	4.8871	7.0757	12.8392	22.7374	39.3738
15	2.7590	3.1722	3.6425	4.1772	5.4736	8.1371	15.4070	28.4217	51.1859
16	2.9522	3.4259	3.9703	4.5950	6.1304	9.3576	18.4884	35.5271	66.5417
17	3.1588	3.7000	4.3276	5.0545	6.8660	10.7613	22.1861	44.4089	86.5042
18	3.3799	3.9960	4.7171	5.5599	7.6900	12.3755	26.6233	55.5112	112.4554
19	3.6165	4.3157	5.1417	6.1159	8.6128	14.2318	31.9480	69.3889	146.1920
20	3.8697	4.6610	5.6044	6.7275	9.6463	16.3665	38.3376	86.7362	190.0496
21	4.1406	5.0338	6.1088	7.4002	10.8038	18.8215	46.0051	108.4202	247.0645
22	4.4304	5.4365	6.6586	8.1403	12.1003	21.6447	55.2061	135.5253	321.1839
23	4.7405	5.8715	7.2579	8.9543	13.5523	24.8915	66.2474	169.4066	417.5391
24	5.0724	4.3412	7.9111	9.8497	15.1786	28.6252	79.4968	211.7582	542.8008
25	5.4274	6.8485	8.6231	10.8347	17.0001	32.9190	95.3962	264.6978	705.6410
26	5.8074	7.3964	9.3992	11.9182	19.0401	37.8568	114.4755	330.8722	917.3333
27	6.2139	2.9881	10.2451	13.1100	21.3249	43.5353	137.3706	413.5903	1192.5333
28	6.6488	8.6271	11.1671	14.4210	23.8839	50.0656	164.8447	516.9879	1550.2933
29	7.1143	9.3173	12.1722	15.8631	26.7499	57.5755	197.8136	646.2349	2015.3813
30	7.6123	10.0627	13.2677	17.4494	29.9599	66.2118	237.3763	807.7936	2619.9956
31	8.1451	10.8677	14.4618	19.1943	33.5551	76.1435	284.8516	1009.7420	3405.9943
32	8.7153	11.7371	15.7633	21.1138	37.5817	87.5651	341.8219	1262.1774	4427.7926
33	9.3253	12.6760	17.1820	23.2252	42.0915	100.6998	410.1863	1577.7218	5756.1304
34	9.9781	13.6901	18.7284	25.5477	47.1425	115.8048	492.2235	1972.1523	7482.9696
35	10.6766	14.7853	20.4140	28.1024	52.7996	133.1755	590.6682	2465.1903	9727.8604
40	14.9745	21.7245	31.4094	45.2593	93.0510	267.8635	1469.7716	7523.1638	36118.8648
45	21.0025	31.9204	48.3273	72.8905	163.9876	538.7693	3657.2620	22958.8740	
50	29.4570	46.9016	74.3575	117.3909	289.0022	1083.6574	9100.4382	70064.9232	
55	41.3150	68.9193	114.4083	189.0591	509.3206	2179.6222			
60	57.9464	101.2571	176.0313	304.4816	897.5969	4383.9987			
65	81.2729	148.7798	270.8460	490.3707	1581.8725	8817.7874			
70	113.9894	218.6064	416.7301	789.7470	2787.7998				
75	159.8760	321.2045	641.1909	1271.8954	4913.0558				

（续）

n \ i	7%	8%	9%	10%	12%	15%	20%	25%	30%
80	224. 2344	471. 9548	986. 5517	2048. 4002	8658. 4831				
85	314. 5003	693. 4565	1517. 9320	3298. 9690	15259. 2057				
90	441. 1030	1018. 9151	2335. 5266	5313. 0226	26891. 9342				
95	618. 6697	1497. 1205	3593. 4971	8556. 6760	47392. 7766				
100	867. 7163	2199. 7613	5529. 0408	13780. 6123	83522. 2657				

附表 2-2　一次支付现值系数表 $(P/F, i, n) = (1+i)^{-n}$

n \ i	0. 75%	1%	1. 50%	2%	2. 50%	3%	4%	5%	6%
1	0. 9926	0. 9901	0. 9852	0. 9804	0. 9756	0. 9709	0. 9615	0. 9524	0. 9434
2	0. 9852	0. 9803	0. 9707	0. 9612	0. 9518	0. 9426	0. 9246	0. 9070	0. 8900
3	0. 9778	0. 9706	0. 9563	0. 9423	0. 9286	0. 9151	0. 8890	0. 8638	0. 8396
4	0. 9706	0. 9610	0. 9422	0. 9238	0. 9060	0. 8885	0. 8548	0. 8227	0. 7921
5	0. 9633	0. 9515	0. 9283	0. 9057	0. 8839	0. 8626	0. 8219	0. 7835	0. 7473
6	0. 9562	0. 9420	0. 9145	0. 8880	0. 8623	0. 8375	0. 7903	0. 7462	0. 7050
7	0. 9490	0. 9327	0. 9010	0. 8706	0. 8413	0. 8131	0. 7599	0. 7107	0. 6651
8	0. 9420	0. 9235	0. 8877	0. 8535	0. 8207	0. 7894	0. 7307	0. 6768	0. 6274
9	0. 9350	0. 9143	0. 8746	0. 8368	0. 8007	0. 7664	0. 7026	0. 6446	0. 5919
10	0. 9280	0. 9053	0. 8617	0. 8208	0. 7812	0. 7441	0. 6756	0. 6139	0. 5584
11	0. 9211	0. 8963	0. 8489	0. 8043	0. 7621	0. 7224	0. 6496	0. 5847	0. 5268
12	0. 9142	0. 8874	0. 8364	0. 7885	0. 7436	0. 7014	0. 6246	0. 5568	0. 4970
13	0. 9074	0. 8787	0. 8240	0. 7730	0. 7254	0. 6810	0. 6006	0. 5303	0. 4688
14	0. 9007	0. 8700	0. 8118	0. 7579	0. 7077	0. 6611	0. 5775	0. 5051	0. 4423
15	0. 8940	0. 8613	0. 7999	0. 7430	0. 6905	0. 6419	0. 5553	0. 4810	0. 4173
16	0. 8873	0. 8528	0. 7880	0. 7284	0. 6736	0. 6232	0. 5339	0. 4581	0. 3936
17	0. 8807	0. 8444	0. 7764	0. 7142	0. 6572	0. 6050	0. 5134	0. 4363	0. 3714
18	0. 4742	0. 8360	0. 7649	0. 7002	0. 6412	0. 5874	0. 4936	0. 4155	0. 3503
19	0. 8676	0. 8277	0. 7536	0. 6864	0. 6255	0. 5703	0. 4746	0. 3957	0. 3305
20	0. 8612	0. 8195	0. 7435	0. 6730	0. 6103	0. 5537	0. 4564	0. 3769	0. 3118
21	0. 8548	0. 8114	0. 7315	0. 6598	0. 5954	0. 5375	0. 4388	0. 3589	0. 2942
22	0. 8484	0. 8034	0. 7207	0. 6468	0. 5809	0. 5219	0. 4220	0. 3418	0. 2775
23	0. 8421	0. 7954	0. 7100	0. 6342	0. 5667	0. 5067	0. 4507	0. 3256	0. 2618
24	0. 8358	0. 7876	0. 6995	0. 6217	0. 5529	0. 4919	0. 3901	0. 3101	0. 2470
25	0. 8296	0. 7798	0. 6892	0. 6095	0. 5394	0. 4776	0. 3751	0. 2953	0. 2330
26	0. 8234	0. 7720	0. 6790	0. 5976	0. 5262	0. 4637	0. 3607	0. 2812	0. 2198
27	0. 8173	0. 7644	0. 6690	0. 5859	0. 5134	0. 4502	0. 3468	0. 2678	0. 2074
28	0. 8112	0. 7568	0. 6591	0. 5744	0. 5009	0. 4371	0. 3335	0. 2551	0. 1956
29	0. 8052	0. 7493	0. 6494	0. 5631	0. 4887	0. 4243	0. 3207	0. 2429	0. 1846
30	0. 7992	0. 7419	0. 6398	0. 5521	0. 4767	0. 4120	0. 3083	0. 2314	0. 1741
31	0. 7932	0. 7346	0. 6303	0. 5412	0. 4651	0. 4000	0. 2965	0. 2204	0. 1643
32	0. 7873	0. 7273	0. 6210	0. 5306	0. 4538	0. 3883	0. 2851	0. 2099	0. 1550
33	0. 7815	0. 7201	0. 6118	0. 5202	0. 4427	0. 3770	0. 2741	0. 1999	0. 1462

（续）

n \ i	0.75%	1%	1.50%	2%	2.50%	3%	4%	5%	6%
34	0.7757	0.7130	0.6028	0.5100	0.4319	0.3660	0.2636	0.1904	0.1379
35	0.7699	0.7059	0.5939	0.5000	0.4214	0.3554	0.2534	0.1813	0.1301
40	0.7416	0.6717	0.5513	0.4529	0.3724	0.3066	0.2083	0.1420	0.0972
45	0.7145	0.6391	0.5117	0.4102	0.3292	0.2644	0.1712	0.1113	0.0727
50	0.6883	0.6080	0.4750	0.3715	0.2909	0.2281	0.1407	0.0872	0.0543
55	0.6630	0.5785	0.4409	0.3365	0.2572	0.1968	0.1157	0.0683	0.0406
60	0.6387	0.5504	0.4093	0.3048	0.2273	0.1697	0.0951	0.0535	0.0303
65	0.6153	0.5237	0.3799	0.2761	0.2009	0.1464	0.0781	0.0419	0.0227
70	0.5927	0.4983	0.3527	0.2500	0.1776	0.1263	0.0642	0.0329	0.0169
75	0.5710	0.4741	0.3274	0.2265	0.1569	0.1089	0.0528	0.0258	0.0126
80	0.5500	0.4511	0.3039	0.2051	0.1387	0.0940	0.0434	0.0202	0.0095
85	0.5299	0.4292	0.2821	0.1858	0.1226	0.0811	0.0357	0.0158	0.0071
90	0.5104	0.4084	0.2619	0.1683	0.1084	0.0699	0.0293	0.0124	0.0053
95	0.4917	0.3886	0.2431	0.1524	0.0958	0.0603	0.0241	0.0097	0.0039
100	0.4737	0.3792	0.2256	0.1380	0.0846	0.0520	0.0198	0.0076	0.0029

n \ i	7%	8%	9%	10%	12%	15%	20%	25%	30%
1	0.9346	0.9259	0.9174	0.9091	0.8929	0.8696	0.8333	0.8000	0.7692
2	0.8734	0.8573	0.8417	0.8264	0.7972	0.7561	0.6944	0.6400	0.5917
3	0.8165	0.7938	0.7722	0.7513	0.7118	0.6575	0.5787	0.5120	0.4552
4	0.7629	0.7350	0.7084	0.6830	0.6355	0.5718	0.4823	0.4096	0.3501
5	0.7130	0.6806	0.6499	0.6209	0.5674	0.4972	0.4019	0.3277	0.2693
6	0.6663	0.6302	0.5963	0.5645	0.5066	0.4323	0.3349	0.2621	0.2072
7	0.6227	0.5835	0.5470	0.5132	0.4523	0.3759	0.2791	0.2097	0.1594
8	0.5820	0.5403	0.5019	0.4665	0.4039	0.3269	0.2326	0.1678	0.1226
9	0.5439	0.5002	0.4604	0.4241	0.3606	0.2843	0.1938	0.1342	0.0943
10	0.5083	0.4632	0.4224	0.3855	0.3220	0.2472	0.1615	0.1074	0.0725
11	0.4751	0.4289	0.3875	0.3505	0.2875	0.2149	0.1346	0.0859	0.0558
12	0.4440	0.3971	0.3555	0.3186	0.2567	0.1869	0.1122	0.0687	0.0429
13	0.4150	0.3677	0.3262	0.2897	0.2292	0.1625	0.0935	0.0550	0.0330
14	0.3878	0.3405	0.2992	0.2633	0.2046	0.1413	0.0779	0.0440	0.0254
15	0.3264	0.3152	0.2745	0.2394	0.1827	0.1229	0.0649	0.0352	0.0195
16	0.3387	0.2919	0.2519	0.2176	0.1631	0.1069	0.0541	0.0281	0.0150
17	0.3166	0.2703	0.2311	0.1978	0.1456	0.0929	0.0451	0.0225	0.0116
18	0.2959	0.2502	0.2120	0.1799	0.1300	0.0808	0.0376	0.0180	0.0089
19	0.2765	0.2317	0.1945	0.1635	0.1161	0.0703	0.0313	0.0144	0.0068
20	0.2584	0.2145	0.1784	0.1486	0.1037	0.0611	0.0261	0.0115	0.0053
21	0.2415	0.1987	0.1637	0.1351	0.0926	0.0531	0.0217	0.0092	0.0040
22	0.2257	0.1839	0.1502	0.1228	0.0826	0.0462	0.0181	0.0074	0.0031
23	0.2109	0.1703	0.1378	0.1117	0.0738	0.0402	0.0151	0.0059	0.0024
24	0.1971	0.1577	0.1264	0.1015	0.0659	0.0349	0.0126	0.0047	0.0018
25	0.1842	0.1460	0.1160	0.0923	0.0588	0.0304	0.0105	0.0038	0.0014

（续）

n \ i	7%	8%	9%	10%	12%	15%	20%	25%	30%
26	0.1722	0.1352	0.1064	0.0839	0.0525	0.0264	0.0087	0.0030	0.0011
27	0.1609	0.1252	0.0976	0.0763	0.0469	0.0230	0.0073	0.0024	0.0008
28	0.1504	0.1159	0.0895	0.0693	0.0419	0.0200	0.0061	0.0019	0.0006
29	0.1406	0.1073	0.0822	0.0630	0.0374	0.0174	0.0051	0.0015	0.0005
30	0.1314	0.0994	0.0754	0.0573	0.0334	0.0151	0.0042	0.0012	0.0004
31	0.1228	0.0920	0.0691	0.0521	0.0298	0.0131	0.0035	0.0010	0.0003
32	0.1147	0.0852	0.0634	0.0474	0.0266	0.0114	0.0029	0.0008	0.0002
33	0.1072	0.0789	0.0582	0.0431	0.0238	0.0099	0.0024	0.0006	0.0002
34	0.1002	0.0730	0.0534	0.0391	0.0212	0.0086	0.0020	0.0005	0.0001
35	0.0937	0.0676	0.0490	0.0356	0.0189	0.0075	0.0017	0.0004	0.0001
40	0.0668	0.0460	0.0318	0.0221	0.0107	0.0037	0.0007	0.0001	
45	0.0476	0.0313	0.0207	0.0137	0.0061	0.0019	0.0003		
50	0.0339	0.0213	0.0134	0.0085	0.0035	0.0009	0.0001		
55	0.0242	0.0145	0.0087	0.0053	0.0020	0.0005			
60	0.0173	0.0099	0.0057	0.0033	0.0011	0.0002			
65	0.0123	0.0067	0.0037	0.0020	0.0006	0.0001			
70	0.0088	0.0046	0.0024	0.0013	0.0004	0.0001			
75	0.0063	0.0031	0.0016	0.0008	0.0002				
80	0.0045	0.0021	0.0010	0.0005	0.0001				
85	0.0032	0.0014	0.0007	0.0003	0.0001				
90	0.0023	0.0010	0.0004	0.0002					
95	0.0016	0.0007	0.0003	0.0001					
100	0.0012	0.0005	0.0002	0.0001					

附表 2-3　等额支付系列终值系数表 $(P/A, i, n) = \frac{(1+i)^n - 1}{i}$

n \ i	0.75%	1%	1.50%	2%	2.50%	3%	4%	5%	6%
1	1.0000	1.0000	1.0000	1.0000	1.0000	1.0000	1.0000	1.0000	1.0000
2	2.0075	2.0100	2.0150	2.0200	2.0250	2.0300	2.0400	2.0500	2.0600
3	3.0226	3.0301	3.0452	3.0604	3.0756	3.0909	3.1216	3.1525	3.1836
4	4.0452	4.0604	4.0909	4.1216	4.1525	4.1836	4.2465	4.3101	4.3746
5	5.0756	5.1010	5.1523	5.2040	5.2563	5.3091	5.4163	5.5256	5.6371
6	6.1136	6.1520	6.2296	6.3081	6.3877	6.4684	6.6330	6.8019	6.9753
7	7.1595	7.2135	7.3230	7.4343	7.5474	7.6625	7.8983	8.1420	8.3938
8	8.2132	8.2857	8.4328	8.5830	8.7361	8.8923	9.2142	9.5491	9.8975
9	9.2748	9.3685	9.5593	9.7546	9.9545	10.1591	10.5828	11.0266	11.4913
10	10.3443	10.4622	10.7027	10.9497	11.2034	11.4639	12.0061	12.5779	13.1808
11	11.4219	11.5668	11.8633	12.1687	12.4835	12.8078	13.4864	14.2068	14.9716
12	12.5076	12.6825	13.0412	13.4121	13.7956	14.1920	15.0258	15.9171	16.8699
13	13.6014	13.8093	14.2368	14.6803	15.1404	15.6178	16.6268	17.7130	18.8821
14	14.7034	14.9474	15.4504	15.9739	16.5190	17.0863	18.2919	19.5986	21.0151

（续）

n \ i	0.75%	1%	1.50%	2%	2.50%	3%	4%	5%	6%
15	15.8137	16.0969	16.6821	17.2934	17.9319	18.5989	20.0236	21.5786	23.2760
16	16.9323	17.2579	17.9324	18.6393	19.3802	20.1569	21.8245	23.6575	25.6725
17	18.0593	18.4304	19.2014	20.0121	20.8647	21.7616	23.6975	25.8404	28.2129
18	19.1947	19.6147	20.4894	21.4123	22.3863	23.4144	25.6454	28.1324	30.9057
19	20.3387	20.8109	21.7967	22.8406	23.9460	25.1169	26.6712	30.5390	33.7600
20	21.4912	22.0190	23.1237	24.2974	25.5447	26.8704	29.7781	33.0660	36.7856
21	22.6524	23.2392	24.4705	25.7833	27.1833	28.6765	31.9692	35.7193	39.9927
22	23.8223	24.4716	25.8376	27.2990	28.8629	30.5368	34.2480	38.5052	43.3923
23	25.0010	25.7163	27.2251	28.8450	30.5844	32.4529	36.6179	41.4305	46.9958
24	26.1885	26.9735	28.6335	30.4219	32.3490	34.4265	39.0826	44.5020	50.8156
25	27.3849	28.2432	30.0630	32.0303	34.1578	36.4593	41.6459	47.7271	54.8645
26	28.5903	29.5256	31.5140	33.6709	36.0117	38.5530	44.3117	51.1135	59.1564
27	29.8047	30.8209	32.9867	35.3443	37.9120	40.7096	47.0842	54.6691	63.7058
28	31.0282	32.1291	34.4815	37.0512	39.8598	42.9309	49.9676	58.4026	68.5281
29	32.2609	33.4504	35.9987	38.7922	41.8563	45.2189	52.9663	62.3227	73.6398
30	33.5029	34.7849	37.5387	40.5681	43.9027	47.5754	56.0849	66.4388	79.0582
31	34.7542	36.1327	39.1018	42.3794	46.0003	50.0027	59.3283	70.7608	84.8017
32	36.0148	37.4941	40.6883	44.2270	48.1503	52.5028	62.7015	75.2988	90.8898
33	37.2849	38.8690	42.2986	46.1116	50.3540	55.0778	66.2095	80.0638	97.3432
34	38.5646	40.2577	43.9331	48.0338	52.6129	57.7302	69.8579	85.0670	104.1838
35	39.8538	41.6603	45.5921	49.9945	54.9282	60.4621	73.6522	90.3203	111.4348
40	46.4465	48.8864	54.2679	60.4020	67.4026	75.4013	95.0255	120.7998	154.7620
45	53.2901	56.4811	63.6142	71.8927	81.5161	92.7199	121.0294	159.7007	212.7435
50	60.3943	64.4632	73.6828	84.5794	97.4843	112.7969	152.6671	209.3480	290.3359
55	67.7688	72.8525	84.5296	98.5865	115.5509	136.0716	191.1592	272.7126	394.1720
60	75.4241	81.6697	96.2147	114.0515	135.9916	163.0534	237.9907	353.5837	533.1282
65	83.3709	90.9366	108.8028	131.1262	159.1183	194.3328	294.9684	456.7980	719.0829
70	91.6201	100.6763	122.3638	149.9779	185.2841	230.5941	364.2905	588.5285	967.9322
75	100.1833	110.9128	136.9728	170.7918	214.8883	272.6309	448.6314	756.6537	1300.9487
80	109.0725	121.6715	152.7109	193.7720	248.3827	321.3630	551.2450	971.2288	1746.5999
85	118.3001	132.9790	169.6652	219.1439	286.2786	377.8570	676.0901	1245.0871	2342.9817
90	127.8790	144.8633	187.9299	247.1567	329.1543	443.3489	827.9833	1594.6073	3141.0752
95	137.8225	157.3538	207.6061	278.0850	377.6642	519.2720	1012.7846	2040.6935	4209.1042
100	148.1445	170.4814	228.8030	312.2323	432.5487	607.2877	1237.6237	2610.0252	5638.3681

n \ i	7%	8%	9%	10%	12%	15%	20%	25%	30%
1	1.0000	1.0000	1.0000	1.0000	1.0000	1.0000	1.0000	1.0000	1.0000
2	2.0700	2.0800	2.0900	2.1000	2.1200	2.1500	2.2000	2.2500	2.3000
3	3.2149	3.2464	3.2781	3.3100	3.3744	3.4725	3.6400	3.8125	3.9900
4	4.4399	4.5061	4.5731	4.6410	4.7793	4.9934	5.3680	5.7656	6.1870
5	5.7507	5.8666	5.9847	6.1051	6.3528	6.7424	7.4416	8.2070	9.0431
6	6.1136	7.3359	7.5233	7.7156	8.1152	8.7537	9.9299	11.2588	12.7560
7	7.1595	8.9228	9.2004	9.4872	10.0890	11.0668	12.9159	15.0735	17.5828

（续）

n \ i	7%	8%	9%	10%	12%	15%	20%	25%	30%
8	8. 2132	10. 6366	11. 0285	11. 4359	12. 2997	13. 7268	16. 4991	19. 8419	23. 8577
9	9. 2748	12. 4876	13. 0210	13. 5795	14. 7757	16. 7858	20. 7989	25. 8023	32. 0150
10	10. 3443	14. 4866	15. 1929	15. 9374	17. 5487	20. 3037	25. 9587	33. 2529	42. 6195
11	11. 4219	16. 6455	17. 5603	18. 5312	20. 6546	24. 3493	32. 1504	42. 5661	56. 4053
12	12. 5076	18. 9771	20. 1407	21. 3843	24. 1331	29. 0017	39. 5805	54. 2077	74. 3270
13	13. 6014	21. 4953	22. 9534	24. 5227	28. 0291	34. 3519	48. 4966	68. 7596	97. 6250
14	14. 7034	21. 2149	26. 0192	27. 9750	32. 3926	40. 5047	59. 1959	86. 9495	127. 9125
15	15. 8137	27. 1521	29. 3609	31. 7725	37. 2797	47. 5804	72. 0351	109. 6868	167. 2863
16	16. 9323	30. 3243	33. 0034	35. 9497	42. 7533	55. 7175	87. 4421	138. 1085	218. 4722
17	18. 0593	33. 7502	36. 9737	40. 5447	48. 8837	65. 0751	105. 9306	173. 6357	285. 0139
18	19. 1947	37. 4502	41. 3013	45. 5992	55. 7497	75. 8364	128. 1167	218. 0446	371. 5180
19	20. 3387	41. 4463	46. 0185	51. 1591	63. 4397	88. 2118	154. 7400	273. 5558	483. 9734
20	21. 4912	45. 7620	51. 1601	57. 2750	72. 0524	102. 4436	186. 6880	342. 9447	630. 1655
21	22. 6524	50. 4229	56. 7645	64. 0025	81. 6987	118. 8101	225. 0256	429. 6809	820. 2151
22	23. 8223	55. 4568	62. 8733	71. 4027	92. 5026	137. 6316	271. 0307	538. 1011	1067. 2796
23	25. 0010	60. 8933	69. 5319	79. 5430	104. 6029	159. 2764	326. 2369	673. 6264	1388. 4635
24	26. 1885	66. 7648	76. 7898	88. 4973	118. 1552	184. 1678	392. 4842	843. 0329	1806. 0026
25	27. 3849	73. 1059	84. 7009	98. 3471	133. 3339	212. 7930	471. 9811	1054. 7912	2348. 8033
26	28. 5903	79. 9544	93. 3240	109. 1818	150. 3339	245. 7120	567. 3773	1319. 4890	3054. 4443
27	29. 8047	87. 3508	102. 7231	121. 0999	169. 3740	283. 5688	681. 8528	1650. 3612	3971. 7776
28	31. 0282	95. 3388	112. 9682	134. 2099	190. 6989	327. 1041	819. 2233	2065. 9515	5164. 3109
29	32. 2609	103. 9659	124. 1354	148. 6309	214. 5828	377. 1697	984. 0680	2580. 9394	6714. 6042
30	33. 5029	113. 2832	136. 3075	164. 4940	241. 3327	434. 7451	1181. 8816	3227. 1743	8729. 9855
31	34. 7542	123. 3459	149. 5752	181. 9434	271. 2926	500. 9569	1419. 2579	4034. 9678	11349. 9811
32	36. 0148	134. 2135	164. 0370	201. 1378	304. 8477	577. 1005	1704. 1095	5044. 7098	14755. 9755
33	37. 2849	145. 9506	179. 8003	222. 2515	342. 4294	664. 6655	2045. 9314	6306. 8872	19183. 7681
34	38. 5646	158. 6267	196. 9823	245. 4767	384. 5210	765. 3654	2456. 1176	7884. 6091	24939. 8985
35	39. 8538	172. 3168	215. 7108	271. 0244	431. 6635	881. 1702	2948. 3411	9856. 7613	32422. 8681
40	46. 4465	259. 0565	337. 8824	442. 5926	767. 0914	1779. 0903	7343. 8578	30088. 6554	
45	53. 2901	386. 5056	525. 8587	718. 9048	1358. 2300	3585. 1285	18281. 3099	91831. 4962	
50	60. 3943	573. 7702	815. 0836	1163. 9085	2400. 0182	7217. 7163	45497. 1908		
55	67. 7688	848. 9232	1260. 0918	1880. 5914	4236. 0050	14524. 1479			
60	75. 4241	1253. 2133	1944. 7921	3034. 8164	7471. 6411	29219. 9916			
65	83. 3709	1847. 2481	2998. 2885	4893. 7073	13173. 9374	58778. 5826			
70	91. 6201	2720. 0801	4619. 2232	7887. 4696	23223. 3319				
75	100. 1833	4002. 5566	7113. 2321	12708. 9537	40933. 7987				
80	109. 0725	5886. 9354	10950. 5741	20474. 0021	72145. 6925				
85	118. 3001	8655. 7061	16854. 8003	32979. 6903	127151. 7140				
90	127. 8790	12723. 9386	25939. 1842	53120. 2261	224091. 1185				
95	137. 8225	18701. 5069	39916. 6350	85556. 7605	394931. 4719				
100	148. 1445	27484. 5157	61422. 6755	137796. 1234	696010. 5477				

附表 2-4 等额支付系列积累基金系数表 $(A/P, i, n) = \frac{i}{(1+i)^n - 1}$

n \ i	0.75%	1%	1.50%	2%	2.50%	3%	4%	5%	6%
1	1.0000	1.0000	1.0000	1.0000	1.0000	1.0000	1.0000	1.0000	1.0000
2	0.4981	0.4975	0.4963	0.4950	0.4938	0.4926	0.4902	0.4878	0.4854
3	0.3308	0.3300	0.3284	0.3268	0.3251	0.3235	0.3203	0.3172	0.3141
4	0.2472	0.2463	0.2444	0.2426	0.2408	0.2390	0.2355	0.2320	0.2286
5	0.1970	0.1960	0.1941	0.1922	0.1902	0.1884	0.1846	0.1810	0.1774
6	0.1636	0.1625	0.1605	0.1585	0.1565	0.1546	0.1508	0.1470	0.1434
7	0.1397	0.1386	0.1366	0.1345	0.1325	0.1305	0.1266	0.1228	0.1191
8	0.1218	0.1207	0.1186	0.1165	0.1145	0.1125	0.1085	0.1047	0.1010
9	0.1078	0.1067	0.1046	0.1025	0.1005	0.0984	0.0945	0.0907	0.0870
10	0.0967	0.0956	0.0934	0.0913	0.0893	0.0872	0.0833	0.0795	0.0759
11	0.0876	0.0865	0.0843	0.0822	0.0801	0.0781	0.0741	0.0704	0.0668
12	0.0800	0.0788	0.0767	0.0746	0.0725	0.0705	0.0666	0.0628	0.0593
13	0.0735	0.0724	0.0702	0.0681	0.0660	0.0640	0.0601	0.0565	0.0530
14	0.0680	0.0669	0.0647	0.0626	0.0605	0.0585	0.0547	0.0510	0.0476
15	0.0632	0.0621	0.0599	0.0578	0.0558	0.0538	0.0499	0.0463	0.0430
16	0.0591	0.0579	0.0558	0.0537	0.0516	0.0496	0.0458	0.0423	0.0390
17	0.0554	0.0543	0.0521	0.0500	0.0479	0.0460	0.0422	0.0387	0.0354
18	0.0521	0.0510	0.0488	0.0467	0.0447	0.0427	0.0390	0.0355	0.0324
19	0.0492	0.0481	0.0459	0.0438	0.0418	0.0398	0.0361	0.0327	0.0296
20	0.0465	0.0454	0.0432	0.0412	0.0391	0.0372	0.0336	0.0302	0.0272
21	0.0441	0.0430	0.0409	0.0388	0.0368	0.0349	0.0313	0.0280	0.0250
22	0.0420	0.0409	0.0387	0.0366	0.0346	0.0327	0.0292	0.0260	0.0230
23	0.0400	0.0389	0.0367	0.0347	0.0327	0.0308	0.0273	0.0241	0.0213
24	0.0382	0.0371	0.0349	0.0329	0.0309	0.0290	0.0256	0.0225	0.0197
25	0.0365	0.0354	0.0333	0.0312	0.0293	0.0274	0.0240	0.0210	0.0182
26	0.0350	0.0339	0.0317	0.0297	0.0278	0.0259	0.0226	0.0196	0.0169
27	0.0336	0.0324	0.0303	0.0283	0.0264	0.0246	0.0212	0.0183	0.0157
28	0.0322	0.0311	0.0290	0.0270	0.0251	0.0233	0.0200	0.0171	0.0146
29	0.0310	0.0299	0.0278	0.0258	0.0239	0.0221	0.0189	0.0160	0.0136
30	0.0298	0.0287	0.0266	0.0246	0.0228	0.0210	0.0178	0.0151	0.0126
31	0.0288	0.0277	0.0256	0.0236	0.0217	0.0200	0.0169	0.0141	0.0118
32	0.0278	0.0267	0.0246	0.0226	0.0208	0.0190	0.0159	0.0133	0.0110
33	0.0268	0.0257	0.0236	0.0217	0.0199	0.0182	0.0151	0.0125	0.0103
34	0.0259	0.0248	0.0228	0.0208	0.0190	0.0173	0.0143	0.0118	0.0096
35	0.0251	0.0240	0.0219	0.0200	0.0182	0.0165	0.0136	0.0111	0.0090
40	0.0215	0.0205	0.0184	0.0166	0.0148	0.0133	0.0105	0.0083	0.0065
45	0.0188	0.0177	0.0157	0.0139	0.0123	0.0108	0.0083	0.0063	0.0047
50	0.0166	0.0155	0.0136	0.0118	0.0103	0.0089	0.0066	0.0048	0.0034
55	0.0148	0.0137	0.0118	0.0101	0.0087	0.0073	0.0052	0.0037	0.0025
60	0.0133	0.0122	0.0104	0.0088	0.0074	0.0061	0.0042	0.0028	0.0019
65	0.0120	0.0110	0.0092	0.0076	0.0063	0.0051	0.0034	0.0022	0.0014
70	0.0109	0.0099	0.0082	0.0067	0.0054	0.0043	0.0027	0.0017	0.0010

（续）

i / n	0.75%	1%	1.50%	2%	2.50%	3%	4%	5%	6%
75	0.0100	0.0090	0.0073	0.0059	0.0047	0.0037	0.0022	0.0013	0.0008
80	0.0092	0.0082	0.0065	0.0052	0.0040	0.0031	0.0018	0.0010	0.0006
85	0.0085	0.0075	0.0059	0.0046	0.0035	0.0026	0.0015	0.0008	0.0004
90	0.0078	0.0069	0.0053	0.0040	0.0030	0.0023	0.0012	0.0006	0.0003
95	0.0073	0.0064	0.0048	0.0036	0.0026	0.0019	0.0010	0.0005	0.0002
100	0.0068	0.0059	0.0044	0.0032	0.0023	0.0016	0.0008	0.0004	0.0002

i / n	7%	8%	9%	10%	12%	15%	20%	25%	30%
1	1.0000	1.0000	1.0000	1.0000	1.0000	1.0000	1.0000	1.0000	1.0000
2	0.4831	0.4808	0.4785	0.4762	0.4717	0.4651	0.4545	0.4444	0.4348
3	0.3111	0.3080	0.3051	0.3021	0.2963	0.2880	0.2747	0.2623	0.2506
4	0.2252	0.2219	0.2187	0.2155	0.2092	0.2003	0.1863	0.1734	0.1616
5	0.1739	0.1705	0.1671	0.1638	0.1574	0.1483	0.1344	0.1218	0.1106
6	0.1398	0.1363	0.1329	0.1296	0.1232	0.1142	0.1007	0.0888	0.0784
7	0.1156	0.1121	0.1087	0.1054	0.0991	0.0904	0.0774	0.0663	0.0569
8	0.0975	0.0940	0.0907	0.0874	0.0813	0.0729	0.0606	0.0504	0.0419
9	0.0835	0.0801	0.0768	0.0736	0.0677	0.0596	0.0481	0.0388	0.0312
10	0.0724	0.0690	0.0658	0.0627	0.0570	0.0493	0.0385	0.0301	0.0235
11	0.0634	0.0601	0.0569	0.0540	0.0484	0.0411	0.0311	0.0235	0.0177
12	0.0559	0.0527	0.0497	0.0468	0.0414	0.0345	0.0253	0.0184	0.0135
13	0.0497	0.0465	0.0436	0.0408	0.0357	0.0291	0.0206	0.0145	0.0102
14	0.0443	0.0413	0.0384	0.0357	0.0309	0.0247	0.0169	0.0115	0.0078
15	0.0398	0.0368	0.0341	0.0315	0.0268	0.0210	0.0139	0.0091	0.0060
16	0.0359	0.0330	0.0303	0.0278	0.0234	0.0179	0.0114	0.0072	0.0046
17	0.0324	0.0296	0.0270	0.0247	0.0205	0.0154	0.0094	0.0058	0.0035
18	0.0294	0.0267	0.0242	0.0219	0.0179	0.0132	0.0078	0.0046	0.0027
19	0.0268	0.0241	0.0217	0.0195	0.0158	0.0113	0.0065	0.0037	0.0021
20	0.0244	0.0219	0.0195	0.0175	0.0139	0.0098	0.0054	0.0029	0.0016
21	0.0223	0.0198	0.0176	0.0156	0.0122	0.0084	0.0044	0.0023	0.0012
22	0.0204	0.0180	0.0159	0.0140	0.0108	0.0073	0.0037	0.0019	0.0009
23	0.0187	0.0164	0.0144	0.0126	0.0096	0.0063	0.0031	0.0015	0.0007
24	0.0172	0.0150	0.0130	0.0113	0.0085	0.0054	0.0025	0.0012	0.0006
25	0.0158	0.0137	0.0118	0.0102	0.0075	0.0047	0.0021	0.0009	0.0004
26	0.0146	0.0125	0.0107	0.0092	0.0067	0.0041	0.0018	0.0008	0.0003
27	0.0134	0.0114	0.0097	0.0083	0.0059	0.0035	0.0015	0.0006	0.0003
28	0.0124	0.0105	0.0089	0.0075	0.0052	0.0031	0.0012	0.0005	0.0002
29	0.0114	0.0096	0.0081	0.0067	0.0047	0.0027	0.0010	0.0004	0.0001
30	0.0106	0.0088	0.0073	0.0061	0.0041	0.0023	0.0008	0.0003	0.0001
31	0.0098	0.0081	0.0067	0.0055	0.0037	0.0020	0.0007	0.0002	0.0001
32	0.0091	0.0075	0.0061	0.0050	0.0033	0.0017	0.0006	0.0002	0.0001
33	0.0084	0.0069	0.0056	0.0045	0.0029	0.0015	0.0005	0.0002	0.0001
34	0.0078	0.0063	0.0051	0.0041	0.0026	0.0013	0.0004	0.0001	
35	0.0072	0.0058	0.0046	0.0037	0.0023	0.0011	0.0003	0.0001	

（续）

n \ i	7%	8%	9%	10%	12%	15%	20%	25%	30%
40	0.0050	0.0039	0.0030	0.0023	0.0013	0.0006	0.0001		
45	0.0035	0.0026	0.0019	0.0014	0.0007	0.0003	0.0001		
50	0.0025	0.0017	0.0012	0.0009	0.0004	0.0001			
55	0.0017	0.0012	0.0008	0.0005	0.0002	0.0001			
60	0.0012	0.0008	0.0005	0.0003	0.0001				
65	0.0009	0.0005	0.0003	0.0002	0.0001				
70	0.0006	0.0004	0.0002	0.0001					
75	0.0004	0.0002	0.0001	0.0001					
80	0.0003	0.0002	0.0001						
85	0.0002	0.0001	0.0001						
90	0.0002	0.0001							
95	0.0001	0.0001							
100	0.0001								

附表 2-5　等额支付系列资金恢复基金系数表 $(A/P, i, n) = \dfrac{i(1+i)^n}{(1+i)^n-1}$

n \ i	0.75%	1%	1.50%	2%	2.50%	3%	4%	5%	6%
1	1.0075	1.0100	1.0150	1.0200	1.0250	1.0300	1.0400	1.0500	1.0600
2	0.5056	0.5075	0.5113	0.5150	0.5188	0.5226	0.5302	0.5378	0.5454
3	0.3383	0.3400	0.3434	0.3468	0.3501	0.3535	0.3603	0.3672	0.3741
4	0.2547	0.2563	0.2594	0.2626	0.2658	0.2690	0.2755	0.2820	0.2886
5	0.2045	0.2060	0.2091	0.2122	0.2152	0.2184	0.2246	0.2310	0.2374
6	0.1711	0.1725	0.1755	0.1785	0.1815	0.1846	0.1908	0.1970	0.2034
7	0.1472	0.1486	0.1516	0.1545	0.1575	0.1605	0.1666	0.1728	0.1791
8	0.1293	0.1307	0.1336	0.1365	0.1395	0.1425	0.1485	0.1547	0.1610
9	0.1153	0.1167	0.1196	0.1225	0.1255	0.1284	0.1345	0.1407	0.1470
10	0.1042	0.1056	0.1084	0.1113	0.1143	0.1172	0.1233	0.1295	0.1359
11	0.0951	0.0965	0.0993	0.1022	0.1051	0.1081	0.1141	0.1204	0.1268
12	0.0875	0.0888	0.0917	0.0946	0.0975	0.100	0.1066	0.1128	0.1193
13	0.0810	0.0824	0.0852	0.0881	0.0910	0.0940	0.1001	0.1065	0.1130
14	0.0755	0.0769	0.0797	0.0826	0.0855	0.0885	0.0947	0.1010	0.1076
15	0.0707	0.0721	0.0749	0.0778	0.0808	0.0838	0.0899	0.0963	0.1030
16	0.0666	0.0679	0.0708	0.0737	0.0766	0.0796	0.0858	0.0923	0.0990
17	0.0629	0.0643	0.0671	0.0700	0.0729	0.0760	0.0822	0.0887	0.0954
18	0.0596	0.0610	0.0638	0.0667	0.0697	0.0727	0.0790	0.0885	0.0924
19	0.0567	0.0581	0.0609	0.0638	0.0668	0.0698	0.0761	0.0827	0.0896
20	0.0540	0.0554	0.0582	0.0612	0.0641	0.0672	0.0736	0.0802	0.0872
21	0.0516	0.0530	0.0559	0.0588	0.0618	0.0649	0.0713	0.0780	0.0850
22	0.0495	0.0509	0.0537	0.0566	0.0596	0.0627	0.0692	0.0760	0.0830
23	0.0475	0.0489	0.0517	0.0547	0.0577	0.0608	0.0673	0.0741	0.0813
24	0.0457	0.0471	0.0499	0.0529	0.0559	0.0590	0.0656	0.0725	0.0797

（续）

n \ i	0.75%	1%	1.50%	2%	2.50%	3%	4%	5%	6%
25	0.0440	0.0454	0.0483	0.0512	0.0543	0.0574	0.0640	0.0710	0.0782
26	0.0425	0.0439	0.0467	0.0497	0.0528	0.0559	0.0626	0.0696	0.0769
27	0.0411	0.0424	0.0453	0.0483	0.0514	0.0546	0.0612	0.0683	0.0757
28	0.0397	0.0411	0.0440	0.0470	0.0501	0.0533	0.0600	0.0671	0.0746
29	0.0385	0.0399	0.0428	0.0458	0.0489	0.0521	0.0589	0.0660	0.0736
30	0.0373	0.0387	0.0416	0.0446	0.0478	0.0510	0.0578	0.0651	0.0726
31	0.0363	0.0377	0.0406	0.0436	0.0467	0.0500	0.0569	0.0641	0.0718
32	0.0353	0.0367	0.0396	0.0426	0.0458	0.0490	0.0559	0.0633	0.0710
33	0.0343	0.0357	0.0386	0.0417	0.0449	0.0482	0.0551	0.0625	0.0703
34	0.0334	0.0348	0.0378	0.0408	0.0440	0.0473	0.0543	0.0618	0.0696
35	0.0326	0.0340	0.0369	0.0400	0.0432	0.0465	0.0536	0.0611	0.0690
40	0.0290	0.0305	0.0334	0.0366	0.0398	0.0433	0.0505	0.0583	0.0665
45	0.0263	0.0277	0.0307	0.0339	0.0373	0.0408	0.0483	0.0563	0.0647
50	0.0241	0.0255	0.0286	0.0318	0.0353	0.0389	0.0466	0.0548	0.0634
55	0.0223	0.0237	0.0268	0.0301	0.0337	0.0373	0.0452	0.0537	0.0625
60	0.0208	0.0222	0.0254	0.0288	0.0324	0.0361	0.0442	0.0528	0.0619
65	0.0195	0.0210	0.0242	0.0276	0.0313	0.0351	0.0434	0.0522	0.0614
70	0.0184	0.0199	0.0232	0.0267	0.0304	0.0343	0.0427	0.0517	0.0610
75	0.0175	0.0190	0.0223	0.0259	0.0297	0.0337	0.0422	0.0513	0.0608
80	0.0167	0.0182	0.0215	0.0252	0.0290	0.0331	0.0418	0.0510	0.0606
85	0.0160	0.0175	0.0209	0.0246	0.0285	0.0326	0.0415	0.0508	0.0604
90	0.0153	0.0169	0.0203	0.0240	0.0280	0.0323	0.0412	0.0506	0.0603
95	0.0148	0.0164	0.0198	0.0236	0.0276	0.0319	0.0410	0.0505	0.0602
100	0.0143	0.0159	0.0194	0.0232	0.0273	0.0316	0.0408	0.0504	0.0602

n \ i	7%	8%	9%	10%	12%	15%	20%	25%	30%
1	1.0700	1.0800	1.0900	1.1000	1.1200	1.1500	1.2000	1.2500	1.3000
2	0.5531	0.5608	0.5685	0.5762	0.5917	0.6151	0.6545	0.6944	0.7348
3	0.3811	0.3880	0.3951	0.4021	0.4163	0.4380	0.4747	0.5123	0.5506
4	0.2952	0.3019	0.3087	0.3155	0.3292	0.3503	0.3863	0.4234	0.4616
5	0.2439	0.2505	0.2571	0.2638	0.2774	0.2983	0.3344	0.3718	0.4106
6	0.2098	0.2163	0.2229	0.2296	0.2432	0.2642	0.3007	0.3388	0.3784
7	0.1856	0.1921	0.1987	0.2054	0.2191	0.2404	0.2774	0.3163	0.3569
8	0.1675	0.1740	0.1807	0.1874	0.2013	0.2229	0.2606	0.3004	0.3419
9	0.1535	0.1601	0.1668	0.1736	0.1877	0.2096	0.2481	0.2888	0.3312
10	0.1424	0.1490	0.1558	0.1627	0.1770	0.1993	0.2385	0.2801	0.3235
11	0.1334	0.1401	0.1469	0.1540	0.1684	0.1911	0.2311	0.2735	0.3177
12	0.1259	0.1327	0.1397	0.1468	0.1614	0.1845	0.2253	0.2684	0.3135
13	0.1197	0.1265	0.1336	0.1408	0.1557	0.1791	0.2206	0.2645	0.3102
14	0.1143	0.1213	0.1284	0.1357	0.1509	0.1747	0.2169	0.2615	0.3078
15	0.1098	0.1168	0.1241	0.1315	0.1468	0.1710	0.2139	0.2591	0.3060
16	0.1059	0.1130	0.1203	0.1278	0.1434	0.1679	0.2114	0.2572	0.3046
17	0.1024	0.1096	0.1170	0.1247	0.1405	0.1654	0.2094	0.2558	0.3035

（续）

n \ i	7%	8%	9%	10%	12%	15%	20%	25%	30%
18	0.0994	0.1067	0.1142	0.1219	0.1379	0.1632	0.2078	0.2546	0.3027
19	0.0968	0.1041	0.1117	0.1195	0.1358	0.1613	0.2065	0.2537	0.3021
20	0.0944	0.1019	0.1095	0.1175	0.1339	0.1598	0.2054	0.2529	0.3016
21	0.0923	0.0998	0.1076	0.1156	0.1322	0.1584	0.2044	0.2523	0.3012
22	0.0904	0.0990	0.1059	0.1140	0.1308	0.1573	0.2037	0.2519	0.3009
23	0.0887	0.0964	0.1044	0.1126	0.1296	0.1563	0.2031	0.2515	0.3007
24	0.0872	0.0950	0.1030	0.1113	0.1285	0.1554	0.2025	0.2512	0.3006
25	0.0858	0.0937	0.1018	0.1102	0.1275	0.1547	0.2021	0.2509	0.3004
26	0.0846	0.0925	0.1007	0.1092	0.1267	0.1541	0.2018	0.2508	0.3003
27	0.0834	0.0914	0.0997	0.1083	0.1259	0.1535	0.2015	0.2506	0.3003
28	0.0824	0.0905	0.0989	0.1075	0.1252	0.1531	0.2012	0.2505	0.3002
29	0.0814	0.0896	0.0981	0.1067	0.1247	0.1527	0.2010	0.2504	0.3001
30	0.0806	0.0888	0.0973	0.1061	0.1241	0.1523	0.2008	0.2503	0.3001
31	0.0798	0.0881	0.0967	0.1055	0.1237	0.1520	0.2007	0.2502	0.3001
32	0.0791	0.0875	0.0961	0.1050	0.1233	0.1517	0.2006	0.2502	0.3001
33	0.0784	0.0869	0.0956	0.1045	0.1229	0.1515	0.2005	0.2502	0.3001
34	0.0778	0.0863	0.0951	0.1041	0.1226	0.1513	0.2004	0.2501	0.3000
35	0.0772	0.0858	0.0946	0.1037	0.1223	0.1511	0.2003	0.2501	0.3000
40	0.0750	0.0839	0.0930	0.1023	0.1213	0.1506	0.2001	0.2500	0.3000
45	0.0735	0.0826	0.0919	0.1014	0.1207	0.1503	0.2001	0.2500	0.3000
50	0.0725	0.0817	0.0912	0.1009	0.1204	0.1501	0.2000	0.2500	0.3000
55	0.0717	0.0812	0.0908	0.1005	0.1202	0.1501	0.2000	0.2500	0.3000
60	0.0712	0.0808	0.0905	0.1003	0.1201	0.1500	0.2000	0.2500	0.3000
65	0.0709	0.0805	0.0903	0.1002	0.1201	0.1500	0.2000	0.2500	0.3000
70	0.0706	0.0804	0.0902	0.1001	0.1200	0.1500	0.2000	0.2500	0.3000
75	0.0704	0.0802	0.0901	0.1001	0.1200	0.1500	0.2000	0.2500	0.3000
80	0.0703	0.0802	0.0901	0.1000	0.1200	0.1500	0.2000	0.2500	0.3000
85	0.0702	0.0801	0.0901	0.1000	0.1200	0.1500	0.2000	0.2500	0.3000
90	0.0702	0.0801	0.0900	0.1000	0.1200	0.1500	0.2000	0.2500	0.3000
95	0.0701	0.0801	0.0900	0.1000	0.1200	0.1500	0.2000	0.2500	0.3000
100	0.0701	0.0800	0.0900	0.1000	0.1200	0.1500	0.2000	0.2500	0.3000

附表 2-6　等额支付系列现值系数表（P/A，i，n）$=\dfrac{(1+i)^n-1}{i(1+i)^n}$

n \ i	0.75%	1%	1.50%	2%	2.50%	3%	4%	5%	6%
1	0.9926	0.9901	0.9852	0.9804	0.9756	0.9709	0.9615	0.9524	0.9434
2	1.9777	1.9704	1.9559	1.9416	1.9274	1.9135	1.8861	1.8594	1.8334
3	2.9556	2.9410	2.9122	2.8839	2.8560	2.8286	2.7751	2.7232	2.6730
4	3.9261	3.9020	3.8544	3.8077	3.7620	3.7171	3.6229	3.5430	3.4561
5	4.8894	4.8534	4.7826	4.7135	4.6458	4.5797	4.4518	4.3295	4.2124
6	5.8456	5.7955	5.6972	5.6014	5.5081	5.4172	5.2421	5.0757	4.9173
7	6.7946	6.7282	6.5982	6.4720	6.3494	6.2303	6.0021	5.7864	5.5824

（续）

n \ i	0. 75%	1%	1. 50%	2%	2. 50%	3%	4%	5%	6%
8	7. 7366	7. 6517	7. 4859	7. 3255	7. 1701	7. 0197	6. 7327	6. 4632	6. 2098
9	8. 8716	8. 5660	8. 3605	8. 1622	7. 9709	7. 7861	7. 4353	7. 1078	6. 8017
10	9. 5996	9. 4713	9. 2222	8. 9826	8. 7521	8. 5302	8. 1109	7. 7217	7. 3601
11	10. 5207	10. 3676	10. 0711	9. 7868	9. 5142	9. 2526	8. 7605	8. 3064	7. 8869
12	11. 4349	11. 2551	10. 9075	10. 5753	10. 2578	9. 9540	9. 3851	8. 8633	8. 3838
13	12. 3423	12. 1337	11. 7315	11. 3484	10. 9832	10. 6350	9. 9856	9. 3936	8. 8527
14	13. 2430	13. 0037	12. 5434	12. 1062	11. 6909	11. 2961	10. 5631	9. 8986	9. 2950
15	14. 1370	13. 8651	13. 3432	12. 8493	12. 3814	11. 9379	11. 1184	10. 3797	9. 7122
16	15. 0243	14. 7179	14. 1313	13. 5777	13. 0550	12. 5611	11. 6523	10. 8378	10. 1059
17	15. 9050	15. 5623	14. 9076	14. 2919	13. 7122	13. 1661	12. 1657	11. 2741	10. 4773
18	16. 7792	16. 3983	15. 6726	14. 9220	14. 3534	13. 7535	12. 6593	11. 6896	10. 8276
19	17. 6468	17. 2260	16. 4262	15. 6785	14. 9789	14. 3238	13. 1339	12. 0853	11. 1581
20	18. 5080	18. 0456	17. 1686	16. 3514	15. 5892	14. 8775	13. 5903	12. 4622	11. 4699
21	19. 3628	18. 8570	17. 9001	17. 0112	16. 1845	15. 4150	14. 0292	12. 8212	11. 7641
22	20. 2112	19. 6604	18. 6208	17. 6580	16. 7654	15. 9369	14. 4511	13. 1630	12. 0416
23	21. 0533	20. 4558	19. 3309	18. 2922	17. 3321	16. 4436	14. 8568	13. 4886	12. 3034
24	21. 8891	21. 2434	20. 0304	18. 9139	17. 8850	16. 9355	15. 2740	13. 7986	12. 5504
25	22. 7188	22. 0232	20. 7196	19. 5235	18. 4244	17. 4131	15. 6221	14. 0939	12. 7834
26	23. 5422	22. 7952	21. 3986	20. 1210	18. 9506	17. 8768	15. 9828	14. 3752	13. 0032
27	24. 3595	23. 5596	22. 0676	20. 7069	19. 4640	18. 3270	13. 3296	14. 6430	13. 2105
28	25. 1707	24. 3164	22. 7267	21. 2813	19. 9649	18. 7641	16. 6631	14. 8981	13. 4062
29	25. 9759	25. 0658	23. 3761	21. 8444	20. 4535	19. 1885	16. 9837	15. 1411	13. 5907
30	26. 7751	25. 8077	24. 0158	22. 3965	20. 9303	19. 6004	17. 2920	15. 3725	13. 7648
31	27. 5683	26. 5423	24. 6461	22. 9377	21. 3594	20. 0004	17. 5885	15. 5928	13. 9291
32	28. 3557	27. 2696	25. 2671	23. 4683	21. 8492	20. 3888	17. 8736	15. 8027	14. 0840
33	29. 1371	27. 9897	25. 8790	23. 9886	22. 2919	20. 7658	18. 1476	16. 0025	14. 2302
34	29. 9128	28. 7027	26. 4817	24. 4986	22. 7238	21. 1318	18. 4112	16. 1929	14. 3681
35	30. 6827	29. 4086	27. 0756	24. 9986	23. 1452	21. 4872	18. 6646	16. 3742	14. 4982
40	34. 4469	32. 8347	29. 9158	27. 3555	25. 1028	23. 1148	19. 7928	17. 1591	15. 0463
45	38. 0732	36. 0954	32. 5523	29. 4902	26. 8330	24. 5187	20. 7200	17. 7741	15. 4558
50	41. 5664	39. 1961	34. 9997	31. 4236	28. 3623	25. 7298	21. 4822	18. 2559	15. 7619
55	44. 9316	42. 1472	37. 2715	33. 1748	29. 7140	26. 7744	22. 1086	18. 6335	15. 9905
60	48. 1734	44. 9550	39. 3803	34. 7609	30. 9087	27. 6756	22. 6235	18. 9293	16. 1614
65	51. 2963	47. 6266	41. 3378	36. 1975	31. 9646	28. 4529	23. 0467	19. 1611	16. 2891
70	54. 3046	50. 1685	43. 1549	37. 4986	32. 8979	29. 1234	23. 3945	19. 3427	16. 3845
75	57. 2027	52. 5871	44. 8416	38. 6771	33. 7227	29. 7018	23. 6804	19. 4580	16. 4558
80	59. 9944	54. 8882	46. 4073	39. 7445	34. 4518	30. 2008	23. 9154	19. 5965	16. 5091
85	62. 6838	57. 0777	47. 8607	40. 7113	35. 0962	30. 6312	24. 1085	19. 6838	16. 5489
90	65. 2746	59. 1609	49. 2099	41. 5869	35. 6658	31. 0024	24. 2673	19. 7523	16. 5787
95	67. 7704	61. 1430	50. 4622	42. 3800	36. 1692	31. 3227	24. 3978	19. 8059	16. 6009
100	70. 1746	63. 0289	51. 6247	43. 0984	36. 6141	31. 5989	24. 5050	19. 8479	16. 6175

（续）

n \ i	7%	8%	9%	10%	12%	15%	20%	25%	30%
1	0.9346	0.9259	0.9174	0.9091	0.8929	0.8696	0.8333	0.8000	0.7692
2	1.8080	1.7833	1.7591	1.7355	1.6901	1.6257	1.5278	1.4400	1.3609
3	2.6243	2.5771	2.5313	2.4869	2.4018	2.2832	2.1065	1.9520	1.8161
4	3.3872	3.3121	3.2397	3.1699	3.0373	2.8550	2.5887	2.3616	2.1162
5	4.1002	3.9927	3.8897	3.7908	3.6048	3.3522	2.9906	2.6893	2.4356
6	4.7665	4.6229	4.4859	4.3553	4.1114	3.7845	3.3255	2.9514	2.6427
7	5.3893	5.2064	5.0330	4.8684	4.5638	4.1604	3.6046	3.1611	2.8021
8	5.9713	5.7466	5.5348	5.3349	4.9676	4.4873	3.8372	3.3289	2.9247
9	6.5152	6.2469	5.9952	5.7590	5.3282	4.7716	4.0310	3.4631	3.0190
10	7.0236	6.7101	6.4177	6.1446	5.6502	5.0188	4.1925	3.5705	3.0915
11	7.4987	7.1390	6.8052	6.4951	5.9377	5.2337	4.3271	3.6564	3.1473
12	7.9427	7.5361	7.1607	6.8137	6.1944	5.4206	4.4392	3.7251	3.1903
13	8.3577	7.9038	7.4869	7.1034	6.4235	5.5831	4.5327	3.7801	3.2233
14	8.7455	8.2442	7.7862	7.3667	6.6282	5.7245	4.6106	3.8241	3.2487
15	9.1079	8.5595	8.0607	7.6061	6.8109	5.8474	4.6755	3.8593	3.2682
16	9.4466	8.8514	8.3126	7.8237	6.9740	5.9542	4.7296	3.8874	3.2832
17	9.7632	9.1216	8.5436	8.0216	7.1196	6.0472	4.7746	3.9099	3.2948
18	10.0591	9.3719	8.7556	8.2014	7.2497	6.1280	4.8122	3.9279	3.3037
19	10.3356	9.6036	8.9501	8.3649	7.3658	6.1982	4.8435	3.9424	3.3105
20	10.5940	9.8181	9.1285	8.5136	7.4694	6.2593	4.8696	3.9539	3.3158
21	10.8355	10.0168	9.2922	8.6487	7.5620	6.3125	4.8913	3.9631	3.3198
22	11.0612	10.2007	9.4424	8.7715	7.6446	6.3587	4.9094	3.9705	3.3230
23	11.2722	10.3711	9.5802	8.8832	7.7184	6.3988	4.9245	3.9764	3.3254
24	11.4693	10.5288	9.7066	8.9847	7.7843	6.4338	4.9371	3.9811	3.3272
25	11.6536	10.6748	9.8226	9.0770	7.8431	6.4641	4.9476	3.9849	3.3286
26	11.8258	10.8100	9.9290	9.1609	7.8957	6.4906	4.9563	3.9879	3.3297
27	11.9867	10.9352	10.0266	9.2372	7.9426	6.5135	4.9636	3.9903	3.3305
28	12.1371	11.0511	10.1161	9.3066	7.9844	6.5335	4.9697	3.9923	3.3312
29	12.2777	11.1584	10.1983	9.3696	8.0218	6.5509	4.9747	3.9938	3.3317
30	12.4090	11.2578	10.2737	9.4269	8.0552	6.5660	4.9789	3.9950	3.3321
31	12.5318	11.3498	10.3428	9.4790	8.0850	6.5791	4.9824	3.9960	3.3324
32	12.6466	11.4350	10.4062	9.5264	8.1116	6.5905	4.9854	3.9968	3.3326
33	12.7538	11.5139	10.4644	9.5694	8.1354	6.6005	4.9878	3.9975	3.3328
34	12.8540	11.5869	10.5178	9.6086	8.1566	6.6091	4.9898	3.9980	3.3329
35	12.9477	11.6546	10.5668	9.6442	8.1755	6.6166	4.9915	3.9984	3.3330
40	13.3317	11.9246	10.7574	9.7791	8.2438	6.6418	4.9966	3.9995	3.3332
45	13.6055	12.1084	10.8812	9.8628	8.2825	6.6543	4.9986	3.9998	3.3333
50	13.8007	12.2335	10.9617	9.9148	8.3045	6.6605	4.9995	3.9999	3.3333
55	13.9399	12.3186	11.0140	9.9471	8.3170	6.6636	4.9998	4.0000	3.3333
60	14.0392	12.3766	11.0840	9.9672	8.3240	6.6651	4.9999	4.0000	3.3333
65	14.1099	12.4160	11.0701	9.9796	8.3281	6.6659	5.0000	4.0000	3.3333
70	14.1604	12.4428	11.0844	9.9873	8.3303	6.6663	5.0000	4.0000	3.3333

（续）

n \ i	7%	8%	9%	10%	12%	15%	20%	25%	30%
75	14.1964	12.4611	11.0938	9.9921	8.3316	6.6665	5.0000	4.0000	3.3333
80	14.2220	12.4735	11.0998	9.9951	8.3324	6.6666	5.0000	4.0000	3.3333
85	14.2403	12.4820	11.1038	9.9970	8.3328	6.6666	5.0000	4.0000	3.3333
90	14.2533	12.4877	11.1064	9.9981	8.3330	6.6666	5.0000	4.0000	3.3333
95	14.2626	12.4917	11.1080	9.9988	8.3332	6.6667	5.0000	4.0000	3.3333
100	14.2693	12.4943	11.1091	9.9993	8.3332	6.6667	5.0000	4.0000	3.3333

附表 2-7　均匀梯度系列年度费用系数表 $(A/G, i, n) = \frac{n}{(1+i)^n - 1}$

n \ i	0.75%	1%	1.50%	2%	2.50%	3%	4%	5%	6%
1	0.0000	0.0000	0.0000	0.0000	0.0000	0.0000	0.0000	0.0000	0.0000
2	0.4981	0.4975	0.4963	0.4950	0.4938	0.4962	0.4902	0.4878	0.4854
3	0.9950	0.9934	0.9901	0.9868	0.9835	0.9803	0.9739	0.9675	0.9612
4	1.4907	1.4876	1.4814	1.4752	1.4691	1.4631	1.4510	1.4391	1.4272
5	1.9851	1.9801	1.9702	1.9604	1.9506	1.9409	1.9216	1.9025	1.8836
6	2.4782	2.4710	2.4566	2.4423	2.4280	2.4138	2.3857	2.3579	2.3304
7	2.9701	2.9602	2.9405	2.9208	2.9013	2.8819	2.8433	2.8052	2.7676
8	3.4608	3.4478	3.4219	3.3961	3.3704	3.3450	3.2944	3.2445	3.1952
9	3.9502	3.9337	3.9008	3.8681	3.8355	3.8032	3.7391	3.6758	3.6133
10	4.4384	4.4179	4.3772	4.3367	4.2965	4.2565	4.1773	4.0991	4.0220
11	4.9253	4.9005	4.8512	4.8021	4.7534	4.7049	4.6090	4.5144	4.4213
12	5.4110	5.3815	5.3227	5.2642	5.2062	5.1485	5.0343	4.9219	4.8113
13	5.8954	5.8607	5.7917	5.7231	5.6549	5.5872	5.4533	5.3215	5.1920
14	6.3786	6.3384	6.2582	6.1786	6.0995	6.0210	5.8659	5.7133	5.5635
15	6.8606	6.8143	6.7223	6.6309	6.5401	6.4500	6.2721	6.0973	5.9260
16	7.3413	7.2886	7.1839	7.0799	6.9766	6.8742	6.6720	6.4736	6.2794
17	7.8207	7.7613	7.6431	7.5256	7.4091	7.2936	7.0656	6.8423	6.6240
18	8.2989	8.2323	8.0997	7.9681	7.8375	7.7081	7.4530	7.2034	6.9597
19	8.7759	8.7017	8.5539	8.4073	8.2619	8.1179	7.8342	7.5569	7.2867
20	9.2516	9.1694	9.0057	8.8433	8.6823	8.5229	8.2091	7.9030	7.6051
21	9.7261	9.6354	9.4550	9.2760	9.0986	8.9231	8.5779	8.2416	7.9151
22	10.1994	10.0998	9.9018	9.7055	9.5110	9.3186	8.9407	8.5730	8.2166
23	10.6714	10.5626	10.3462	10.1317	9.9193	9.7093	9.2973	8.8971	8.5099
24	11.1422	11.0237	10.7881	10.5547	10.3237	10.0954	9.6479	9.2140	8.7951
25	11.6117	11.4831	11.2276	10.9745	10.7241	10.4768	9.9925	9.5238	9.0722
26	12.0800	11.9409	11.6646	11.3910	11.1205	10.8535	10.3312	9.8266	9.3414
27	12.5470	12.3971	12.0992	11.8043	11.5130	11.2255	10.6640	10.1224	9.6029
28	13.0128	12.8516	12.5313	12.2145	11.9015	11.5930	10.9909	10.4114	9.8568
29	13.4774	13.3044	12.9610	12.6214	12.2861	11.9558	11.3120	10.3936	10.1032
30	13.9407	13.7557	13.3883	13.0251	12.6668	12.3141	11.6274	10.9691	10.3422
31	14.4028	14.2052	13.8131	13.4257	13.0436	12.6678	11.9371	11.2381	10.5740

（续）

n \ i	0.75%	1%	1.50%	2%	2.50%	3%	4%	5%	6%
32	14.8636	14.6532	14.2355	13.8230	13.4166	13.0169	12.2411	11.5005	10.7988
33	15.3232	15.0995	14.6555	14.2172	13.7856	13.3616	12.5396	11.7566	11.0166
34	15.7816	15.5441	15.0731	14.6083	14.1508	13.7018	12.8324	12.0063	11.2276
35	16.2387	15.9871	15.4882	14.9961	14.5122	14.0375	13.1198	12.2498	11.4319
40	18.5058	18.1776	17.5277	16.8885	16.2620	15.6502	14.4765	13.3775	12.3590
45	20.7421	20.3273	19.5074	18.7034	17.9185	17.1556	15.7047	14.3644	13.1413
50	22.9476	22.4363	21.4277	20.4420	19.4839	18.5575	16.8122	15.2233	13.7964
55	25.1223	24.5049	23.2894	22.1057	20.9608	19.8600	17.8070	15.9664	14.3411
60	27.2665	26.5333	25.0930	23.6961	22.3518	21.0674	18.6972	16.6062	14.7909
65	29.3801	28.5217	26.8393	25.2147	23.6600	22.1841	19.4909	17.1541	15.1601
70	31.4634	30.4703	28.5290	26.6632	24.8881	23.2145	20.1961	17.6212	15.4613
75	33.5163	32.3793	30.1631	28.0434	26.0393	24.1634	20.8206	18.0176	15.7058
80	35.5391	34.2492	31.7423	29.3572	27.1167	25.0353	21.3718	18.3526	15.9033
85	37.5318	36.0801	33.2676	30.6064	28.1235	25.8349	21.8569	18.6346	16.0620
90	39.4946	37.8724	34.7399	31.7929	29.0629	26.5667	22.2826	18.8712	16.1891
95	41.4277	39.6265	36.1602	32.9189	29.9382	27.2351	22.6550	19.0689	16.2905
100	43.3311	41.3426	37.5295	33.9863	30.7525	27.8444	22.9800	19.2337	16.3711

n \ i	7%	8%	9%	10%	12%	15%	20%	25%	30%
1	0.0000	0.0000	0.0000	0.0000	0.0000	0.0000	0.0000	0.0000	0.0000
2	0.4831	0.4808	0.4785	0.4762	0.4717	0.4651	0.4545	0.4444	0.4348
3	0.9549	0.9487	0.9426	0.9366	0.9246	0.9071	0.8791	0.8525	0.8271
4	1.4155	1.4040	1.3925	1.3812	1.3589	1.3263	1.2742	1.2249	1.1783
5	1.8650	1.8465	1.8282	1.8101	1.7746	1.7228	1.6405	1.5631	1.4903
6	2.3032	2.2763	2.2498	2.2236	2.1720	2.0972	1.9788	1.8683	1.7654
7	2.7304	2.6937	2.6574	2.6216	2.5515	2.4498	2.2902	2.1424	2.0063
8	3.1465	3.0985	3.0512	3.0045	2.9131	2.7813	2.5756	2.3872	2.2156
9	3.5517	3.4910	3.4312	3.3724	3.2574	3.0922	2.8364	2.6048	2.3963
10	3.9461	3.8713	3.7978	3.7255	3.5847	3.3832	3.0739	2.7971	2.5512
11	4.3296	4.2395	4.1510	4.0641	3.8953	3.6549	3.2893	2.9663	2.6833
12	4.7025	4.5957	4.4910	4.3884	4.1897	3.9082	3.4841	3.1145	2.7952
13	5.0648	4.9402	4.8182	4.6988	4.4683	4.1438	3.6597	3.2437	2.8895
14	5.4167	5.2713	5.1326	4.9955	4.7317	4.3624	3.8175	3.3559	2.9685
15	5.7583	5.5945	5.4346	5.2789	4.9803	4.5650	3.9588	3.4530	3.0344
16	6.0897	5.9046	5.7245	5.5493	5.2147	4.7522	4.0851	3.5366	3.0892
17	6.4110	6.2037	6.0024	5.8071	5.4353	4.9251	4.1976	3.6084	3.1345
18	6.7225	6.4920	6.2687	6.0526	5.6427	5.0843	4.2975	3.6698	3.1718
19	7.0242	6.7696	6.5236	6.2861	5.8375	5.2307	4.3861	3.7222	3.2025
20	7.3163	7.0369	6.7674	6.5081	6.0202	5.3651	4.4643	3.7667	3.2275
21	7.5990	7.2940	7.0006	6.7189	6.1913	5.4883	4.5334	3.8045	3.2480
22	7.8725	7.5412	7.2232	6.9189	6.3514	5.6010	4.5941	3.8365	3.2646
23	8.1369	7.7786	7.4357	7.1085	6.5010	5.7040	4.6475	3.8634	3.2781

（续）

n \ i	7%	8%	9%	10%	12%	15%	20%	25%	30%
24	8.3923	8.0066	7.6384	7.2881	6.6406	5.7979	4.6943	3.8861	3.2890
25	8.6391	8.2254	7.8316	7.4580	6.7708	5.8834	4.7352	3.9052	3.2979
26	8.8773	8.4352	8.0156	7.6186	6.8921	5.9612	4.7709	3.9212	3.3050
27	9.1072	8.6363	8.1906	7.7704	7.0049	6.0319	4.8020	3.9346	3.3107
28	9.3289	8.8289	8.3571	7.9137	7.1098	6.0960	4.8291	3.9457	3.3153
29	9.5427	9.0133	8.5154	8.0489	7.2071	6.1541	4.8527	3.9551	3.3189
30	9.7487	9.1897	8.6657	8.1762	7.2974	6.2066	4.8731	3.9628	3.3219
31	9.9471	9.3584	8.8083	8.2962	7.3811	6.2541	4.8908	3.9693	3.3242
32	10.1381	9.5197	8.9436	8.4091	7.4586	6.2970	4.9061	3.9746	3.3261
33	10.3219	9.6737	9.0718	8.5152	7.5302	6.3357	4.9194	3.9791	3.3276
34	10.4987	9.8208	9.1933	8.6149	7.5965	6.3705	4.9308	3.9828	3.3288
35	10.6687	9.9611	9.3083	8.7086	7.6577	6.4019	4.9406	3.9858	3.3297
40	11.4233	10.5699	9.7957	9.0962	7.8988	6.5168	4.9728	3.9947	3.3322
45	12.0360	11.0447	10.1603	9.3740	8.0572	6.5830	4.9877	3.9980	3.3330
50	12.5287	11.4107	10.4295	9.5704	8.1597	6.6205	4.9945	3.9993	3.3332
55	12.9215	11.6902	10.6261	9.7075	8.2251	6.6414	4.9976	3.9997	3.3333
60	13.2321	11.9015	10.7683	9.8023	8.2664	6.6530	4.9989	3.9999	3.3333
65	13.4760	12.0602	10.8702	9.8672	8.2922	6.6593	4.9995	4.000	3.3333
70	13.6662	12.1783	10.9427	9.9113	8.3082	6.6627	4.9998	4.000	3.3333
75	13.8136	12.2658	10.9940	9.9410	8.3181	6.6646	4.9999	4.000	3.3333
80	13.9273	12.3301	11.0299	9.9609	8.3241	6.6656	5.000	4.000	3.3333
85	14.0146	12.3772	11.0551	9.9742	8.3278	6.6661	5.000	4.000	3.3333
90	14.0812	12.4116	11.0726	9.9831	8.3300	6.6664	5.000	4.000	3.3333
95	14.1319	12.4365	11.0847	9.9889	8.3313	6.6665	5.000	4.000	3.3333
100	14.1703	12.4545	11.0930	9.9927	8.3321	6.6666	5.000	4.000	3.3333

参考文献

[1] 国家城市给水排水工程技术研究中心，给水排水工程概预算与经济评价手册［M］. 北京：中国建筑工业出版社，1993.

[2] 建设部标准定额研究所. 全国统一安装工程预算定额解释汇编［M］. 北京：中国计划出版社，2008.

[3] GB 50500—2008 建设工程工程量清单计价规范［S］. 北京：中国计划出版社，2008.

[4] GB 50500—2003 建设工程工程量清单计价规范［S］. 北京：中国计划出版社，2003.

[5] 叶森，等. 水工程概预算的原理与应用［M］. 北京：中国水利水电出版社，2008.

[6] 建设部标准定额研究所. 全国统一市政工程预算定额编制说明［M］. 北京：中国计划出版社，2003.

[7] 胡明德. 建筑定额原理与概预算［M］. 北京：中国建筑工业出版社. 1996.

[8] 王永康，等. 水工程经济——技术经济分析［M］. 北京：机械工业出版社，2006.

[9] 赵平. 建筑工程概预算［M］. 北京：中国建筑工业出版社，2009.

[10] 汪军. 建筑工程造价计价速查手册［M］. 北京：中国电力出版社，2008.

[11] 张怡. 建筑设备工程造价［M］. 重庆：重庆大学出版社，2007.

[12] 董维岫，等. 安装工程计量与计价［M］. 北京：机械工业出版社，2005.

[13] 刘庆山. 建筑安装工程预算［M］. 北京：机械工业出版社，2005.

[14] 张勤. 水工程经济［M］. 北京：中国建筑工业出版社，2002.

[15] 郜生霞. 给水排水工程设计实践教程［M］. 北京：机械工业出版社，2007.

[16] 刘俊良. 给水排水工程技术经济实例分析与应用［M］. 北京：化学工业出版社，2004.

[17] 王利平. 水工程概预算与技术经济评价［M］. 北京：化学工业出版社，2004.

[18] 周律. 给水排水工程技术经济与造价管理［M］. 北京：清华大学出版社，2003.

[19] 陈玉和. 风险评价［M］. 北京：中国标准出版社，2009.

[20] 叶良，等. 土木工程概预算与投标报价［M］. 北京：北京大学出版社，2003.

[21] 栋梁工作室. 给排水/采暖/燃气工程概预算手册［M］. 北京：中国建筑工业出版社，2004.

[22] 陆坤林. 给水排水项目可行性研究与经济评价及概预算编制实用手册［M］. 北京：中国环境科学出版社，2004.

[23] 北京市建设委员会. 2001 北京市建设工程预算定额［M］. 北京：北京市建设委员会，2001.

[24] 余健. 给水排水工程概预算与经济分析（本科）［M］. 北京：化学工业出版社，2002.

[25] 中华人民共和国建设部标准定额司. 全国统一安装工程预算定额（第1、6、7、8、11分册）［M］. 北京：中国计划出版社，2000.

[26] 中华人民共和国建设部标准定额司. 全国统一安装工程预算工程量计算规则［M］. 北京：中国计划出版社，2000.